高等学校计算机基础教育教材精选

Access数据库与程序设计（第3版）

微课版

陈 洁 主编

刘振华 穆翠霞 副主编

清华大学出版社

北京

内 容 简 介

本书根据教育部高等教育司组织编写的《普通高等学校文科类专业大学计算机教学基本要求》最新版本中对数据库技术和程序设计方面的基本要求而编写。

本书以 Microsoft Access 2016 中文版为平台，介绍关系数据库管理系统的基础知识及应用开发技术，共分为 10 章，包括数据库基础知识、Access 数据库及其创建、表的创建与使用、查询设计、结构化查询语言、窗体设计、报表设计、宏的设计与使用、VBA 与模块、数据库管理等内容，各章均配有丰富的例题和大量的习题，以方便教与学。

本书可以满足普通高等学校文科类专业和其他非计算机类专业 Access 数据库应用技术与程序设计教学的基本需要，也可作为全国计算机等级考试二级“Access 数据库程序设计”的培训与自学教材，还可供办公自动化人员学习参考。

图书在版编目(CIP)数据

Access 数据库与程序设计：微课版/陈洁主编.—3 版.—北京：清华大学出版社，2020.8(2025.1 重印)
高等学校计算机基础教育教材精选
ISBN 978-7-302-55848-4

Ⅰ.①A… Ⅱ.①陈… Ⅲ.①关系数据库系统－程序设计－高等学校－教材 Ⅳ.①TP311.138

中国版本图书馆 CIP 数据核字(2020)第 105781 号

责任编辑：郭 赛
封面设计：傅瑞学
责任校对：徐俊伟
责任印制：沈 露

出版发行：清华大学出版社
网 址：https://www.tup.com.cn，https://www.wqxuetang.com
地 址：北京清华大学学研大厦 A 座 **邮 编**：100084
社 总 机：010-83470000 **邮 购**：010-62786544
投稿与读者服务：010-62776969，c-service@tup.tsinghua.edu.cn
质量反馈：010-62772015，zhiliang@tup.tsinghua.edu.cn
课件下载：https://www.tup.com.cn，010-83470236
印 装 者：三河市龙大印装有限公司
经 销：全国新华书店
开 本：185mm×260mm **印 张**：22.25 **字 数**：521 千字
版 次：2012 年 3 月第 1 版 2020 年 9 月第 3 版 **印 次**：2025 年 1 月第 4 次印刷
定 价：59.00 元

产品编号：088986-01

第3版前言

本书是根据教育部高等教育司组织编写的《高等学校文科类专业大学计算机教学基本要求》对数据库技术和程序设计方面的基本要求而编写的,以Microsoft Access 2016中文版为操作平台。

本书以案例教学驱动展开,介绍关系数据库管理系统的基本知识和Access数据库系统的主要功能。本书理论论述通俗易懂、重点突出、循序渐进;案例操作步骤清晰、简明扼要、图文并茂。本书强调理论知识与实际应用的有机结合,正文讲解与课后练习呼应补充,正文以“销售管理”数据库实例贯穿始终,实验练习以“订阅管理”数据库的应用为主线。

全书共10章,包括数据库基础知识、Access数据库及其创建、表的创建与使用、查询设计、结构化查询语言、窗体设计、报表设计、宏的设计与使用、VBA与模块、数据库管理。本书提供了丰富的例题和大量的习题(包括上机练习题),各章后均有“本章小节”,以总结教学重点和教学要点。为方便教学,本书为教师提供电子课件和习题解答。

本书在第2版(Access 2010)的基础上调整了部分章节的内容,修订了第2版中存在的问题,在内容编排、图示释义等方面不断改进,力图使教材更适合教与学。

本书的参考课时为56～64课时,其中的上机操作应不少于总课时的1/2。

本书可作为高等学校文科类各专业和非计算机类专业的计算机公共基础课程教材,也可作为全国计算机等级考试二级“Access数据库程序设计”的培训与自学教材,还可作为数据库开发人员的参考用书。

本书的第1、2、3、4、5、10章由陈洁编写,第6、7章由穆翠霞编写,第8、9章由刘振华编写。全书由陈洁统稿和审定。

由于编者水平有限,书中不妥之处在所难免,敬请读者批评指正。

编　者

2020年5月于北京

第2版前言

本书是根据教育部高等教育司组织编写的《高等学校文科类专业大学计算机教学基本要求》最新版本中对数据库技术和程序设计方面的基本要求编写的，以 Microsoft Access 2010 中文版为操作平台。

全书以案例教学驱动展开，介绍了关系数据库管理系统的基本知识和 Access 数据库系统的主要功能。理论论述通俗易懂、重点突出、循序渐进，案例操作步骤清晰、简明扼要、图又并茂。全书强调理论知识与实际应用的有机结合，正文讲解与课后练习相对应。正文以"销售管理"数据库实例贯穿始终，实验练习以"订阅管理"数据库的应用为主线。

全书共分10章，包括数据库基础知识、Access 数据库及其创建、表的创建与使用、查询设计、结构化查询语言 SQL、窗体设计、报表设计、宏、VBA 与模块、数据库管理。书中提供了丰富的例题和大量的习题(包括上机练习题，并附有解答)，各章后均有"本章小结"总结教学重点和教学要点。为方便教学，本书为教师提供电子课件。

本书在第1版(Access 2003)的基础上，删除了不适用的部分内容，增加了 Access 2010 的新功能、新概念和新操作；同时，注重更正了第1版中存在的问题，在内容编排、叙述严谨，图示释义等方面不断改进，力图使教材更适合教与学。

本书参考课时为64课时，其中上机操作不少于总课时的1/2。

本书可作为高等学校文科类各专业和其他非计算机专业计算机公共基础课程的教材，也可作为全国计算机等级考试二级"Access 数据库程序设计"的培训与自学教材，还可作为数据库开发人员的参考用书。

本书的第1、2、3、4、5、10章由陈洁编写，第6、7章由穆翠霞编写，第8、9章由刘振华编写。全书由陈洁统稿和审定。

由于作者水平有限，书中不妥之处，敬请读者批评指正。

编　者

于北京

第1版前言

本书是根据教育部高等教育司组织编写的《高等学校文科类专业大学计算机教学基本要求》对数据库技术和程序设计方面的基本要求编写的,以Microsoft Access 2003中文版为操作平台。

全书以案例教学驱动展开,介绍了关系数据库管理系统的基本知识和Access数据库系统的主要功能。理论论述通俗易懂、重点突出、循序渐进;案例操作步骤清晰、简明扼要、图文并茂。全书强调理论知识与实际应用的有机结合,正文讲解与课后练习相互补充。正文以"销售管理"数据库实例贯穿始终,实验练习以"订阅管理"数据库的应用为主线。

全书共11章,包括数据库基础知识、Access数据库及其创建、表的创建与使用、查询设计、结构化查询语言SQL、窗体设计、报表设计、数据访问页设计、宏、VBA与模块、数据库管理。书中提供了丰富的例题和大量的习题(包括上机练习题,并附有解答)。为方便教学,本书为教师提供电子课件。本书参考课时为64课时,其中上机操作不少于总课时的1/2。

本书可作为高等学校文科类各专业和其他非计算机专业计算机公共基础课程的教材,也可作为全国计算机等级考试二级"Access数据库程序设计"的培训与自学教材,还可作为数据库开发人员的参考用书。

本书的第1、2、3、4、5、8、11章由陈洁编写,第6、7章由穆翠霞编写,第9、10章由刘振华编写。全书由陈洁统稿和审定。刘开南和武涛参与了本书的审阅,在此表示衷心感谢。

由于作者水平有限,书中不妥之处,敬请读者批评指正。

编　者

目录

第1章 数据库基础知识

数据处理是目前计算机应用的主要技术，数据处理的核心是数据管理，而数据库技术是数据管理中最先进的技术。随着计算机应用的普及和深入，数据库技术变得越来越重要，了解和掌握数据库系统的基本概念和基本技术是应用数据库技术的前提。本章主要介绍数据管理技术的发展、数据模型和关系数据库的基本概念等内容。

1.1 数据库技术概述

数据库技术是现代信息科学与技术的重要组成部分，是计算机数据处理与信息管理系统的核心。数据库技术主要研究计算机在信息处理过程中如何对大量数据进行有效的组织和存储，并在数据库系统中减少数据存储冗余、实现数据共享、保障数据安全以及高效检索和处理数据等。

数据库技术研究和管理的对象是数据，涉及的主要内容包括：通过对数据的统一组织和管理，按照指定的结构建立相应的数据库；利用数据库管理系统设计出满足应用需求的数据库应用系统；实现对数据库中的数据进行添加、修改、删除、查询和分析等功能。

1.1.1 数据与数据管理技术

数据是描述事物的符号记录，有数字、文本、图形、图像、声音等多种表现形式。数据是数据库中存储的基本对象，数据与其语义是密不可分的。例如，30是一个数据，可以表示一个人的年龄，也可以表示一个物体的质量，还可以表示一个班级的人数，等等。

数据管理是指对数据进行分类、组织、编码、存储、检索和维护，是数据处理的中心问题。而数据处理则是指对各种形式的数据进行收集、存储、加工和传播的一系列活动的总和，其目的是从大量、原始的数据中抽取和推导出对人们有价值的信息，以作为行动和决策的依据。

数据库技术是应数据管理任务的需要而产生的。随着计算机软硬件技术的不断发展和计算机应用范围的不断扩大，在应用需求的推动下，数据管理技术经历了人工管理、文件系统和数据库系统这3个发展阶段，如表1-1所示。

表 1-1　数据管理技术的三个发展阶段

发展阶段	主要特征
人工管理 (1953—1965 年)	① 应用程序管理数据 ② 数据不共享，一组数据只能对应一个程序，数据冗余度大 ③ 数据不具有独立性，数据与程序彼此依赖
文件系统 (1965—1970 年)	① 数据由文件系统管理，应用程序通过文件系统访问数据文件中的数据 ② 数据文件之间没有联系，数据共享性差、冗余度大 ③ 数据独立性差。数据仍高度依赖于程序，是为特定的应用服务的
数据库系统 (1970 年至今)	① 数据由数据库管理系统统一管理和控制 ② 数据是面向全组织的，共享性高、冗余度小 ③ 数据具有较高的逻辑独立性和物理独立性

各阶段应用程序与数据之间的对应关系如图 1-1 至图 1-3 所示。

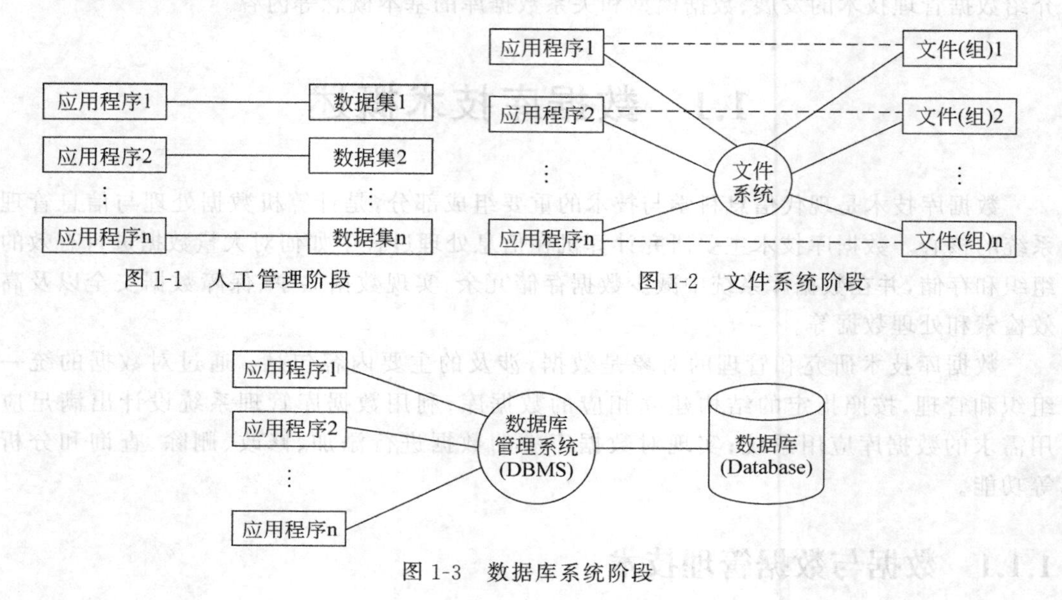

图 1-1　人工管理阶段　　图 1-2　文件系统阶段

图 1-3　数据库系统阶段

1.1.2　数据库系统

数据库系统是指引进数据库技术后的整个计算机系统，它可以有效地管理和存取大量数据资源，以满足多用户、多应用的不同需求。

数据库系统(Database System，DBS)一般由数据库、数据库管理系统(及其开发工具)、数据库应用系统和数据库管理员构成。

(1) 数据库(Database，DB)是长期存储在计算机内的有组织、大量、可共享的数据集合。数据库中的数据按一定的数据模型进行组织、描述和存储，具有较小的冗余度、较高的数据独立性和易扩展性，可为用户共享。

数据库中不仅包括描述事物的数据本身，还包括事物之间的联系。对数据库中的数据进行增加、删除、修改和查询等操作均由数据库管理系统统一管理和控制。

(2) 数据库管理系统(Database Management System,DBMS)是位于用户与操作系统之间的一层数据管理软件,在操作系统的支持下工作,是数据库系统的核心组成部分。

数据库管理系统的主要功能有:

- 数据模式定义与数据的物理存取构建;
- 数据操纵,包括数据更新(添加、修改、删除)和数据查询;
- 数据控制,包括完整性和安全性定义、数据库的并发控制与故障恢复;

完整性控制可保证数据的正确性、有效性和相容性,安全性控制可防止未经允许的用户存取数据,并发控制可防止多用户并发访问数据时由于相互干扰而产生的数据不一致;

- 数据服务,包括数据复制、转存、重组、性能监测、分析等。

为实现上述功能,DBMS 一般都提供了相应的数据语言,包括数据定义语言、数据操纵语言和数据控制语言。

(3) 数据库应用系统(Database Application System,DBAS)是利用数据库系统资源为特定应用环境开发的应用软件,如教学管理系统、财务管理系统、销售管理系统、图书管理系统等。

(4) 数据库管理员(Database Administrator,DBA)是负责建立、使用和维护数据库的专业人员。

数据库系统各部分之间的关系如图 1-4 所示。

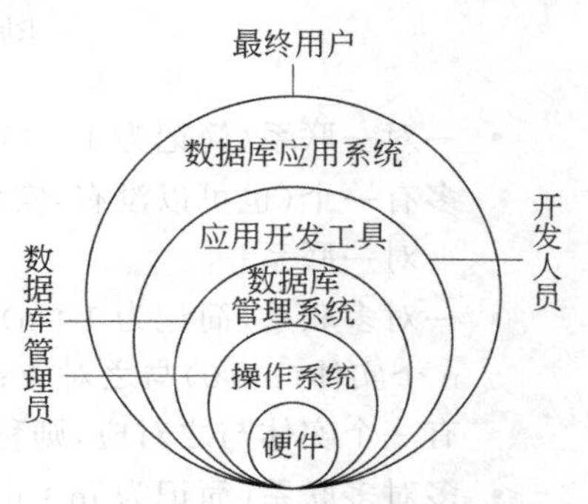

图 1-4 数据库系统各部分之间的关系示意图

1.1.3 数据模型

数据模型是现实世界数据特征的抽象。数据模型按不同的应用层次分为以下 3 种类型:

- 概念数据模型,是一种面向客观世界、面向用户的模型,它与具体的数据库管理系统无关,与具体的计算机平台无关;
- 逻辑数据模型,是一种面向数据库系统的模型;
- 物理数据模型,是一种面向计算机物理表示的模型。

1. 概念数据模型

概念数据模型简称概念模型,常用的概念模型是 E-R 模型(Entity-Relationship,实体-联系),E-R 模型通过 E-R 图描述数据结构。

(1) E-R 模型的成分。主要有实体、属性和联系 3 种。

① 实体(Entity)。客观存在并可相互区分的事物称为实体。实体可以是具体的人、事、物,也可以是抽象的概念或联系。例如,一个学生、一个班级、学生与班级的隶属关系等都是实体。

② 属性(Attribute)。实体所具有的某一特性称为属性。一个实体可以由若干属性

刻画。例如，学生实体有学号、姓名、性别、出生日期等属性。

实体名及实体属性的集合构成了实体型。例如，学生(学号，姓名，性别，出生日期)是一个实体型，(090306，王小萍，女，1990/8/2)是学生实体型的一个实体。

同一类型的实体的集合构成了实体集，例如，全体学生就是一个实体集。

③ 联系(Relation)。现实世界中的事物之间总是存在某种联系，包括实体内部的联系和实体之间的联系。

两个实体之间的联系可分为3类，如图1-5所示。

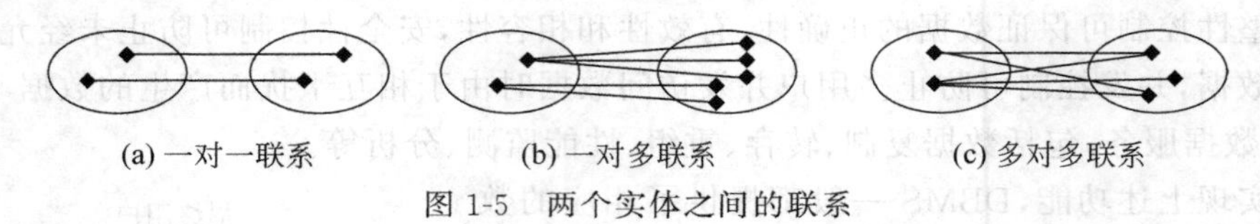

图1-5 两个实体之间的联系

- 一对一联系(简记为1∶1)。如果对于实体集A中的每一个实体，实体集B中至多有一个(也可以没有)实体与之对应，反之亦然，则称实体集A与实体集B具有一对一联系。
- 一对多联系(简记为1∶n)。如果对于实体集A中的每一个实体，实体集B中有n个实体(n≥0)与之对应；反之，对于实体集B中的每一个实体，实体集A中至多有一个实体与之对应，则称实体集A与实体集B具有一对多联系。
- 多对多联系(简记为m∶n)。如果对于实体集A中的每一个实体，实体集B中有n个实体(n≥0)与之对应；反之，对于实体集B中的每一个实体，实体集A中也有m个实体(m≥0)与之对应，则称实体集A与实体集B具有多对多联系。

例如：系部与系主任之间具有一对一联系，即一个系部只有一个系主任，一个系主任只在一个系部任职；

系部与学生之间具有一对多联系，即一个系部有多个学生，一个学生只属于一个系部；

学生与课程之间具有多对多联系，即一个学生可以选修多门课程，一门课程可以有多个学生选修。

(2) E-R模型的表示。

- 矩形，表示实体型，矩形框内为实体名。
- 椭圆，表示属性，椭圆框内为属性名。
- 菱形，表示联系，菱形框内为联系名。
- 无向边，用来连接实体型与联系，边上注明联系类型(1∶1，1∶n或m∶n)；属性与对应的实体型或联系也用无向边连接。

例如，用E-R模型描述某高校的教学组织情况：学校有若干系部，每个系部有若干学生，每个学生可选修多门课程，结果如图1-6所示。

2. 逻辑数据模型

逻辑数据模型即数据模型，由数据结构、数据约束和数据操作描述。

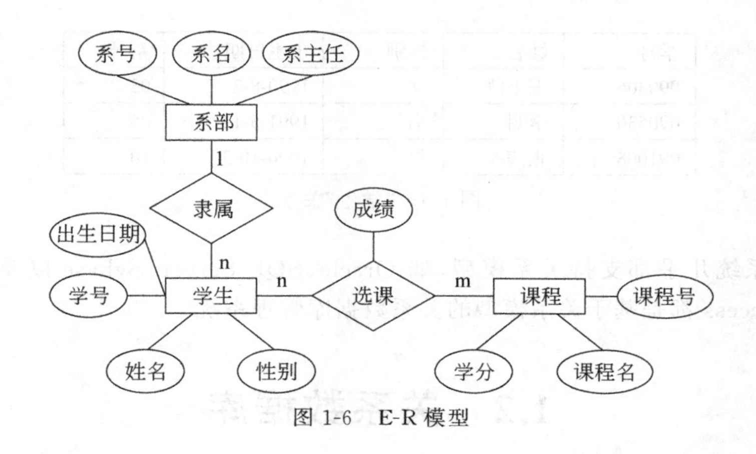

图 1-6　E-R 模型

任何一个 DBMS 都是基于某种数据模型的。根据数据的组织形式，常见的数据模型可分为层次模型、网状模型、关系模型，相应的数据库称为层次型数据库、网状型数据库、关系型数据库。

(1) 层次模型用树状结构表示实体及实体之间的联系，如图 1-7 所示，它是数据库系统最早使用的一种模型。

层次模型的主要特征是：有且仅有一个节点没有父节点，该节点称为根节点；其他节点有且只有一个父节点。

层次模型结构简单、处理方便、算法规范，适用于表达现实世界中具有一对多联系的事物，如行政关系、家族关系等。

(2) 网状模型用网状结构表示实体及实体之间的联系，如图 1-8 所示。

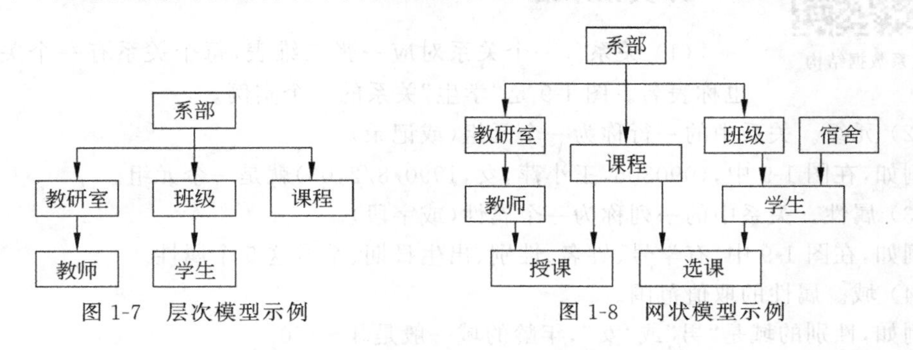

图 1-7　层次模型示例　　　　图 1-8　网状模型示例

网状模型的主要特征是：允许一个以上的节点没有父节点；允许一个节点有多个父节点。

网状模型能够更为直接地描述现实世界，表示实体之间的各种联系，但它的结构复杂，实现的算法也复杂。

(3) 关系模型用二维表结构表示实体及实体之间的联系。关系数据模型以关系数学理论为基础，一个关系对应一个二维表，如图 1-9 所示。

关系模型的概念单一，无论是实体还是实体之间的联系都用关系表示。

关系模型是目前最常用、最重要的一种数据模型。自 20 世纪 80 年代以来，新推出的

学号	姓名	性别	出生日期	系号
090306	王小萍	女	1990-8-2	03
090530	李明	男	1991-5-12	05
091008	张伟	男	1990-10-3	10

图 1-9 “学生”关系

数据库管理系统几乎都支持关系模型，如 Oracle、SQL Server、Sybase 以及本书介绍的 Microsoft Access 都是基于关系模型的关系数据库管理系统。

1.2 关系数据库

关系数据库是采用关系模型作为数据组织方式的数据库，在关系数据库中，现实世界的实体及实体之间的联系均用关系表示。

关系模型用关系数据结构、关系完整性约束和关系操作描述。

1.2.1 关系数据结构

关系数据结构

关系模型由一组关系组成，每个关系的数据结构是一张规范化的二维表。

1. 关系术语

(1) 关系。一个关系对应一张二维表，每个关系有一个关系名，也称表名。图 1-9 是“学生”关系的一个实例。

(2) 元组。关系中的一行称为一个元组(或记录)。

例如，在图 1-9 中，(090306，王小萍，女，1990/8/2，03)就是一个元组。

(3) 属性。关系中的一列称为一个属性(或字段)。

例如，在图 1-9 中，有学号、姓名、性别、出生日期、系号这 5 个属性。

(4) 域。属性的取值范围。

例如，性别的域是“男”或“女”，年龄的域一般是 1～150。

(5) 分量。元组中的一个属性值。

例如，在图 1-9 中，“王小萍”就是第一个元组中的一个分量。

(6) 关系模式。对关系结构的描述，一般表示为

关系名(属性 1，属性 2，…，属性 n)

例如，“系部”关系的关系模式可表示为

系部(系号，系名，系主任)

在关系模型中，实体以及实体之间的联系都是用关系表示的。例如，学生、课程、学生

与课程之间的多对多的选课联系在关系模型中都表示为关系，其关系模式为

学生(学号,姓名,性别,出生日期,系号)
课程(课程号,课程名,学分)
选课(学号,课程号,成绩)

(7) 键。关系中能够唯一确定一个元组的属性或属性组称为键或关键字。键具有标识元组、建立元组之间的联系等重要作用。一个关系中可能有多个键，这些键称为候选键。

(8) 主键。从候选键中选择一个作为用户使用的键称之为主键或主关键字。

例如，在“学生”关系中，“学号”可以作为主键。在“课程”关系中，“课程号”可以作为主键。在“选课”关系中，“学号”和“课程号”属性组可以作为主键。在“系部”关系中，“系号”和“系名”为候选键，可以选择“系号”作为主键。

(9) 外键。如果关系 A 和关系 B 有语义相关的公共字段 f，且 f 在关系 B 中是主键，则 f 在关系 A 中就称为外键或外部关键字。

例如，“学生”关系和“系部”关系中都有“系号”字段，且“系号”在“系部”关系中是主键，则“系号”在“学生”关系中就是外键。

在关系数据库中，主键和外键表示两个关系之间的联系。例如，“系部”关系和“学生”关系中的记录可以通过公共的“系号”字段相联系，若要查找某个学生所在系的系主任，可以先在“学生”关系中找出该学生的系号，再到“系部”关系中找出该系号所对应的系主任。

2. 关系的基本性质

(1) 关系中的每个属性都是不可分割的数据项，即表中不能再包含表。如果不满足这个条件，就不能称为关系数据库。例如，图 1-10 所示的表格就不符合要求。

职工号	姓名	应发工资			应扣工资			实发工资
		基本工资	奖金	补贴	房租	水电	公积金	
0156008	程方							
……								

图 1-10　不符合规范化要求的表格

(2) 关系中同一个属性的取值必须是同一类型的数据，并来自同一个域。
(3) 关系中不允许出现相同的属性。
(4) 关系中不允许出现相同的元组。
(5) 关系中的行、列次序可以任意交换，不影响其信息内容。

1.2.2　关系完整性约束

关系完整性约束是对关系的某种制约，以保证数据的正确性、有效性和相容性。

关系模型中有 3 类数据约束：实体完整性约束、参照完整性约束和用户定义的完整性约束，前两种完整性约束是关系模型必须遵守的规则，由关系数据库系统自动支持。

1. 实体完整性约束

该约束要求关系的主键不能取空值或重复的值。空值(Null)就是"不知道"或"无意义"的值。

例如,在"学生"关系中,"学号"为主键,则学号不能取空值,也不能有重复值。

2. 参照完整性约束

该约束是关系之间相关联的约束,规定了外键和主键之间的引用规则,即外键或者取空值,或者等于相关联的关系中主键的某个值。

例如,"系号"在"学生"关系中为外键,在"系部"关系中为主键,则"学生"关系中的"系号"或者取空值(表示学生尚未选择某个系),或者取"系部"关系中已有的一个系号值(表示学生已属于某个系)。

3. 用户定义的完整性约束

该约束是针对某一具体应用所涉及的数据必须满足的语义要求而定义的完整性约束。

例如,在"选课"关系中,如果要求成绩以百分制表示,并保留一位小数,则用户就可以定义成绩字段为数值型数据,小数位数为 1,取值范围为 0～100。

1.2.3 关系操作

关系模型中常用的关系操作有两类：查询和更新(包括插入、修改、删除)。查询是关系操作中最主要的部分,通过关系运算可以实现查询功能。

关系运算分为传统的集合运算和专门的关系运算两大类。

关系运算的对象是一个关系,运算结果仍是一个关系。

1. 传统的集合运算

传统的集合运算包括并(∪)、交(∩)、差(−)、笛卡儿积(×)这 4 种。

图 1-11 为关系 R 和关系 S 的 4 种集合运算示例(R 与 S 具有相同的结构)。

2. 专门的关系运算

专门的关系运算包括选择(σ)、投影(π)、连接(⋈)、除(÷)这 4 种。

(1) 选择。从关系中选出满足给定条件的元组。

选择是从行的角度进行的运算,其结果是原关系的一个子集。

(2) 投影。从关系中选出若干属性并列组成新的关系。

投影是从列的角度进行的运算,相当于对关系进行垂直分解。

(3) 连接。从 2 个关系的笛卡儿积中选取属性之间满足一定条件的元组。

在连接操作中,以属性值相等为条件的连接称为等值连接,去掉重复属性的等值连接称为自然联接,自然联接是最常用的连接运算。

R

A	B	C
a1	b1	c1
a1	b2	c2
a2	b2	c1

S

A	B	C
a1	b2	c2
a1	b3	c2
a2	b2	c1

R∪S

A	B	C
a1	b1	c1
a1	b2	c2
a2	b2	c1
a1	b3	c2

R∩S

A	B	C
a1	b2	c2
a2	b2	c1

R−S

A	B	C
a1	b1	c1

R×S

R.A	R.B	R.C	S.A	S.B	S.C
a1	b1	c1	a1	b2	c2
a1	b1	c1	a1	b3	c2
a1	b1	c1	a2	b2	c1
a1	b2	c2	a1	b2	c2
a1	b2	c2	a1	b3	c2
a1	b2	c2	a2	b2	c1
a2	b2	c1	a1	b2	c2
a2	b2	c1	a1	b3	c2
a2	b2	c1	a2	b2	c1

图 1-11　传统集合运算示例

如图 1-12 所示，(a)是条件为“C＝5”的选择运算，(b)是选取 A、C 列的投影运算，(c)是以 R.B＝S.B 为条件的等值连接，(d)是以 R.B＝S.B 为条件的自然连接。

R

A	B	C
a1	b1	5
a1	b2	6
a2	b3	5
a2	b4	12

$\sigma_{C=5}(R)$

A	B	C
a1	b1	5
a2	b3	5

(a) 选择运算

S

B	E
b1	3
b2	7
b2	10
b4	2

$\pi_{A,C}(R)$

A	C
a1	5
a1	6
a2	5
a2	12

(b) 投影运算

$R \underset{R.B=S.B}{\bowtie} S$

A	R.B	C	S.B	E
a1	b1	5	b1	3
a1	b2	6	b2	7
a1	b2	6	b2	10
a2	b4	12	b4	2

(c) 等值连接

$R \bowtie S$

A	B	C	E
a1	b1	5	3
a1	b2	6	7
a1	b2	6	10
a2	b4	12	2

(d) 自然连接

图 1-12　关系运算示例

(4) 除。适合于包含“所有的”或“全部的”之类的条件的查询操作。

如图 1-13 所示，R 表示选课关系(S# 为学号，C# 为课程号)，S 表示课程关系(C# 为课程号)，R÷S 表示找出选修了所有课程的学生的学号。

R

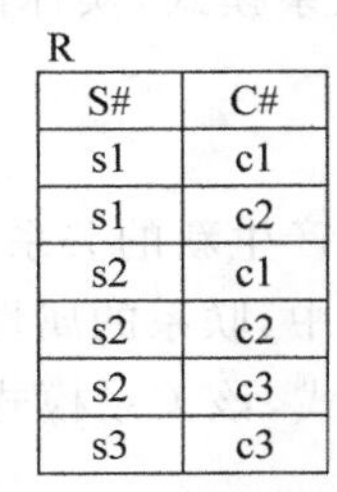

S#	C#
s1	c1
s1	c2
s2	c1
s2	c2
s2	c3
s3	c3

S

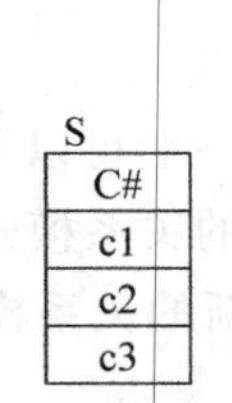

C#
c1
c2
c3

R÷S

S#
s2

图 1-13　除运算示例

利用关系运算可以实现对关系数据库的查询，找出用户需要的数据。

1.2.4 关系规范化

关系规范化是指对数据库中的关系模式进行分解，将不同的概念分散到不同的关系中，以达到概念的单一化。

满足一定条件的关系模式称为范式（Normal Form，NF）。根据满足规范条件的不同，分为第一范式（1NF）、第二范式（2NF）、第三范式（3NF）、BC 范式（BCNF）、第四范式（4NF）和第五范式（5NF）。级别越高，满足的要求越高，规范化程度也越高。在关系数据库中，任何一个关系模式都必须满足第一范式，即表中的每个字段都必须是不可分割的数据项。将一个低级范式的关系模式分解为多个高一级的范式的关系模式的过程称为规范化。

关系的规范化可以避免大量的数据冗余，节省存储空间，保持数据的一致性。但由于信息被存储在不同的关系中，在一定程度上增加了操作的难度。

1.3 数据库设计简介

数据库设计是指对于一个给定的应用环境构造最优的数据库模式，并建立数据库及其应用系统，使之能够有效地存储数据，满足不同用户的应用需求。数据库设计通常分为以下 6 个阶段。

（1）需求分析。通过对应用领域的详细调查和与用户深入细致的交流，收集和分析用户的各项信息需求和处理需求，划分系统的主要功能模块，提出安全性和完整性要求，形成需求分析说明书。

（2）概念结构设计。根据系统需求说明书对现实世界进行数据抽象，确定相关的实体（及其属性）和实体之间的各种联系，建立独立于具体 DBMS 的数据库概念模型，常用的方法是 E-R 模型。

（3）逻辑结构设计。将 E-R 模型转换为某个 DBMS 支持的数据模型，如关系数据模型，并应用关系规范化理论对关系模式进行优化。

将 E-R 模型转换为关系数据模型的基本原则如下。

① 实体的转换。每个实体型转换为一个关系模式，实体的属性就是关系的属性，实体的关键字就是关系的关键字。

② 联系的转换。

- 一个 1∶1 联系或 1∶n 联系一般可以不产生新的关系模式，而是将“一”方实体的关键字加入“多”方实体对应的关系模式中，联系的属性也需要一并加入。
- 一个 m∶n 联系要产生一个新的关系模式，该关系模式由联系涉及的实体的关键字加上联系本身的属性组成。

（4）物理结构设计。对于给定的数据库的逻辑模型，选取一个最适合应用环境的物理结构(包括存储结构和存取方法)。

(5) 数据库实施。用 DBMS 提供的数据定义语言和数据库结构,装入初始数据,编制与调试应用程序,并进行试运行。

(6) 数据库运行和维护。数据库投入运行后,对数据库系统进行评价、调整和修改。

本章小结

本章介绍了数据库的基础知识,主要内容如下。

(1) 数据管理技术经历了人工管理、文件系统和数据库系统 3 个发展阶段,数据库技术是数据管理的最新技术。

(2) 数据库系统一般由数据库、数据库管理系统(及其开发工具)、数据库应用系统和数据库管理员构成。数据库管理系统(DBMS)是数据库系统的核心组成部分。

(3) 数据模型是现实世界数据特征的抽象。

① 概念数据模型(如 E-R 模型)是一种面向客观世界、面向用户的模型,与具体的计算机平台无关,与具体的数据库管理系统也无关。

② 逻辑数据模型(即数据模型,包括层次模型、网状模型、关系模型等)是一种面向数据库系统的模型,即任何一个 DBMS 都是基于某种数据模型而建立的。

(4) 关系数据库采用关系模型作为数据组织方式。在关系数据库中,实体及实体之间的联系均用关系表示。关系模型用以下 3 部分描述。

① 关系数据结构。每个关系的数据结构都是一张规范化的二维表。

② 关系完整性约束。指对关系的某种制约,包括实体完整性约束、参照完整性约束和用户定义的完整性约束 3 类。

③ 关系操作。包括数据查询和数据更新。通过关系运算可以实现查询功能。关系运算分为传统的集合运算和专门的关系运算。

(5) 按照规范设计方法,数据库设计通常分为 6 个阶段。在设计过程中,需求分析和概念结构设计独立于任何 DBMS,逻辑结构设计和物理结构设计与选用的 DBMS 密切相关。

习 题 1

1.1 思考题

1. 数据管理技术经历了哪几个发展阶段?各阶段的主要特征是什么?
2. 数据库管理系统的主要功能是什么?
3. E-R 模型的作用是什么?如何表示 E-R 模型?
4. 目前常用的数据模型有哪几种?它们的主要特征是什么?

5. 什么是关系数据库？其主要特点有哪些？

6. 关系完整性约束有哪3种？其作用是什么？

7. 关系运算包括哪些运算方式？

8. 数据库设计分为哪几个阶段？各阶段的主要任务是什么？

1.2 选择题

1. 在数据管理技术发展的3个阶段中，数据共享性最高的是（　　）。

A）人工管理阶段　　B）文件系统阶段

C）数据库系统阶段　　D）3个阶段相同

2. 以一定的组织方式存储在计算机存储设备上，能为多个用户所共享的、与应用程序彼此独立的相关数据的集合称为（　　）。

A）数据库　　B）数据库系统

C）数据库管理系统　　D）数据结构

3. 数据库(DB)、数据库系统(DBS)和数据库管理系统(DBMS)之间的关系是（　　）。

A）DBMS包括DB和DBS　　B）DBS包括DB和DBMS

C）DB包括DBS和DBMS　　D）三者之间没有关系

4. 数据库应用系统中的核心问题是（　　）。

A）数据库设计　　B）数据库系统设计

C）数据库维护　　D）数据库管理员培训

5. 数据库的基本特点是（　　）。

A）数据结构化，数据独立性高、冗余度大、共享性高，数据统一管理和控制

B）数据结构化，数据独立性高、冗余度小、共享性高，数据统一管理和控制

C）数据结构化，数据独立性低、冗余度小、共享性高，数据统一管理和控制

D）数据非结构化，数据独立性低、冗余度大、共享性低，数据统一管理和控制

6. 数据库系统的核心是（　　）。

A）数据库　　B）数据库管理系统

C）数据库应用系统　　D）数据库管理员

7. 数据库管理系统是（　　）。

A）操作系统的一部分　　B）在操作系统支持下的系统软件

C）一种编译系统　　D）一种应用软件

8. 用二维表结构表示实体与实体之间联系的数据模型称为（　　）。

A）层次模型　　B）网状模型　　C）关系模型　　D）表格模型

9. 数据库类型的划分依据是该数据库所支持的（　　）。

A）文件形式　　B）记录形式

C）数据模型　　D）数据存取方法

10. Access数据库管理系统使用的数据模型是（　　）。

A）网络模型　　B）层次模型

C）关系模型　　D）面向对象模型

11. 将E-R图转换为关系模式时，实体和联系都可以表示为(　　)。

A) 属性　　B) 键　　C) 关系　　D) 域

12. 关系模型由一组关系组成，每个关系的数据结构是(　　)。

A) 树　　B) 图　　C) 表格　　D) 二维表

13. 在E-R模型中，用来描述现实世界中事物特征的元素是(　　)。

A) 属性　　B) 主键　　C) 实体　　D) 外键

14. 在E-R图中，用来表示实体联系的图形元素是(　　)。

A) 椭圆形　　B) 矩形　　C) 菱形　　D) 三角形

15. 以下关于关系数据库主要特点的叙述中错误的是(　　)。

A) 关系中每个属性都必须是不可分割的数据项

B) 关系中同一个属性的取值必须具有相同的数据类型

C) 同一个关系中不能有同名的属性，也不能有相同的元组

D) 关系中的行、列次序不能任意交换，否则会影响其信息内容

16. 实体之间的联系有(　　)。

A) 1∶1　　B) 1∶n　　C) m∶n　　D) 以上都是

17. 以下关于E-R模型的说法中不正确的是(　　)。

A) E-R模型是一种面向客观世界、面向用户的模型

B) E-R模型是用户与数据库设计人员之间进行交流的工具

C) E-R模型是某一个DBMS支持的数据模型

D) E-R模型不依赖于具体的计算机系统

18. 设有3个关系，学生(学号，姓名，性别，出生日期)，课程(课程号，课程名)，选课(学号，课程号，成绩)，则选课关系的主关键字是(　　)。

A) 课程号，成绩　　B) 学号，成绩

C) 学号，课程号　　D) 学号，课程号，成绩

19. 设一个仓库可以存放多种商品，同一种商品只能存放在一个仓库中，则仓库与商品之间是(　　)。

A) 一对一的联系　　B) 一对多的联系

C) 多对一的联系　　D) 多对多的联系

20. 一个工作人员可以使用多台计算机，一台计算机可以被多个工作人员使用，则工作人员与计算机之间是(　　)。

A) 一对一联系　　B) 一对多联系　　C) 多对多联系　　D) 多对一联系

21. 数据库中有A、B两个关系，均有相同的字段f，在两个关系中，字段f都被设为主键。当通过字段f建立两个关系的联系时，该联系为(　　)。

A) 一对一　　B) 一对多　　C) 多对多　　D) 不能建立

22. 在"学生"关系中，如果要找出所有男生的记录，则采用的关系运算是(　　)。

A) 选择　　B) 投影　　C) 联接　　D) 扫描

23. 有3个关系R、S和T，若可由关系R和S通过运算得到关系T，则使用的运算为(　　)。

R

A	B	C
a	0	c
b	1	d

S

A	B	C
f	3	h
a	0	c
n	2	k

T

A	B	C
a	0	c

A）并　　　　B）自然连接　　　　C）笛卡儿积　　　　D）交

24. 在“学生”关系中，如果要找出所有学生的学号、姓名和出生日期，则应采用的关系运算是（　　）。

A）选择　　　　B）投影　　　　C）连接　　　　D）扫描

25. 设有3个关系R、S和T，若可以由关系R和S通过运算得到关系T，则使用的运算为（　　）。

R

A	B
m	1
n	2

S

B	C
1	3
3	5

T

A	B	C
m	1	3

A）并　　　　B）自然连接　　　　C）笛卡儿积　　　　D）交

26. 在数据库设计中，将E-R图转换成关系数据模型的过程属于（　　）。

A）需求分析阶段　　　　B）概念设计阶段

C）逻辑设计阶段　　　　D）物理设计阶段

27. 在数据库设计中，用E-R图描述信息结构且不涉及信息在计算机中的表示，该过程属于数据库设计的（　　）。

A）需求分析阶段　　　　B）逻辑设计阶段

C）概念设计阶段　　　　D）物理设计阶段

28. 在数据库管理系统中，负责查询操作的数据库语言是（　　）。

A）数据定义语言　　　　B）数据服务语言

C）数据操纵语言　　　　D）数据控制语言

1.3　填空题

1. 数据库系统是采用了数据库技术的计算机系统，一般由数据库、________、数据库应用系统和数据库管理员组成。

2. 数据库中的数据是有结构的，这种结构由数据库管理系统所支持的________表现出来。

3. 数据库系统不仅可以表示实体内部各数据项之间的联系，还可以表示________的联系。

4. 关系模型的概念单一，无论是实体还是实体之间的联系都用________表示。

5. 数据管理技术的发展经历了________、________、________ 3个阶段。

6. 数据库中的数据按一定的数据模型进行组织，具有较小的________、较高的________和易扩展性，并可供各种用户________。

7. 数据独立性是指________与________之间相互独立，彼此不受影响。

8. 在数据库管理系统提供的数据定义语言、数据操纵语言和数据控制语言中，负责数据的模式定义与数据的物理存取构建的语言是________。

9. 在数据库系统中，数据由________统一管理和控制。

10. 关系模型中有________、________、________ 3类完整性约束。其中，________和________是关系模型必须满足的完整性约束。

11. 利用________运算可以实现对关系数据库的查询，找出用户需要的数据。

12. E-R图的图形元素包括矩形、菱形、椭圆，其中表示实体的是________。

13. 居民基本信息一般包括：身份证号、姓名、性别、出生日期等。其中可以作为主键的是________。

14. 在关系运算中，通过________操作可以从关系中找出满足给定条件的元组。

15. 在关系数据库中，用来表示实体之间联系的是________。

16. 数据库设计包括概念设计、________和物理设计。

17. 关系模型用关系数据结构、________和关系操作描述。

第 2 章 Access 数据库及其创建

Access 是 Microsoft 公司开发的面向办公自动化的关系型数据库管理系统，在许多企事业单位的日常数据管理中得到了广泛应用。本章主要介绍 Access 数据库的工作环境、Access 数据库中的对象及其组织方式、Access 数据库的创建等内容。

2.1 Access 数据库概述

Access 是一个基于关系数据模型的关系数据库管理系统(RDBMS)，在中小型数据库应用系统的开发中有广泛应用。Access 提供了强大的数据处理工具，使用户能够方便地组织和管理数据库信息，尤其是特别适合非 IT 专业的普通用户开发各种数据库应用系统。

本书主要介绍 Access 2016 中文版的使用，在此后的叙述中，若未特别说明，则提到的 Access 均指 Access 2016 中文版。

2.1.1 Access 的特点

Access 2016 的主要特点如下。

(1) Access 2016 是 Microsoft Office 2016 办公组件中的一个数据库管理软件，具有与 Word、Excel 和 PowerPoint 等应用程序统一的操作界面。

(2) 使用 Access 创建的数据库系统封装在一个单独的文件中，即一个 Access 数据库中的各种成分(包括数据表、查询、窗体、报表、宏和模块等)都存储在一个文件中，这样有利于整个数据库系统的迁移和维护等工作。

(3) Access 2016 是一个完全面向对象并采用事件驱动机制的关系数据库管理系统，使得数据库的应用与开发更加便捷、灵活。

(4) Access 2016 增强了通过 Web 网络共享数据库的功能，可以将 Access 数据库应用程序作为 Access Web 应用程序部署到 SharePoint 服务器上。

(5) Access 2016 提供了两种数据库类型的开发工具，一种是标准桌面数据库类型，另一种是 Web 数据库类型，使用 Web 数据库开发工具可以方便地开发网络数据库，使得用户可以在整个组织内或通过 Internet 共享数据。

(6) Access 2016 提供了大量内置函数和宏操作，数据库开发人员(包括不了解编程语言的开发人员)可以快速地以一种无代码的方式完成各种复杂的数据操作与管理任务。

(7) Access 2016 支持 Visual Basic 的高级编程技术(VBA)。

(8) Access 2016 提供了丰富的联机帮助功能。

2.1.2 Access 的工作界面

执行“开始”→“应用”→Microsoft Office 2016→Access 2016 命令,即可启动 Access 系统,在打开 Access 但未打开数据库时,默认显示 Backstage 视图,如图 2-1 所示。

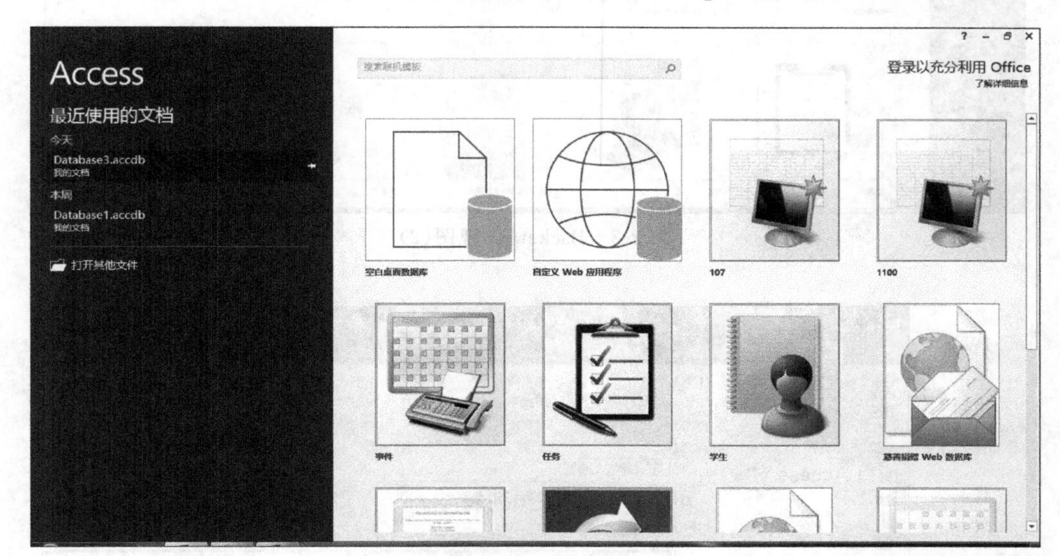

图 2-1 Backstage 视图(1)

Backstage 视图是功能区的“文件”选项卡所对应的操作区域。右侧是各种数据库模板,左侧显示的是最近使用的文档。选择左下方的“打开其他文件”选项即可进入如图 2-2 所示的界面,该界面的左侧是一组命令按钮,右侧显示执行不同命令后的结果。在 Backstage 视图中,可以对数据库文件进行各种操作或执行各种数据库维护任务。单击左上方的“返回”按钮可以退出 Backstage 视图。

打开或者新建一个数据库,即可进入 Access 工作界面。例如,在 Backstage 视图中选择“新建”选项,然后选择“教职员”数据库模板,即可创建一个“教职员”数据库,进入 Access 工作界面,如图 2-3 所示。

Access 的工作界面主要包括功能区、导航窗格、工作区和状态栏等部分。

1. 功能区

功能区包含若干围绕特定方案或对象组织的选项卡,每个选项卡包含多组相关命令。如图 2-3 所示,“开始”选项卡中的“记录”组包含了用于创建数据库记录和保存这些记录的命令。

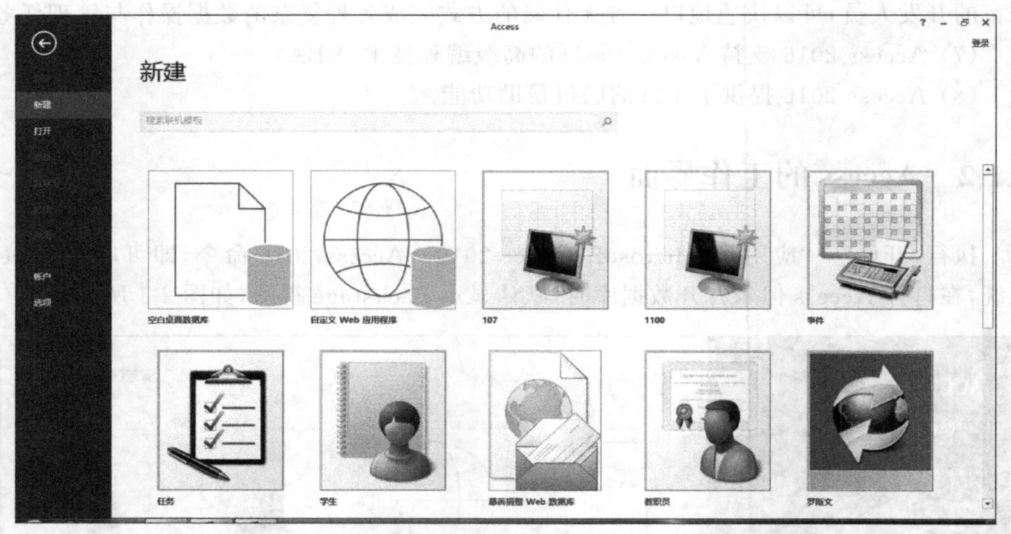

图 2-2　Backstage 视图(2)

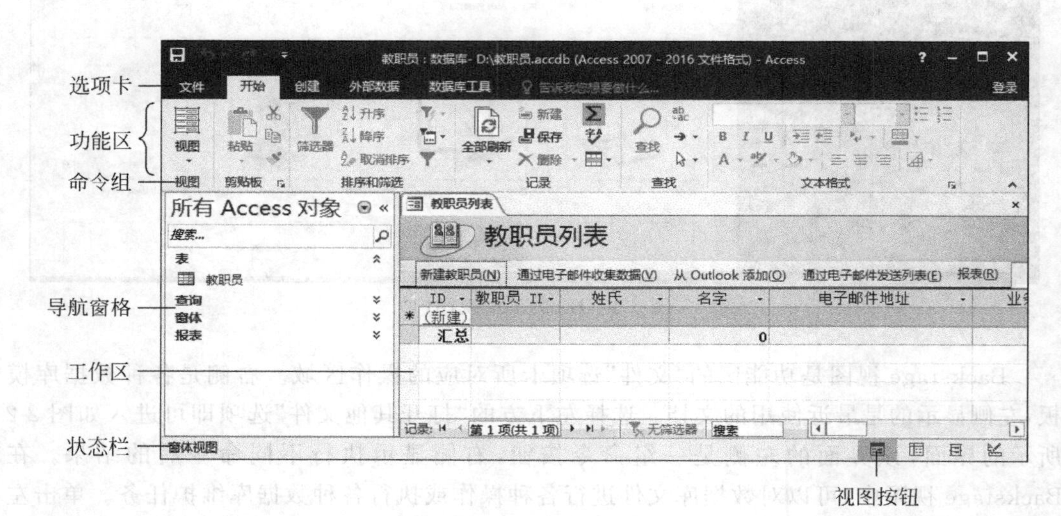

图 2-3　Access 工作界面

双击任意选项卡可以将功能区最小化，再次双击选项卡则可以展开功能区，也可以单击功能区右下角的“折叠功能区”按钮将功能区最小化。

2. 功能区选项卡

功能区选项卡分为主选项卡和上下文选项卡两类，前者包含常用的操作命令，后者在操作不同的数据库对象时才会出现。上下文选项卡也称工具选项卡。

(1) 主选项卡。主选项卡包括以下几种。

①“文件”选项卡。单击该选项卡将打开图 2-2 所示的 Backstage 视图。在 Backstage 视图中可以新建数据库、打开数据库、保存数据库、关闭数据库、更改数据库设

置或执行其他数据库维护任务。

②“开始”选项卡。包括“视图”“剪贴板”“排序和筛选”“记录”“查找”“文本格式”6组，用来对数据表进行各种常用操作。

③“创建”选项卡。包括“模板”“表格”“查询”“窗体”“报表”“宏与代码”6组，如图2-4所示，Access数据库中的所有对象都是从这里创建的。

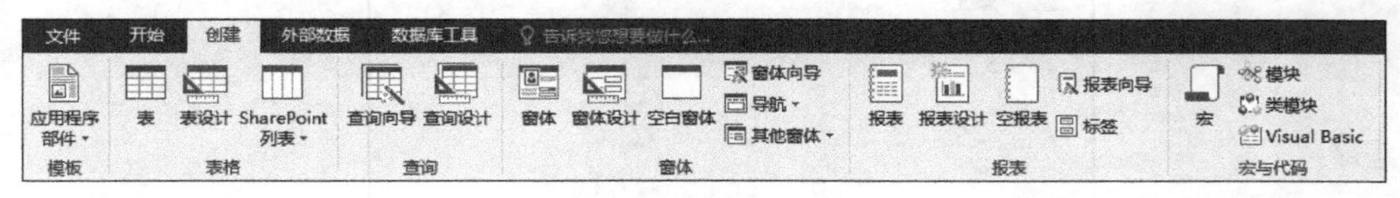

图2-4 “创建”选项卡

④“外部数据”选项卡。包括“导入并链接”和“导出”2组，用来实现内部数据与外部数据交换的管理和操作。

⑤数据库工具选项卡。包括“工具”“宏”“关系”“分析”“移动数据”“加载项”6组，用来启动Visual Basic编辑器、创建表关系、管理Access加载项等。

(2)上下文选项卡。上下文选项卡位于主选项卡的右侧，会根据不同的操作对象或操作任务自动显示，具有智能功能。例如，当打开表设计视图时，在“数据库工具”选项卡的右边会出现一个“表格工具”选项卡，如图2-5所示。

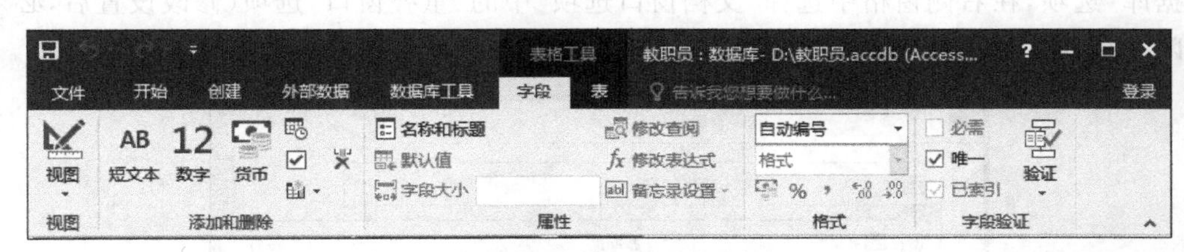

图2-5 “表格工具”选项卡

这里的上下文选项卡是一个选项卡组，包括“字段”和“表”2个选项卡。

在选项卡的某些命令组中，组名的右侧区域有一个“打开”按钮，单击该按钮可以打开一个对话框，为该组提供更多的操作设置。例如，在“开始”选项卡的“文本格式”组中单击“打开”按钮，可以打开“设置数据表格式”对话框。

3. 导航窗格

导航窗格用于管理和组织数据库对象。在打开或创建数据库时，数据库对象的名称将显示在导航窗格中。Access数据库对象包括表、查询、窗体、报表、宏和模块，在导航窗格中可以按不同分类方式显示各个数据库对象。

单击导航窗格右上角的“百叶窗开/关”按钮« 可以隐藏或显示导航窗格；单击数据库对象名右侧的“分组”按钮，如图2-3中的“报表”组按钮可以展开或折叠该组。

4. 工作区

Access工作区是设计、编辑、显示以及运行表、查询、窗体、报表和宏等数据库对象的区域。

在 Access 工作区中，默认采用选项卡式文档界面操作各个数据库对象，这种方式不仅可以在 Access 窗口中显示更多的信息，还方便用户查看和管理数据库对象。如图 2-6 所示，工作区中打开了 3 个选项卡。

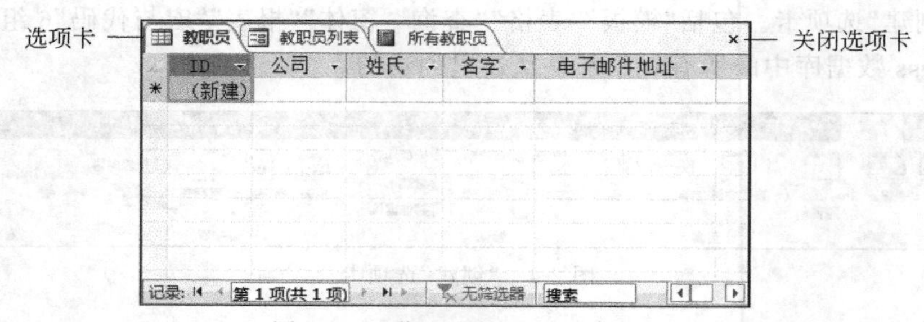

图 2-6　工作区中的选项卡式文档

如果打开的对象比较多，在工作区窗格的上方只显示部分选项卡，则单击左右两侧的“滚动”按钮◀和▶可以显示被隐藏的选项卡。选中某个选项卡，然后单击工作区窗格右上角的“关闭”按钮×可以关闭该选项卡。

工作区中的文档还可以采用图 2-7 所示的“层叠窗口”显示方式，设置方法是：执行“文件”→“选项”命令，打开图 2-8 所示的“Access 选项”对话框，在左侧列表中选择“当前数据库”选项，在右侧窗格中选择“文档窗口选项”中的“重叠窗口”选项(修改设置后，必须关闭并重新打开当前数据库，指定选项才能生效)。

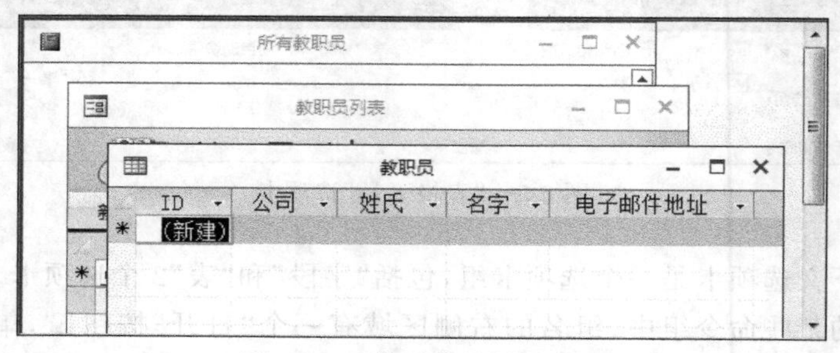

图 2-7　工作区中的层叠窗口

层叠窗口中的文档有自己独立的“最小化”“最大化”和“关闭”按钮。

5. 视图

视图是 Access 中对象的显示方式，表、查询、窗体和报表等数据库对象都有不同的视图。在不同的视图中，可以对对象进行不同的操作。

“开始”选项卡的第一个组就是“视图”组，在该组中可以切换当前对象的视图。

6. 关闭数据库和退出 Access 应用程序

执行“文件”→“关闭”命令，可以关闭当前打开的 Access 数据库，但不会退出 Access 系统。若要退出 Access 系统，则可以单击 Access 窗口右上角的“关闭”按钮×。

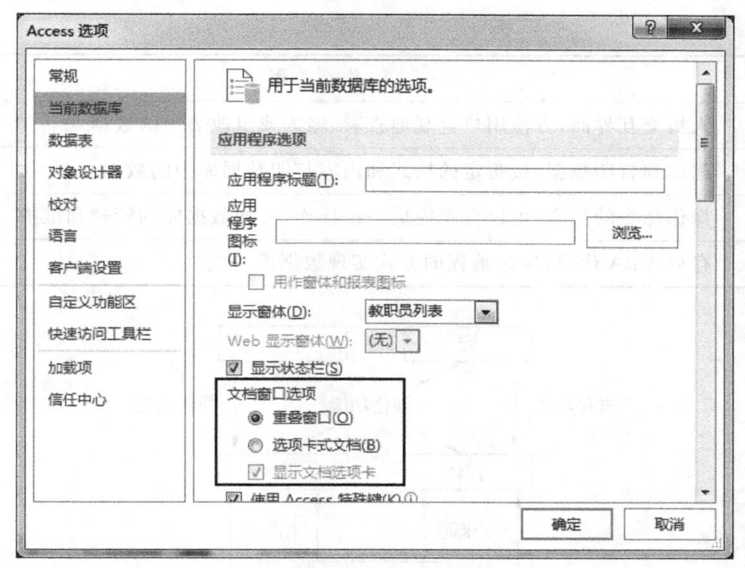

图 2-8 “Access 选项”对话框

在关闭数据库或退出 Access 应用程序时，Access 都将自动保存对数据的更改。如果更改了数据库对象的设计，则 Access 将在关闭之前询问用户是否保存这些更改。

注意：如果意外地退出了 Access，则可能会损坏数据库。

为便于叙述，本书约定使用“→”表示级联选择，如

“开始”→“剪贴板”→“复制”表示：在功能区的“开始”选项卡中，执行“剪贴板”命令组中的“复制”命令。

“开始”→“视图”→“视图”→“设计视图”表示：在“开始”选项卡中，执行“视图”命令组的“视图”列表中的“设计视图”命令。

“窗体设计工具/设计”→“工具”→“属性表”表示：在“窗体设计工具”选项卡组的“设计”选项卡中，执行“工具”命令组中的“属性表”命令。

2.1.3 Access 的数据库对象

一个 Access 数据库就是一个扩展名为 accdb 的 Access 文件，Access 数据库中包含表、查询、窗体、报表、宏和模块 6 个对象，它们的作用如表 2-1 所示，各对象之间的关系如图 2-9 所示。

表 2-1 Access 数据库中的对象及其作用

对　象	作　用
表	存储数据，是数据库的核心，一个数据库中可以建立多个表
查询	检索数据，是数据库最重要的应用

续表

对　象	作　用
窗体	人机交互界面,方便用户直观地查看、输入或更改表中的数据
报表	输出和打印数据,按指定的格式和内容打印数据库中的数据
宏	操作命令的集合,可以自动完成一组操作,方便数据库的管理和维护
模块	存放 VBA 代码,通过编程的方式实现数据库功能

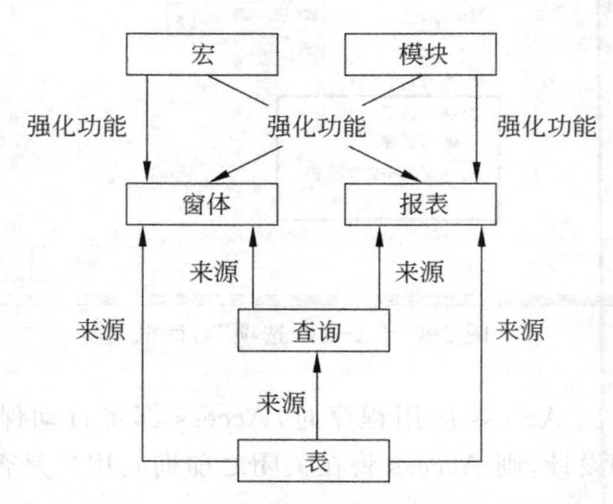

图 2-9　Access 数据库对象之间的关系

图 2-10 显示了 Access 数据库中的 6 个数据库对象。

2.1.4　Access 的联机帮助

Access 提供了方便快捷的联机帮助内容,用户可以随时获得需要的帮助信息。

1. “帮助”窗口

在 Access 工作界面中,单击标题栏右侧的“帮助”按钮 ? 或者按 F1 快捷键可以打开“Access 2016 帮助”窗口,如图 2-11 所示。

可以展开列表中的分类,再选择子列表中的条目;也可以在“搜索”框中输入要查询的主题。例如,搜索“窗体”关键字会显示如图 2-12 所示的搜索结果列表,单击某个链接即可获得详细的帮助内容。

2. 快捷帮助

在 Access 工作界面的选项卡右侧有一个搜索栏 告诉我您想要做什么... ,可以输入与接下来要执行的操作相关的字词或短语,从而快速访问要使用的功能或要执行的操作,也可以获取与要查找的内容相关的帮助信息。

例如,输入“创建表”会弹出如图 2-13 所示的与“创建表”相关的选项列表,选择“表设

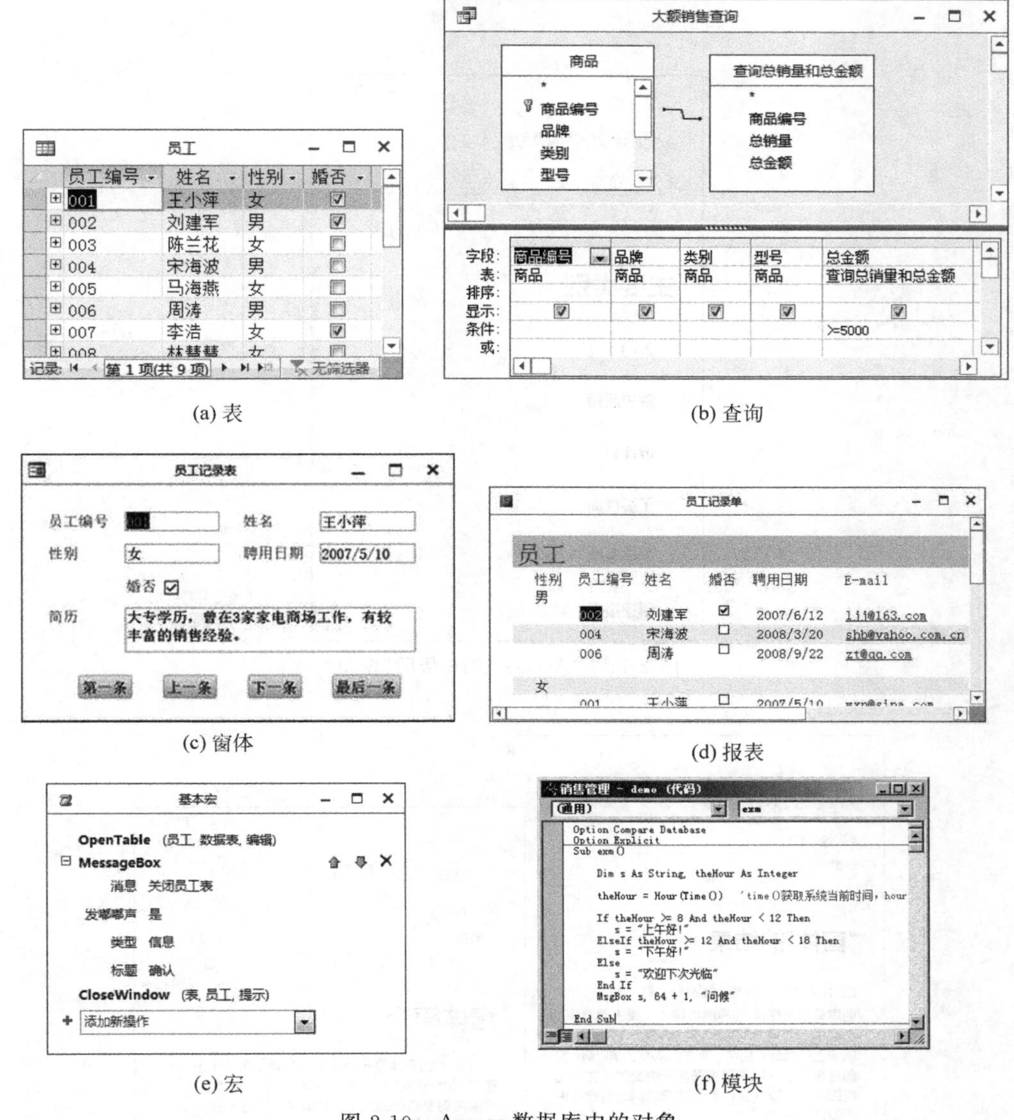

(a) 表　　(b) 查询

(c) 窗体　　(d) 报表

(e) 宏　　(f) 模块

图 2-10　Access 数据库中的对象

计”选项会打开表设计视图；选择最后一个“帮助”选项会打开如图 2-14 所示的“帮助”窗口，可以进一步选择需要帮助的项目。

3. 上下文帮助

上下文帮助主要出现在表设计视图和宏设计视图中，帮助内容会随着所选目标的不同而变化。图 2-15 为表设计视图中的上下文帮助。

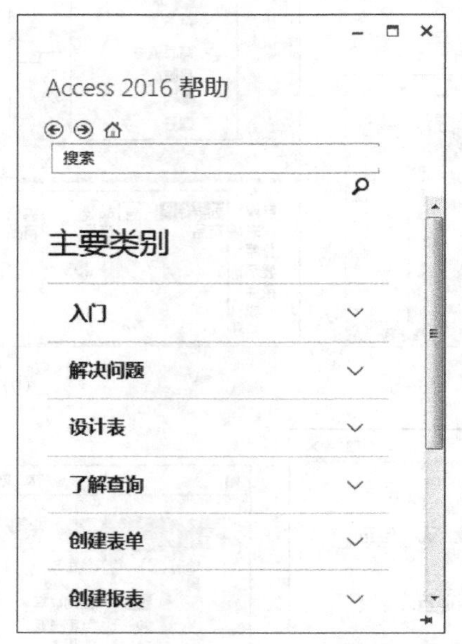

图 2-11 “Access 2016 帮助”窗口

Access 2016 帮助
窗体
“窗体”的结果
使用“窗体”工具创建窗体
创建单项目窗体 在导航窗格中，单击包含要在窗体上显示的数据的表或查询。在“创建”选项卡上的“窗体”组中，单击“窗体”。Access 将创建窗体，并以布局视图显示该窗体。在布局视图中，可以在窗体显示数据的同时对窗体进行设计方面的更改。
窗体简介
Access 中的窗体是一种数据库对象，可用于创建数据库应用程序的用户界面。“绑定”窗体直接连接到表或查询之类的数据源，可用于输入、编辑或显示来自该数据源的数据。或者也可以创建“未绑定”窗体。该窗体不会直接链接到数据源，但仍然包含运行应用程序所需的命
Access 2016 帮助
窗体
窗体简介
Access 中的窗体是一种数据库对象，可用于创建数据库应用程序的用户界面。“绑定”窗体直接连接到表或查询之类的数据源，可用于输入、编辑或显示来自该数据源的数据。或者也可以创建“未绑定”窗体。该窗体不会直接链接到数据源，但仍然包含运行应用程序所需的命令按钮、标签或其他控件。
本文主要介绍绑定窗体。可以使用绑定窗体控制对数据的访问权限，例如要显示哪些数据字段或数据行。例如，一张表中包含多个字段，但某些用户只需查看其中的某几个字段。如果向这些用户提供的窗体中只包含这几个字段，会更方便这些用户使用该数据库。还可以向窗体添加命令按钮和其他功能，以自动执行常用

图 2-12 通过搜索获取帮助

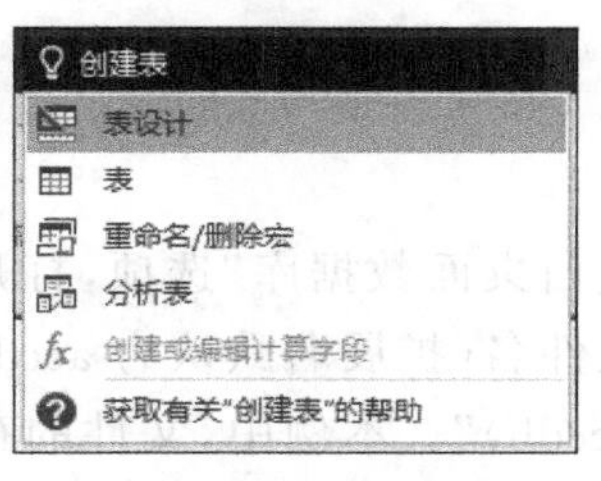

图 2-13 "帮助"列表

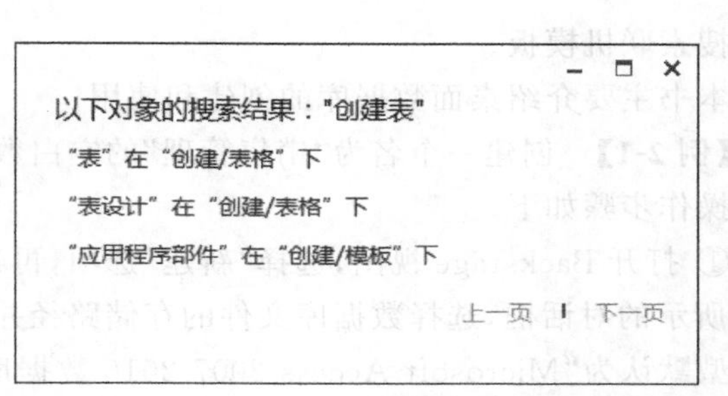

图 2-14 "帮助"窗口

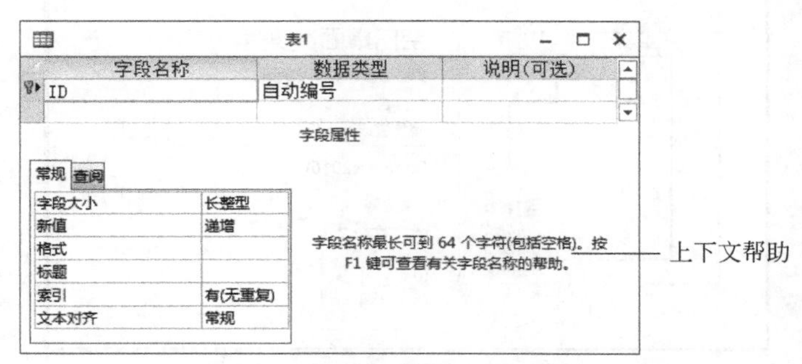

图 2-15 表设计视图中的上下文帮助

2.2 创建 Access 数据库

在 Access 数据库应用系统中，所有数据库资源都存放在一个数据库文件中，该文件的扩展名为 accdb。

Access 提供了以下两种建立桌面数据库的方法。

(1) 创建空白数据库。空白数据库是一个不包含任何数据库对象的空数据库。

创建空白数据库后，用户可以根据实际应用的需要添加表、查询、窗体、报表、宏、模块等数据库对象。

(2) 使用模板创建数据库。模板是一种预先设计好的包含某个主题内容的数据库(模板文件的扩展名为 accdt)，在模板数据库中已建立了表、查询、窗体、报表等与主题相关的数据库对象，可以使用 Access 自带的模板，或者从 Office.com 下载模板，也可以使用自己设计的模板。

模板可以帮助用户快速创建一个相关主题的 Access 数据库。使用模板创建数据库后，用户可以再根据应用的需要添加或修改某些数据库对象。

除了创建桌面数据库以外，还可以创建在 Access Services 的 SharePoint 服务器上部署的 Web 数据库。

选择"文件"选项卡，打开如图 2-1 或图 2-2 所示的 Backstage 视图，在"新建"窗格中列出了"空白桌面数据库""自定义 Web 应用程序"以及"教职员""学生"等模板数据库，还可以搜索联机模板。

本书主要介绍桌面数据库的创建和使用。

【例 2-1】 创建一个名为“销售管理”的空白数据库。

操作步骤如下。

① 打开 Backstage 视图，选择“新建”选项，再选择“空白桌面数据库”选项，打开如图 2-16 所示的对话框，选择数据库文件的存储路径并输入文件名（扩展名默认为 accdb），保存类型默认为“Microsoft Access 2007-2016 数据库（*.accdb）”。本例中，文件的存储路径为 D:\access2016，文件名为“销售管理.accdb”。

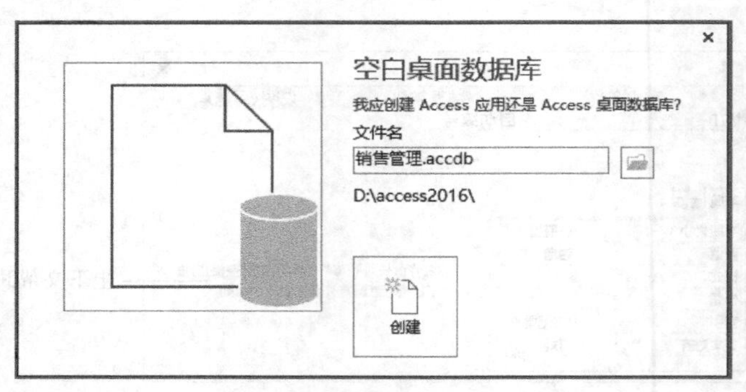

图 2-16 创建空白桌面数据库

② 单击“创建”按钮，即可创建一个空白的 Access 数据库，同时进入 Access 的工作界面，并在导航窗格中显示一个名称为“表 1”的空数据表，如图 2-17 所示。

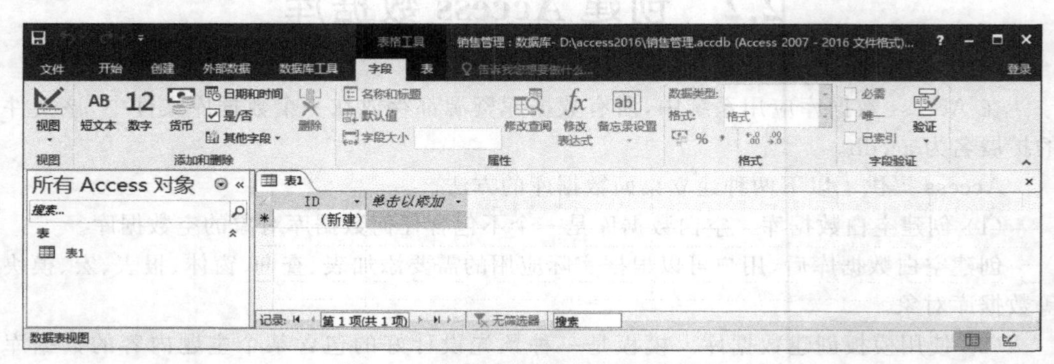

图 2-17 新创建的“销售管理”数据库

用户可以开始进行后续的设计工作。本例中，执行“文件”→“关闭”命令，关闭新创建的“销售管理”数据库。

【例 2-2】 使用模板创建一个“学生”数据库。

操作步骤如下。

① 在 Backstage 视图中，选择“脱机工作”选项，打开模板列表，再选择“学生”模板数据库，并指定数据库文件的存储路径和文件名。本例中，存储路径为 D:\access2016，文件名为 student.accdb。

② 单击“创建”按钮，系统就会根据“学生”模板数据库创建 student 数据库，如图 2-18 所示。

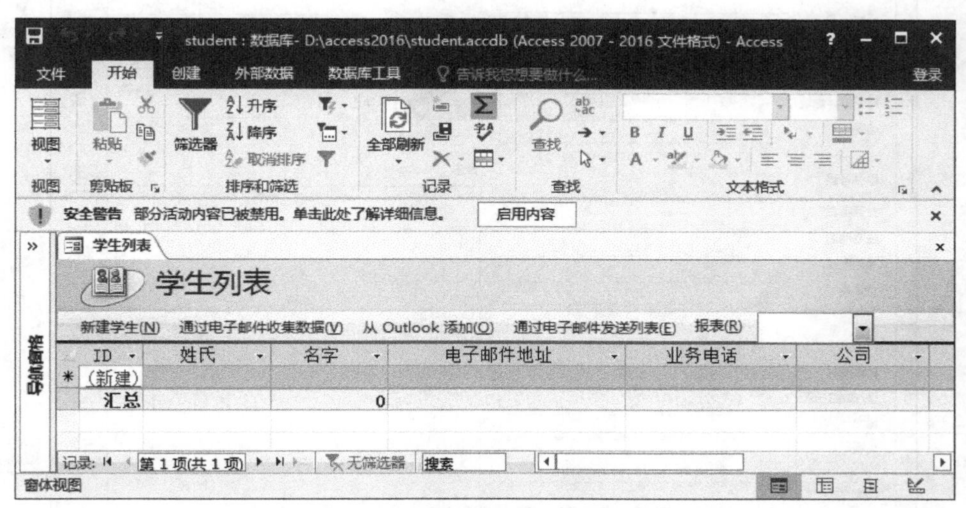

图 2-18 使用模板创建的 student 数据库

使用模板创建的数据库不再是一个空的数据库，其中会包含表、查询、窗体、报表、宏和模块等对象，但没有具体数据。用户可以根据实际应用的需要修改这些对象。

在图 2-19 所示的工作界面中，单击导航窗格上方的“百叶窗开/关”按钮可以展开导航窗格，可以看到该数据库中包含的所有对象。单击“学生”分组中的“学生详细信息”窗体对象可以打开如图 2-20 所示的窗体界面。

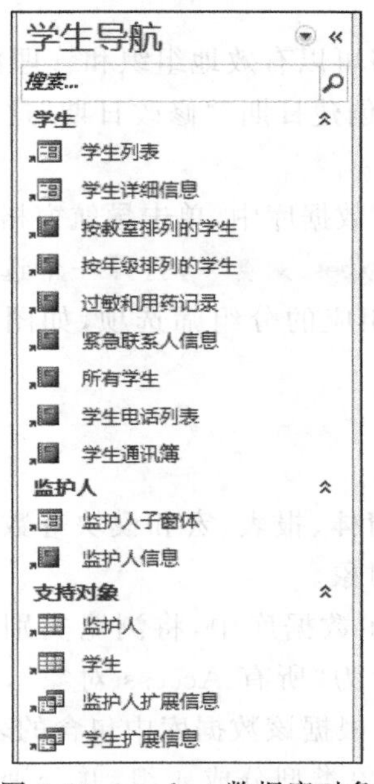

图 2-19 student 数据库对象

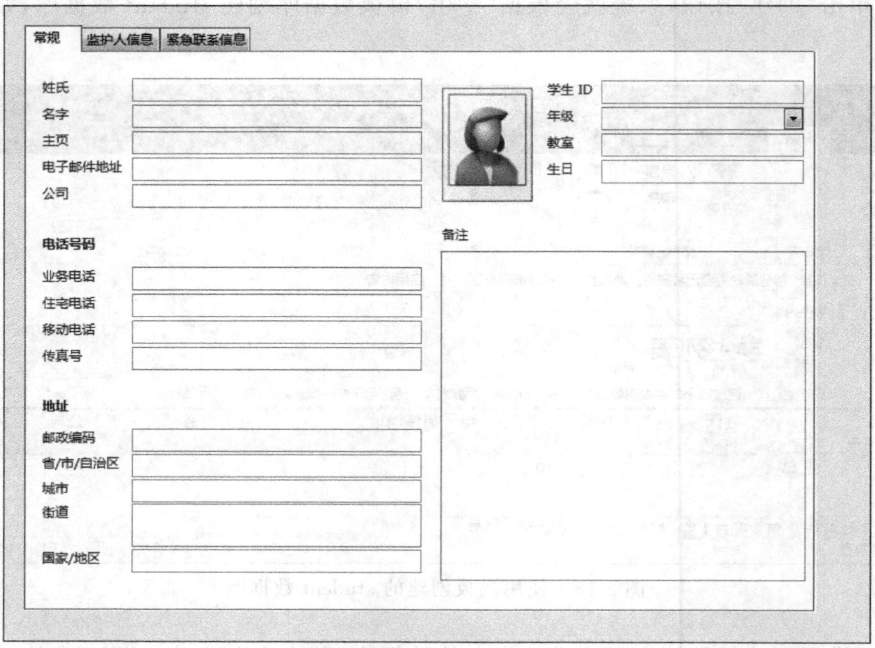

图 2-20 “学生详细信息”窗体

2.3 组织 Access 数据库对象

在 Access 中，利用导航窗格可以有效地组织和管理数据库对象。新建的数据库默认有“对象类型”“表和相关视图”“创建日期”“修改日期”这 4 种对象组织类别，每个类别下还有相应的按组筛选方式。

在例 2-1 创建的“销售管理”数据库中，单击导航窗格上方的“所有 Access 对象”按钮 所有 Access 对象 ，打开一个选项列表，可以选择一种浏览类别和相应的分组筛选项，如图 2-21 所示。

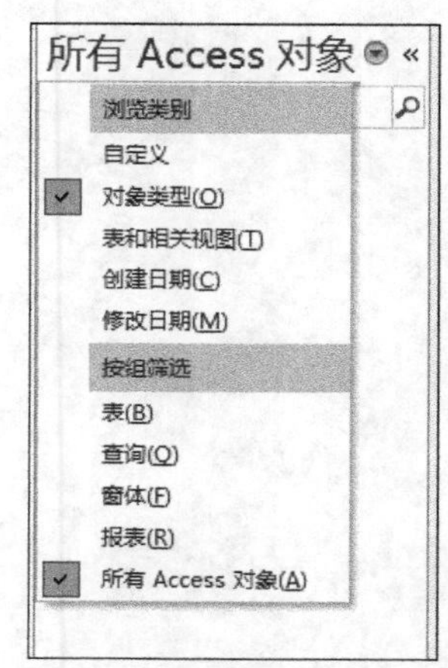

图 2-21 设置数据库对象的组织方式

1. 对象类型

这种方式可以按表、查询、窗体、报表、宏和模块等数据库对象类型组织数据库中的所有对象。

例如，例 2-2 创建的 student 数据库中，将浏览类别设置为“对象类型”，将按组筛选设置为“所有 Access 对象”，可以得到如图 2-22 所示的分类形式，根据该数据库中包含的表、查询、窗体和报表这 4 种数据库对象类型分成 4 组，并分别显示各类别中的所有对象。

2. 表和相关视图

这种方式是基于数据库对象的逻辑关系组织数据库对象的。在 Access 数据库中，表是最基本的对象，查询、窗体、报表等对象都是使用表对象作为数据源而创建的，因此，表与使用表的其他对象之间就构成了一种逻辑关系。这种组织方式便于查看与每个表相关的其他对象，可以清楚地了解数据库内部各个对象之间的关系。

在 student 数据库中，将浏览类别设置为“表和相关视图”，将按组筛选设置为“所有表”，可以得到如图 2-23 所示的分类形式。其中，“学生”组中显示了与“学生”表对象相关的查询、窗体和报表等对象，“监护人”组中显示了与“监护人”表对象相关的查询、窗体和报表等对象，而且都是先列出表对象，再列出依赖于该表的其他对象。

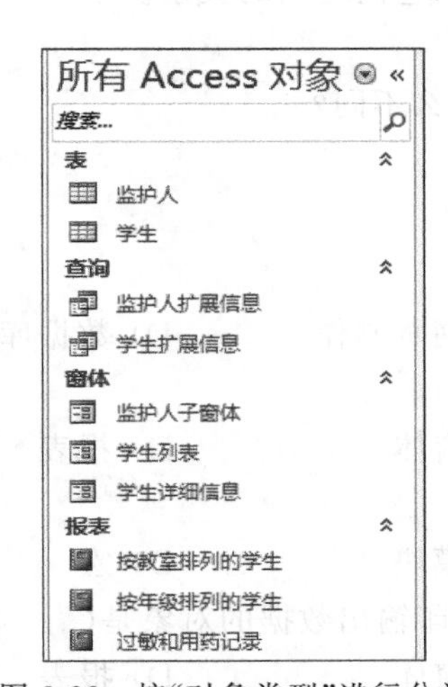

图 2-22　按“对象类型”进行分类

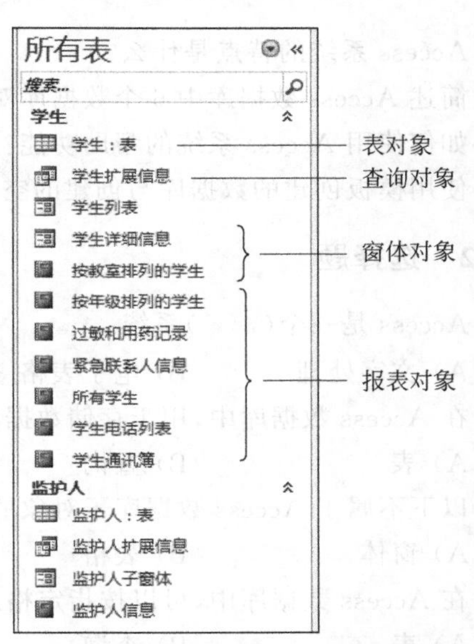

图 2-23　按“表和相关视图”进行分类

此外，还可以按创建日期或修改日期组织数据库对象，或者根据设计需要自定义浏览类别和分组。例如，在图 2-19 所示的 student 数据库导航窗格中，就是按自定义的“学生导航”类别组织各个数据库对象的。

本章小结

本章介绍了 Access 的工作界面、Access 数据库对象、Access 数据库的创建方法及其数据库对象的组织方式，主要内容如下。

(1) Access 数据库是一个扩展名为 accdb 的 Access 文件。

(2) Access 数据库中包含表、查询、窗体、报表、宏和模块 6 个数据库对象。表是数据库的核心与基础；查询是数据库的重要应用；窗体和报表用于数据的输入与格式化输出；

宏和模块用来强化数据库功能。

(3) 使用模板可以创建一个包含表、查询、窗体等数据库对象的数据库;也可以创建一个不包含任何数据库对象的空数据库,然后再添加表、查询、窗体等数据库对象。

(4) 在导航窗格中可以有效地组织和管理数据库对象,按对象类别或对象的相关性组织数据库对象。

习　题　2

2.1　思考题

1. Access 系统的特点是什么?
2. 简述 Access 数据库中 6 个数据库对象的功能和它们之间的关系。
3. 如何使用 Access 系统的帮助功能?
4. 使用模板创建的数据库与创建的空数据库有什么不同?

2.2　选择题

1. Access 是一个(　　)系统。

A) 文字处理　　B) 电子表格　　C) 网页制作　　D) 数据库管理

2. 在 Access 数据库中,用于存储数据的对象是(　　)。

A) 表　　B) 查询　　C) 窗体　　D) 报表

3. 以下不属于 Access 数据库子对象的是(　　)。

A) 窗体　　B) 表格　　C) 模块　　D) 宏

4. 在 Access 数据库中,可以按指定格式和内容打印输出数据的对象是(　　)。

A) 表　　B) 查询　　C) 窗体　　D) 报表

5. Access 数据库文件的扩展名是(　　)。

A) dbf　　B) accdb　　C) xlsx　　D) docx

6. 在 Access 系统中,若要关闭数据库,则应该执行(　　)选项卡中的命令。

A) 文件　　B) 开始　　C) 创建　　D) 数据库工具

2.3　填空题

1. Access 数据库中的 6 个子对象是________、查询、________、________、________和模块。
2. 在 Access 数据库中,查询对象必须依据________对象建立。
3. 在 Access 数据库中,窗体和报表对象的数据来源可以是________或________。
4. Access 数据库文件的扩展名为________。
5. 在 Access 工作界面的________中可以有效地管理和组织数据库对象。
6. 关闭 Access 数据库________(会/不会)退出 Access 系统。

7. 在 Access 中，除了创建桌面数据库以外，还可以创建部署在 SharePoint 服务器上的________数据库。

2.4　上机练习题

1. 利用 Access 系统提供的帮助功能查找 6 个数据库对象的相关帮助信息，了解它们在 Access 数据库中的主要作用。

2. 启动 Access 系统，在 D:\access2016 文件夹中创建一个名为“订阅管理.accdb”的空白桌面数据库，然后进入 Access 的工作界面，熟悉 Access 的工作环境。

3. 启动 Access 系统，使用“教职员”数据库模板创建一个名为“教职员.accdb”的数据库文件，并保存在 D:\access2016 文件夹中，然后使用这个示例数据库查看它的各个数据库对象，并在导航窗格中选择不同的浏览类别组织数据库对象。

第3章 表的创建与使用

在 Access 中，表(table)是存储数据的基本单位，是整个数据库系统的基础。建立Access 数据库之后，就可以在数据库中建立数据表对象。本章主要介绍表的创建方法，输入和编辑记录，为表建立索引和关系，数据的导入和导出，记录的汇总、排序和筛选等内容。

本章均在"销售管理"数据库中创建和使用表，以下不再赘述。

3.1 创 建 表

创建表

表是由字段和记录两部分组成的，字段描述了表的结构，记录描述了表中存储的数据。通常在表设计视图中创建表的结构，在数据表视图中输入和浏览记录。

1. 表设计视图

打开 Access 数据库文件，进入 Access 工作界面，在功能区中执行"创建"→"表格"→"表设计"命令，打开表设计视图，如图 3-1 所示。

图 3-1 表设计视图

在表设计视图中可以定义字段的名称和数据类型、设置字段属性、设置表的主键等。

(1) 字段名称。字段名是字段的标识,必须输入且遵守以下命名规则。

- 字段名可以是1～64个西文或中文字符。
- 字段名中可以包含字母、数字、空格和特殊字符(不包括点号"."、叹号"!"、重音号"`"和方括号"[ ]")的任意组合,但不能以空格开头。
- 字段名中不能包含控制字符(即0～31的ASCII码,如回车符)。

(2) 数据类型。数据类型决定字段中可存储的数据形式、取值范围和可执行的操作。

(3) 字段属性。字段属性描述字段的工作方式和表现形式,每个字段可以有多个属性,如字段大小、标题、默认值等,不同的字段可以有不同的属性取值。

2. 字段的数据类型

在一个数据表中,不同的字段可以存储不同类型的数据。例如,在"姓名"字段中可以存储文本数据,在"销售量"字段中可以存储数字数据,在"聘用日期"字段中可以存储日期数据等。

在表设计视图的"数据类型"列表框中提供了12个类型选项,其作用如表3-1所示。

表3-1 Access的数据类型

数据类型	作 用	大 小
短文本	存储文本、数字或文本与数字的组合	最多为255个中文或西文字符
长文本	存储较长的文本	最多为64000个字符
数字	存储用于数学计算的数值数据	1、2、4、8或16字节
日期/时间	存储100～9999年的日期和时间数据	8字节
货币	存储货币值	8字节
自动编号	存储一个唯一的顺序号或随机数	4或16字节
是/否	存储"是"或"否"值	1位
OLE对象	存储链接或嵌入的对象(如Excel电子表格、Word文档、图形、声音或其他二进制数据)	最多为1GB
超链接	以文本形式存储超链接地址	最多为64000个字符
附件	附加一个或多个不同类型的文件	单个文件的大小不能超过256MB,最多可以附加2GB的数据
计算	存储计算结果	8字节
查阅向导	创建一个"查阅"字段,可以使用组合框或列表框选择字段值	4字节

(1) "短文本"型字段的大小默认为255,应该根据实际需要指定一个合适的大小。

(2) 在"长文本"型字段中,可以存储纯文本,也可以存储带格式的文本。

(3) "数字"型字段通过"字段大小"属性可以进一步定义,如表3-2所示。

表 3-2　数字型字段大小的属性取值

字段大小	输入的数字范围	小数位数	存储空间
字节	0～255	无	1 字节
整数	－32 768～32 767	无	2 字节
长整型	－2 147 483 648～2 147 483 647	无	4 字节
单精度型	$-3.4\times10^{38}\sim3.4\times10^{38}$	7	4 字节
双精度型	$-1.797\times10^{308}\sim1.797\times10^{308}$	15	8 字节
小数	$-10^{28}-1\sim10^{28}-1$	28	12 字节
同步复制 ID(GUID)	长整型或双精度型	N/A	16 字节

(4)“日期/时间”型字段内置日历控件，可以用来选择日期值。

(5) 在“货币”型字段中输入数据时，Access 会自动加上千位分隔符和货币符号(如“￥”“$”)，并自动设置为 2 位小数(超过 2 位小数，则四舍五入)。货币型数值可以精确到小数点左边 15 位和小数点右边 4 位。

(6) 对于“自动编号”型字段，在数据表中每添加一条记录，Access 都会自动给该字段设定一个唯一的连续递增的数值(初值为 1，递增量为 1)或随机数值。

(7) 对于“是/否”型字段，只有代表“是”或“否”的两个取值，如婚否等，可以用 Yes/No，True/False，On/Off，－1/0 表示。

(8) 使用“附件”型字段时，可以将图像、电子表格文件、文档、图表和其他类型的支持文件附加到数据库的记录，类似将文件附加到电子邮件中。一个“附件”型字段中可以附加多个文件。“附件”字段和“OLE 对象”字段相比具有更大的灵活性，而且可以更高效地使用存储空间。

添加附件时，对于某些文件类型，如 bmp、wmf、emf、tif(tiff)、exif、ico 等，Access 会对其进行压缩；对于某些可能导致安全风险的文件类型，如 com、exe、bat 等，则会禁止附加到记录中。

(9) 在“计算”型字段中，可以建立一个表达式以存储计算数据，计算结果是只读的。若要在表达式中引用其他字段，则这些字段必须与计算字段在同一个表中。

(10)“查阅向导”不是一种数据类型，而是帮助用户设计查阅列的辅助工具。选择该项后将启动“查阅向导”，可以使用自定义的数据或是来自另一个表的数据创建一个列表，这样用户就可以直接从列表中选择字段值了。

3. 主键

第 1 章中介绍了主键(即主关键字)的概念，主键能够唯一标识表中的一条记录。在 Access 中，主键可以由一个或多个字段组成，分别称为单字段主键或多字段主键。

(1) 主键的特点。

① 一个表中只能有一个主键。

在 Access 中，虽然主键不是必需的，但最好为每个表都设置一个主键。

② 主键的值不可重复，也不可为空(Null)。

(2) 主键的作用。

① 提高查询和排序的速度。

② 在表中添加新记录时，Access 会自动检查新记录的主键值，且不允许该值与表中其他记录的主键值重复。

③ Access 自动按主键值的顺序显示表中的记录。如果没有定义主键，则按输入顺序显示表中的记录。

【例 3-1】 在“销售管理”数据库中建立“员工”表，其结构如表 3-3 所示。

表 3-3 “员工”表结构

字段名称	数据类型	字段大小	主键
员工编号	短文本	3	是
姓名	短文本	4	—
性别	短文本	1	—
婚否	是/否	—	—
聘用日期	日期/时间	—	—
E-mail	超链接	—	—
照片	OLE 对象	—	—
简历	长文本	—	—

注：表格中的“—”表示不设置此项。

操作步骤如下。

① 启动 Access 程序，在功能区中选择“文件”选项卡，进入 Backstage 视图，单击“打开”按钮，打开例 2-1 中建立的“销售管理.accdb”数据库文件，进入 Access 工作界面。

② 执行“创建”→“表格”→“表设计”命令，打开表设计视图。

③ 参考表 3-3，在设计视图的第 1 行中输入第 1 个字段：

- 字段名称为“员工编号”，数据类型为“短文本”，说明内容为“员工编号是每个员工的唯一标识符号”(该项可选，其作用是对字段含义进行简要说明)；
- 在“字段属性”区域中，将“字段大小”属性设置为 3。

按上述方法，依次定义“姓名”“性别”“婚否”“聘用日期”“E-mail”“照片”“简历”等字段。

④ 单击第 1 行左侧的字段选择器，选中“员工编号”字段，然后单击“表格工具/设计”→“工具”→“主键”按钮；或者右击“员工编号”字段，从弹出的快捷菜单中选择“主键”选项，将“员工编号”字段设置为主键，结果如图 3-2 所示。

⑤ 单击快速访问工具栏中的“保存”按钮，打开“另存为”对话框，在“表名称”栏中输入“员工”，保存表对象。

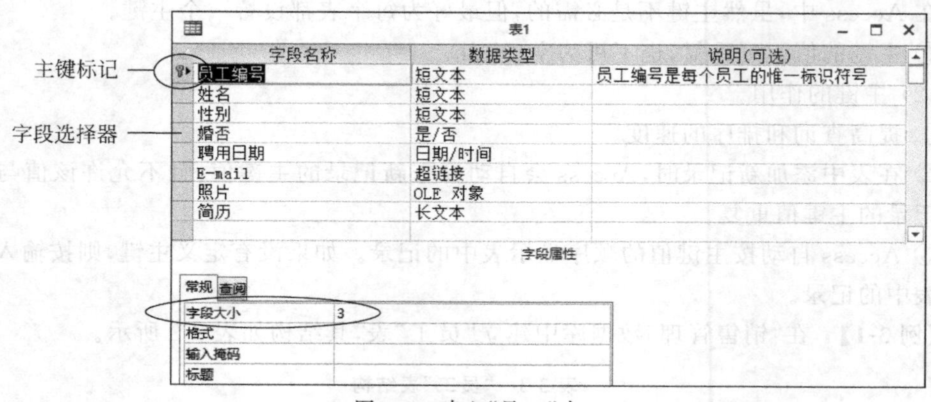

图 3-2 建立“员工”表

说明：

① 如果主键由多个字段组成，则可以按住 Ctrl 键依次单击各字段的选定器，以同时选中多个字段，然后单击功能区中的“主键”按钮。

② 若要取消主键，则可以先选定该主键字段，然后单击功能区中的“主键”按钮。

③ 如果一个表没有定义主键，则在保存表时 Access 会弹出一个消息框，询问用户是否创建主键，如图 3-3 所示。选择“否”表示不创建主键；选择“是”会自动创建一个自动编号类型的字段并添加到表的第 1 列作为该表的主键。

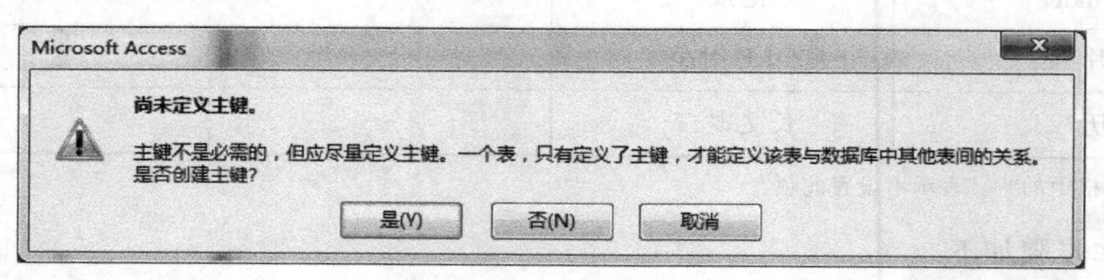

图 3-3 Access 的消息框

【例 3-2】 在“销售管理”数据库中建立“商品”表，其结构如表 3-4 所示。

表 3-4 “商品”表结构

字段名称	数据类型	字段大小	主键
商品编号	短文本	6	是
品牌	短文本	10	—
类别	短文本	6	—
型号	短文本	15	—
商品介绍	附件	—	—
进价	数字	单精度型(格式：固定，小数位数：2)	—

续表

字段名称	数据类型	字段大小	主键
销售价	数字	单精度型(格式：固定，小数位数：2)	—
利润率	计算	单精度型(格式：固定，小数位数：2)	—

操作步骤如下。

① 打开“销售管理”数据库，执行“创建”→“表格”→“表设计”命令，打开表设计视图。参考表 3-4，在设计视图中依次定义“商品编号”“品牌”“类别”“型号”“商品介绍”“进价”“销售价”字段。

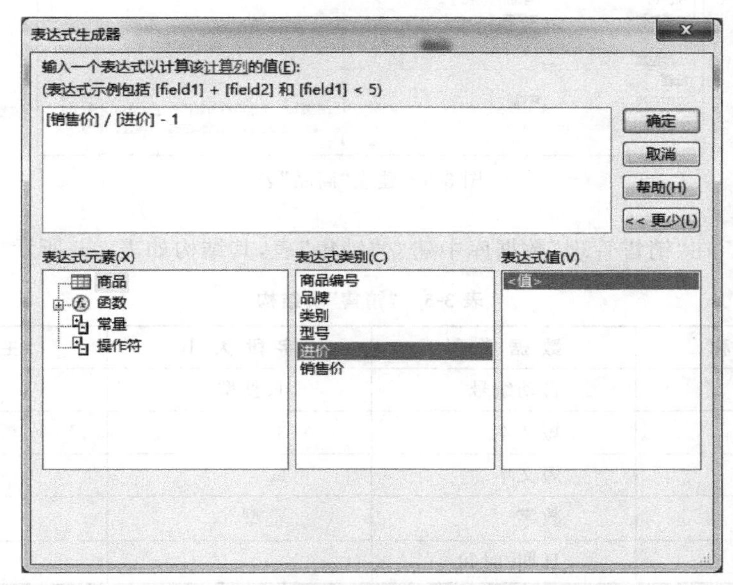

图 3-4　在“表达式生成器”窗口中构建表达式

② 单击工具栏中的“保存”按钮，保存表对象，命名为“商品”表。

③ 定义“利润率”字段。

- 数据类型选择“计算”，会打开“表达式生成器”对话框，可以从“表达式类别”列表中选择要引用的字段或操作符，以快速构建表达式，如图 3-5 所示，单击“确定”按钮后，表达式即会显示在“字段属性”区域的“表达式”输入框中。该表达式表示“利润率”字段的值是通过“销售价”和“进价”计算得到的。

也可以不使用表达式生成器，直接在“字段属性”区域的“表达式”输入框中输入计算表达式：[销售价]/[进价]－1。

- 结果类型选择“单精度型”，格式选择“固定”，小数位数选择“2”。

注意： 如果“计算”型字段的表达式中引用了同一个表中的其他字段，则必须先保存表，然后才能设置计算表达式。在表达式中引用字段名时，字段名需要加方括号“[]”。

④ 将“商品编号”字段设置为主键。

⑤ 单击工具栏中的“保存”按钮，保存为“商品”表，结果如图 3-5 所示。

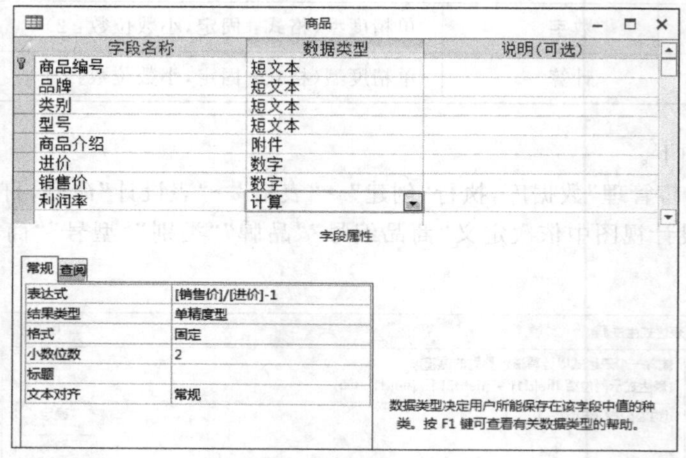

图 3-5　建立“商品”表

【例 3-3】 在“销售管理”数据库中建立“销售”表，其结构如表 3-5 所示。

表 3-5　“销售”表结构

字段名称	数据类型	字段大小	主　键
序号	自动编号	长整型	是
员工编号	短文本	3	—
商品编号	短文本	6	—
销售量	数字	整型	—
销售日期	日期/时间	—	—

操作步骤与例 3-2 相同。

使用表设计器建立表对象是最常用的方法。此外，Access 还提供了一种通过输入数据创建表的方法，用户可以先输入一组数据，Access 会根据输入数据的特点自动确定表中的字段及其数据类型，从而建立新表，方法是：执行“创建”→“表格”→“表”命令，Access 将创建一个新表，并在数据表视图中打开，表格第 1 列的列名默认为 ID，数据类型默认为“自动编号”，用户可以直接在表格的各列中输入具有相同语义和数据类型的一组数据，每列对应一个字段。

3.2　在表中输入数据

定义表结构之后，就可以在表中输入记录以及对表中已有的记录执行修改、删除、复制等编辑操作了。

3.2.1 输入记录

输入记录的操作是在数据表视图中进行的。

1. 打开数据表视图

(1) 在 Access 工作界面中双击导航窗格中的某个表对象,打开相应的数据表视图。

(2) 在导航窗格中,右击某个表对象,从弹出的快捷菜单中选择"打开"选项。

(3) 在表设计视图下,单击"开始"→"视图"→"视图"按钮。

2. 输入数据

不同数据类型的字段有不同的输入方式。

(1) 自动编号类型的字段。其值由系统自动生成,不能更改。删除表中的某条记录后,其后面记录的自动编号值不会更新。

(2) 计算类型的字段。其值由系统根据计算表达式自动生成,用户不能更改。若修改了计算表达式,则计算字段的值会自动更新;若修改了表达式中引用的字段的值,则计算字段的值也会自动更新。

(3) OLE 对象类型的字段。右击输入单元格,从弹出的快捷菜单中选择"插入对象"选项,插入 OLE 对象。

(4) 超链接类型的字段。直接在单元格中输入超链接文本。

(5) 附件类型的字段。双击输入单元格,打开"附件"对话框,添加一个或多个附件。

(6) 其他类型的字段。直接在单元格中输入数据。

3. 保存记录

在数据表视图中,若记录选定器显示为"笔状",则表示所指记录正处于编辑状态,尚未保存,此时按下 Esc 键可以撤销刚才对该记录进行的编辑操作。当插入点光标从上一条记录移至下一条时,系统会自动保存上一条记录。

【例 3-4】 参考表 3-6,在"员工"表中输入记录,自定义照片字段的内容。

表 3-6 "员工"表记录

员工编号	姓名	性别	婚否	聘用日期	E-mail	简历
001	王小萍	女	是	2007-05-10	wxp@sina.com	大专学历,曾在 3 家家电商场工作,有较丰富的销售经验
002	刘建军	男	是	2007-06-12	ljj@163.com	
003	陈兰花	女		2007-11-20		
004	宋海波	男		2008-03-20	shb@yahoo.com.cn	
005	马海燕	女		2008-03-20		

续表

员工编号	姓名	性别	婚否	聘用日期	E-mail	简　历
006	周涛	男		2008-09-22	zt@qq.com	工作认真，服务热情周到，2次荣获优秀员工奖
007	李浩	女	是	2009-08-01	lh@qq.com	
008	林慧慧	女		2009-12-25		市场营销专业本科学历，曾在国美电器工作2年

操作步骤如下。

① 打开“销售管理”数据库，在导航窗格中双击“员工”表对象，打开数据表视图。

② 参考表3-6中的数据，在表格第1行中输入“员工编号”“姓名”“性别”“婚否”“聘用日期”“E-mail”“简历”等数据。

图3-6　使用日历控件选择日期

可以直接在“聘用日期”单元格中输入一个有效的日期值，也可以单击“日历”按钮，打开日历控件以选择一个日期，如图3-6所示。

在超链接类型的字段中输入地址后，文字下方会显示表示链接的下画线。

③ 在第一条记录的“照片”单元格中右击，从弹出的快捷菜单中选择“插入对象”选项，打开“插入对象”对话框。选择“由文件创建”选项，再单击“浏览”按钮，选择要插入的照片文件，如图3-7所示。

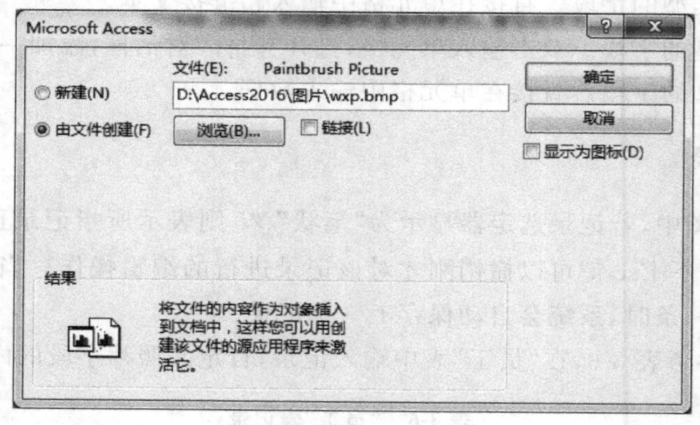

图3-7　插入OLE对象

OLE对象字段的实际内容不在数据表视图中显示。如果插入的是bmp格式的图片，则单元格中会显示Bitmap Image标识。双击单元格可以打开与图片文件关联的应用程序浏览图片。

输入第一条记录后的“员工”数据表如图3-8所示。

④ 按上述方法输入“员工”表中的其他记录。

说明：

① 记录是按输入的顺序依次添加的，不能在两条记录之间插入新记录。

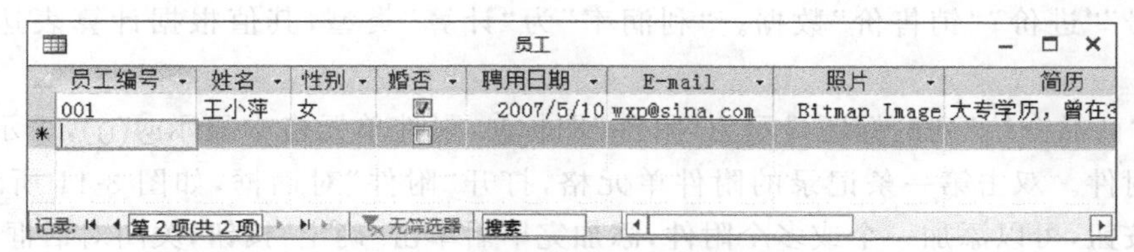

图 3-8　在“员工”表中输入记录

② 在“员工”表中输入记录时，如果“员工编号”字段没有输入值，则会出现如图 3-9 所示的消息框，因为“员工编号”为主键，不能为空，必须输入一个值；如果“员工编号”值有重复，则会出现如图 3-10 所示的消息框，表示主键值不能重复。

图 3-9　主键值为空时的提示信息

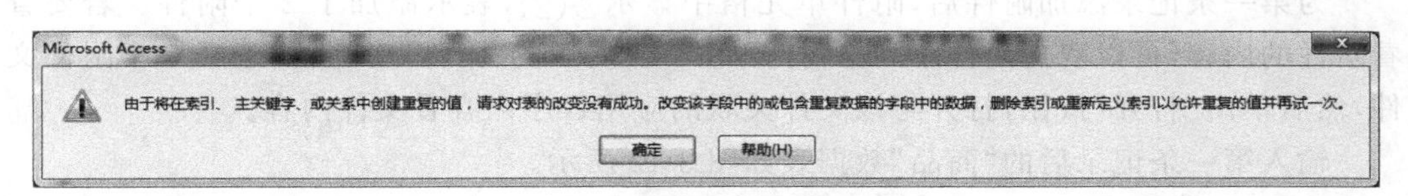

图 3-10　主键值重复时的提示信息

【例 3-5】　参考表 3-7，在“商品”表中输入记录。

表 3-7　“商品”表记录

商品编号	品　　牌	类　　别	型　　号	进　　价	销　售　价
A00011	小天鹅	洗衣机	TB60-3073G	1005.60	1257.00
A00012	小天鹅	洗衣机	TB50-3073G	852.00	1048.00
A00013	小天鹅	洗衣机	XQB50-180G	842.00	1018.00
A00021	荣事达	洗衣机	RB55-3012G	830.40	1038.00
C00011	飞利浦	吸尘器	FC8641/01	1175.00	1350.00
C00031	伊莱克斯	吸尘器	ZS203	1000.00	1180.00
C00032	伊莱克斯	吸尘器	ZB2811	1248.00	1498.00
D00051	LG	微波炉	MG5337MKMR	670.00	760.00
D00061	格兰仕	微波炉	G8023CSL-K3	535.00	588.00

操作步骤如下。

① 在导航窗格中双击“商品”表对象，打开数据表视图，输入“商品编号”“品牌”“类

别”“型号”“进价”“销售价”数据。“利润率”为“计算”类型，其值根据计算表达式自动生成。

② “商品介绍”列的标题显示为“附件”图标📎，附件单元格中显示📎(0)，表示没有添加任何附件。双击第一条记录的附件单元格，打开“附件”对话框，如图 3-11 所示，单击“添加”按钮，可以添加一个或多个附件，添加完毕后单击“确定”按钮，关闭对话框。

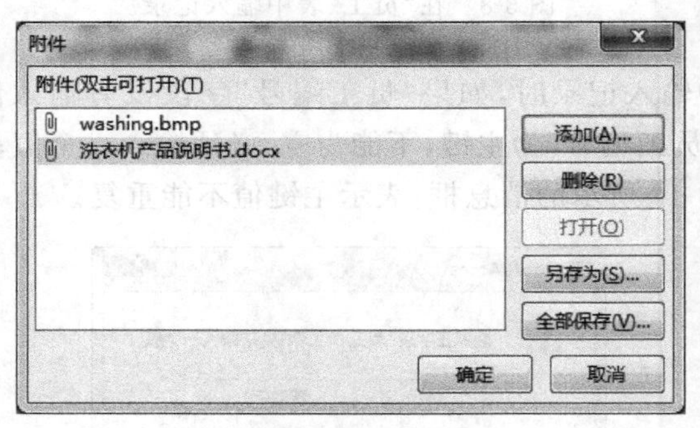

图 3-11　添加附件

为第一条记录添加附件后，附件单元格中显示📎(2)，表示添加了 2 个附件。若要查看附件的内容，可以双击附件单元格，打开图 3-11 所示的“附件”对话框，选择一个附件文件，然后单击“打开”按钮，打开与该文件关联的应用程序以查看文件内容。

输入第一条记录后的“商品”数据表如图 3-12 所示。

商品

商品编号	品牌	类别	型号	📎	进价	销售价	利润率
A00011	小天鹅	洗衣机	TB60-3073G	📎(2)	1005.60	1257.00	0.25
*				📎(0)	0.00	0.00	

记录: 第 2 项(共 2 项)　无筛选器　搜索

图 3-12　在“商品”表中输入记录

【例 3-6】　参考表 3-8，在“销售”表中输入记录。

表 3-8　“销售”表记录

序号	员 工 编 号	商 品 编 号	销 售 量	销 售 日 期
1	001	A00011	1	2007-10-1
2	001	A00013	3	2007-10-2
3	002	A00021	5	2007-10-2
4	003	C00031	2	2008-1-1
5	002	A00011	2	2008-5-2
6	005	A00012	1	2008-7-12
7	001	A00011	3	2008-8-3

续表

序号	员 工 编 号	商 品 编 号	销 售 量	销 售 日 期
8	004	D00061	2	2008-12-31
9	006	D00061	5	2009-1-3
10	006	D00061	1	2009-2-14
11	002	A00013	3	2009-10-1
12	001	A00011	1	2009-10-5
13	006	D00051	3	2010-3-15
14	007	C00011	1	2010-3-15
15	004	D00051	2	2010-5-2
16	001	A00012	3	2010-8-10

操作步骤与例 3-5 相同。其中,“序号”字段的数据类型为“自动编号”,因此该字段值由系统自动生成,用户不能更改。

3.2.2 编辑记录

在数据表中输入记录后,还可以根据需要对记录进行修改或删除。

1. 切换记录

在数据表视图的下方有一组导航按钮可以用来切换记录,如图 3-13 所示。在“当前记录”框中输入记录号并按 Enter 键,可以快速定位到指定记录。

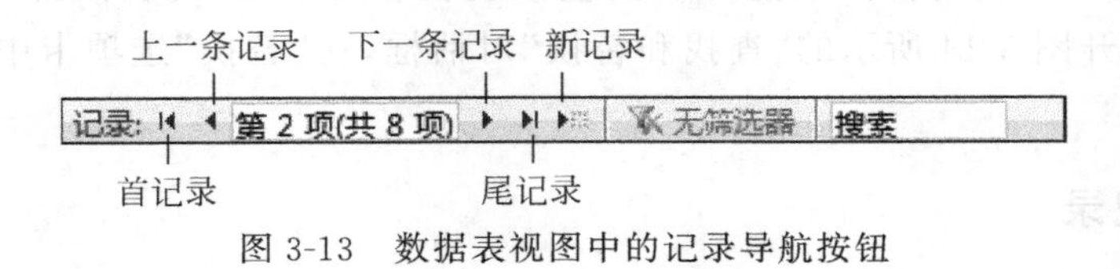

图 3-13 数据表视图中的记录导航按钮

2. 修改记录

(1) 自动编号类型的字段。其值由系统设定,用户不可更改。

(2) 计算类型的字段。其值由系统根据计算表达式自动生成,用户不能更改。

(3) OLE 对象类型的字段。右击数据单元格,从弹出的快捷菜单中选择“插入对象”选项,插入新的 OLE 对象。

(4) 附件类型的字段。双击数据单元格,打开“附件”对话框,删除不需要的附件或添加新的附件。

(5) 其他类型的字段。直接在相应的单元格中修改数据。

3. 记录的查找和替换

(1) 查找记录。利用查找功能可以快速定位到满足条件的记录，有以下两种方法。

① 将插入点光标置于要查找的数据列的任意单元格中，执行“开始”→“查找”→“查找”命令，打开“查找和替换”对话框，如图 3-14 所示。

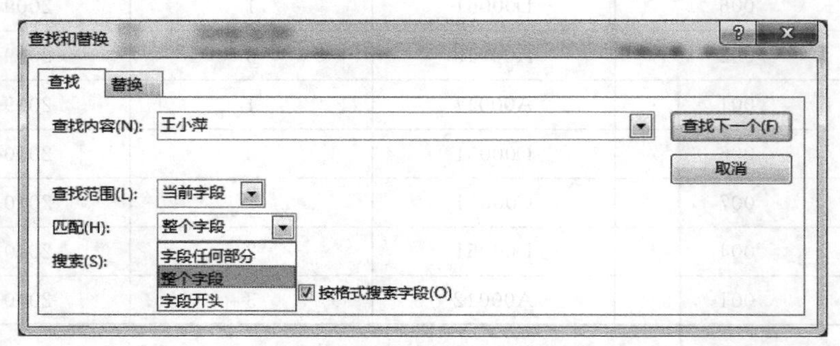

图 3-14 “查找和替换”对话框

在“查找内容”输入框中输入要查找的数据。

“查找范围”默认为“当前字段”，即光标所在的列；也可以选择“当前文档”，即当前打开的数据表。

“匹配”输入框中有 3 个选项：如要查找姓“王”的记录，则可选择“字段开头”选项；如要查找姓名中带“萍”的记录，则可选择“字段任何部分”选项；如果只查找“王小萍”这条记录，则可选择“整个字段”选项。

② 利用图 3-13 所示的导航栏中的“搜索”功能查找记录，默认的查找范围为“当前文档”，匹配方式为“字段任何部分”。

(2) 替换记录。利用替换功能可以批量修改表中的数据。执行“开始”→“查找”→“替换”命令，打开图 3-14 所示的“查找和替换”对话框，在“替换”选项卡中进行替换操作的设置。

4. 删除记录

在数据表视图中，单击记录行左侧的记录选择器，选中一条记录（在记录选择器上拖曳鼠标可以同时选定多行），然后按 Delete 键，系统会显示如图 3-15 所示的消息框，提示无法撤销删除操作。

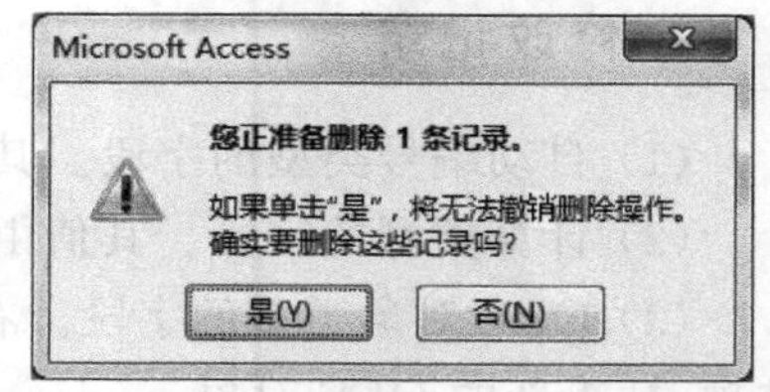

图 3-15 删除记录时的警告信息

注意：删除后的记录不可恢复。对于自动编号的字段，在删除某条记录后，其他记录的自动编号字段值不会改变。

5. 复制记录

在数据表视图中，选择一条或多条连续的记录，执行“开始”→“剪贴板”→“复制”命令，再执行“开始”→“剪贴板”→“粘贴”→“粘贴追加”命令，可以将选定的记录复制到数据表的尾部。

3.3 表的编辑操作

在 Access 中，可以设置数据表的外观，对表对象进行复制、删除、重命名等操作。

3.3.1 表的外观设置

打开数据表视图，执行“开始”→“文本格式”命令组的命令，可以更改数据表的外观，包括字体的格式、表格的行高和列宽、单元格的效果和背景色、边框和线条样式等，还可以隐藏或冻结列。

例如，打开“员工”表的数据表视图，右击“婚否”列标题单元格，从弹出的快捷菜单中选择“隐藏字段”选项，可以将该列隐藏起来，结果如图 3-16 所示。

员工

员工编号	姓名	性别	聘用日期	E-mail	照片	简历
001	王小萍	女	2007/5/10	p@sina.com	Bitmap Image	大专学历，曾在3家家电商场
002	刘建军	男	2007/6/12	ljj@163.com	Bitmap Image	
003	陈兰花	女	2007/11/20			
004	宋海波	男	2008/3/20	shb@yahoo.com.cr	Bitmap Image	
005	马海燕	女	2008/3/20			
006	周涛	男	2008/9/22	zt@qq.com	Bitmap Image	工作认真，服务热情周到，2次荣
007	李浩	女	2009/8/1	lh@qq.com		
008	林慧慧	女	2009/12/25		Bitmap Image	市场营销专业本科学历，曾在
*						

记录：第 1 项(共 8 项) 无筛选器 搜索

图 3-16 隐藏“婚否”列

右击任意列标题单元格，从弹出的快捷菜单中选择“取消隐藏字段”选项，打开图 3-17 所示的“取消隐藏列”对话框，选中“婚否”字段，可将“婚否”列恢复显示。

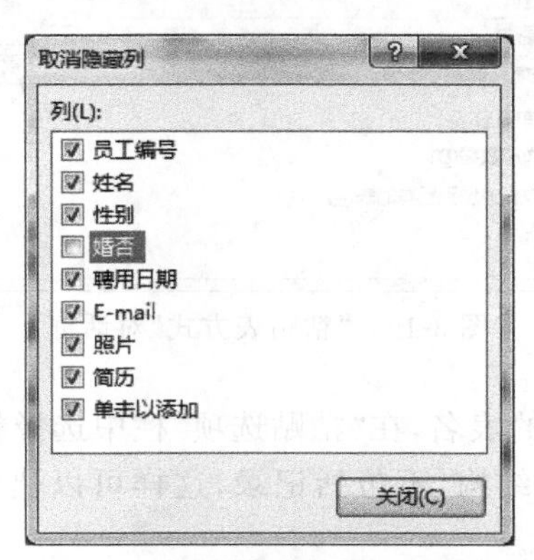

图 3-17 “取消隐藏列”对话框

再如，右击“员工”表的“姓名”列标题单元格，从弹出的快捷菜单中选择“冻结字段”选项，可以将该列冻结在表的最前面，如图 3-18 所示。此时，拖曳窗口中的水平滚动条，可以看到这一列的位置始终保持不变。

员工

姓名	员工编号	性别	婚否	聘用日期	E-mail	照片	简历
王小萍	001	女	☑	2007/5/10	wxp@sina.com	Bitmap Image	大专学历，曾在3家
刘建军	002	男	☑	2007/6/12	ljj@163.com	Bitmap Image	
陈兰花	003	女	☐	2007/11/20			
宋海波	004	男	☐	2008/3/20	shb@yahoo.com.cr	Bitmap Image	
马海燕	005	女	☐	2008/3/20			
周涛	006	男	☐	2008/9/22	zt@qq.com	Bitmap Image	工作认真，服务热情周
李浩	007	女	☑	2009/8/1	lh@qq.com		
林慧慧	008	女	☐	2009/12/25		Bitmap Image	市场营销专业本科学
*			☐				

记录：第 1 项(共 8 项)　无筛选器　搜索

图 3-18　冻结“姓名”列

右击任意列标题单元格，从弹出的快捷菜单中选择“取消冻结所有字段”选项，可以取消冻结功能。

3.3.2　表的复制、删除与重命名

在导航窗格中可以对表对象执行复制、删除和重命名等操作。

1. 复制表

表的复制操作既可以在同一个数据库中进行，也可以在两个数据库之间进行。

(1) 在同一个数据库中复制表。

在导航窗格中选中要复制的表对象，如“员工”表，按 Ctrl+C 快捷键，执行复制操作，再按 Ctrl+V 快捷键执行粘贴操作，打开“粘贴表方式”对话框，如图 3-19 所示。

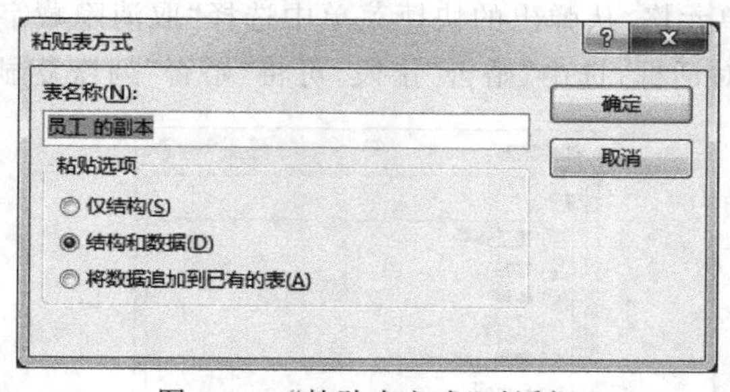

图 3-19　“粘贴表方式”对话框

在“表名称”框中输入新的表名，在“粘贴选项”栏中选择粘贴方式。

- 仅结构。只复制表的结构，不包括记录，这样可以建立一个与当前表具有相同字段和属性设置的空表。
- 结构和数据。同时复制表的结构和记录，新表就是当前表的一份完整的副本。

• 将数据追加到已有的表。将当前表中的所有记录添加到另一个表中。该操作要求目标表必须已存在，并且目标表和当前表的结构必须相同。

(2) 将表从一个数据库复制到另一个数据库中。

在导航窗格中选中要复制的表对象，执行“开始”→“剪贴板”→“复制”命令，然后打开另一个 Access 数据库文件，执行“开始”→“剪贴板”→“粘贴”命令，在“粘贴表方式”对话框中输入表名，并选择一种粘贴方式。

2. 删除表

在导航窗格中选中要删除的表对象，然后按 Delete 键，系统显示如图 3-20 所示的提示信息，单击“是”按钮，执行删除操作。

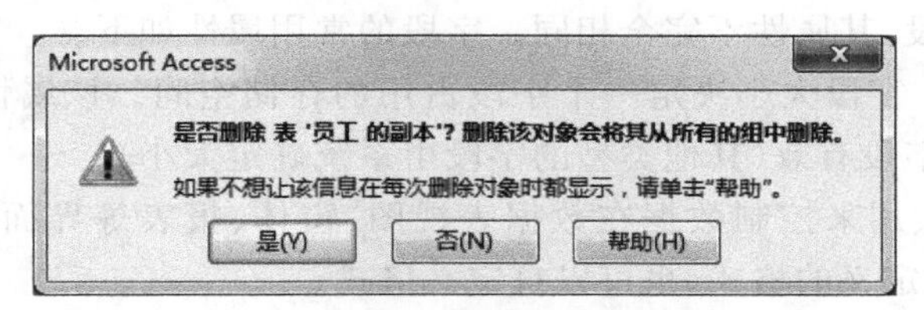

图 3-20 删除数据库对象时的提示信息

3. 表的重命名

在导航窗格中，右击要重命名的表对象，在弹出的快捷菜单中选择“重命名”选项。更改表的名称后，Access 会自动更改该表在其他对象中的引用名称。

3.4 表的进一步设计

对于已建立的表，可以在表设计视图中修改表的结构，设置字段的各种属性，进一步完善表的设计。

表的进一步设计

1. 修改表结构

在表设计视图中可以添加字段、修改字段、删除字段、改变字段的位置、重新设置主键等。

(1) 添加字段。将光标置于要插入新字段的位置，执行“表格工具/设计”→“工具”→“插入行”命令，在当前位置插入一个新的字段行。

插入一个字段不会影响其他字段，如果表中已经输入了数据，也不会影响已有的数据。

(2) 修改字段。在表设计视图中，可以直接修改字段的名称和数据类型，对于短文本和数字类型的字段，还可以修改字段大小。

如果字段中已经存储了数据，则修改字段类型或将字段的长度由大变小后，可能会造成数据的丢失。

（3）删除字段。将光标置于要删除的字段行中，执行“表格工具/设计”→“工具”→“删除行”命令可以删除该字段，或者单击字段选定器以选中该字段，再按Delete键。

说明：

① 如果被删除的字段中已经存储了数据，则该项数据将全部丢失。

② 如果删除了计算表达式中引用的字段，则计算字段的值将显示为“#无效”。

（4）改变字段的位置。单击字段选定器，选中要移动的字段，然后拖曳字段选定器将该字段移动到新的位置。

（5）重新设置主键。设置新的主键后，原来的主键就会取消。

2. 设置字段的常规属性

不同类型的字段，其属性不完全相同。字段的常用属性如下。

（1）字段大小。字段大小决定一个字段占用的存储空间。该属性只对短文本、数字和自动编号类型的字段有效（其他类型的字段由系统确定大小）。

（2）格式。格式用来控制数据在数据表视图、窗体、报表等界面中显示或打印的样式，可以选择系统预定义的格式，也可以自定义格式。

指定格式后，表中相应的字段值都将以指定的格式显示，并且在输入新的字段值时，Access也会自动将输入的数据转换为指定的格式。

（3）输入掩码。输入掩码规定了输入数据时必须遵守的标点、空格或其他格式要求，用来限制数据输入的样式，屏蔽非法输入。该属性对短文本、数字、日期/时间和货币类型的字段有效。常用的输入掩码定义字符及其含义如表3-9所示。

表3-9　常用的输入掩码定义字符及其含义

掩码符号	含义
0	必须输入一个数字
9	可以输入一个数字或空格（可选）
#	可以输入数字、空格、加号、减号，不输入任何字符的位置会自动转换为空格
L	必须输入一个字母
?	可以输入一个字母（可选）
A	必须输入一个字母或数字
a	可以输入一个字母或数字（可选）
&	必须输入一个字符或空格
C	可以输入一个字符或空格（可选）
＜	将其后的所有字符都转换为小写
＞	将其后的所有字符都转换为大写
密码	将输入的字符显示为星号（*）

说明：在设置输入掩码时，如果输入样式中包含掩码符号本身，则要用双引号将该符号括起来。例如，要求“电话号码”的输入形式为“010-_ _ _ _,_ _ _ _”（其中，“010-”部分自动输出，后8位为0～9的数字），则输入掩码应设置为："010"-0000,0000。

注意：格式与输入掩码不同，前者控制数据在显示或打印时的样式，即系统会自动将用户输入的数据形式转换为指定的格式；后者控制数据的输入样式，即用户必须按照输入掩码定义的格式输入数据，如果格式不对，则系统会拒绝接收。

(4) 标题。为字段设置"标题"属性后，该标题就作为数据表视图、窗体、报表等界面中各列的名称。如果没有为字段指定标题，则 Access 默认用字段名作为各列的标题。

标题仅改变列的栏目名称，不会改变字段名称，在窗体、报表、宏或模块中引用该字段时仍应使用字段名。

(5) 默认值。为一个字段设置默认值后，在添加新记录时，Access 将自动为该字段填入默认值，从而简化输入操作。默认值的类型要与该字段的数据类型一致。

(6) 验证规则和验证文本。

- 验证规则。用于指定对于输入数据的要求，以保证用户输入的数据是正确有效的。验证规则使用表达式创建，在输入或修改字段值时起作用。
- 验证文本。用于指定输入的数据违反验证规则时的提示信息。如果没有指定验证文本，则 Access 将显示默认的提示信息。

这两个属性通常一起使用。如果表中已经输入了记录，则在设置验证规则之前，应确保现有的记录中没有违反验证规则的数据。

(7) 必需。该属性有"是"和"否"两个取值，默认为"否"。取值为"是"表示该字段必须输入值，不允许为空；取值为"否"表示该字段可以不输入值。

字段的"必需"属性决定了字段中是否允许出现 Null 值(空值)。Null 值是一种特殊值，表示该字段没有包含任何数据，它不同于数值 0，也不同于包含一个或多个空格的空白文本。

例如，有一个"选课"表，包含学号、课程号和成绩 3 个字段，其中"成绩"字段的"必需"属性设置为"否"，如果一个学生的某门课程没有成绩值，则表示该学生没有参加考试，所以没有成绩；如果成绩为 0，则表示该学生考试得了零分。

(8) 允许空字符串。设置该字段是否允许零长度的字符串，有"是"和"否"两个取值，默认为"是"。

注意：在表设计视图中设置的字段属性，在输入或编辑数据时才能显示其效果。

【例 3-7】 复制"员工"表，命名为"员工-2"。在"员工-2"表中设置如下属性，然后输入一条新记录。

(1) 将"员工编号"字段的"标题"属性设置为"工号"。

(2) 将"性别"字段的"默认值"属性设置为"女"。

(3) 为"性别"字段设置"验证规则"和"验证文本"属性。验证规则为：性别只能输入"男"或"女"，验证文本为：性别的取值只能是"男"或"女"。

(4) 将"聘用日期"字段的"格式"属性设置为"短日期"。

(5) 将"员工编号""姓名""性别"和"聘用日期"字段的"必需"属性设置为"是"。

(6) 在表中新增"电话"字段(短文本类型，大小为 8)，并将该字段的"输入掩码"属性设置为“_ _ _,_ _ _ _”的形式,8 位号码为 0～9 的数字显示。

(7) 将“照片”字段移动到“电话”字段的后面。

操作步骤如下。

① 打开“销售管理”数据库,在导航窗格中选中“员工”表对象,按 Ctrl＋C 快捷键执行复制操作,再按 Ctrl＋V 快捷键执行粘贴操作,打开“粘贴表方式”对话框,表名称为“员工-2”,粘贴方式为“结构和数据”,同时复制表的结构和记录。

然后右击“员工-2”表对象,从弹出的快捷菜单中选择“设计视图”选项,打开“员工-2”表的设计视图。

② 将光标置于“员工编号”单元格中,或者单击字段选择器以选中“员工编号”字段,然后在“字段属性”区域的“标题”属性框中输入“工号”。

③ 选中“性别”字段。

- 在“默认值”属性框中输入:“女”。
- 在“验证规则”属性框中输入:“男” Or “女”。
- 在“验证文本”属性框中输入:性别的取值只能是“男”或“女”。

结果如图 3-21 所示。

字段大小	1
格式	
输入掩码	
标题	
默认值	"女"
有效性规则	"男" Or "女"
有效性文本	性别的取值只能是 "男" 或 "女"

图 3-21　设置“性别”字段的属性

④ 选中“聘用日期”字段,将“格式”属性设置为“短日期”,如图 3-22 所示。

常规　查阅

格式	短日期	
输入掩码	常规日期	2015/11/12 17:34:23
标题	长日期	2015年11月12日
默认值	中日期	15-11-12
验证规则	短日期	2015/11/12
验证文本	长时间	17:34:23
必需	中时间	5:34 下午
索引	短时间	17:34
输入法模式	关闭	
输入法语句模式	无转化	
文本对齐	常规	
显示日期选取器	为日期	

图 3-22　设置日期/时间格式

⑤ 分别选中“员工编号”“姓名”“性别”和“聘用日期”字段,将它们的“必需”属性设置为“是”。

⑥ 添加“电话”字段,并在“输入掩码”属性框中输入:0000,0000。

也可以使用输入掩码向导设置,方法是:单击属性框右侧的“打开”按钮[...],启动“输入掩码向导”,单击界面下方的“编辑列表”按钮,打开自定义“输入掩码向导”。按图 3-23(a)

所示进行设置，输入说明、输入掩码和示例数据，占位符默认为“_”。然后关闭窗口并返回，结果如图 3-23(b)所示，单击“完成”按钮，结束向导。

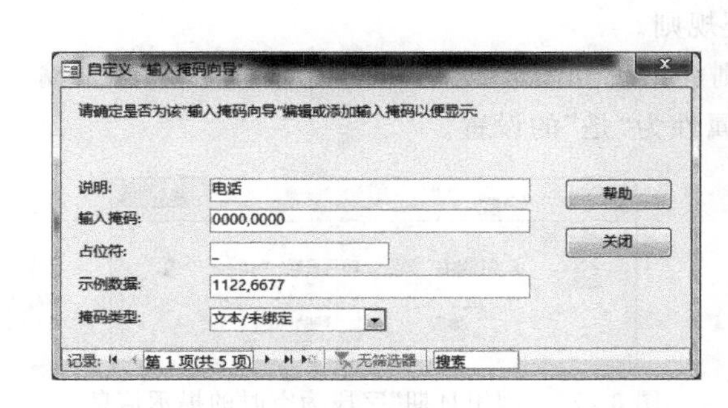

(a) 自定义输入掩码向导

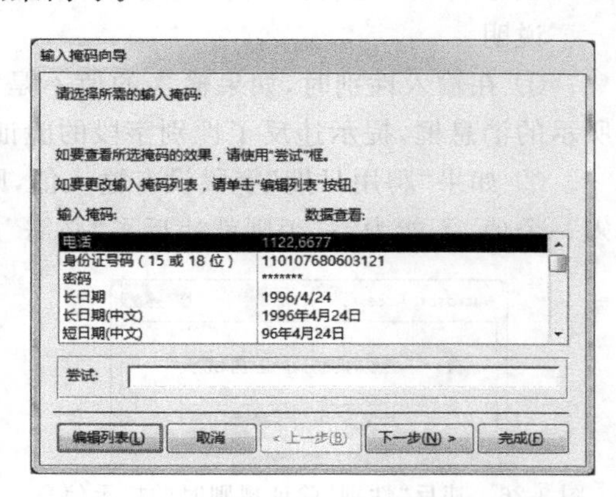

(b) 显示已定义的输入掩码项目

图 3-23　使用“输入掩码”向导为“电话”字段设置输入掩码

⑦ 单击“照片”字段选择器，选中该字段，然后将其移动到“电话”字段的后面。

⑧ 单击工具栏中的“保存”按钮，保存“员工-2”表对象。此时会弹出如图 3-24 所示的提示信息，单击“是”按钮。

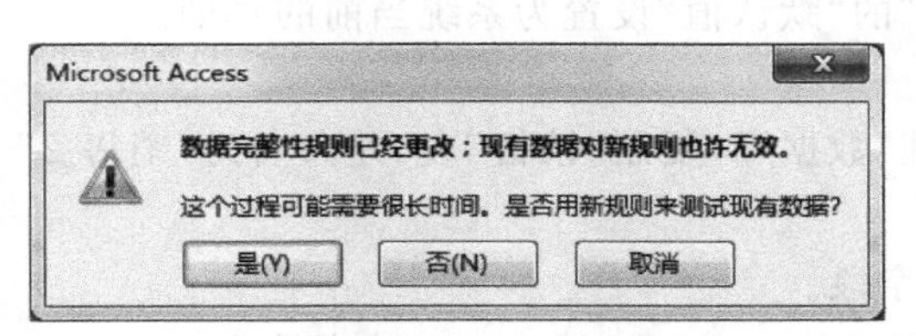

图 3-24　Access 的提示信息

如果数据表中存在违反验证规则的数据，则无法保存表对象，需要删除验证规则，在修改数据后重新建立验证规则。

⑨ 执行“表格工具/设计”→“视图”→“视图”命令，从设计视图切换到数据表视图，如图 3-25 所示。第 1 列的标题显示为“工号”，新记录的性别默认为“女”，聘用日期以短日期格式显示，电话的输入格式为“_ _ _ _,_ _ _ _”。

员工-2

工号	姓名	性别	婚否	聘用日期	E-mail	电话	照片	简历
001	王小萍	女	☑	2007/5/10	yxp@sina.co	___,____	Bitmap Image	大专学历，曾
002	刘建军	男	☑	2007/6/12	ljj@163.com		Bitmap Image	
003	陈兰花	女	☐	2007/11/20				
004	宋海波	男	☐	2008/3/20	shb@yahoo.c		Bitmap Image	
005	马海燕	女	☐	2008/3/20				
006	周涛	男	☐	2008/9/22	zt@qq.com		Bitmap Image	工作认真，服务
007	李浩	女	☑	2009/8/1	lh@qq.com			
008	林慧慧	女	☐	2009/12/25			Bitmap Image	市场营销专业
*		女	☐					

记录: 第 1 项(共 8 项) 无筛选器 搜索

图 3-25　“员工-2”数据表视图

在“员工-2”表中添加一条新记录：

工号：009，姓名：王涛，性别：男，聘用日期：2010-08-08，电话：66778899。

说明：

① 在输入性别时，如果输入的值不是“男”或“女”，例如是“南”，则会出现如图 3-26 所示的消息框，提示违反了性别字段的验证规则。

② 如果“聘用日期”字段没有输入值，则会出现如图 3-27 所示的消息框，提示必须输入一个值，不能为空，否则就违反了“必需”属性为“是”的设置。

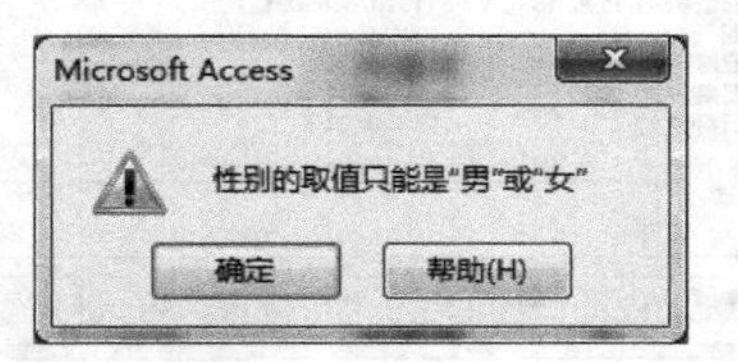

图 3-26　违反“性别”验证规则时的提示信息

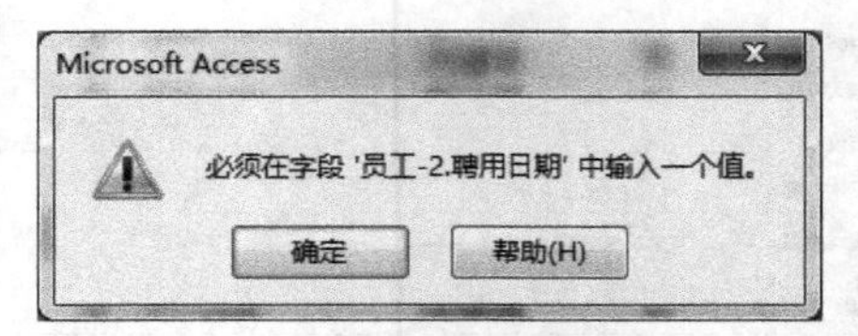

图 3-27　“聘用日期”字段为空时的提示信息

【例 3-8】 复制“销售”表，命名为“销售-2”。在“销售-2”表中设置如下属性，然后输入一条新记录。

(1) 将“销售量”字段的验证规则设置为：大于 0 且小于 100(包含 0 和 100)，同时设置验证文本为：销售量必须在 0～100 之间。

(2) 将“销售日期”的“默认值”设置为系统当前的日期。

操作步骤如下。

① 打开“销售管理”数据库，复制“销售”表，并命名为“销售-2”。然后打开“销售-2”表的设计视图。

② 选中“销售量”字段。

- “验证规则”输入：Between 0 And 100(或者输入：>=0 and <=100)。
- “验证文本”输入：销售量必须在 0～100 之间。

③ 选中“销售日期”字段，“默认值”输入：Date()。

Date()是 Access 提供的内置函数，其作用是获取系统当前的日期。也可以单击“默认值”输入框右侧的按钮…，打开“表达式生成器”窗口，按照图 3-28 所示选择 Date 函数。

④ 单击工具栏中的“保存”按钮，保存“销售-2”表对象。

⑤ 切换到数据表视图，新记录的销售日期默认为系统当前日期。

在数据表中添加一条新记录：

员工编号：007，商品编号：D00051，销售量：2

销售量的输入值必须在 0～100 以内，如果输入了 200，则会出现如图 3-29 所示的消息框，提示违反了验证规则。

3. 设置字段的查阅属性

在表设计视图中，选择“字段属性”区域的“查阅”选项卡，可以为“短文本”“数字”和“是/否”类型的字段设置查阅属性，其作用是设置在数据表视图或窗体中输入数据时所用的控件，默认为“文本框”，可以设置为组合框或列表框。

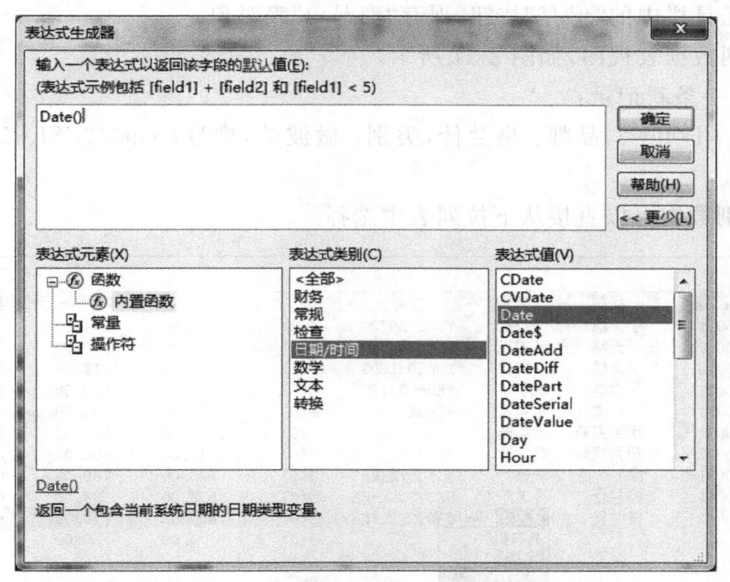

图 3-28　在“表达式生成器”中选择 Date 函数

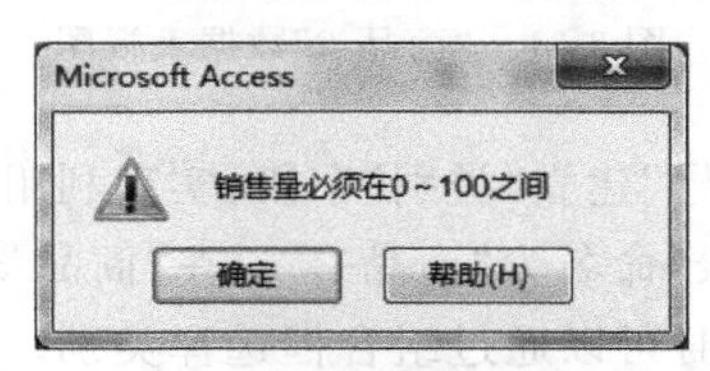

图 3-29　违反“销售量”验证规则时的提示信息

【**例 3-9**】　复制“商品”表，命名为“商品-2”。在“商品-2”表中，为“类别”字段设置“查阅”属性，使得在输入数据时可以通过组合框选择类别。

操作步骤如下。

① 打开“销售管理”数据库，复制“商品”表，并将其命名为“商品-2”。然后打开“商品-2”表的设计视图，选中“类别”字段。

② 选择“字段属性”区域的“查阅”选项卡，设置查阅属性，如图 3-30 所示。

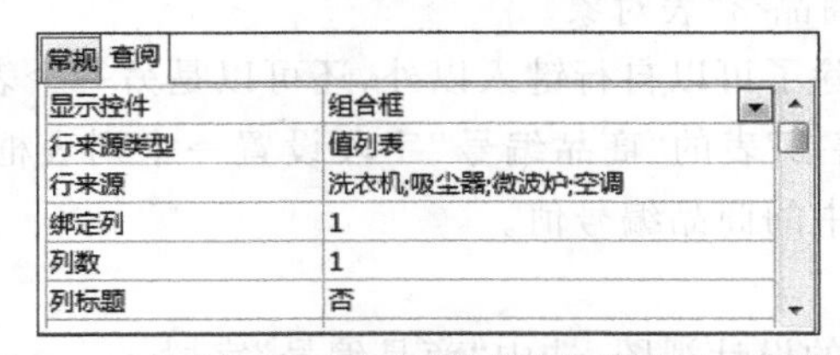

常规　查阅

显示控件	组合框
行来源类型	值列表
行来源	洗衣机;吸尘器;微波炉;空调
绑定列	1
列数	1
列标题	否

图 3-30　为“商品-2”表的“类别”字段设置查阅属性

- “显示控件”选择“组合框”。
- “行来源类型”选择“值列表”。
- “行来源”输入：洗衣机;吸尘器;微波炉;空调(注：数据项之间用半角分号分隔)。

③ 单击工具栏中的“保存”按钮，保存“商品-2”表对象。

④ 切换到数据表视图，如图 3-31 所示。

然后输入一条新记录：

商品编号：D00062，品牌：格兰仕，类别：微波炉，型号：G9072CSL-K6，进价：650，销售价：720。

其中，类别数据可以直接从下拉列表中选择。

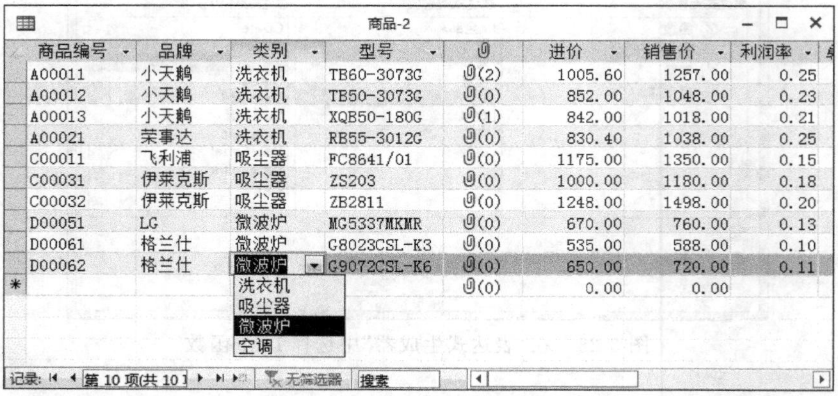

商品-2

商品编号	品牌	类别	型号	附件	进价	销售价	利润率
A00011	小天鹅	洗衣机	TB60-3073G	(2)	1005.60	1257.00	0.25
A00012	小天鹅	洗衣机	TB50-3073G	(0)	852.00	1048.00	0.23
A00013	小天鹅	洗衣机	XQB50-180G	(1)	842.00	1018.00	0.21
A00021	荣事达	洗衣机	RB55-3012G	(0)	830.40	1038.00	0.25
C00011	飞利浦	吸尘器	FC8641/01	(0)	1175.00	1350.00	0.15
C00031	伊莱克斯	吸尘器	ZS203	(0)	1000.00	1180.00	0.18
C00032	伊莱克斯	吸尘器	ZB2811	(0)	1248.00	1498.00	0.20
D00051	LG	微波炉	MG5337MKMR	(0)	670.00	760.00	0.13
D00061	格兰仕	微波炉	G8023CSL-K3	(0)	535.00	588.00	0.10
D00062	格兰仕	微波炉	G9072CSL-K6	(0)	650.00	720.00	0.11
*				(0)	0.00	0.00	

洗衣机
吸尘器
微波炉
空调

记录：第 10 项(共 10 项) 无筛选器 搜索

图 3-31 “商品-2”数据表视图

本例也可以使用“查阅向导”建立“类别”字段，实现利用组合框选择类别的功能。

【例 3-10】 复制“商品”表，命名为“商品-3”。在“商品-3”表中，使用“查阅向导”建立“类别”字段，使得在输入数据时可以通过组合框选择类别。

操作步骤如下。

① 打开“销售管理”数据库，复制“商品”表，并命名为“商品-3”。然后打开“商品-3”表的设计视图。

② 将“类别”字段的数据类型设置为“查阅向导”，系统将自动启动“查阅向导”。

在“查阅向导”中，选择查阅字段获取数值的方式为“自行键入所需的值”，然后单击“下一步”按钮。

③ 按图 3-32 所示，输入“查阅字段”中要显示的数值，然后单击“完成”按钮。

④ 保存修改后的“商品-3”表对象。

查阅列中的数据项除了可以自行键入以外，还可以是另一个表中已输入的数据。

【例 3-11】 为“销售-2”表的“商品编号”字段设置一个列表框类型的显示控件，列表框中的值来自“商品”表中的商品编号值。

操作步骤如下。

① 打开“销售-2”表的设计视图，选中“商品编号”字段。

② 按图 3-33 所示，在“查阅”选项卡中设置查阅属性。

- “显示控件”选择“列表框”。
- “行来源类型”选择“表/查询”。
- “行来源”选择“商品”表。

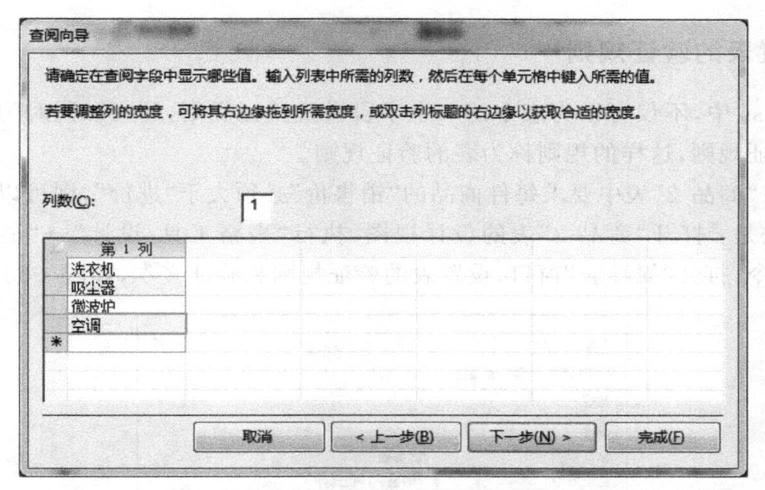

图 3-32　输入在查阅列字段要显示的数值

• “绑定列”设置为 1。

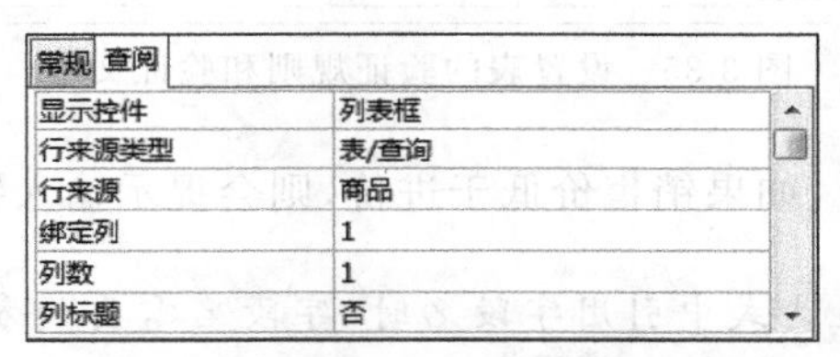

显示控件	列表框
行来源类型	表/查询
行来源	商品
绑定列	1
列数	1
列标题	否

图 3-33　为“商品编号”字段设置查阅属性

③ 单击工具栏中的“保存”按钮，保存“销售-2”表对象。

④ 切换到数据表视图，如图 3-34 所示。“商品编号”列表中的数据来自“商品”表的“商品编号”字段。

销售-2

序号	员工编号	商品编号	销售量	销售日期
1	001	A00011	1	2007/10/1
2	001	A00011	3	2007/10/2
3	002	A00012	5	2007/10/2
4	003	A00013	2	2008/1/1
5	002	A00021	2	2008/5/2
6	005	C00011	1	2008/7/12
7	001	C00031	3	2008/8/3
8	004	C00032	2	2008/12/31
9	006	D00051	5	2009/1/3
10	006	D00061	1	2009/2/14
11	002	A00013	3	2009/10/1
12	001	A00011	1	2009/10/5
13	006	D00051	3	2010/3/15
14	007	C00011	1	2010/3/15
15	004	D00051	2	2010/5/2
16	001	A00011	3	2010/8/10
17	007	D00051	2	2020/2/3
(新建)			0	2020/2/3

记录：第 1 项(共 17 项　无筛选器　搜索

图 3-34　“销售-2”数据表视图

4. 设置表的验证规则

在 Access 中，不仅可以为表中的一个字段设置验证规则，还可以同时为表中的多个字段设置验证规则，这样的规则称为表的验证规则。

例如，在“商品-2”表中要求每件商品的“销售价”必须大于“进价”，则可以定义表的验证规则，方法是：打开“商品-2”表的设计视图，执行“表格工具/设计”→“显示/隐藏”→“属性表”命令，打开“属性表”窗口，设置表的验证规则和验证文本，如图 3-35 所示。

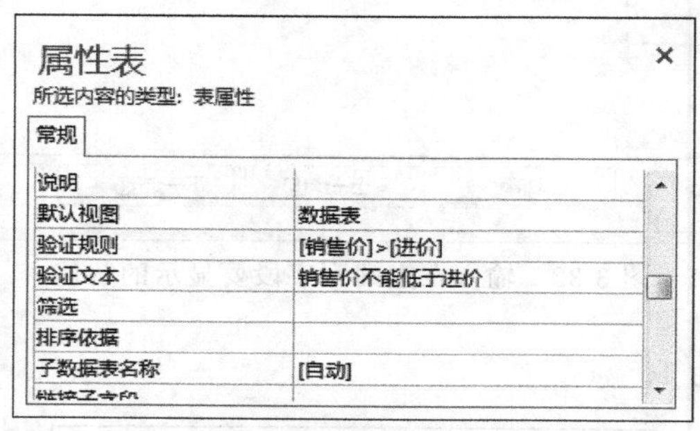

图 3-35　设置表的验证规则和验证文本

在输入或修改数据时，如果销售价低于进价，则会提示输入错误。

注意：在验证规则表达式中引用字段名时，字段名需要加方括号“[]”。

3.5　建立索引和关系

索引(index)是数据库的重要功能，它如同书籍和字典的目录一样，可以在大量记录中快速检索数据。在数据表之间建立关系，可以同时查看来自多个表的相关信息，表之间的关联要依赖主索引。

3.5.1　建立索引

在 Access 中，可以基于单个字段或多个字段创建索引。通常对表中经常检索的字段、要排序的字段或在多表查询中作为联接条件的字段建立索引。

注意：附件字段、计算字段和 OLE 对象字段不能建立索引。

1. 索引的类型

(1) 主索引。Access 会将表的主键自动设置为主索引，即主键就是主索引，主索引也就是主键。

(2) 唯一索引。索引字段的值必须是唯一的，不能重复。在 Access 中，主索引只能有一个，而唯一索引可以有多个。

(3) 普通索引。索引字段的值可以重复。

例如，在“员工”表中，如果已将“员工编号”字段定义为主索引，则在不允许有同名的情况下，可以将“姓名”字段定义为唯一索引，而“性别”“聘用日期”等字段应定义为有重复值的普通索引。

2. 建立索引

单字段的索引可以通过设置字段的“索引”属性建立，多字段的索引（或称组合索引）可以在“索引对话框”中建立。

【例 3-12】 在“员工”表的“性别”字段上建立索引。

操作步骤如下。

① 打开“员工”表的设计视图，选中“性别”字段。

② 在“索引”属性列表中选择“有（有重复）”选项，如图 3-36 所示。

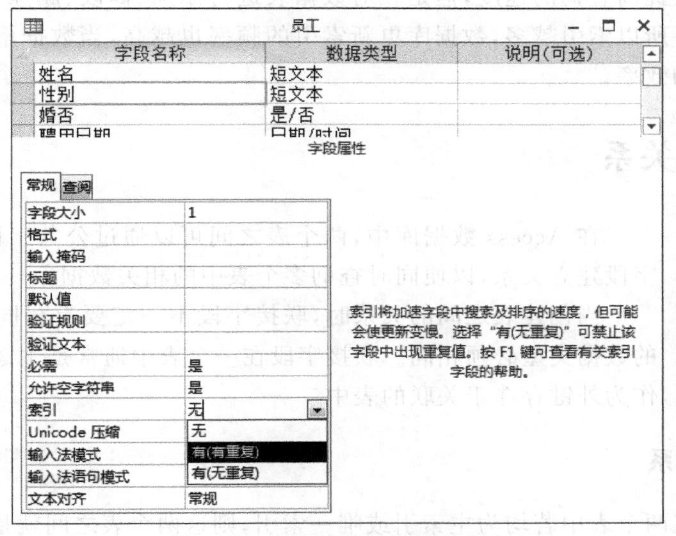

图 3-36　为“性别”字段建立索引

列表中有 3 个选项：“无”表示不建立索引；“有（有重复）”表示建立索引，且索引字段值允许重复；“有（无重复）”表示建立索引，且索引字段值不允许重复。

③ 单击工具栏中的“保存”按钮，保存修改后的“员工”表对象。

【例 3-13】 在“商品”表的“类别”和“销售价”字段上建立组合索引。

操作步骤如下。

① 打开“商品”表的设计视图，执行“表格工具/设计”→“显示/隐藏”→“索引”命令，打开如图 3-37 所示的“索引:商品”界面。

② 在“索引名称”单元格中输入组合索引的名称“类别-价格”，在“字段名称”单元格中依次选择“类别”和“销售价”两个字段，“排序次序”分别为“升序”和“降序”。

③ 保存修改后的“商品”表对象。

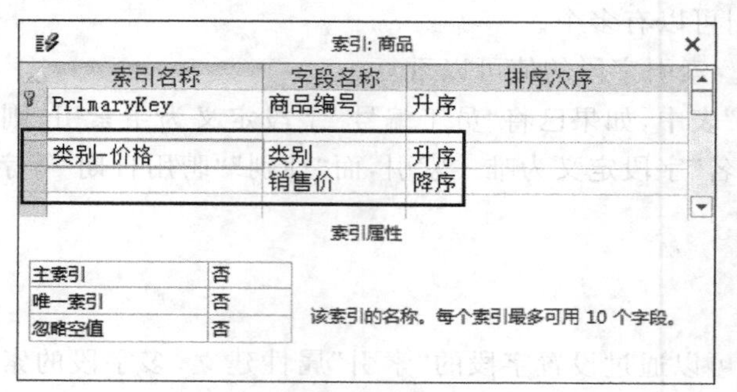

图 3-37　建立组合索引

在使用组合索引时，Access 首先按索引项中的第 1 个字段进行排序，如果有相同的值，则再按索引项中的第 2 个字段进行排序，其余类推。例如，在“类别-价格”组合索引中，先按“类别”值进行排序，再对类别相同的记录按“价格”进行降序排序。

索引有助于提高查询的速度，但是在对数据表进行添加、修改、删除等更新操作时都必须更新索引。所以索引越多，数据库更新索引的频率也越高，当数据量较大时，反而会降低数据更新的效率。

3.5.2　建立关系

建立关系

在 Access 数据库中，两个表之间可以通过公共字段或语义相同的字段建立关系，以便同时查询多个表中的相关数据。

当创建表之间的关系时，联接字段不一定要有相同的名称，但它们的数据类型必须相同。联接字段在一个表中通常是主键或主索引，同时作为外键存在于关联的表中。

1. 创建关系

联接字段在两个表中若均为主索引或唯一索引，则这两个表之间就是一对一关系；若联接字段只在一个表中为主索引或唯一索引，则这两个表之间就是一对多关系。关系中处于“一”方的表称为主表或父表，另一方的表称为子表。

在“关系”窗口中可以创建关系。

【例 3-14】　为“员工”“商品”和“销售”3 个表建立关系。

操作步骤如下。

① 打开“销售管理”数据库，执行“数据库工具”→“关系”→“关系”命令，打开如图 3-38 所示的“显示表”对话框。

② 在“显示表”对话框中选中“员工”表，单击“添加”按钮或双击“员工”表，将其添加到“关系”窗口中。通过同样的方法将“商品”表和“销售”表也添加到“关系”窗口中，然后关闭该对话框。

③ 在“关系”窗口中，将“员工”表的主键“员工编号”字段拖曳到“销售”表的“员工编号”字段上，此时会打开如图 3-39 所示的“编辑关系”对话框。

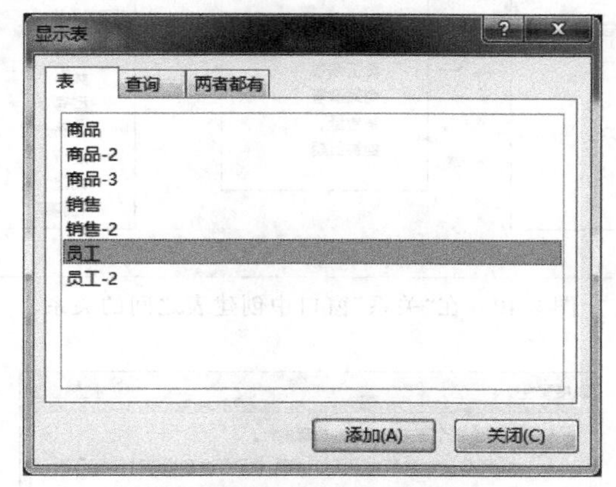

图 3-38 “显示表”对话框

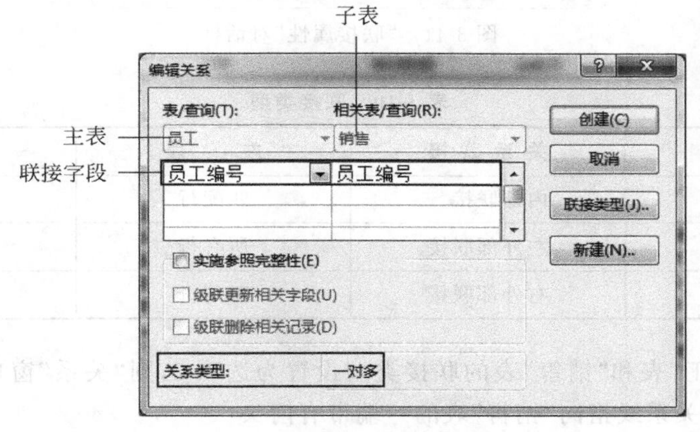

图 3-39 “编辑关系”对话框

“关系类型”栏中会显示关系的类型，本例为“一对多”。若显示为“未定”，则表示关系无效，这可能是因为联接字段错误或者主表未建立主索引或唯一索引导致的。

④ 单击“创建”按钮，完成创建过程。在“关系”窗口中可以看到“员工”和“销售”两个表之间出现了一条表示关系的连线。

⑤ 通过同样的方法将“商品”表的主键“商品编号”字段拖曳到“销售”表的“商品编号”字段上，在“商品”表和“销售”表之间建立关系，结果如图 3-40 所示。

⑥ 关闭“关系”窗口，Access 会询问“是否保存对‘关系’布局的更改”，不论是否保存布局，所创建的关系都已保存在数据库中了。

2. 联接类型

在“编辑关系”对话框中，单击“联接类型”按钮会打开“联接属性”对话框，如图 3-41 所示，可以设置联接类型。各选项的含义如表 3-10 所示，选项 1 是 Access 默认的联接类型。

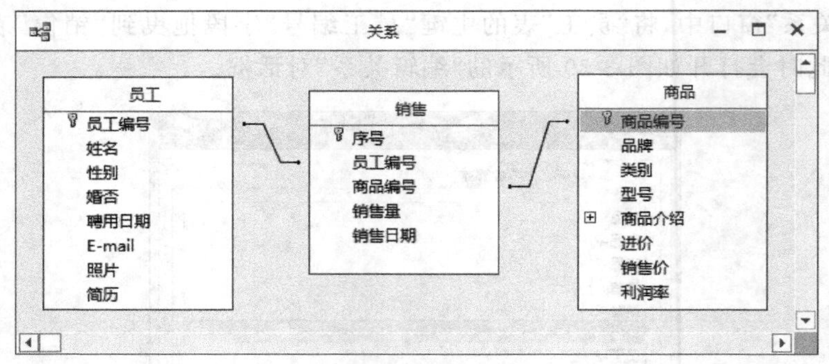

图 3-40　在“关系”窗口中创建表之间的关系

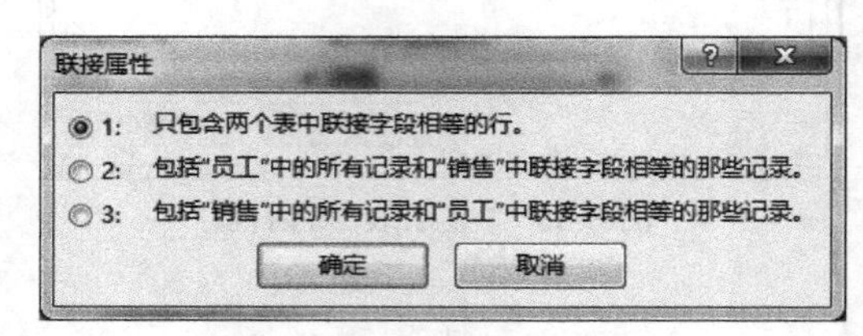

图 3-41　“联接属性”对话框

表 3-10　联接类型

选　项	关系联接	左　表	右　表
1	内部联接	匹配行	匹配行
2	左外部联接	所有行	匹配行
3	右外部联接	匹配行	所有行

如果将“员工”表和“销售”表的联接类型设置为选项 2，则“关系”窗口中的显示结果如图 3-42 所示，关系线指向“销售”表的一端带有箭头。

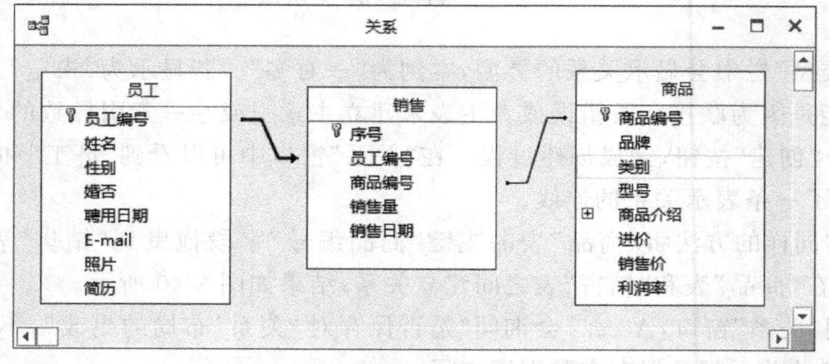

图 3-42　联接属性为选项 2 时的联接标记

3. 实施参照完整性

在“编辑关系”对话框中，选择“实施参照完整性”选项，可以设置两个表之间的参照引用规则，当删除或更新表中的数据时，系统会通过参照引用相关联的另一个表中的数据约束对当前表的操作，以确保相关表中数据的一致性。

主表中的联接字段必须是主索引或唯一索引，且两个联接字段必须具有相同的数据类型，否则无法设置参照完整性。

【例 3-15】 对例 3-14 中建立的 2 个关系实施参照完整性。

操作步骤如下。

① 打开“销售管理”数据库，执行“数据库工具”→“关系”→“关系”命令，打开“关系”窗口。

② 双击“员工”表和“销售”表之间的关系线，打开“编辑关系”对话框，选择“实施参照完整性”选项，如图 3-43 所示，然后单击“确定”按钮。

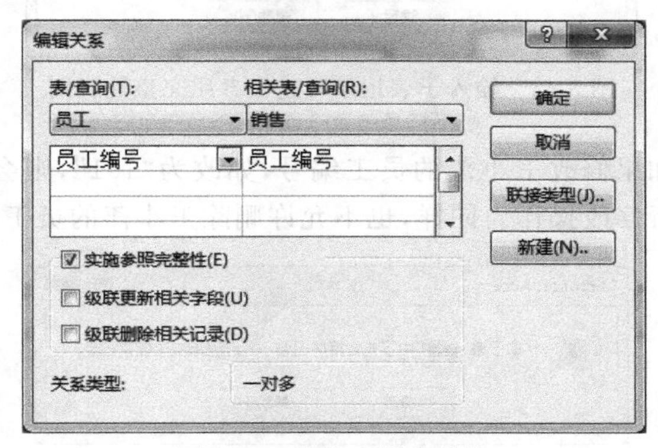

图 3-43　实施参照完整性

在“关系”窗口中，关系线上对应“一”方(主表)的位置会显示一个“1”标记，对应“多”方(子表)的位置会显示一个“∞”标记。

③ 通过同样的方法对“商品”表和“销售”表之间的关系实施参照完整性，结果如图 3-44 所示。

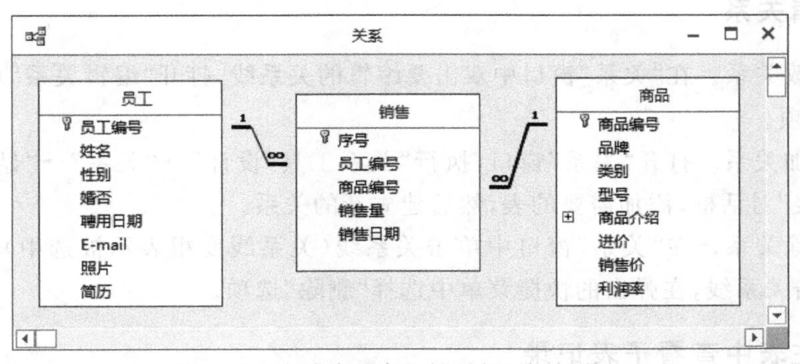

图 3-44　实施参照完整性后的“关系”窗口

说明：如果表中已输入数据，则选择“实施参照完整性”选项后，当子表中存在与主表的主键值不匹配的记录时，会出现一个消息框，提示用户不能建立这个关系，也不能实施参照完整性。用户必须取消选择“实施参照完整性”选项,返回表中修改记录,然后重新建立关系。

实施参照完整性后,要求子表中的相关数据必须是主表中的某个主键值,否则就违反了参照完整性规则,系统将不予接受。另一方面,如果子表中有与主表相关的记录,则不能修改主表中的主键值,也不能删除主表中的相关记录。

例如,在“销售”表中,如果输入员工编号为“100”,则会出现如图 3-45 所示的消息框,由于该编号在“员工”表中不存在,所以不允许输入到关联的子表中。

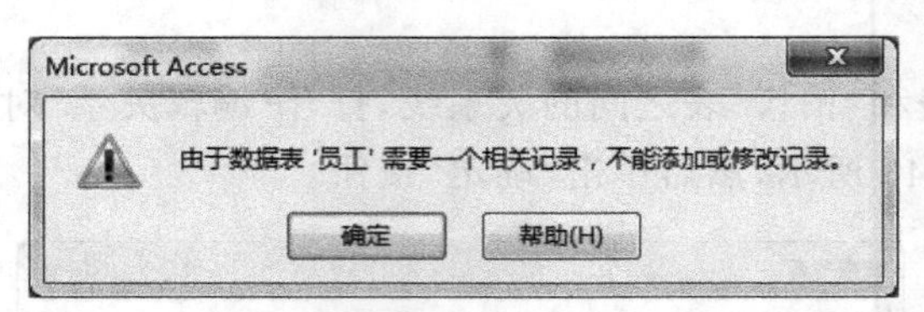

图 3-45 输入子表记录时违反参照完整性规则

在“员工”表中,如果修改王小萍的员工编号,如改为“101”,则会出现如图 3-46 所示的消息框,不允许执行修改操作。同样,也不允许删除王小萍的员工记录。

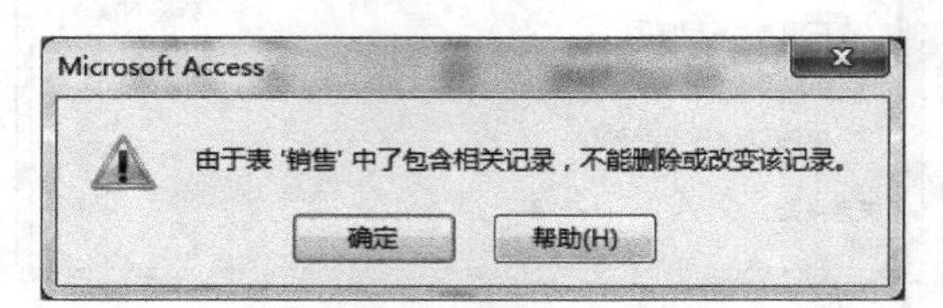

图 3-46 修改主表记录时违反参照完整性规则

选择“实施参照完整性”选项后,可以激活其下面的两个级联选项。

- 级联更新相关字段。在更改主表的主键值时,会自动更改子表中的相关数据。
- 级联删除相关字段。在删除主表中的记录时,会自动删除子表中的相关记录。

4. 编辑关系

(1) 修改关系。在“关系”窗口中双击要编辑的关系线,打开“编辑关系”对话框,重新设置关系选项。

(2) 添加关系。打开“关系”窗口,执行“关系工具/设计”→“关系”→“显示表”命令,打开“显示表”对话框,添加需要的表,然后建立新的关系。

(3) 删除关系。在“关系”窗口中单击关系线(关系线变粗表示被选中),然后按 Del 键;或者右击关系线,在弹出的快捷菜单中选择“删除”选项。

5. 在主表中查看子表记录

两个表建立关系后,在主表的每行记录前面会出现一个“+”号,单击“+”号即可展开一个子窗口,显示子表中的相关记录;单击“-”号即可折叠子窗口。

如图 3-47 所示,在“员工”表中可以查看每个员工的销售记录。

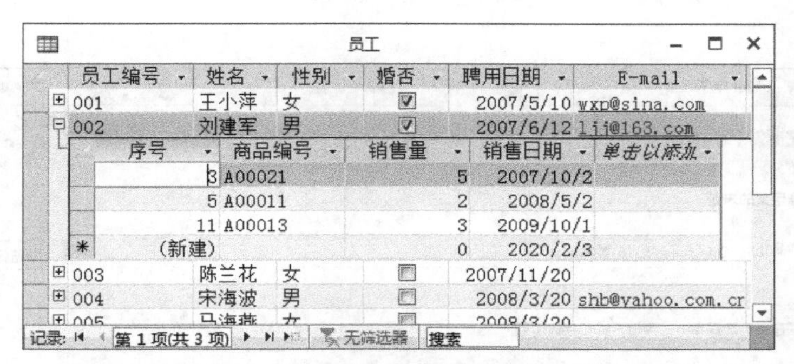

图 3-47 在主表中查看子表的相关记录

3.6 数据的导入与导出

在 Access 中，通过数据的导入和导出可以实现与其他文件的数据共享，包括从其他文件中获取数据，或者将 Access 中的数据输出到其他文件中。

3.6.1 数据的导入

在 Access 中，除了在数据表视图中直接输入数据以外，还可以通过导入或链接的方式获取其他程序产生的表格形式的数据。

1. 导入或链接数据

打开 Access 数据库，执行“外部数据”→“导入并链接”组中的命令，可以将另一个 Access 数据库中的表、文本文件、Excel 文件、XML 文件等外部数据导入或链接到当前数据库中。

导入操作是将数据复制到当前数据库中，链接操作则是在数据库中建立外部文件的一个链接。

【例 3-16】 将 Excel 工作表中的数据导入“销售管理”数据库中，成为一个新的表对象。

操作步骤如下。

① 打开“销售管理”数据库，执行“外部数据”→“导入并链接”→Excel 命令，打开“获取外部数据-Excel 电子表格”对话框，如图 3-48 所示。单击“浏览”按钮，选择要导入的 Excel 文件。

导入的数据在当前数据库中有 3 种存储方式和存储位置，本例选择“将源数据导入当前数据库的新表中”选项。

② 单击“确定”按钮，打开如图 3-49 所示的“导入数据表向导”对话框，选择要导入的 Excel 数据，可以是一个工作表，也可以是一个数据区域。本例选择“数据 1”工作表。

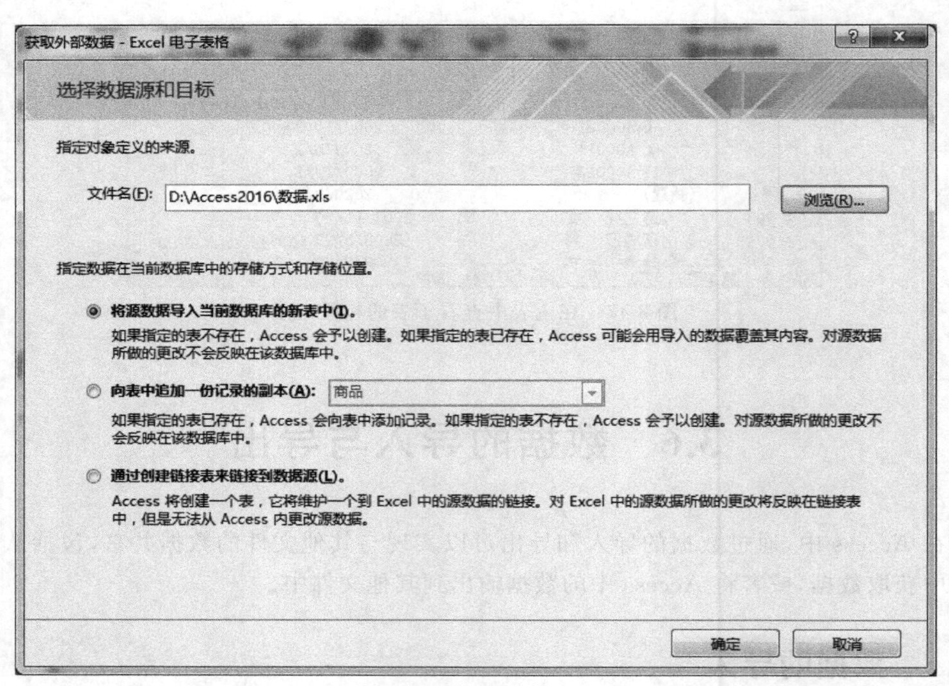

图 3-48 “获取外部数据-Excel 电子表格”对话框

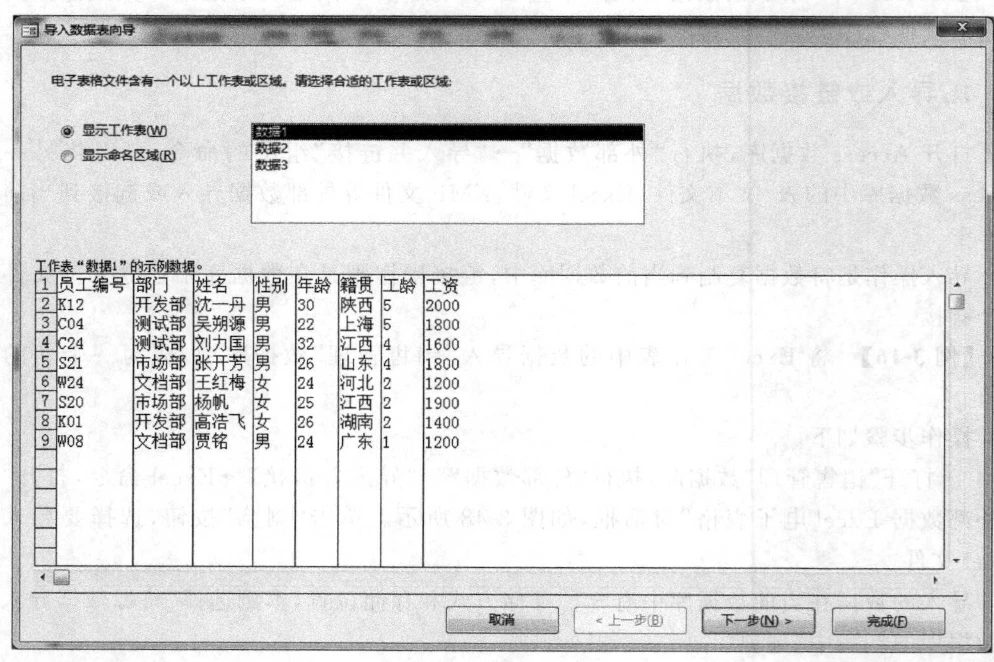

图 3-49 选择工作表

③ 单击“下一步”按钮，指定数据表的第 1 行是否包含标题，如图 3-50 所示。本例选择“第一行包含列标题”选项。

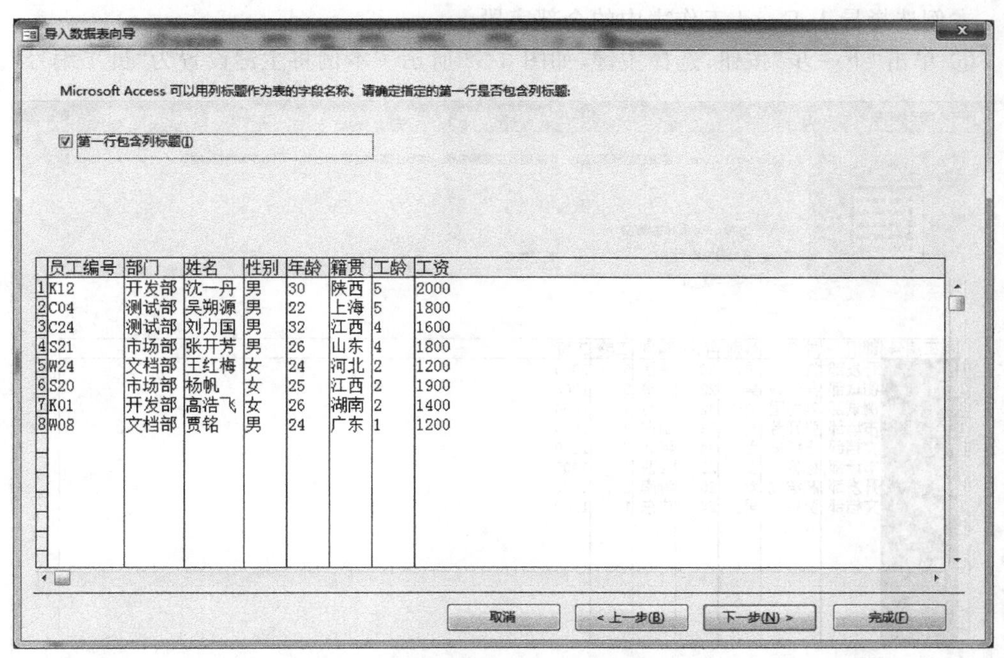

图 3-50　指定第 1 行是否包含列标题

④ 单击“下一步”按钮，选择要导入的字段，如图 3-51 所示。

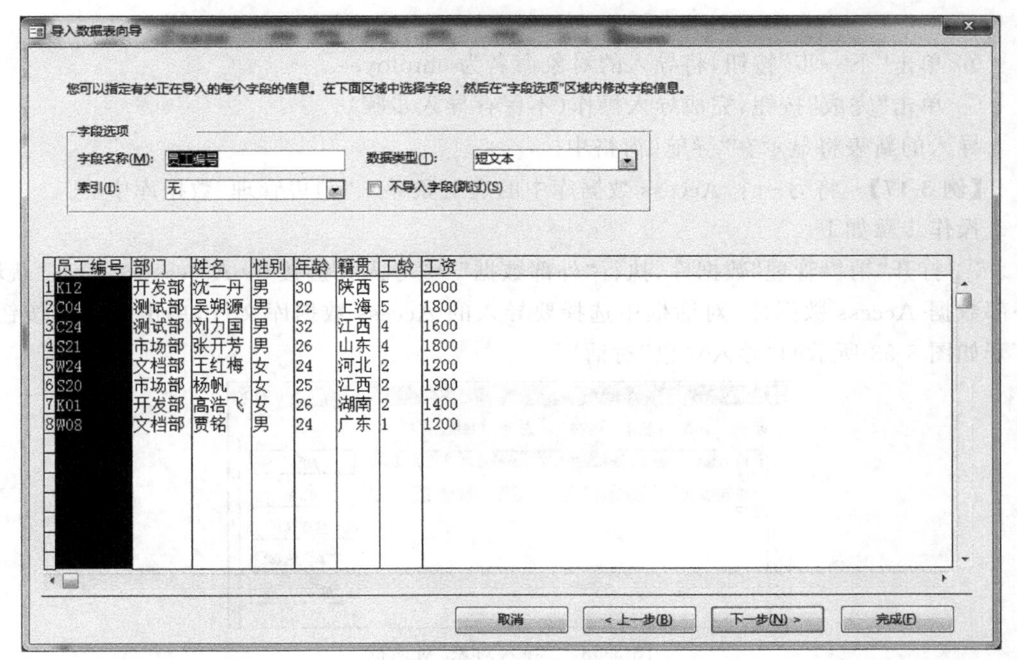

图 3-51　选择要导入的字段

外部文件中的数据列可以全部导入 Access 数据库中，也可以导入部分列中的数据，且在导入过程中还可以更改字段名。

本例选择导入 Excel 工作表中的全部字段。

⑤ 单击“下一步”按钮，选择主键，如图 3-52 所示。本例将主键设置为“员工编号”。

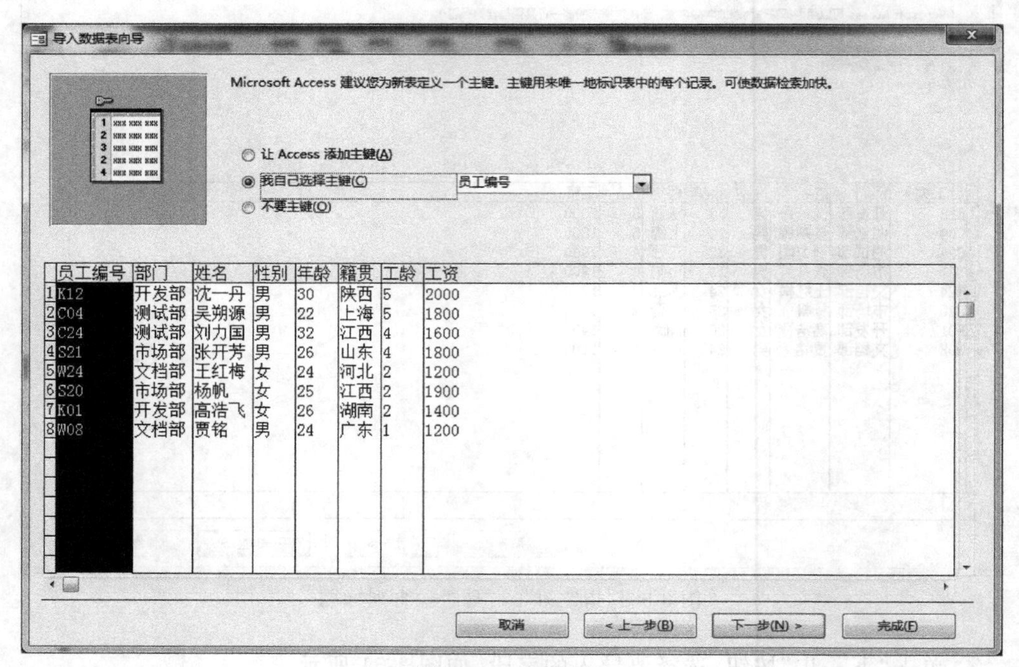

图 3-52　选择主键

⑥ 单击“下一步”按钮，将导入的对象命名为 employee。

⑦ 单击“完成”按钮，完成导入操作(不保存导入步骤)。

导入的新表将显示在“导航”窗格中。

【例 3-17】 将另一个 Access 数据库中的表对象导入“销售管理”数据库中。

操作步骤如下。

① 打开“销售管理”数据库，执行“外部数据”→“导入并链接”→Access 命令，在“获取外部数据-Access 数据库”对话框中选择要导入的 Access 数据库文件，单击“确定”按钮，打开如图 3-53 所示的“导入对象”对话框。

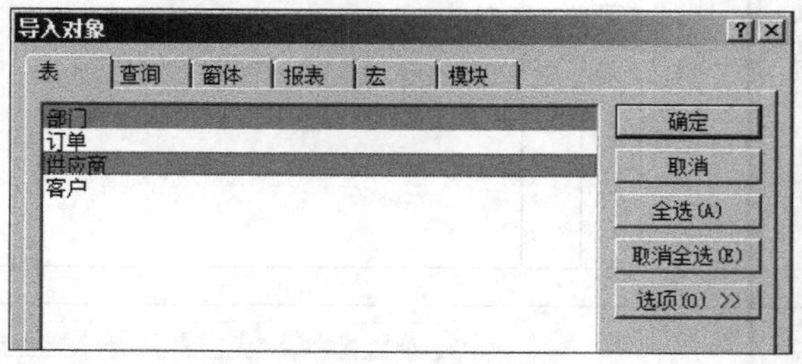

图 3-53　“导入对象”对话框

② 从“表”选项卡中选择需要导入的表对象，然后单击“确定”按钮，即可将这些对象导入“销售管理”数据库中。

3.6.2 数据的导出

打开 Access 数据库，在“导航”窗格中选择一个要导出的表对象，执行“外部数据”→“导出”组中的命令，即可将该表中的数据导出到其他格式的文件中，如导出到另一个 Access 数据库、文本文件、Excel 文件、XML 文件、PDF 或 XPS 文件中等。

【例 3-18】 将“销售管理”数据库中的“商品”表导出为一个 Excel 文件。

操作步骤如下。

① 打开“销售管理”数据库，在“导航”窗格中选中“商品”表，执行“外部数据”→“导出”→Excel 命令，打开如图 3-54 所示的“导出-Excel 电子表格”对话框，目标文件名为“D:\Access2016\商品.xlsx”，文件格式为“Excel 工作簿(*.xlsx)”。

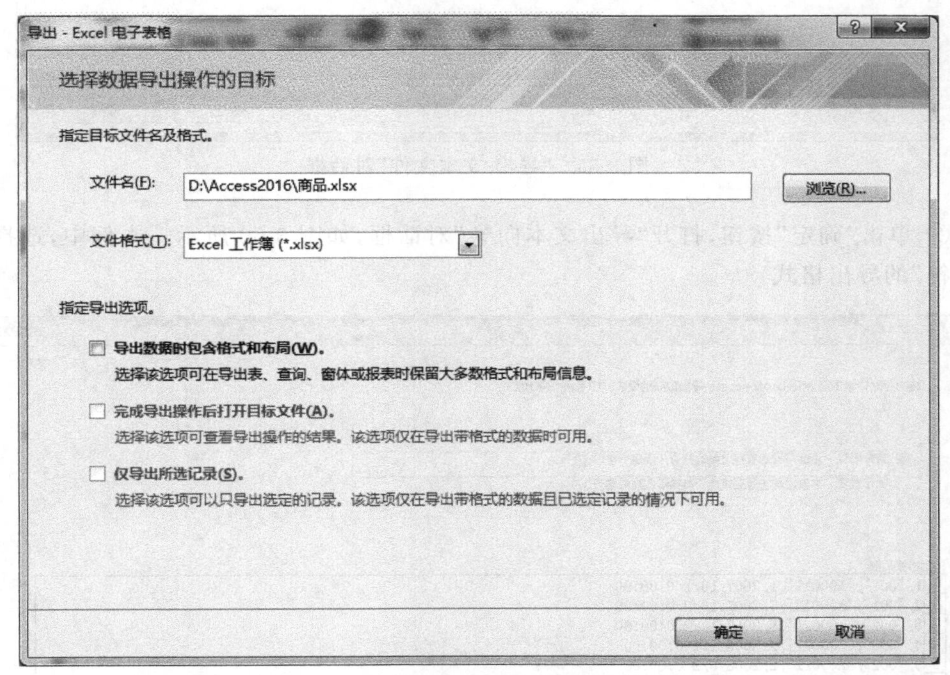

图 3-54 “导出-Excel 电子表格”对话框

② 单击“确定”按钮，完成导出操作(不保存导出步骤)。

【例 3-19】 将“销售管理”数据库中的“销售”表导出为一个文本文件。

操作步骤如下。

① 打开“销售管理”数据库，在“导航”窗格中右击“销售”表对象，在弹出的快捷菜单中选择“导出”→“文本文件”选项，打开如图 3-55 所示的“导出-文本文件”对话框，目标文件名为“D:\Access2016\销售.txt”，

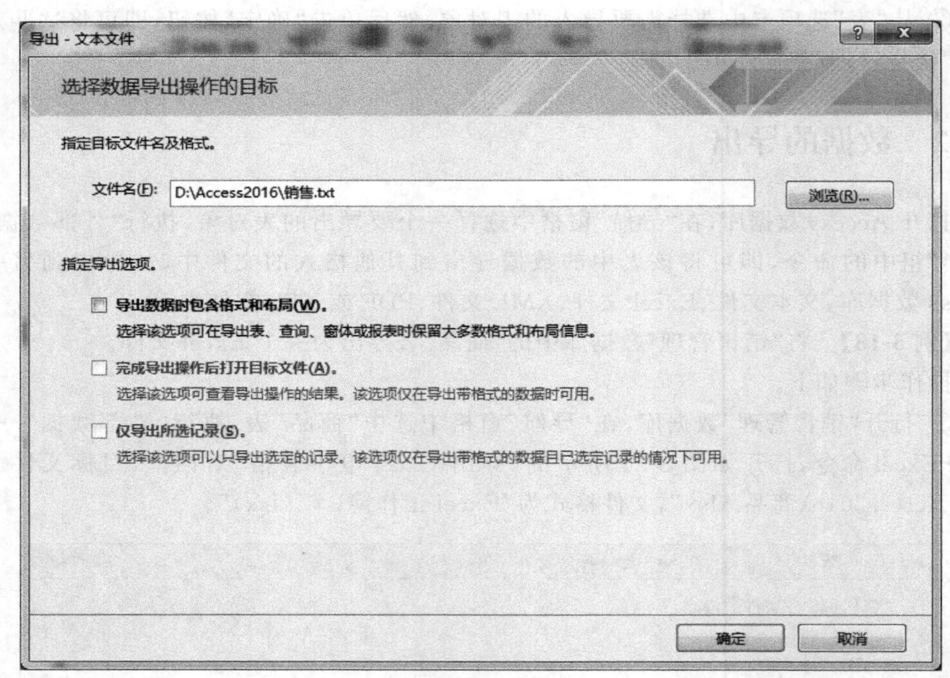

图 3-55 “导出-文本文件”对话框

② 单击“确定”按钮，打开“导出文本向导”对话框，如图 3-56 所示。本例中，选择“带分隔符”的导出格式。

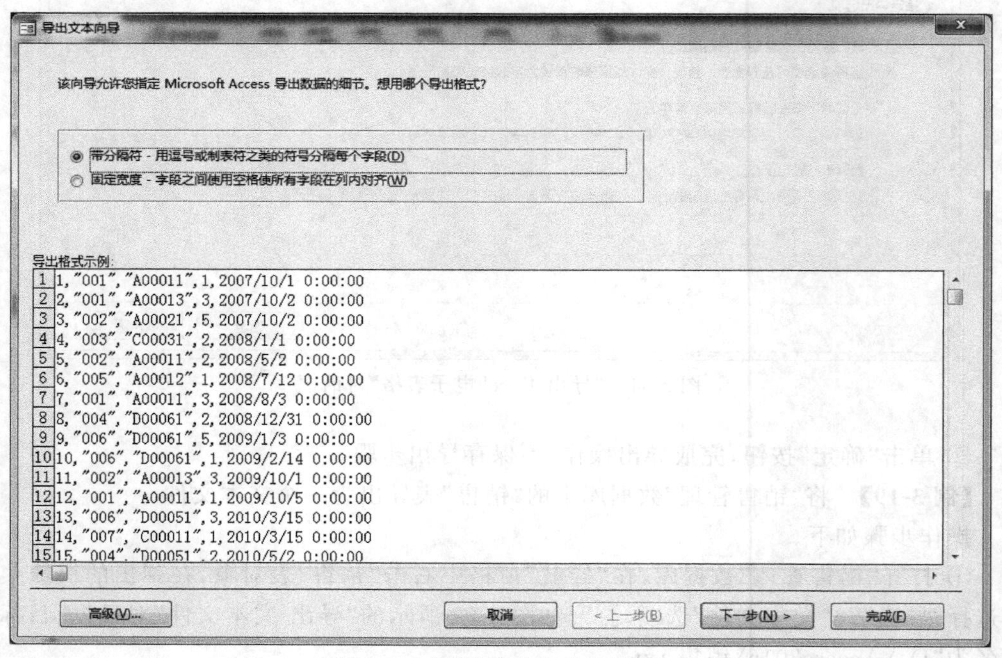

图 3-56 “导出文本向导”对话框

③ 单击“下一步”按钮，选择字段分隔符，如图 3-57 所示。本例中，选择字段分隔符为“逗号”，选择文本识别符为“"”，并勾选“第一行包含字段名称”复选框。

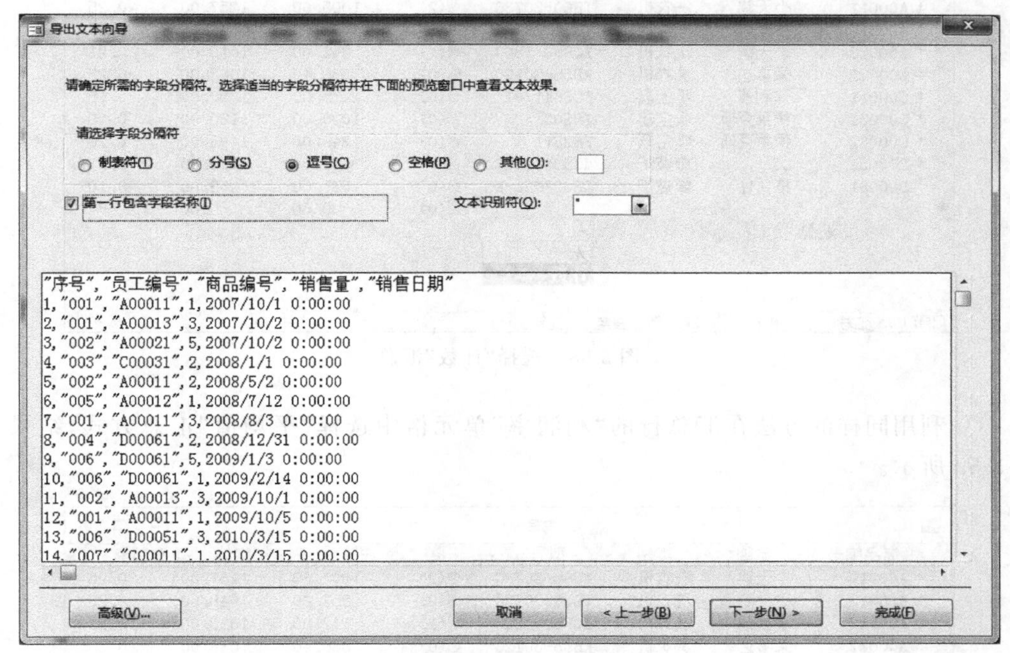

图 3-57　选择字段分隔符

④ 单击“完成”按钮，完成导出操作。

3.7　记录的汇总、排序和筛选

在 Access 中，可以对数据表中的记录进行汇总和排序，还可以按照指定条件从一个表中筛选出用户需要的记录。

3.7.1　记录的汇总

在 Access 中，通过向数据表中添加汇总行可以对表中的记录进行计数、求和、求平均值等统计操作。

【例 3-20】 在“商品”表中，按型号统计商品数量，并计算商品的平均利润率。

操作步骤如下。

① 打开“商品”表的数据表视图，单击“开始”→“记录”→“合计”按钮 Σ，在数据表的末尾增加一个汇总行。

② 在汇总行中单击“型号”单元格，会出现一个下拉箭头。单击下拉箭头，打开汇总方式列表，选择“计数”选项，如图 3-58 所示。

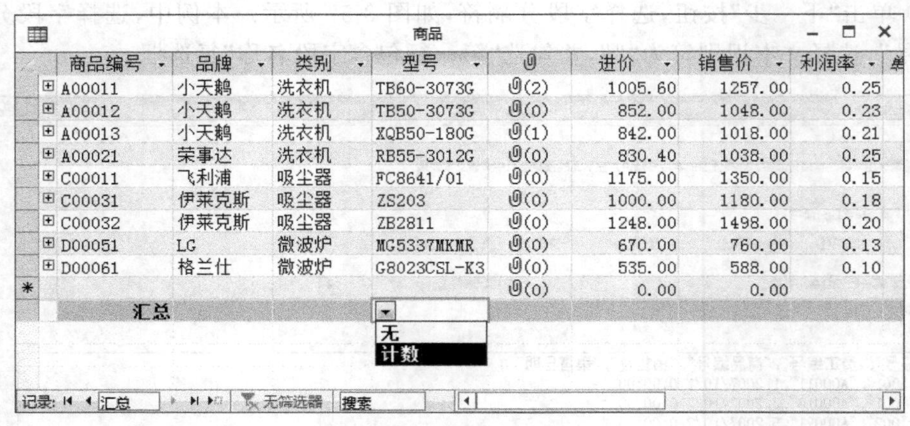

商品

	商品编号	品牌	类别	型号		进价	销售价	利润率	单
	A00011	小天鹅	洗衣机	TB60-3073G	(2)	1005.60	1257.00	0.25	
	A00012	小天鹅	洗衣机	TB50-3073G	(0)	852.00	1048.00	0.23	
	A00013	小天鹅	洗衣机	XQB50-180G	(1)	842.00	1018.00	0.21	
	A00021	荣事达	洗衣机	RB55-3012G	(0)	830.40	1038.00	0.25	
	C00011	飞利浦	吸尘器	FC8641/01	(0)	1175.00	1350.00	0.15	
	C00031	伊莱克斯	吸尘器	ZS203	(0)	1000.00	1180.00	0.18	
	C00032	伊莱克斯	吸尘器	ZB2811	(0)	1248.00	1498.00	0.20	
	D00051	LG	微波炉	MG5337MKMR	(0)	670.00	760.00	0.13	
	D00061	格兰仕	微波炉	G8023CSL-K3	(0)	535.00	588.00	0.10	
*					(0)	0.00	0.00		
	汇总			无 计数					

记录: 汇总 无筛选器 搜索

图 3-58　选择“计数”汇总

③ 利用同样的方法在汇总行的“利润率”单元格中选择“平均值”汇总方式，结果如图 3-59 所示。

商品

	商品编号	品牌	类别	型号		进价	销售价	利润率	单
	A00011	小天鹅	洗衣机	TB60-3073G	(2)	1005.60	1257.00	0.25	
	A00012	小天鹅	洗衣机	TB50-3073G	(0)	852.00	1048.00	0.23	
	A00013	小天鹅	洗衣机	XQB50-180G	(1)	842.00	1018.00	0.21	
	A00021	荣事达	洗衣机	RB55-3012G	(0)	830.40	1038.00	0.25	
	C00011	飞利浦	吸尘器	FC8641/01	(0)	1175.00	1350.00	0.15	
	C00031	伊莱克斯	吸尘器	ZS203	(0)	1000.00	1180.00	0.18	
	C00032	伊莱克斯	吸尘器	ZB2811	(0)	1248.00	1498.00	0.20	
	D00051	LG	微波炉	MG5337MKMR	(0)	670.00	760.00	0.13	
	D00061	格兰仕	微波炉	G8023CSL-K3	(0)	535.00	588.00	0.10	
*					(0)	0.00	0.00		
	汇总			9				0.19	

记录: 汇总 无筛选器 搜索

图 3-59　汇总结果

④ 保存数据表，汇总结果将存储在表对象中。

若要取消汇总，则可以在汇总方式列表中选择“无”选项；若要隐藏汇总行，则可以再次单击“开始”→“记录”→“合计”按钮。

3.7.2　记录的排序

默认情况下，表中的记录是按输入的顺序排列的。如果数据表定义了主键，则表中的记录会自动按主键值排列。如果要按非主键值排列记录，则可以使用 Access 的排序功能。

排序以一个或多个字段为依据，将表中的记录按照一定的逻辑顺序排列，使得具有相同排序字段值的记录可以组织在一起。

1. 简单排序

对基于一个或多个相邻字段的数据可以进行快速排序。

当进行多字段排序时，每个字段都按照同样的方式排列(升序或降序)，并且从左到右依次为主要排序字段、次要排序字段等。

【例 3-21】 对“员工”表按性别排序。

操作步骤如下。

① 打开“员工”表的数据表视图，将光标定位在“性别”列的任一单元格中。

② 单击“开始”→“排序和筛选”→“升序”按钮 升序，可将性别按由男到女的顺序排列；单击“降序”按钮 降序，则可将性别按由女到男的顺序排列。

执行“开始”→“排序和筛选”→“取消排序”命令，可以恢复到原来的记录顺序。

【例 3-22】 对“商品”表进行排序，要求同一类别的商品按销售价由低到高排列。

操作步骤如下。

① 打开“商品”表的数据表视图，单击“类别”列的“列标题”按钮，选中该列，然后用鼠标拖曳“列标题”按钮，将“类别”列移动到“销售价”列的前面。

② 按住“列标题”按钮拖曳鼠标，同时选中“类别”和“销售价”两列。

③ 单击“开始”→“排序和筛选”→“升序”按钮，结果如图 3-60 所示。

商品

商品编号	品牌	型号	附件	进价	类别	销售价	利润率	单击
D00061	格兰仕	G8023CSL-K3	(0)	535.00	微波炉	588.00	0.10	
D00051	LG	MG5337MKMR	(0)	670.00	微波炉	760.00	0.13	
C00031	伊莱克斯	ZS203	(0)	1000.00	吸尘器	1180.00	0.18	
C00011	飞利浦	FC8641/01	(0)	1175.00	吸尘器	1350.00	0.15	
C00032	伊莱克斯	ZB2811	(0)	1248.00	吸尘器	1498.00	0.20	
A00013	小天鹅	XQB50-180G	(1)	842.00	洗衣机	1018.00	0.21	
A00021	荣事达	RB55-3012G	(0)	830.40	洗衣机	1038.00	0.25	
A00012	小天鹅	TB50-3073G	(0)	852.00	洗衣机	1048.00	0.23	
A00011	小天鹅	TB60-3073G	(2)	1005.60	洗衣机	1257.00	0.25	
*			(0)	0.00		0.00		

记录: 第 1 项(共 9 项) 无筛选器 搜索

图 3-60 按“类别”和“销售价”进行排序

说明：

① 如果排序的几列不相邻，则需要先移动这些列，使它们彼此相邻。

② 在数据表视图中改变字段的前后顺序不会影响它们在表结构中的位置。

2. 高级排序

若要对表中不相邻的字段按不同的方式(升序或降序)进行排列，则可以使用高级排序功能。

【例 3-23】 对“商品”表先按“类别”升序排列，再按“销售价”降序排列。

操作步骤如下。

① 打开“商品”表的数据表视图，执行“开始”→“排序和筛选”→“高级”→“高级筛选/

排序”命令，打开“排序设置”窗口。

② 按图 3-61 所示进行设置，将第 1 个字段设置为“类别”，排序方式设置为“升序”；将第 2 个字段设置为“销售价”，排序方式设置为“降序”。

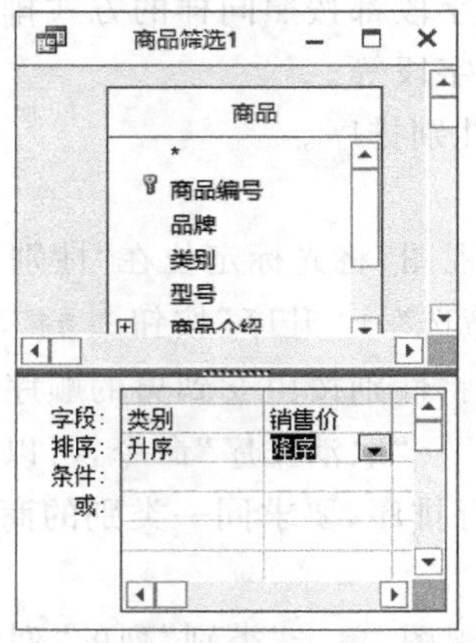

图 3-61 设置高级排序

③ 执行“开始”→“排序和筛选”→“高级”→“应用筛选/排序”命令，结果如图 3-62 所示。

商品

商品编号	品牌	类别	型号	附件	进价	销售价	利润率
D00051	LG	微波炉	MG5337MKMR	(0)	670.00	760.00	0.13
D00061	格兰仕	微波炉	G8023CSL-K3	(0)	535.00	588.00	0.10
C00032	伊莱克斯	吸尘器	ZB2811	(0)	1248.00	1498.00	0.20
C00011	飞利浦	吸尘器	FC8641/01	(0)	1175.00	1350.00	0.15
C00031	伊莱克斯	吸尘器	ZS203	(0)	1000.00	1180.00	0.18
A00011	小天鹅	洗衣机	TB60-3073G	(2)	1005.60	1257.00	0.25
A00012	小天鹅	洗衣机	TB50-3073G	(0)	852.00	1048.00	0.23
A00021	荣事达	洗衣机	RB55-3012G	(0)	830.40	1038.00	0.25
A00013	小天鹅	洗衣机	XQB50-180G	(1)	842.00	1018.00	0.21
*				(0)	0.00	0.00	

记录: 第 1 项(共 9 项) 无筛选器 搜索

图 3-62 高级排序结果

执行“开始”→“排序和筛选”→“取消排序”命令，可以恢复到原来的记录顺序。

3.7.3 记录的筛选

筛选是指根据指定的条件从一个表中找出所有满足条件的记录，同时将不满足条件的记录暂时隐藏起来，在筛选的同时还可以对表进行排序。

1. 基于选定内容的筛选

基于选定内容的筛选就是将当前光标所在位置的内容作为条件进行筛选。

【例 3-24】 从“商品”表中筛选出所有“洗衣机”类别的商品记录。

操作步骤如下。

① 打开“商品”表，将光标定位在“类别”值为“洗衣机”的单元格中。

② 单击“开始”→“排序和筛选”→“选择”按钮，打开“选择”列表，其中有以下 4 个选项。

- 等于，不等于：表示精确匹配，前者筛选出与选定内容完全相等的记录，后者筛选出与选定内容完全不相等的记录。
- 包含，不包含：表示模糊匹配，前者筛选出包含选定内容的记录，或者筛选出不包含选定内容的记录。

本例选择“等于‘洗衣机’”选项，结果如图 3-63 所示。

商品

	商品编号	品牌	类别	型号	附件	进价	销售价	利润率
⊞	A00011	小天鹅	洗衣机	TB60-3073G	(2)	1005.60	1257.00	0.25
⊞	A00012	小天鹅	洗衣机	TB50-3073G	(0)	852.00	1048.00	0.23
⊞	A00013	小天鹅	洗衣机	XQB50-180G	(1)	842.00	1018.00	0.21
⊞	A00021	荣事达	洗衣机	RB55-3012G	(0)	830.40	1038.00	0.25
*					(0)	0.00	0.00	

记录: 第 1 项(共 4 项) 已筛选 搜索

图 3-63　筛选“洗衣机”类别的商品记录

说明：执行“开始”→“排序和筛选”→“切换筛选”命令，可以在应用筛选和取消筛选之间切换；执行“开始”→“排序和筛选”→“高级”→“清除所有筛选器”命令，可以删除筛选设置。

2. 使用筛选器筛选

Access 提供了多种类型的筛选器对数据进行快速筛选。对于“短文本”“长文本”和“超链接”类型的字段可以应用文本筛选器，对于“日期/时间”型字段可以应用日期筛选器，对于“数字”型字段可以应用数字筛选器。

【例 3-25】 从“销售”表中筛选出员工编号为“002”和“003”的员工的销售记录。

操作步骤如下。

① 打开“销售”表，将光标定位在“员工编号”的任一单元格中，执行“开始”→“排序和筛选”→“筛选器”命令；或者单击“员工编号”列标题按钮上的下拉箭头▼，打开“员工编号”的“筛选”列表，如图 3-64 所示。

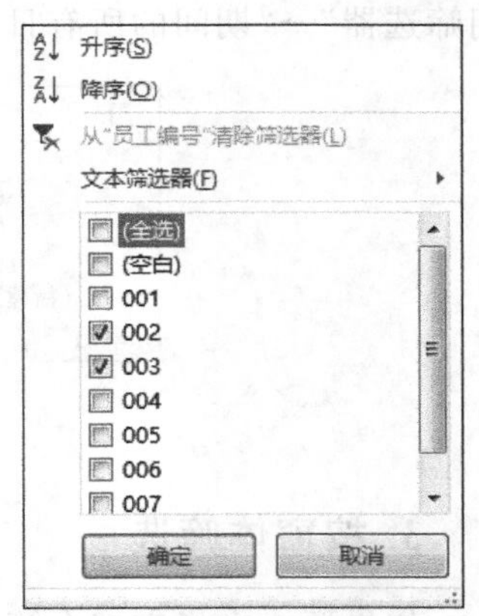

图 3-64　选择筛选项

② 列表中显示了“员工编号”字段的所有不重复的值，取消其他字段值的选择，只保留“002”和“003”两项，筛选结果如图 3-65 所示。

【例 3-26】 从“商品”表中筛选出销售价在 1000～1200 之间的商品记录。

操作步骤如下。

打开“商品”表，单击“销售价”列标题按钮上的下拉箭头，打开“筛选”列表。执行“数字筛选器”→“介于”命令，打

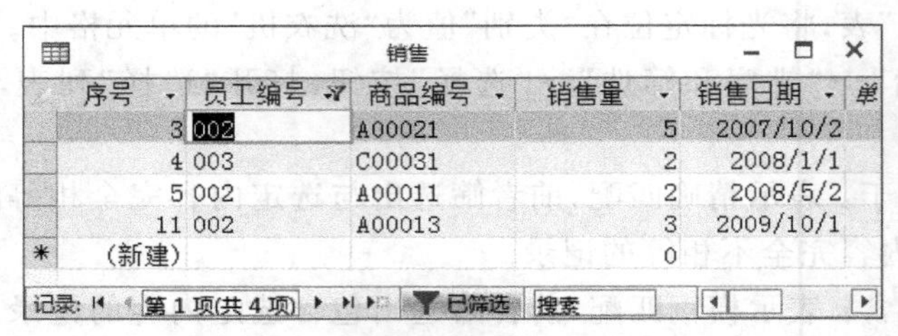

图 3-65　使用筛选器筛选销售记录

开如图 3-66 所示的“数字范围”对话框，将最小值设置为 1000，将最大值设置为 1200，结果如图 3-67 所示。

图 3-66　设置数字范围

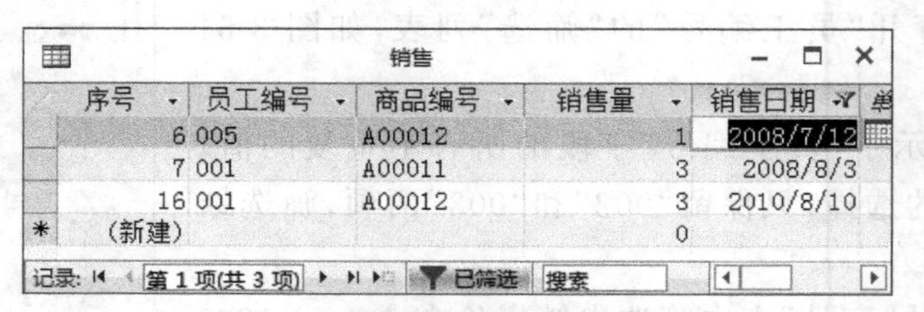

图 3-67　按销售价范围筛选商品记录

【例 3-27】　从“销售”表中筛选出“第三季度”的商品销售记录。

操作步骤如下。

打开“销售”表，单击“销售日期”列标题按钮上的下拉箭头，打开“筛选”列表，执行“日期筛选器”→“期间的所有日期”→“第三季度”命令，筛选结果如图 3-68 所示。

序号	员工编号	商品编号	销售量	销售日期
6	005	A00012	1	2008/7/12
7	001	A00011	3	2008/8/3
16	001	A00012	3	2010/8/10
（新建）			0	

记录：第 1 项(共 3 项)　已筛选

图 3-68　应用日期筛选器筛选记录

3. 按窗体筛选

如果要一次指定多个筛选条件，则可以使用“按窗体筛选”功能。

【例 3-28】 从“员工”表中筛选出已婚的女职工记录。

操作步骤如下。

① 打开“员工”表，执行“开始”→“排序和筛选”→“高级”→“按窗体筛选”命令，打开“按窗体筛选”窗口。

② 在筛选窗口中，将“性别”设置为“女”，并勾选“婚否”复选框，如图 3-69 所示。

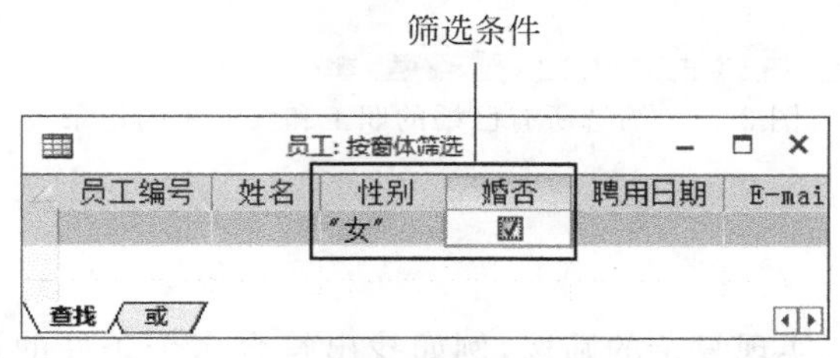

图 3-69 两个相“与”的筛选条件

③ 在“高级选项”列表中选择“应用筛选/排序”选项，结果如图 3-70 所示。

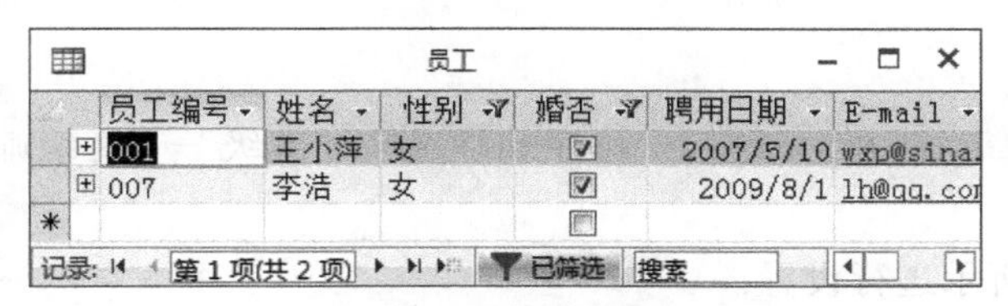

图 3-70 筛选已婚的女职工记录

【例 3-29】 从“员工”表中筛选出所有已婚的职工和女职工的记录。

操作步骤如下。

① 打开“员工”表，执行“开始”→“排序和筛选”→“高级”→“按窗体筛选”命令，打开“按窗体筛选”窗口。

② 在筛选窗口中将“性别”设置为“女”，如图 3-71 所示。

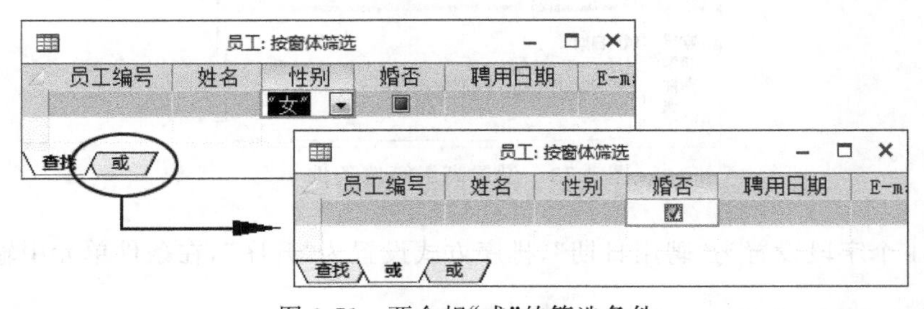

图 3-71 两个相“或”的筛选条件

③ 单击筛选窗口左下角的“或”标签按钮，切换到第 2 个条件设置窗口，勾选“婚否”复选框，如图 3-71 所示。

④ 打开“高级选项”列表，选择“应用筛选/排序”选项，结果如图 3-72 所示。

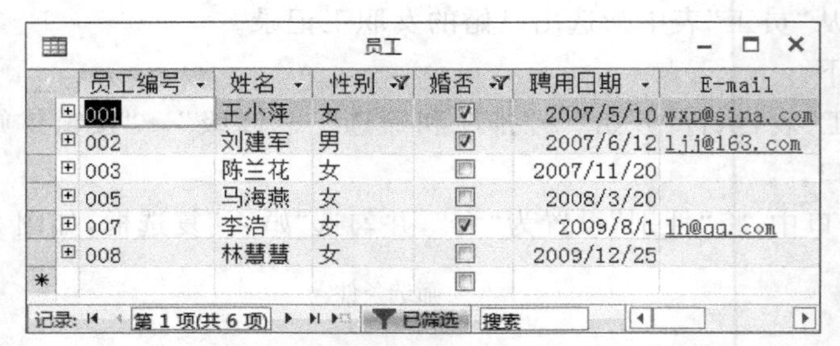

员工

员工编号	姓名	性别	婚否	聘用日期	E-mail
001	王小萍	女	☑	2007/5/10	wxp@sina.com
002	刘建军	男	☑	2007/6/12	ljj@163.com
003	陈兰花	女	☐	2007/11/20	
005	马海燕	女	☐	2008/3/20	
007	李浩	女	☑	2009/8/1	lh@qq.com
008	林慧慧	女	☐	2009/12/25	

记录: 第 1 项(共 6 项) 已筛选 搜索

图 3-72　筛选所有已婚的职工和女职工的记录

4. 高级筛选

应用高级筛选可以实现复杂的筛选，例如找出符合多个条件的记录或者设置表达式作为筛选条件等，还可以对筛选的结果进行排序。

【例 3-30】 从“员工”表中筛选出 2008 年和 2009 年聘用的女职工记录，并按聘用日期升序显示。

操作步骤如下。

① 打开“员工”表，执行“开始”→“排序和筛选”→“高级”→“高级筛选/排序”命令，打开“筛选”窗口。

② 按图 3-73 所示进行设置。

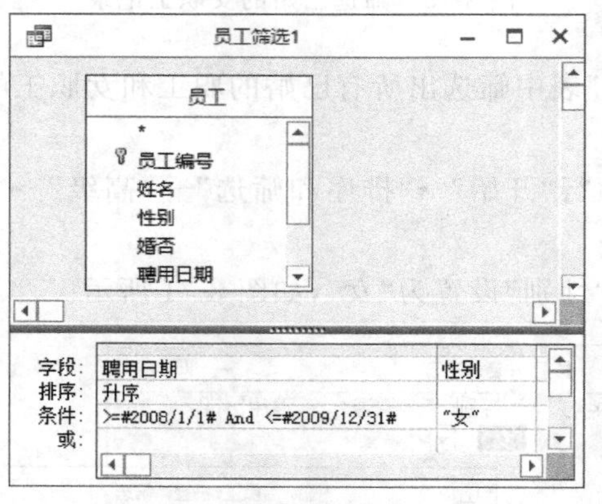

图 3-73　设置高级筛选条件

• 第 1 个字段设置为“聘用日期”，排序方式设置为“升序”，在条件单元中输入

```
>=#2008/1/1#  And  <=#2009/12/31#
```

• 第 2 个字段设置为“性别”，在条件单元格中输入

```
"女"
```

说明：#2008/1/1# 和 #2009/12/31# 是 Access 中日期常量的表示方法，"女"是字符常量的表示方法。

③ 打开“高级选项”列表，选择“应用筛选/排序”选项，结果如图 3-74 所示。

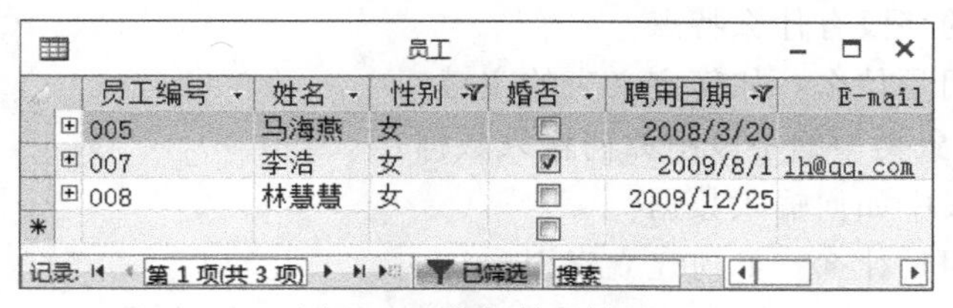
员工

员工编号	姓名	性别	婚否	聘用日期	E-mail
005	马海燕	女	☐	2008/3/20	
007	李浩	女	☑	2009/8/1	lh@qq.com
008	林慧慧	女	☐	2009/12/25	

记录：第 1 项(共 3 项) 已筛选 搜索

图 3-74 高级筛选结果

本章小结

本章介绍了在 Access 数据库中建立和操作数据表的方法，主要内容如下。

(1) 表是由字段和记录两部分组成的。字段描述了表的结构，记录描述了表中存储的数据。定义表的结构之后即可在表中输入记录。

① 表设计视图是创建表的主要方法。在表设计视图中，可以定义字段、设置字段属性(包括字段大小、格式、输入掩码、标题、默认值、验证规则、必需等)、设置主键和索引(Access 将表的主键自动设置为主索引)。

② 在数据表视图中，可以添加、修改和删除记录，不同数据类型的字段有不同的输入方式。此外，还可以通过导入或链接方式获取外部文件中的数据。

(2) 索引是数据库的重要功能，索引有助于提高查询的速度。

(3) 数据库中的表通过关系联系在一起，设置主索引或唯一索引后，可以建立两个表之间的一对一或一对多关系。实施参照完整性可以设置两个表之间的参照引用规则。

(4) 在数据表视图中，可以设置表格的外观、隐藏或冻结列等。

(5) 在“导航”窗格中，可以对表对象进行复制、删除与重命名等操作。

(6) 使用汇总行的功能可以对表中的记录按某个字段进行统计汇总。

(7) 使用排序功能可以按照一个或多个字段值的升序或降序排列表中的记录。

(8) 使用筛选功能可以按照指定的条件显示表中的记录，同时将不满足条件的记录隐藏起来。Access 提供了基于选定内容的筛选、自动筛选、按窗体筛选和高级筛选等方式。

习 题 3

3.1 思考题

1. 在 Access 中有几种创建表的方法？
2. Access 数据表的字段有哪些数据类型？
3. Access 数据表的字段可以设置哪些属性？

4. 自动编号类型的字段有什么特点？
5. 计算类型的字段有什么特点？
6. 主键的作用是什么？如何定义表的主键？
7. 在 OLE 对象类型的字段中如何输入数据？
8. 在附件字段中如何输入数据？
9. 索引的作用是什么？如何建立索引？
10. 如何在表之间建立关系？实施参照完整性的作用是什么？
11. 如何在同一个数据库或不同数据库之间复制数据表？
12. 如何将外部文件中的数据导入到 Access 数据库？
13. 如何将 Access 数据表中的数据导出到外部文件？
14. 在数据表视图中，如何使用汇总行进行数据统计？
15. 在 Access 中有哪几种筛选记录的方法？

3.2 选择题

1. 下列选项中不属于 Access 数据类型的是(　　)。
A) 短文本　　B) 长文本　　C) 通用　　D) 日期/时间
2. 下列关于 OLE 对象的叙述中正确的是(　　)。
A) 用于输入数据
B) 用于处理超级链接数据
C) 用于生成自动编号数据
D) 用于链接或嵌入 Windows 支持的对象
3. 以下字段类型中可以改变"字段大小"属性的是(　　)。
A) 短文本　　B) 日期/时间　　C) 是/否　　D) 长文本
4. 在数据表视图中，不能进行的操作是(　　)。
A) 删除一条记录　　B) 修改字段的类型
C) 删除一个字段　　D) 改变字段在表结构中的位置
5. 在表设计视图中，不能进行的操作是(　　)。
A) 删除一条记录　　B) 修改字段的类型
C) 删除一个字段　　D) 改变字段在表结构中的位置
6. 下列对数据输入没有约束作用的是(　　)。
A) 字段名称　　B) 数据类型　　C) 输入掩码　　D) 验证规则
7. 下列关于空值的叙述中正确的是(　　)。
A) 空值是长度为零的字符串
B) 空值是等于 0 的数值
C) 空值是用空格表示的值
D) 空值是用 Null 或空白表示字段的值

8. 数据表中有一个"型号"字段，若需要按照指定的样式输入数据，则应该定义的字段属性是(　　)。

A）格式　　B）默认值　　C）输入掩码　　D）验证规则

9. 若设置字段的输入掩码为“9999-999999”，则该字段正确的输入数据是（　　）。

A）0551-123456　　B）010-abcdef

C）abcd-123456　　D）abcd-uvwxyz

10. 以下关于字段属性的说法中错误的是（　　）。

A）字段大小可用于设置短文本、数字或自动编号类型字段的最大容量

B）可对任意类型的字段设置默认值属性

C）验证规则是用于限制字段输入值的表达式

D）不同数据类型的字段，其属性有所不同

11. 在 Access 表中，为字段设置标题属性的作用是（　　）。

A）控制数据的显示样式

B）限制数据输入的格式

C）更改字段的名称

D）作为数据表视图中各列的栏目名称

12. 在 Access 表中，为字段设置格式属性的作用是（　　）。

A）控制数据的显示样式　　B）限制数据的输入格式

C）更改字段的名称　　D）作为数据表视图中各列的栏目名称

13. 下列不属于主索引特性的是（　　）。

A）主索引的值不可为空　　B）主索引的值不可重复

C）一个表可以有多个主索引　　D）一个表只有一个主索引

14. 在 Access 表中不能建立索引的字段类型是（　　）。

A）短文本　　B）数字

C）日期/时间　　D）OLE 对象

15. 在数据库中，建立索引的主要作用是（　　）。

A）节省存储空间　　B）提高查询速度

C）提高数据输入效率　　D）便于管理

16. 在“订单管理”数据库中有“客户”“产品”和“订单”表，为了有效地反映这 3 张表中数据之间的联系，应设置（　　）。

A）默认值　　B）主键

C）验证规则　　D）表之间的关系

17. 在 Access 中，为了维护相关表中数据的一致性，在建立表间关系时，需要（　　）。

A）实施参照完整性　　B）定义索引

C）设置验证规则　　D）设置默认值

18. 对数据表进行筛选操作的结果是（　　）。

A）只显示满足条件的记录，将不满足条件的记录从表中删除

B）显示满足条件的记录，并将这些记录保存在一个新表中

C）只显示满足条件的记录，不满足条件的记录被隐藏

D）将满足条件的记录和不满足条件的记录分为两个表进行显示

19. 在 Access 中,如果不想显示数据表中的某些字段,则可以使用的命令是(　　)。

A) 隐藏　　B) 删除　　C) 冻结　　D) 筛选

20. 在 Access"导航"窗格中,可以对表对象进行的操作是(　　)。

A) 复制　　B) 删除　　C) 重命名　　D) 以上都是

3.3　填空题

1. 数据表是由________和________两部分组成的。

2. 给数据表中的字段命名时不能以________开头。

3. 短文本字段最多包含________个中文或西文字符,默认为________个字符。

4. ________决定了一个字段所占用的存储空间。

5. 如果要求数据表的某个字段必须输入值,则可以设置该字段的________属性。

6. 在建立表间关系时,若要设置参照完整性,则主表中的联接字段必须是________或________,且两个联接字段必须具有相同的数据类型。

7. 定义字段默认值的作用是________。

8. 在建立表间关系时,若联接字段在两个表中均为主键,则两个表之间是________关系;若只在一个表中为主键,则两个表之间是________关系。

9. 输入掩码字符"&"的含义是________。

10. 若要求某个字段的输入样式为"L________W"(中间必须包含 5 位数字),则输入掩码应设置为________。

11. 在"计算"型字段中,可以建立一个表达式以存储计算数据,表达式中可以引用________中的字段。当表达式中引用的字段值改变时,计算字段中的数据会________更新。

12. 如果要在一个字段中存储多个图片文件,则可以将该字段设置为________数据类型。

13. 在数据表中如果要对某一列数据求平均值,则可以在数据表中增加________行。

3.4　上机练习题

1. 参考表 3-11 至表 3-13,在"订阅管理"数据库中创建"客户""报纸""订阅"3 个表,并完成下列操作。

表 3-11　"客户"表结构

字段名称	数据类型	字段大小	必需	主键
客户编号	短文本	6	是	是
姓名	短文本	10	是	—
地址	短文本	30	是	—
电话	短文本	11	是	—

表 3-12 “报纸”表结构

字段名称	数据类型	字段大小	必需	主键
邮发代号	短文本	5	是	是
名称	短文本	20	是	—
出版周期	短文本	4	是	—
订阅年价	数字	单精度型(货币格式)	是	—
优惠	数字	单精度型(固定格式,小数位数 2)	是	—
实际订价	计算	单精度型(货币格式) 实际订价=订阅年价×(1-优惠)	—	—
是否国外发行	是/否	—	—	—
刊头	OLE 对象	—	否	—
网址	超链接	—	否	—
发行说明	长文本	—	否	—
介绍	附件	—	否	—

表 3-13 “订阅”表结构

字段名称	数据类型	字段大小	必需	主键
订阅号	自动编号	长整型	—	是
客户编号	短文本	6	是	—
邮发代号	短文本	5	是	—
订阅份数	数字	字节	是	—
订阅日期	日期/时间	—	是	—

(1)“客户”表中的属性设置。

- “电话”字段的“标题”为“手机”。
- “输入掩码”为只能输入 11 位数字的形式。

(2)“报纸”表中的属性设置。

- “出版周期”字段的“默认值”为“日刊”。
- 为“出版周期”字段创建查阅属性,显示控件为“组合框”,行来源类型为“值列表”,行来源为“日刊;周刊;一周四刊;一周五刊;一周六刊”。
- “订阅年价”字段的验证规则为大于 0,验证文本为:价格必须大于 0。
- “优惠”字段的默认值为 0。

(3)“订阅”表中的属性设置。

“订阅日期”字段的“格式”为“短日期”,“默认值”为系统当前日期。

2. 参考表 3-14 至表 3-16,在“客户”“报纸”和“订阅”3 个表中输入记录(OLE 对象、长文本和附件字段的内容自行定义)。

表 3-14 “客户”表记录

客户编号	姓　名	地　址	电　话
010001	张朝阳	人民路 1 号 6-201	13512341234
010002	陈媛媛	平安大街 5 号 2-505	13520081212
010003	马力	北苑路 2 号 6-302	13198762565
010004	杨柳	平安大街 9 号 10-112	13661952088
010005	张惠	光明新村 2 号 9-606	13143214321
010006	刘小明	解放路 8 号 1-1008	13520105678

表 3-15 “报纸”表记录

邮发代号	名称	出版周期	订阅年价	优惠	是否国外发行	网　址
1-133	中国老年报	一周四刊	108.00	0.20	是	http://www.zhglnb.com.cn
1-14	北京晚报	日刊	288.00	0.12		
1-20	健康报	一周五刊	285.00	0.15	是	http://www.jkb.com.cn
1-38	参考消息	日刊	252.00	0.12		
1-4	文摘报	周刊	90.00	0		
1-41	法制日报	一周六刊	300.00	0.05	是	http://www.dzw69.wanye68.com
1-47	中国体育报	日刊	264.00	0.10		

表 3-16 “订阅”表记录

订阅号	客户编号	邮发代号	订阅份数	订阅日期
1	010001	1-14	1	2008-11-5
2	010001	1-20	1	2008-12-10
3	010002	1-4	5	2008-12-25
4	010003	1-47	1	2009-11-8
5	010003	1-14	1	2009-11-8
6	010004	1-14	1	2009-11-8
7	010004	1-38	1	2009-12-2
8	010004	1-20	1	2009-12-2
9	010001	1-14	2	2009-12-10
10	010002	1-4	8	2009-12-25
11	010001	1-14	1	2010-11-20
12	010003	1-47	1	2010-11-30

续表

订阅号	客户编号	邮发代号	订阅份数	订阅日期
13	010005	1-47	2	2010-11-30
14	010006	1-41	3	2010-12-1
15	010005	1-20	2	2010-12-10
16	010005	1-4	2	2010-12-10

3. 表和记录的编辑操作，要求如下。

(1) 在当前数据库中备份“客户”“报纸”“订阅”3 个表，备份对象名分别为 kehu、baozhi、dingyue。

(2) 在 kehu 表中增加“客户类型”字段，并使用查阅向导建立该字段的数据类型，查阅列表中显示“个人”“单位”“会员”3 个值。

(3) 在 baozhi 表中删除“刊头”字段，然后在“订阅年价”字段前插入“订阅半年价”字段，数据类型为“数字”(单精度型，货币格式)。

(4) 为 baozhi 表设置验证规则：“订阅半年价”字段的值必须小于“订阅年价”字段的值，验证文本为：数据输入错误。

(5) 在 dingyue 表中将“订阅日期”字段移动到“订阅份数”字段的前面。

(6) 分别在 kehu 表和 baozhi 表中添加两条记录，内容自定。

(7) 将 kehu 表中所有“地址”数据中的“大街”替换为“路”。

4. 数据表的外观设置，要求如下。

(1) 隐藏 kehu 表的“电话”字段，然后将隐藏的列重新显示出来。

(2) 冻结 baozhi 表的“名称”字段。

(3) 设置 dingyue 表的显示格式，使表的背景颜色为“茶色，深色 10%”、网格线的颜色为“深蓝，淡色 80%”、字号为 12。

5. 建立索引和关系，要求如下。

(1) 在“报纸”表的“名称”字段上建立“无重复”索引，索引名为“名称”；在“出版周期”字段上建立“有重复”索引，索引名为“出版周期”。

(2) 在“订阅”表的“邮发代号”和“订阅日期”两个字段上建立普通索引，索引名为“邮发代号-订阅日期”。

(3) 在“客户”表和“订阅”表之间按“客户编号”字段建立关系，在“报纸”表和“订阅”表之间按“邮发代号”字段建立关系，对这两个关系都实施参照完整性。

6. 数据的导入和导出，要求如下。

(1) 将数据库中的“报纸”表导出为一个 Excel 文件，文件名为 baozhi.xlsx。

(2) 将 baozhi.xlsx 文件中的数据导入“订阅管理”数据库，要求导入“邮发代号”“名称”“订阅年价”3 个字段，主键为“邮发代号”字段，将新表命名为 baozhi_2。

(3) 将数据库中的“订阅”表导出为一个文本文件，文件名为 dingyue.txt。要求第 1

行包含字段名称,各数据项之间以分号分隔。

(4) 将 dingyue.txt 文件链接到“订阅管理”数据库中。要求:数据源的第 1 行作为字段名,将链接表对象命名为 dingyue_2。

7. 记录的汇总、排序和筛选,要求如下。

(1) 使用汇总功能,在“订阅”表中统计订阅总份数,在“客户”表中按客户编号统计客户数。

(2) 对“报纸”表中的记录按“订阅年价”由低到高排列。

(3) 对“订阅”表中的记录按“客户编号”排序,对同一个客户按“订阅日期”降序排列。

(4) 从“报纸”表中查找国外发行且实际订价小于 250 的报纸记录。

(5) 从“订阅”表中查找邮发代号为“1-14”的报纸在 2009 年的订阅记录。

第4章 查询设计

查询(Query)是数据库管理系统最常用、最重要的功能,通过查询可以对数据库中的一个或多个表中的数据进行检索,以获得需要的数据或统计结果等。本章主要介绍Access中查询向导和查询设计视图的使用,包括建立选择查询、参数查询、交叉表查询和操作查询。

本章的查询设计均在“销售管理”数据库中进行,以下不再赘述。

4.1 查询概述

查询是指按照一定的条件对数据库中的数据进行检索或统计操作。在Access中,可以使用查询向导、查询设计视图或SQL语言建立查询(第5章将介绍SQL语言)。

1. 查询对象

Access以表或其他查询作为查询的数据来源,将用户设置的查询输出项、查询条件、排序方式等查询准则保存在查询对象中,每次使用查询时都是根据查询准则从数据源中提取相关信息以生成动态的记录集。

注意:查询对象中保存的是查询准则,而不是查询结果,这样可以保持查询结果与数据源中的数据的同步。

使用查询可以按照不同的方式查看和分析数据库中一个或多个表中的数据;另外,查询对象还可以作为其他查询、窗体和报表的数据源。

2. 查询的类型

在Access中,以是否更改数据源中的数据为标准将查询分为以下两类。

(1) 选择查询。对数据进行检索、排序、计算或汇总,但不会更改数据源中的数据。

(2) 操作查询。以成组方式对数据表进行追加、更新、删除或生成新表等操作。

另外,还可以设计参数查询和交叉表查询。前者通过设置查询参数形成一种交互式的查询;后者是一种特殊的选择查询,通过分组和汇总以行列交叉的形式显示查询结果。

4.2 选择查询

选择查询是最常见的查询类型，它可以从一个或多个表中检索数据，并以记录集的形式显示查询结果。使用选择查询还可以对记录进行分组或对查询结果进行排序。

4.2.1 使用查询向导创建查询

Access 提供查询向导以帮助用户快速创建查询。打开 Access 数据库，执行“创建”→“查询”→“查询向导”命令，打开“新建查询”对话框，如图 4-1 所示，有 4 种查询向导。

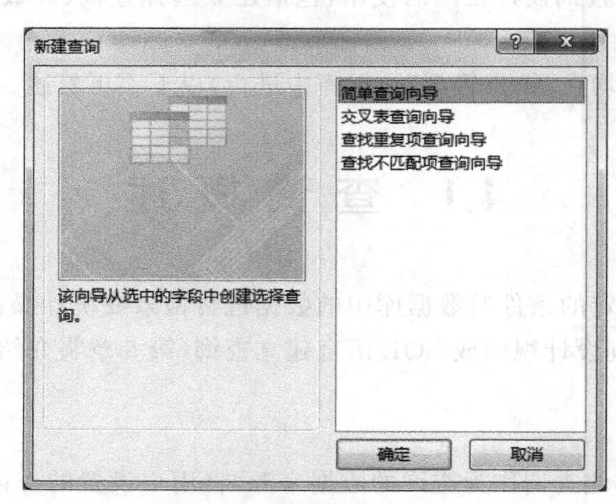

图 4-1 “新建查询”对话框

1. 简单查询向导

利用该向导可以从一个或多个表和查询中选择要查看的字段，但不能指定查询条件，也不能对查询结果进行排序。

2. 交叉表查询向导

使用交叉表查询可以计算并重新组织数据的结构。交叉表查询将在 4.4 节中介绍。

3. 查找重复项查询向导

利用该向导可以在一个表或查询中查找具有重复字段值的记录。通过检查有重复项的记录，用户可以判断表中的数据是否正确。

【例 4-1】 使用“查找重复项查询向导”查询“员工”表中同名员工的记录。

操作步骤如下。

① 打开“销售管理”数据库，执行“创建”→“查询”→“查询向导”命令，打开“新建查

询”对话框，选择“查找重复项查询向导”选项，打开“查找重复项查询向导”对话框，如图 4-2 所示。

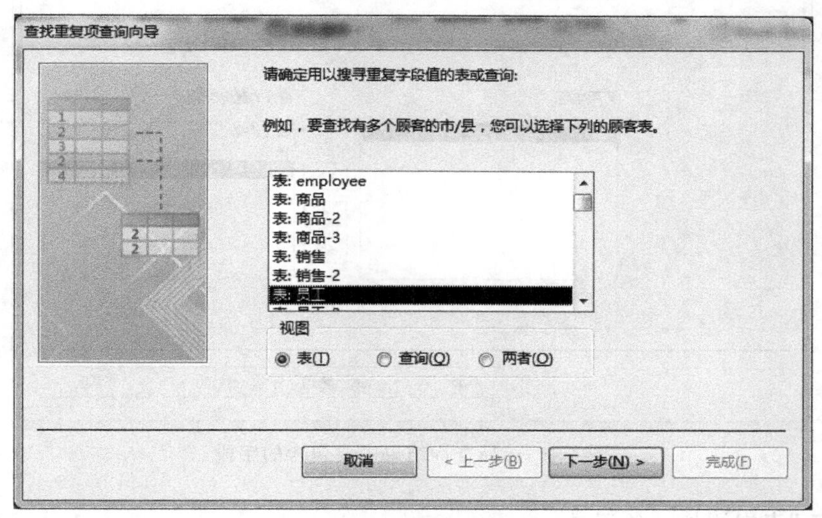

图 4-2　选择查询的数据源

② 选择查询的数据源，本例为“员工”表，然后单击“下一步”按钮。

③ 选择要查找的具有重复值的字段，如图 4-3 所示，将“姓名”字段从“可用字段”列表框添加到“重复值字段”列表框中，然后单击“下一步”按钮。

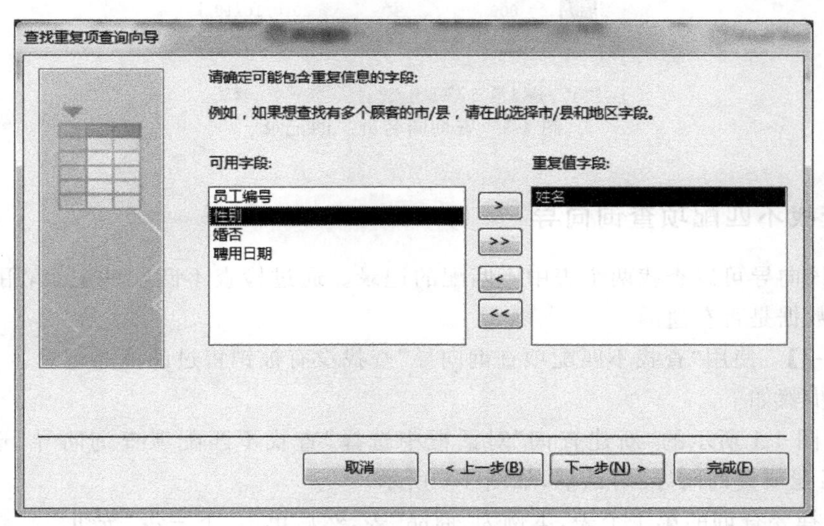

图 4-3　选择包含重复值的字段

④ 选择在查询结果中要包含的其他字段，如图 4-4 所示，将“员工编号”“性别”“聘用日期”等字段添加到“另外的查询字段”列表框中，然后单击“下一步”按钮。

⑤ 指定查询名称，本例为“查找员工的重复项”，然后单击“完成”按钮。

由于当前的“员工”表中不存在同名的员工，所以查询结果为空。可以关闭数据表窗

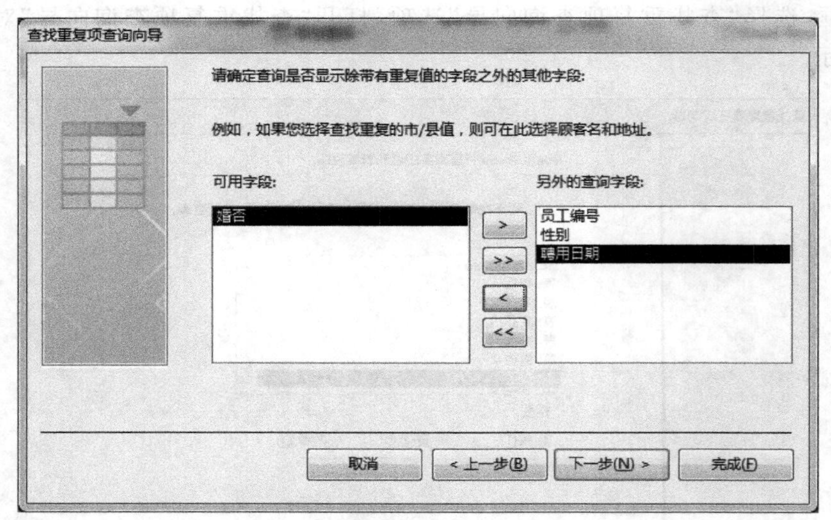

图 4-4　选择查询结果中要包含的字段

口，在“员工”表中添加一条记录：

“员工编号：009，姓名：周涛，性别：女，聘用日期：2010-10-18”

然后在“导航”窗格中双击“查找员工的重复项”对象，运行查询，结果如图 4-5 所示。

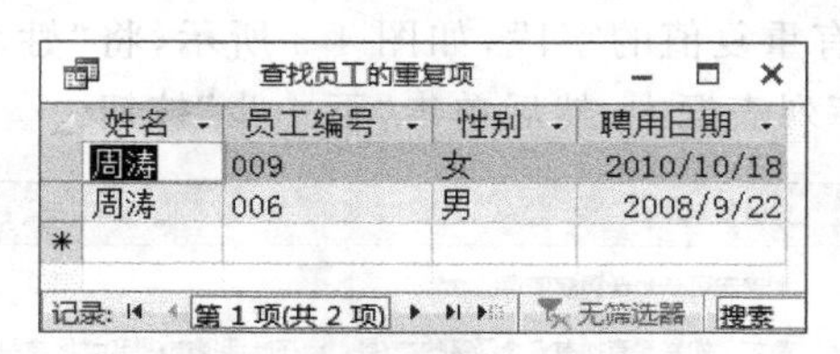

图 4-5　查询同名员工的记录

4. 查找不匹配项查询向导

利用该向导可以查找两个表中不匹配的记录。通过检查不匹配的记录，用户可以判断表中的数据是否有遗漏。

【例 4-2】 使用“查找不匹配项查询向导”查找没有被销售过的商品记录。

操作步骤如下。

① 在图 4-1 所示的“新建查询”对话框中选择“查找不匹配项查询向导”选项，打开“查找不匹配项查询向导”对话框，如图 4-6 所示。

② 选择要查询的第 1 个表，本例为“商品”表，然后单击“下一步”按钮。

③ 选择包含相关记录的表，本例为“销售”表，然后单击“下一步”按钮。

④ 指定两个表的匹配字段，如图 4-7 所示。分别单击“商品”表的“商品编号”字段和“销售”表的“商品编号”字段，再单击两个列表框中间的“匹配”按钮 <=>，此时“匹配字段”框中显示“商品编号<=>商品编号”，然后单击“下一步”按钮。

⑤ 选择要在查询结果中显示的字段，本例中选择“商品编号”“品牌”“类型”“型号”等

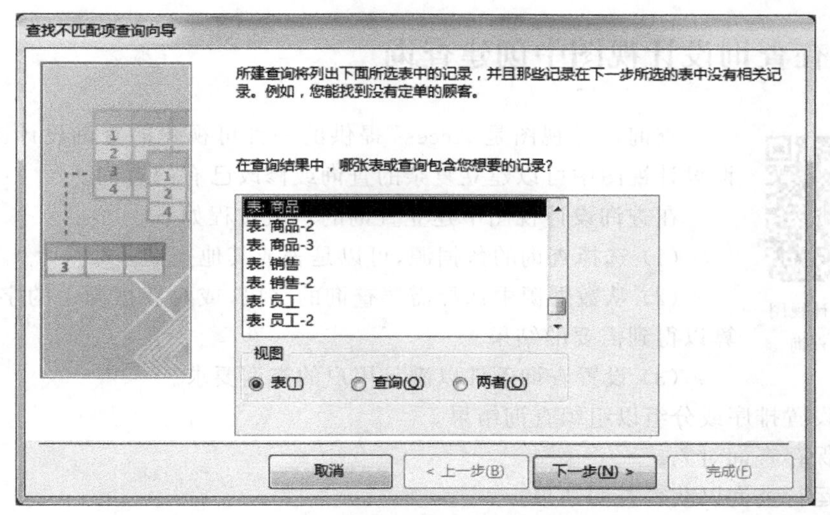

图 4-6　选择要查询的表

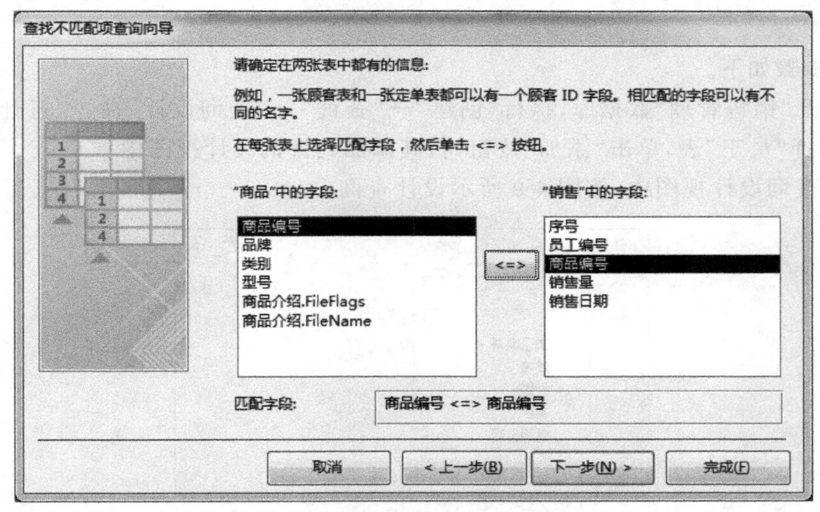

图 4-7　选择两个表的匹配字段

字段，然后单击“下一步”按钮。

⑥ 指定查询名称，本例为“商品与销售不匹配”，然后单击“完成”按钮，结果如图 4-8 所示。

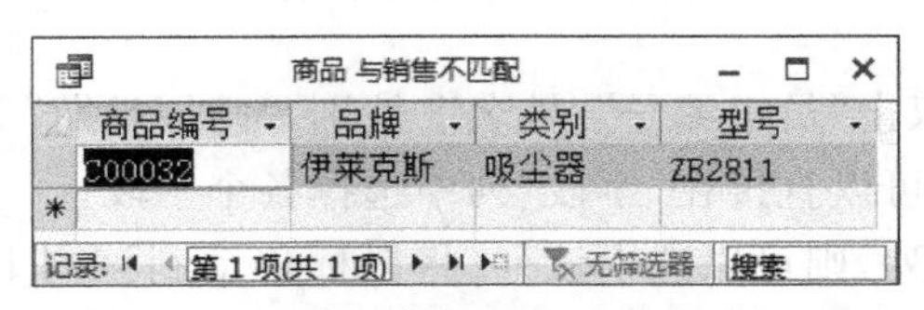

图 4-8　查找没有被销售过的商品记录

4.2.2 在查询设计视图中创建查询

在查询设计视图中创建查询

查询设计视图是 Access 提供的一种可视化的查询设计工具，在查询设计视图中可以建立复杂的查询或修改已有的查询。

在查询设计视图中建立查询的一般过程如下。

(1) 选择查询的数据源，可以是表或其他查询。

(2) 从数据源中选择需要查询的字段，或对数据源中的字段进行计算以得到需要的结果。

(3) 设置查询条件以满足用户的查询要求。

(4) 设置排序或分组以组织查询结果。

(5) 保存查询对象。

(6) 运行查询以获得查询结果。

【例 4-3】 查询“员工”表中所有员工的员工编号、姓名、性别和聘用日期。

分析：本例中，要查询的字段是“员工编号”“姓名”“性别”“聘用日期”，这 4 个字段都来自“员工”表。

操作步骤如下。

① 打开“销售管理”数据库，执行“创建”→“查询”→“查询设计”命令，打开“显示表”对话框，选择“员工”表，单击“添加”按钮，将其添加到查询设计视图中。

② 在查询设计视图中，按图 4-9 所示设计查询。

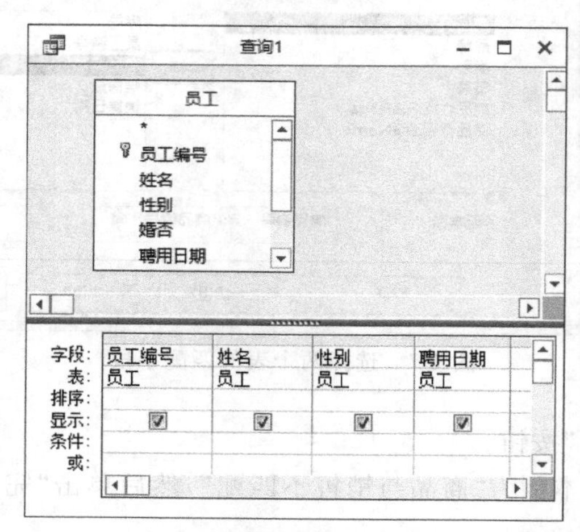

图 4-9 查询设计视图

在“员工”列表中，双击“员工编号”“姓名”“性别”“聘用日期”等字段，将其添加到窗口下方的输出字段中。也可以直接在“字段”列中选择各个字段。

若要取消某个输出列，则可以选中该列(将鼠标移动到该列上方，当鼠标指针变为下箭头形状时单击该列)，然后按 Delete 键。

③ 单击“查询工具/设计”→“结果”组中的“视图”按钮或“运行”按钮 ! ，切换到数

据表视图，查看查询结果，如图 4-10 所示。

查询1

员工编号	姓名	性别	聘用日期
001	王小萍	女	2007/5/10
002	刘建军	男	2007/6/12
003	陈兰花	女	2007/11/20
004	宋海波	男	2008/3/20
005	马海燕	女	2008/3/20
006	周涛	男	2008/9/22
007	李浩	女	2009/8/1
008	林慧慧	女	2009/12/25
009	周涛	女	2010/10/18

记录：第 1 项(共 9 项)　无筛选器　搜索

图 4-10　查询员工记录

④ 单击工具栏中的“保存”按钮，保存查询对象，将其命名为“查询员工记录”。

关闭查询对象后，在“导航”窗格中右击该对象，在弹出的快捷菜单中选择“打开”选项，可以在数据表视图中查看查询结果；在弹出的快捷菜单中选择“设计视图”选项，可以打开设计视图，修改查询。

【例 4-4】 查询“员工”表中所有女员工的员工编号、姓名和聘用日期，并按聘用日期降序排序。

分析：在本例中，查询带有条件“性别为女”，且查询结果要按聘用日期降序排列。

操作步骤如下。

① 执行“创建”→“查询”→“查询设计”命令，打开查询设计视图，在“显示表”对话框中选择“员工”表。

② 按图 4-11 所示设计查询。

- 输出字段依次选择“员工编号”“姓名”“聘用日期”“性别”。
- 在“聘用日期”列中选择“排序”方式为“降序”。
- 在“性别”列中输入条件："女"，并取消该列的“显示”选项。

③ 保存查询对象，将其命名为“查询女员工记录”。查询结果如图 4-12 所示。

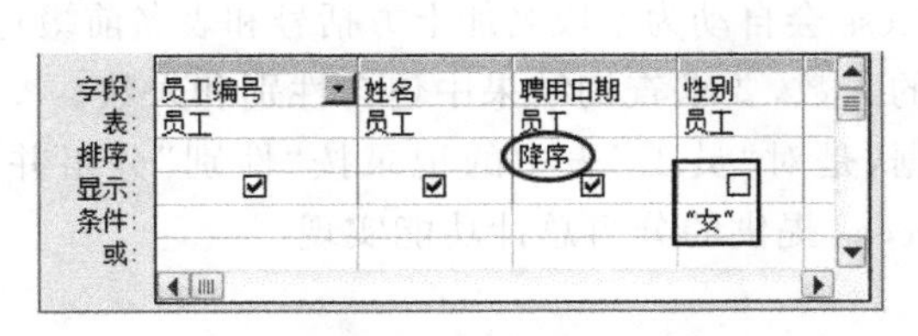

图 4-11　带条件的查询设计

查询女员工记录

员工编号	姓名	聘用日期
009	周涛	2010/10/18
008	林慧慧	2009/12/25
007	李浩	2009/8/1
005	马海燕	2008/3/20
003	陈兰花	2007/11/20
001	王小萍	2007/5/10

记录：第 1 项(共 6 项)　无筛选

图 4-12　查询女员工记录

说明：本例中，“性别”是查询的条件，但在查询结果中不需要显示出来，所以应该取消“性别”列的“显示”选项。

【例 4-5】 查询“员工”表中所有员工的员工编号、姓名和聘用年数。

分析：在本例中，聘用年数不能直接从“员工”表中获得，但是可以利用系统当前日期和“聘用日期”字段计算出来,计算表达式为: Year(Date())-Year([聘用日期]),其中Date()是获取系统当前日期的函数,Year()是获取年份的函数。

操作步骤如下。

① 打开查询设计视图,添加“员工”表。

② 按图 4-13 所示设计查询。在第 3 个字段单元格中输入:“聘用年数: Year(Date())- Year([聘用日期])”。其中,冒号分隔符(注: 必须是半角符号)左边的“聘用年数”为列标题,右边为计算年数的表达式。

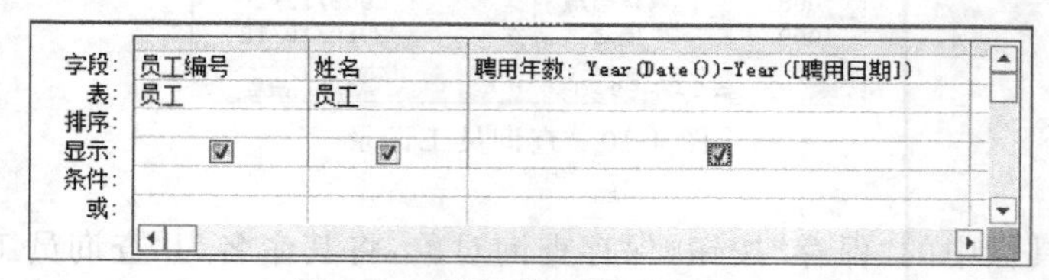

图 4-13 带计算列的查询设计

注意: *在表达式中引用字段名时,字段名需要加方括号“[]”。*

③ 保存查询对象,将其命名为“查询聘用年数”。查询结果如图 4-14 所示。

说明:

① 在查询结果中包含计算结果的列称为计算列。本例中,第 3 列为计算列。

② 计算表达式可以在查询设计视图中输入,也可以利用表达式生成器建立。使用表达式生成器的方法是: 在查询设计视图中,将光标置于要使用表达式的单元格中,单击“查询工具/设计”→“查询设置”→“生成器”按钮 生成器,打开表达式生成器,如图 4-15 所示。

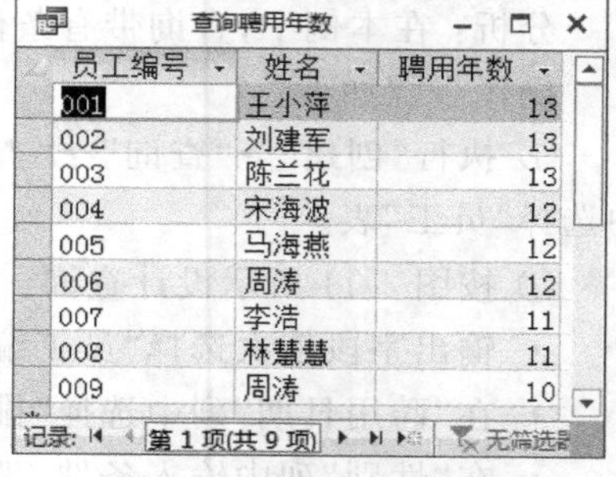

员工编号	姓名	聘用年数
001	王小萍	13
002	刘建军	13
003	陈兰花	13
004	宋海波	12
005	马海燕	12
006	周涛	12
007	李浩	11
008	林慧慧	11
009	周涛	10

图 4-14 查询聘用年数

表达式生成器提供了当前数据库中所有表或查询中的字段、窗体或报表中的各种控件,以及函数、常量、操作符和通用表达式,通过选择相应的数据项和操作符可以构建表达式(注: Access 会自动为字段名加上方括号和表名前缀)。

【例 4-6】 统计“员工”表中男女员工的人数,要求查询结果中包含性别和人数。

分析: 在本例中,人数是一个计算数据,是对“员工”表中的记录按“性别”分组并对“员工编号”进行计数得到的,可以使用 Access 提供的分组总计功能实现。

操作步骤如下。

① 打开查询设计视图,添加“员工”表。

② 单击“查询工具/设计”→“显示/隐藏”→“汇总”按钮 Σ,在查询设计视图中增加“总计”行。

③ 按图 4-16 所示设计查询。

- 输出字段设置为“性别”和“员工编号”。

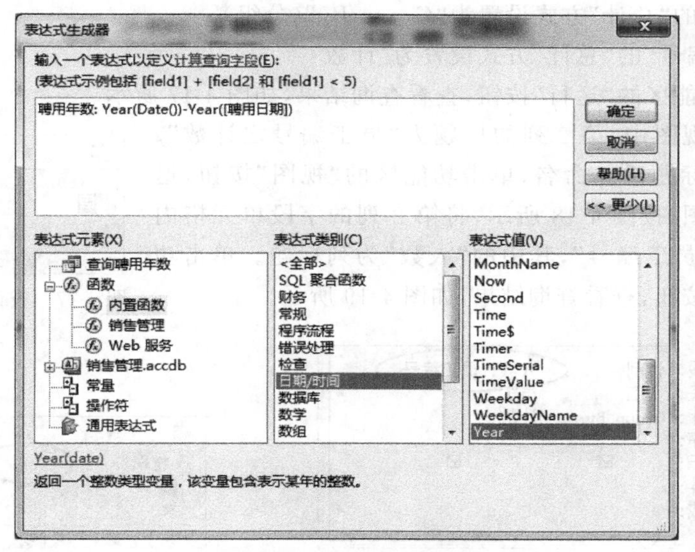

(a) 选择内置函数中的Year函数

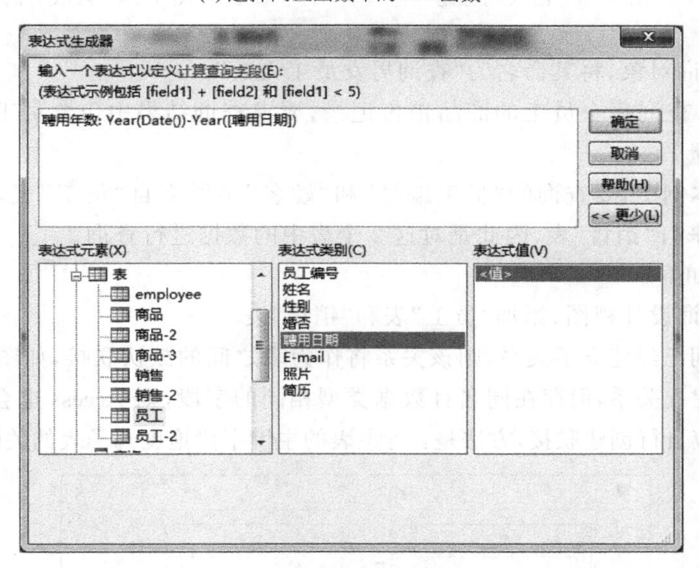

(b) 选择“员工”表中的“聘用日期”字段

图 4-15 “表达式生成器”窗口

字段:	性别	员工编号
表:	员工	员工
总计:	Group By	计数
排序:		
显示:	☑	☑
条件:		
或:		

图 4-16 带总计功能的查询设计

- “性别”的“总计”方式设置为“Group By”(分组)。
- “员工编号”的“总计”方式设置为“计数”。

④ 单击功能区的“运行”按钮,查看查询结果,如图 4-17 所示。

在数据表视图中,第 2 列的标题为“员工编号之计数”。可以对默认的标题重新命名,单击功能区的“视图”按钮,返回查询设计视图,按图 4-18 所示,将第 2 列的字段单元格内容改为“人数:员工编号”,其中的“人数”为列标题。单击功能区的“运行”按钮,查看查询结果,如图 4-19 所示。

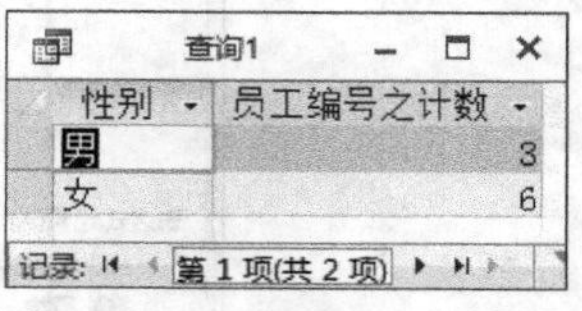

图 4-17 查询男女员工人数

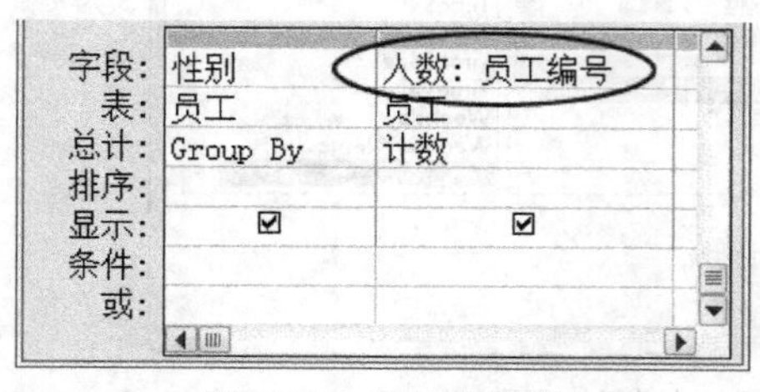

图 4-18 修改列标题

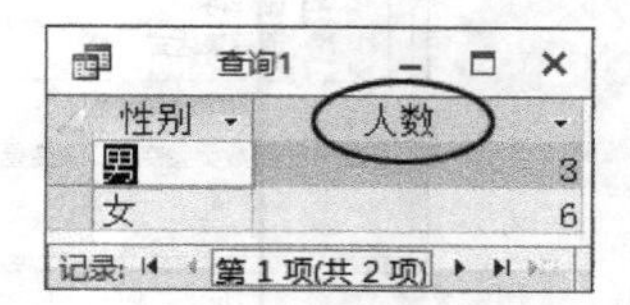

图 4-19 修改后的结果

⑤ 保存查询对象,将其命名为“查询男女员工人数”。

【例 4-7】 查询每个员工的商品销售记录,要求查询结果中包含员工编号、姓名、商品编号和销售量。

分析:在本例中,要查询的“员工编号”和“姓名”字段来自“员工”表,“商品编号”和“销售量”字段来自“销售”表,因此是对这 2 个表中的数据进行查询。

操作步骤如下。

① 打开查询设计视图,添加“员工”表和“销售”表。

如果表之间已经建立了关系,则该关系将作为表之间的默认联接,如图 4-20 所示。如果表之间没有建立关系,但存在同名且数据类型相同的字段,则 Access 也会自动为它们建立联接;否则,应自行创建联接,方法是:将主表的主键字段拖曳到子表的关联字段上。

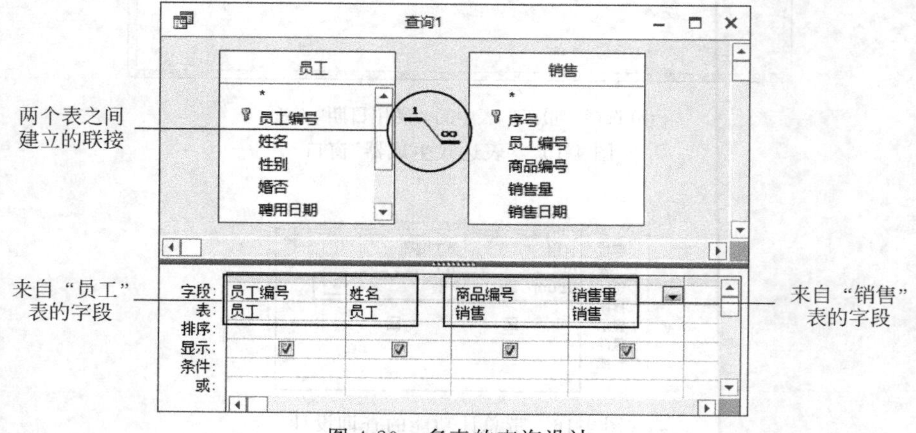

图 4-20 多表的查询设计

注意：在进行多表查询时，必须正确建立表之间的联接，否则查询结果就会出错。

② 按图 4-20 所示设计查询。输出字段依次选择“员工”表的“员工编号”和“姓名”以及“销售”表的“商品编号”和“销售量”。

③ 保存查询对象，将其命名为“多表查询”。查询结果如图 4-21 所示。

多表查询

员工编号	姓名	商品编号	销售量
001	王小萍	A00011	1
001	王小萍	A00013	3
001	王小萍	A00011	3
001	王小萍	A00011	1
001	王小萍	A00012	3
002	刘建军	A00021	5
002	刘建军	A00011	2
002	刘建军	A00013	3
003	陈兰花	C00031	2
004	宋海波	D00061	2
004	宋海波	D00051	2

记录: 第 1 项(共 16 项 无筛选器 搜索

图 4-21　多表查询结果

【例 4-8】 按“商品编号”统计每件商品的销售总量和销售总金额。

分析：在本例中，需要按“商品编号”进行分组，对“销售量”和“销售额”进行求和总计。销售额＝销售价×销售量，而“销售价”信息存储在“商品”表中，“销售量”信息存储在“销售”表中，因此本查询要同时使用“商品”和“销售”这 2 个表中的数据。

操作步骤如下。

① 打开查询设计视图，添加“商品”表和“销售”表。

② 单击功能区的“汇总”按钮，在查询设计视图中增加“总计”行。

③ 按图 4-22 所示设计查询。

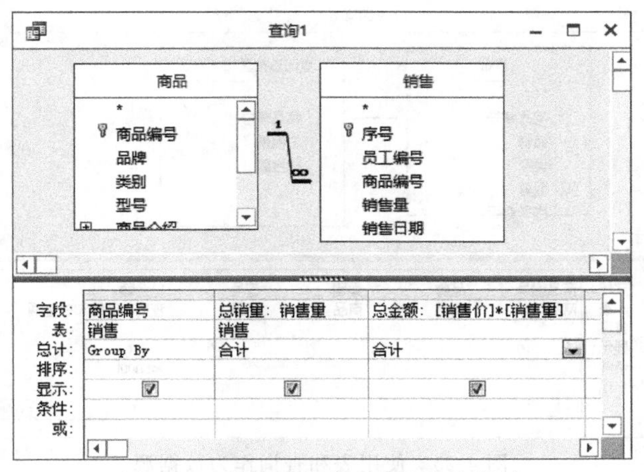

图 4-22　总销量和总金额的查询设计

• 第 1 个输出列为“商品编号”，总计方式设置为 Group By。

• 第 2 个输出列为“总销量：销售量”，总计方式设置为“合计”。

• 第 3 个输出列为“总金额：[销售价] * [销售量]”，总计方式设置为“合计”。

④ 保存查询对象，将其命名为“查询总销量和总金额”。查询结果如图 4-23 所示。

查询总销量和总金额

商品编号	总销量	总金额
A00011	7	8799
A00012	4	4192
A00013	6	6108
A00021	5	5190
C00011	1	1350
C00031	2	2360
D00051	5	3800
D00061	8	4704

记录：第 1 项(共 8 项) 无筛选

图 4-23 查询总销量和总金额

【例 4-9】 以“商品”表和“查询总销量和总金额”查询为数据源，查询销售总金额大于或等于 5000 的销售记录。

分析：在本例中，查询数据源有 2 个，“商品”是表对象，“查询总销量和总金额”是例 4-8 中建立的查询对象。

操作步骤如下。

① 打开查询设计视图，在“显示表”对话框的“表”选项卡中选择“商品”表，然后在“查询”选项卡中选择“查询总销量和总金额”查询对象，如图 4-24 所示。

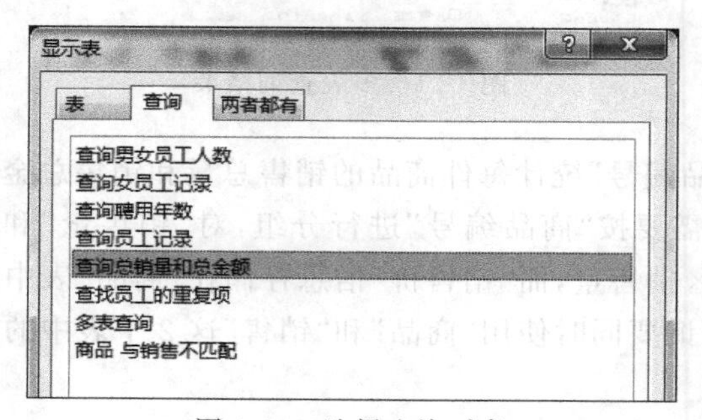

图 4-24 选择查询对象

② 按图 4-25 所示设计查询。在“总金额”列中输入条件：>=5000。

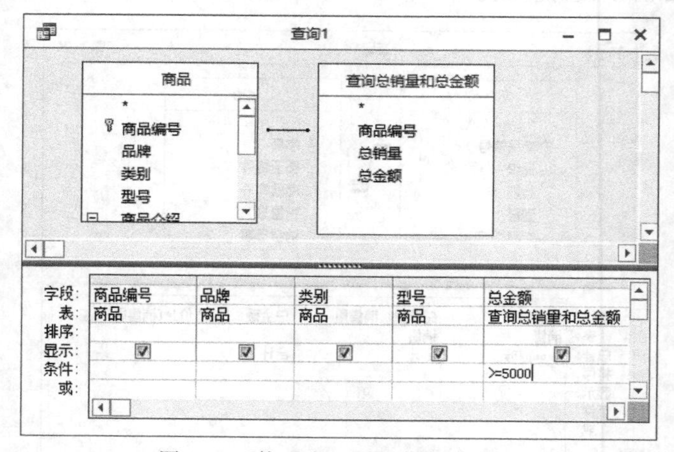

图 4-25 使用表和查询作为数据源

③ 保存查询对象，将其命名为“大额销售查询”。查询结果如图 4-26 所示。

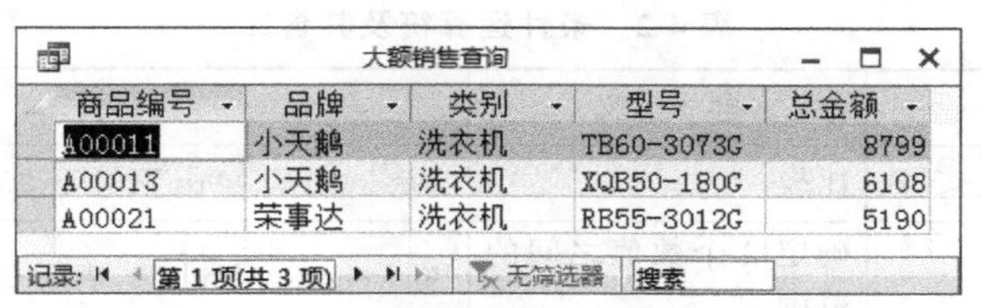

图 4-26　大额销售查询结果

4.2.3　设置查询条件

查询条件是查询设计的一个重要选项,反映了用户对查询的要求。

1. 条件表达式

在查询设计中,查询条件对应一个逻辑表达式,若表达式的值为真,则满足该条件的记录就包含在查询结果中;否则,这些记录就不包含在查询结果中。

逻辑表达式是由常量、变量和函数通过运算符连接起来的式子,其值为一个"是/否"类型的数据。

2. 常量

在 Access 中,常量的表示如表 4-1 所示。

表 4-1　常量的表示

类　　型	表示方法	举　　例
数字	直接输入数值	30,－15,22.8
文本	用英文的单(双)撇号括起来	'数据库',"Access"
日期/时间	用符号"#"括起来	#2012-12-6#,#2013-5-25 16:20:35#
是/否	Access 保留字或数字	yes/no,true/false,off/on,-1/0

3. 运算符

(1) 算术运算符。包括+(加)、-(减)、*(乘)、/(除)、^(乘方)、\(整除)、Mod(求余数)几种。

例如,5^2 的结果为 25;5/2 的结果为 2.5;5\2 的结果为 2;5 Mod 2 的结果为 1。

(2) 条件运算符。条件运算符及其含义如表 4-2 所示。

在查询条件中使用 Like 运算符时,在作为条件的字符串中可以使用通配符。

通配符是指可用于表示一个或多个字符的符号。查询时,如果仅知道要查找的部分内容,或者要查找符合某种模式的内容,则可以使用通配符。

Access 提供了多种通配符,如表 4-3 所示。

表 4-2　条件运算符及其含义

符　　号	含　义	举　　例
＝、＞、＜、＞＝、＜＝、＜＞	比较	＞＝90，＜＞90(不等于 90)
Between…And	确定 2 个数值之间的范围	Between 80 And 90，表示 ＞＝80 and ＜＝90
In	与一组值比较	In ("a","b","c")，表示 ＝"a" or ＝ "b" or ＝"c"
Like	与指定的字符串比较	Like " * 数据库 * "
Is Null / Is Not Null	空值比较	

表 4-3　常用通配符及其含义

通配符	含　义	举　　例
?	匹配任意一个字符	姓名 Like "李?"，查找名字是 2 个字的“李”姓员工
*	匹配零个或多个字符	姓名 Like " * 李 * "，查找姓名中带“李”字的员工
#	匹配任意一位数字	型号 Like " * #"，查找商品型号以数字结尾的商品
[]	匹配在方括号中的任何单个字符	商品编号 Like "[A,B,C] * "，查找商品编号以 A、B 或 C 开头的商品
[!]	匹配不在方括号中的任何单个字符	商品编号 Like "[! A,B,C] * "，查找商品编号不以 A、B 或 C 开头的商品

(3) 字符串连接运算符。专门的字符串连接运算符只有一个“&”，用于将两个字符串合并为一个字符串。

例如，"ab" & "cd"的结果为 "abcd"。

(4) 逻辑运算符。包括 NOT(非)、AND(与)、OR(或)三种。

NOT 运算符可加在条件运算符的前面，表示取反操作，如 NOT In、NOT Like、NOT Between…And。

逻辑运算符的优先级为 NOT、AND、OR，使用括号可以改变优先级。

4. 函数

函数(function)是一种能够完成某种特定操作或功能的数据形式，函数的返回值称为函数值。

函数的调用格式为

```
<函数名>([参数 1][,参数 2][,…])
```

Access 提供了大量的内置函数，如前面例子中使用过的 Date()函数和 Year()函数。这些函数可以在查询表达式、VBA 代码、宏、窗体或报表的计算控件中使用。

在 Access 窗口的搜索栏中输入某个函数名，如 year，则会打开如图 4-27(a)所示的“帮助”窗口，其中列出了与 Year 相关的条目，单击“Year 函数”链接，可以打开如图 4-27(b)所示的窗口，以进一步查看该函数的语法和示例。

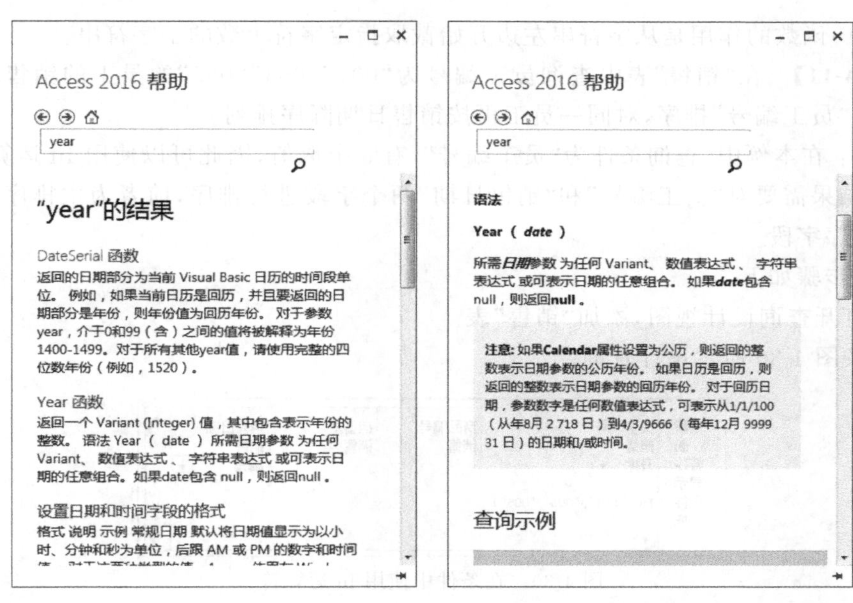

(a) 帮助列表　　　　(b) 语法与示例

图 4-27　Access 帮助窗口

附录 A 提供了 Access 中的常用函数及其功能说明。

【例 4-10】 从"商品"表中查询商品编号以"D"开头的所有商品记录。

分析：在本例中，查询条件只给出了要查找的部分内容，因此可以使用"＊"通配符进行条件的匹配。

操作步骤如下。

① 打开查询设计视图，添加"商品"表。

② 按图 4-28 所示设计查询。

- 将"商品"表的字段列表中的"＊"号拖曳到第 1 个字段列中，或者直接在第 1 个字段列中选择"商品.＊"选项，表示输出所有字段。
- 第 2 个字段列选择"商品编号"选项，并在"条件"单元格中输入：Like "D＊"，然后取消其"显示"项。

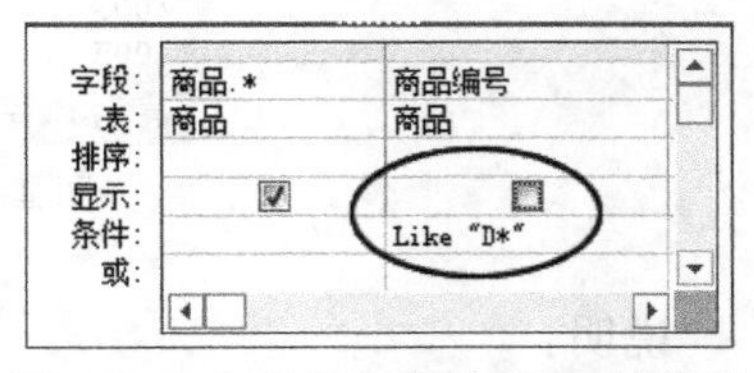

图 4-28　在条件中使用 Like 运算符

③ 保存查询对象，将其命名为"like 查询"。查询结果如图 4-29 所示。

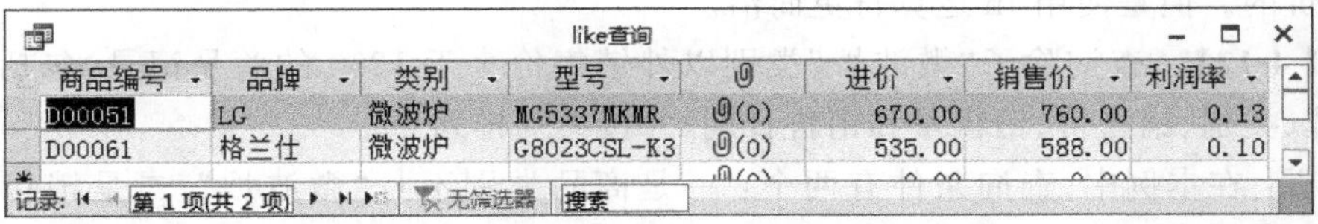

like查询

商品编号	品牌	类别	型号	附件	进价	销售价	利润率
D00051	LG	微波炉	MG5337MKMR	(0)	670.00	760.00	0.13
D00061	格兰仕	微波炉	G8023CSL-K3	(0)	535.00	588.00	0.10

记录: 第 1 项(共 2 项)　无筛选器　搜索

图 4-29　使用 Like 运算符的查询结果

说明：在本例中，查询条件还可以写成：Left([商品编号],1)＝"D"。

Left()函数的作用是从字符串左边开始截取指定字符个数的子字符串。

【例 4-11】 在“销售”表中查询员工编号为“001”“003”“005”的员工的销售记录，并要求先按“员工编号”排序，对同一员工再按销售日期降序排列。

分析：在本例中，查询条件为“员工编号”，有 3 个取值，因此可以使用 In 运算符。另外，查询结果需要对“员工编号”和“销售日期”两个字段进行排序，前者为主排序字段，后者为次排序字段。

操作步骤如下。

① 打开查询设计视图，添加“销售”表。

② 按图 4-30 所示设计查询。

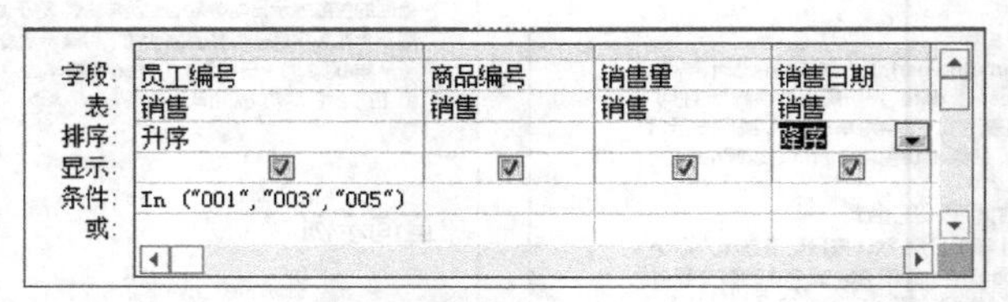

图 4-30 在条件中使用 In 运算符

- 在“员工编号”列中输入条件：In("001","003","005")，排序方式设置为“升序”。
- 将“销售日期”列中的排序方式设置为“降序”。

③ 保存查询对象，将其命名为“in 查询”。查询结果如图 4-31 所示。

in查询

员工编号	商品编号	销售量	销售日期
001	A00012	3	2010/8/10
001	A00011	1	2009/10/5
001	A00011	3	2008/8/3
001	A00013	3	2007/10/2
001	A00011	1	2007/10/1
003	C00031	2	2008/1/1
005	A00012	1	2008/7/12
*		0	

记录：第 1 项(共 7 项) 无筛选器 搜索

图 4-31 使用 In 运算符的查询结果

说明：

① 进行多字段排序时，Access 默认查询设计视图中左边的字段比右边的排序优先级高。按图 4-30 的设置，是先按“员工编号”排序，再按“销售日期”排序。

② 在“员工编号”列的“条件”单元格中也可以输入："001" Or "003" Or "005"，这两者是等价的。但是使用 In 运算符更简洁。

【例 4-12】 查询除了“微波炉”类别以外销售价小于 1200 的商品记录，包括商品编号、品牌、类别、销售价、销售量和销售日期，并按类别排列。

分析：在本例中，查询条件有两个：一是商品类别不是“微波炉”，二是销售价小于 1200。这两个条件之间是“与”的关系(必须同时成立)。另外，查询结果要按“类别”排序。

操作步骤如下。

① 打开查询设计视图，添加“商品”表和“销售”表。

② 按图 4-32 所示设计查询。

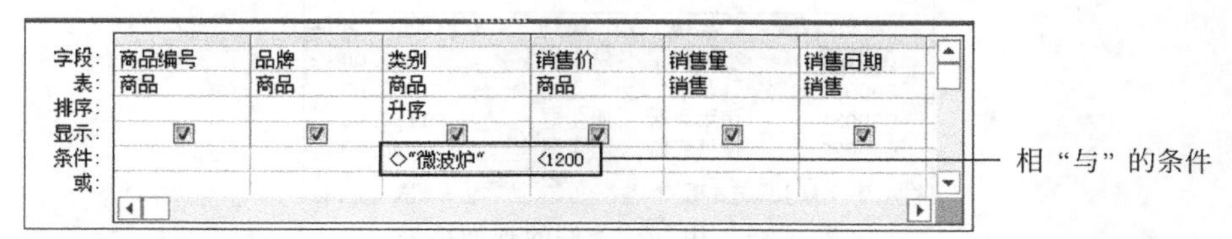

图 4-32　相“与”条件的查询设计

- 在“类别”列中输入条件：＜＞"微波炉"，排序方式设置为“升序”。
- 在“销售价”列中输入条件：＜1200。

③ 保存查询对象，将其命名为“与条件的查询”。查询结果如图 4-33 所示。

与条件的查询

商品编号	品牌	类别	销售价	销售量	销售日期
C00031	伊莱克斯	吸尘器	1180.00	2	2008/1/1
A00021	荣事达	洗衣机	1038.00	5	2007/10/2
A00013	小天鹅	洗衣机	1018.00	3	2009/10/1
A00013	小天鹅	洗衣机	1018.00	3	2007/10/2
A00012	小天鹅	洗衣机	1048.00	3	2010/8/10
A00012	小天鹅	洗衣机	1048.00	1	2008/7/12

记录：第 1 项(共 6 项)　无筛选器　搜索

图 4-33　相“与”条件的查询结果

说明：当查询涉及多个条件时，在查询设计视图中，写在“条件”栏同一行的条件之间是“与”的关系，即所有条件必须同时成立。

【例 4-13】　查询“伊莱克斯”品牌的商品记录和所有销售价大于或等于 1200 的商品记录，包括商品编号、品牌、类别和销售价。

分析：在本例中，查询条件有两个，一是品牌为“伊莱克斯”，二是销售价大于或等于 1200。这两个条件之间是“或”的关系（只要有一个成立即可）。

操作步骤如下。

① 打开查询设计视图，添加“商品”表。

② 按图 4-34 所示设计查询。

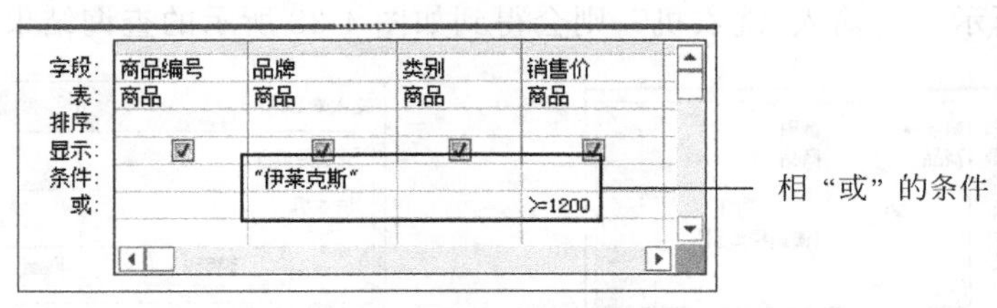

图 4-34　相“或”条件的查询设计

- 在“品牌”列中输入条件："伊莱克斯"。
- 在“销售价”列中输入条件：＞＝1200。

将这两个条件分别写在不同的“条件”行中。

③ 保存查询对象，将其命名为“或条件的查询”。查询结果如图 4-35 所示。

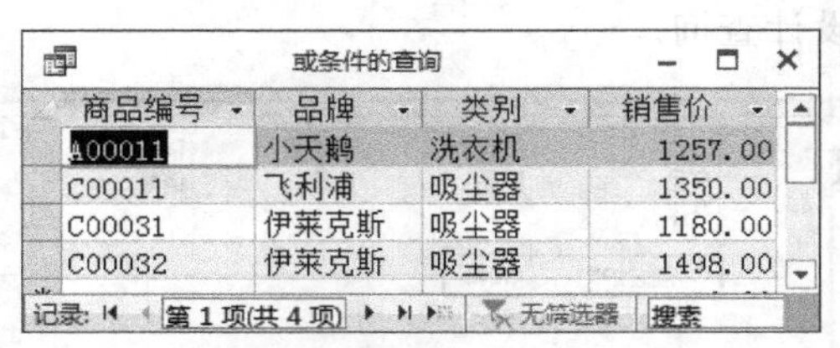

图 4-35　相“或”条件的查询结果

说明：当查询涉及多个条件时，在查询设计视图中，写在“条件”栏不同行的条件之间是“或”的关系，即只要有一个条件成立即可。

4.3　参数查询

参数查询

参数查询是在选择查询中增加了可变化的条件，即“参数”。执行参数查询时，会显示一个或多个预定义的输入框，提示用户输入参数值，并根据该参数值得到相应的查询结果。

【例 4-14】　建立参数查询，按输入的类别值查找该类别的商品记录。

分析：在本例中，查询条件包含类别值，但在设计查询时没有指定具体的值，需要在使用查询时输入。

操作步骤如下。

① 打开查询设计视图，添加“商品”表。

② 按图 4-36 所示设计查询。在“类别”列的“条件”单元格中输入：[请选择类别]。

注意：在设计参数查询时，必须在“条件”单元格中输入用方括号“[ ]”括起来的名字或短语作为参数的名称。另外，参数名不能与字段名相同。

③ 保存查询对象，将其命名为“按类别查询”。

④ 在设计视图下，单击功能区的“运行”按钮，执行查询，打开一个“输入参数值”对话框，如图 4-37 所示。若输入“洗衣机”，则会得到如图 4-38 所示的查询结果。

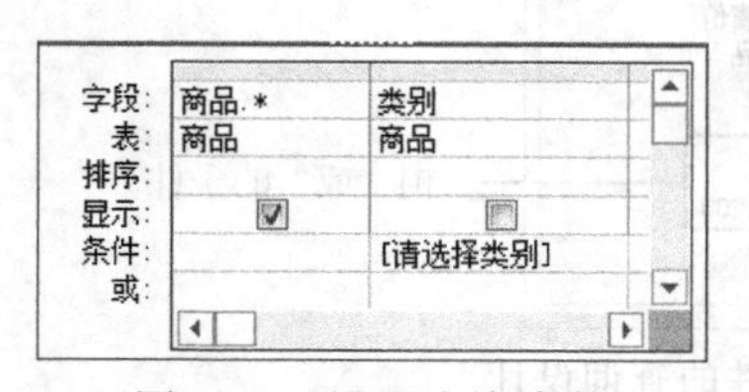

图 4-36　设置查询参数

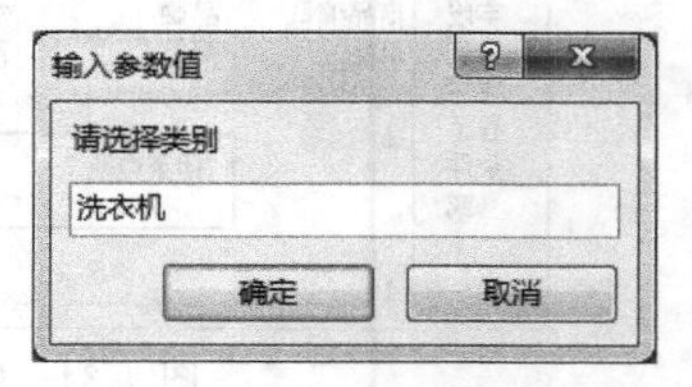

图 4-37　输入参数

从查询结果中可以看出，在“条件”单元格中设置的参数实际上是一个变量，用户输入的参数值就是该变量的取值，它与表达式中的其他项一起构成了特定的查询条件。因此，参数查询可以看成是一种交互式查询或动态查询。

按类别查询

商品编号	品牌	类别	型号	附件	进价	销
A00011	小天鹅	洗衣机	TB60-3073G	(2)	1005.60	
A00012	小天鹅	洗衣机	TB50-3073G	(0)	852.00	
A00013	小天鹅	洗衣机	XQB50-180G	(1)	842.00	
A00021	荣事达	洗衣机	RB55-3012G	(0)	830.40	

记录: 第 1 项(共 4 项) 无筛选器 搜索

图 4-38 按类别查询的结果

【例 4-15】 建立参数查询,按输入的销售价范围查找商品记录。

操作步骤如下。

① 打开查询设计视图,添加“商品”表。

② 按图 4-39 所示设计查询。在“销售价”列中输入条件:Between [价格下限] And [价格上限],排序方式设置为“降序”。

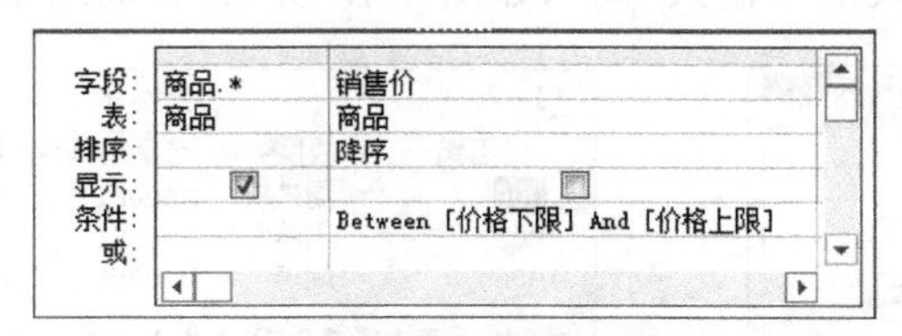

字段: 商品.* 销售价
表: 商品 商品
排序: 降序
显示:
条件: Between [价格下限] And [价格上限]
或:

图 4-39 按销售价范围查询的参数设置

③ 保存查询对象,将其命名为“按价格范围查询”。

④ 执行查询,显示第 1 个输入框,输入价格的下限值后,又显示第 2 个输入框,提示输入价格的上限值。如图 4-40 所示,输入两个价格值后可以得到销售价在 1000～1500 的商品记录,如图 4-41 所示。

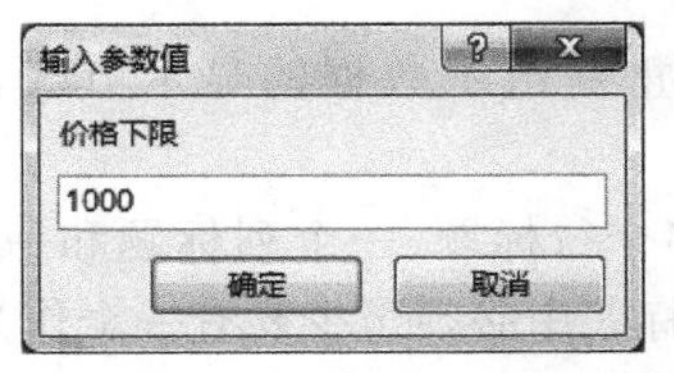

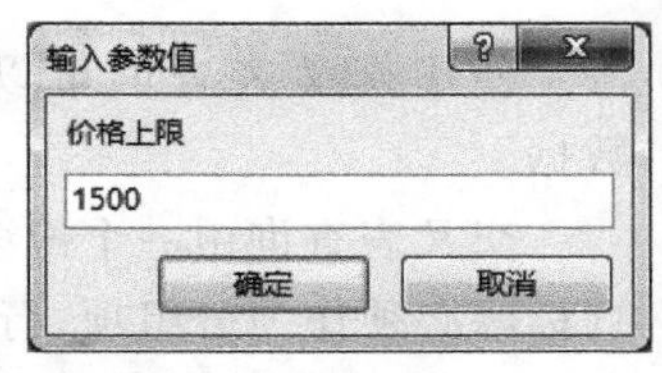

图 4-40 输入价格的下限值和上限值

按价格范围查询

商品编号	品牌	类别	型号	附件	进价	销售价	利润率
C00032	伊莱克斯	吸尘器	ZB2811	(0)	1248.00	1498.00	0.20
C00011	飞利浦	吸尘器	FC8641/01	(0)	1175.00	1350.00	0.15
A00011	小天鹅	洗衣机	TB60-3073G	(2)	1005.60	1257.00	0.25
C00031	伊莱克斯	吸尘器	ZS203	(0)	1000.00	1180.00	0.18
A00012	小天鹅	洗衣机	TB50-3073G	(0)	852.00	1048.00	0.23
A00021	荣事达	洗衣机	RB55-3012G	(0)	830.40	1038.00	0.25
A00013	小天鹅	洗衣机	XQB50-180G	(1)	842.00	1018.00	0.21

记录: 第 1 项(共 7 项) 无筛选器 搜索

图 4-41 按价格范围查询的结果

输入的参数值不同,查询结果也不同。

【例 4-16】 建立参数查询,按输入的姓氏查找员工的姓名及其销售记录。

操作步骤如下。

① 打开查询设计视图,添加"员工"表和"销售"表。

② 按图 4-42 所示设计查询。在"姓名"列中输入条件:Like [姓氏] & "*"。

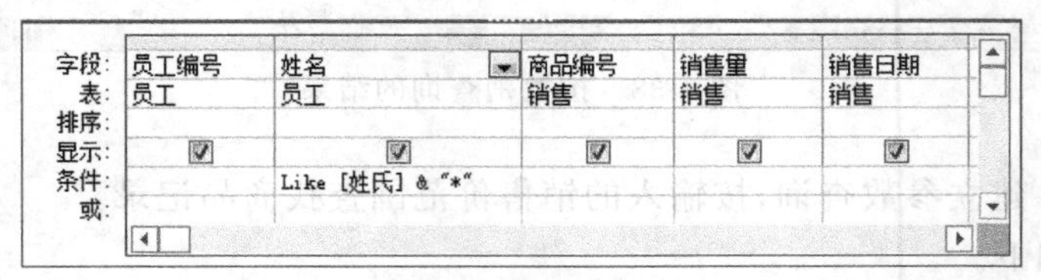

图 4-42 按姓氏查询的参数设置

③ 保存查询对象,将其命名为"按姓氏查询"。

④ 执行查询,在输入框中输入"周",如图 4-43 所示,查询结果如图 4-44 所示。

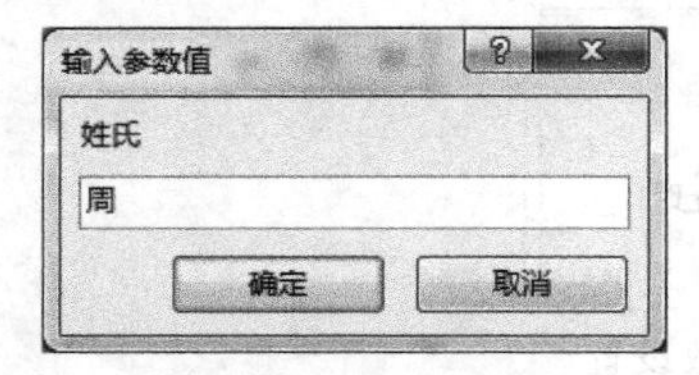

图 4-43 输入姓氏

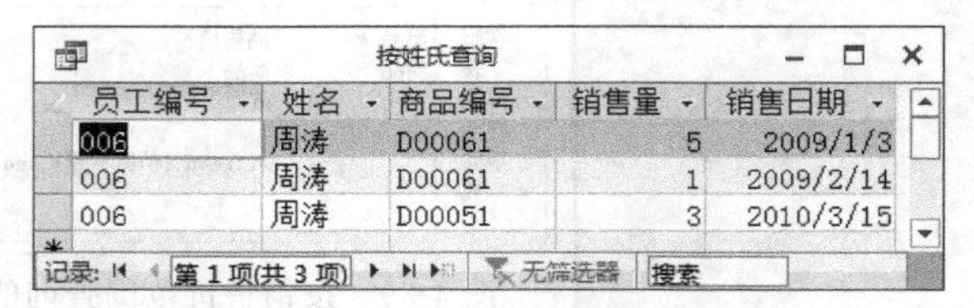

按姓氏查询

员工编号	姓名	商品编号	销售量	销售日期
006	周涛	D00061	5	2009/1/3
006	周涛	D00061	1	2009/2/14
006	周涛	D00051	3	2010/3/15

记录: 第 1 项(共 3 项) 无筛选器 搜索

图 4-44 按姓氏查询的结果

4.4 交叉表查询

交叉表查询

使用交叉表查询可以重新组织数据的显示方式,方便用户分析数据。

交叉表查询由一个或多个行标题、一个列标题和一个总计值组成。列标题必须作为分组项,行标题中必须至少要有一个作为分组项。在查询结果中,行标题显示在表格的左边,列标题显示在表格的顶部,总计值显示在行列交叉的单元格中,如图 4-45 所示。

行标题　　总计值　　列标题

销售_交叉表

员工编号	总计 销售量	A00011	A00012	A00013	A00021	C00011	C00031	D00051	D00061
001	11	5	3	3					
002	10	2		3	5				
003	2						2		
004	4							2	2
005	1		1						
006	9							3	6
007	1					1			

记录: 第 1 项(共 7 项) 无筛选器 搜索

图 4-45 交叉表查询结果示例

在 Access 中，可以使用向导或在查询设计视图中创建交叉表查询。

【例 4-17】 使用向导建立交叉表查询，统计每个员工销售的每种商品的总数量。

操作步骤如下。

① 打开“销售管理”数据库，执行“创建”→“查询”→“查询向导”命令，打开“新建查询”对话框，选择“交叉表查询向导”选项，打开“交叉表查询向导”对话框，如图 4-46 所示。选择“销售”表作为查询数据源，单击“下一步”按钮。

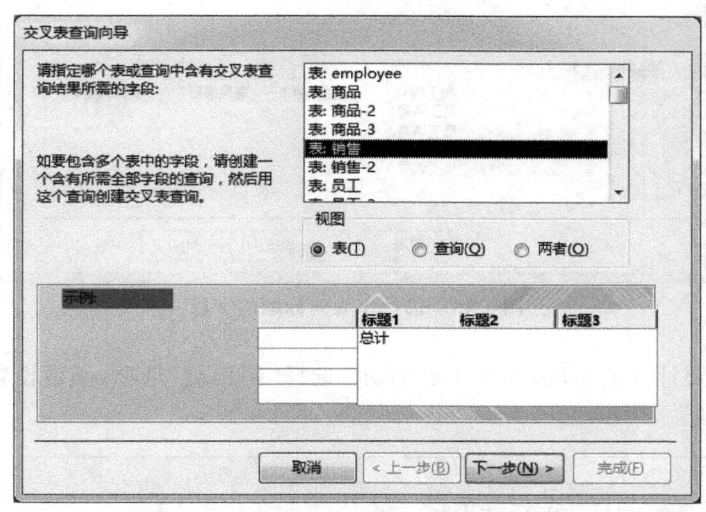

图 4-46 选择查询的数据源

② 指定作为行标题的字段，如图 4-47 所示，将“员工编号”字段添加到“选定字段”列表中，单击“下一步”按钮。

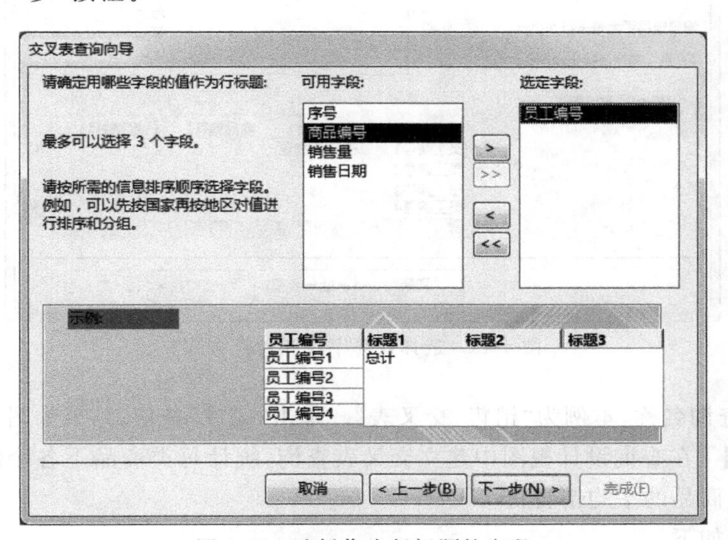

图 4-47 选择作为行标题的字段

③ 指定作为列标题的字段，如图 4-48 所示，选择“商品编号”选项，单击“下一步”按钮。

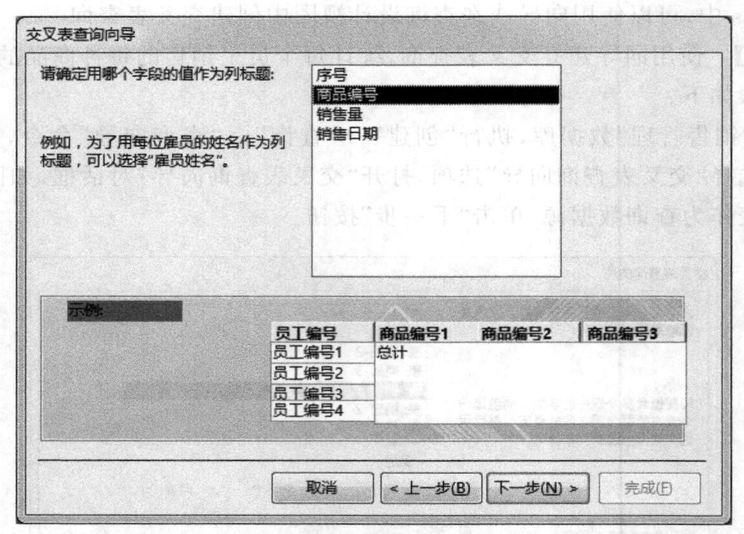

图 4-48　选择作为列标题的字段

④ 指定需要计算的字段，如图 4-49 所示，选择"销售量"选项，函数设置为"总数"，单击"下一步"按钮。

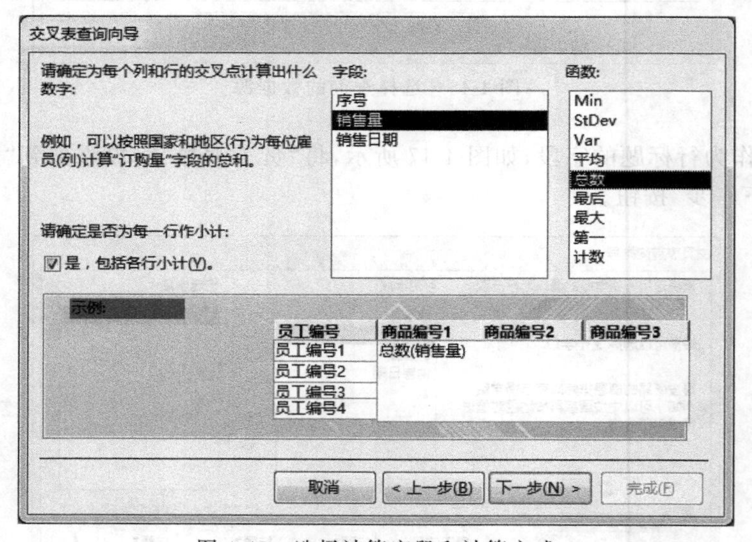

图 4-49　选择计算字段和计算方式

⑤ 指定查询名称，本例为"销售_交叉表"。单击"完成"按钮，结果如图 4-45 所示。

【例 4-18】 在查询设计视图中建立交叉表查询，统计每类商品下各个品牌的平均销售价以及各类商品的平均销售价。

操作步骤如下。

① 打开查询设计视图，添加"商品"表。

② 执行"查询工具/设计"→"查询类型"→"交叉表"命令，将"选择"查询转换为"交叉

表”查询，在设计视图中会出现“总计”行和“交叉表”行。

③ 按图 4-50 所示设计交叉表查询。

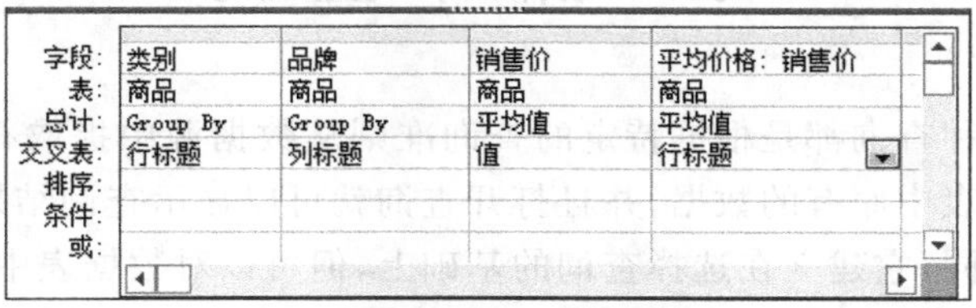

字段: 类别 | 品牌 | 销售价 | 平均价格: 销售价
表: 商品 | 商品 | 商品 | 商品
总计: Group By | Group By | 平均值 | 平均值
交叉表: 行标题 | 列标题 | 值 | 行标题
排序:
条件:
或:

图 4-50　设计交叉表查询

④ 保存查询对象，将其命名为“商品_交叉表”。查询结果如图 4-51 所示。

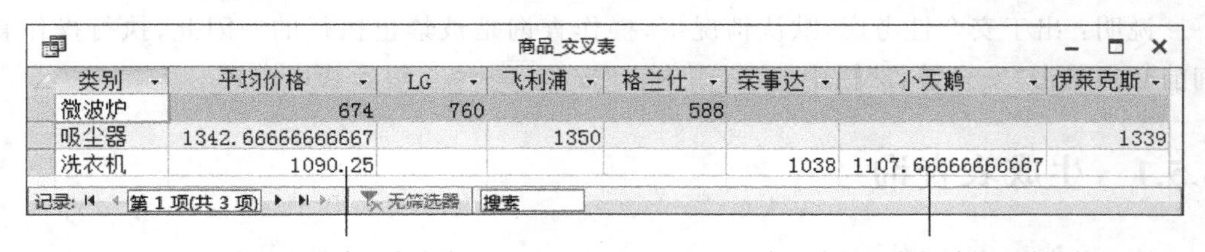

商品_交叉表
类别 | 平均价格 | LG | 飞利浦 | 格兰仕 | 荣事达 | 小天鹅 | 伊莱克斯
微波炉 | 674 | 760 | | 588 | | |
吸尘器 | 1342.66666666667 | | 1350 | | | | 1339
洗衣机 | 1090.25 | | | | 1038 | 1107.66666666667 |
记录: 第 1 项(共 3 项)
无筛选器
搜索
各类商品的平均价格
各类商品下各品牌的平均价格

图 4-51　交叉表查询结果

要想设置价格的数据格式，可以在查询设计视图中右击“销售价”单元格，在弹出的快捷菜单中选择“属性”选项，打开“属性表”对话框，将销售价的数值格式设置为“货币”，如图 4-52 所示。利用同样的方法设置平均价格的数值格式，结果如图 4-53 所示。

属性表
所选内容的类型: 字段属性
常规
查阅
说明
格式 | 货币
小数位数
输入掩码
标题

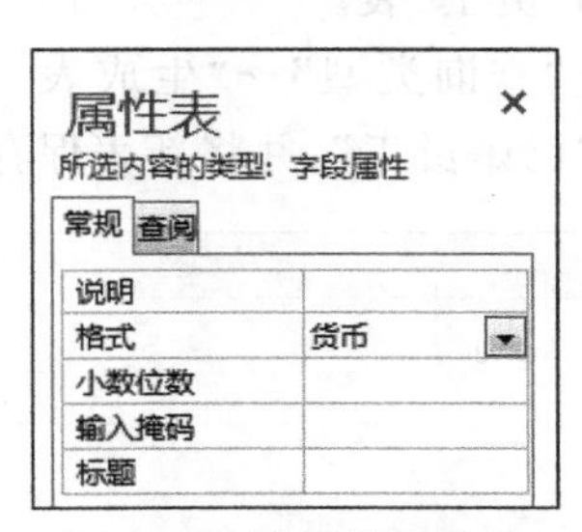

图 4-52　设置数值格式

商品_交叉表
类别 | 平均价格 | LG | 飞利浦 | 格兰仕 | 荣事达 | 小天鹅 | 伊莱克斯
微波炉 | ¥674.00 | ¥760.00 | | ¥588.00 | | |
吸尘器 | ¥1,342.67 | | ¥1,350.00 | | | | ¥1,339.00
洗衣机 | ¥1,090.25 | | | | ¥1,038.00 | ¥1,107.67 |
记录: 第 1 项(共 3 项)
无筛选器
搜索

图 4-53　设置数值格式后的交叉表查询结果

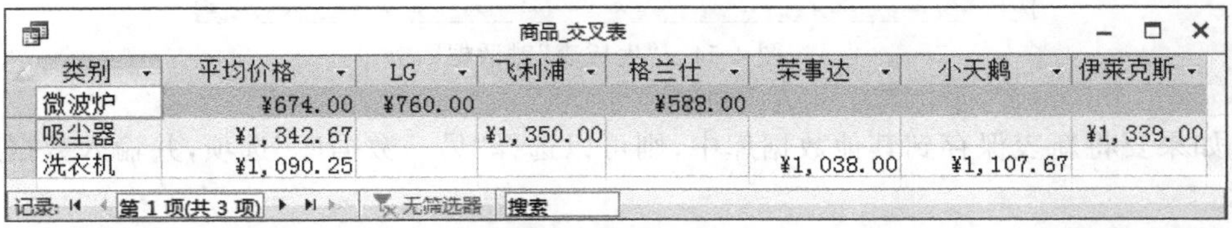

4.5 操作查询

前面介绍的几种查询都是根据特定的查询准则从数据源中提取符合条件的记录集，查询结果不会改变表中原有的数据，并且打开查询就可以显示查询结果。

操作查询则不同，它建立在选择查询的基础上，但可以对数据表中的记录进行批量更改或移动，打开查询就是执行相应的追加、更新、删除或生成新表的操作，而只有打开被追加、更新、删除和生成的表，才能看到操作查询的结果。

操作查询包括生成表查询、删除查询、追加查询和更新查询4种类型。

说明：出于安全性考虑，默认情况下，操作查询是被禁止执行的。因此，执行操作查询前必须单击“安全警告”栏中的“启用内容”按钮 启用内容 ，解除禁用模式。

4.5.1 生成表查询

生成表查询可以根据一个或多个表中的全部或部分数据创建新表。利用生成表查询可以保存某个时刻的查询结果，或对需要的数据进行备份。

【例4-19】 创建生成表查询，将“员工”表中已婚员工的员工编号、姓名、性别和聘用日期等信息保存到一个新表中，新表的名称为“已婚员工”。

操作步骤如下。

① 打开查询设计视图，添加“员工”表。

② 执行“查询工具/设计”→“查询类型”→“生成表”命令，打开“生成表”对话框，如图4-54所示。输入新表的名称“已婚员工”，并将新表保存在“当前数据库”。

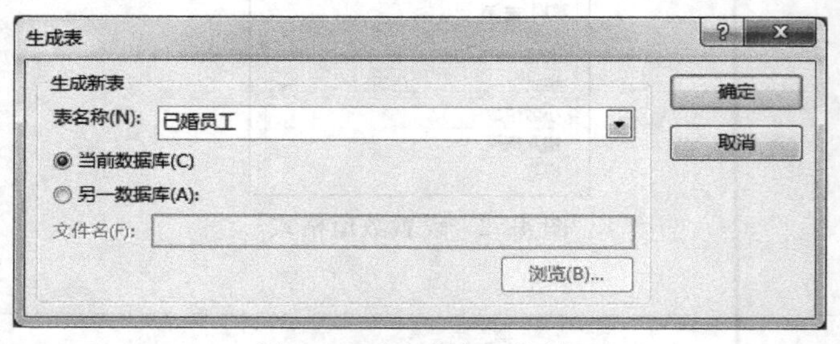

图4-54 “生成表”对话框

如果要将新表保存到其他数据库中，则可以选择“另一数据库”选项，并输入数据库的名称。

注意：若指定的表已经存在，则在执行生成表查询时，Access会先删除指定的表，然后生成一个同名的新表。

③ 按图4-55所示设计生成表查询。在“婚否”列中输入条件：Yes。

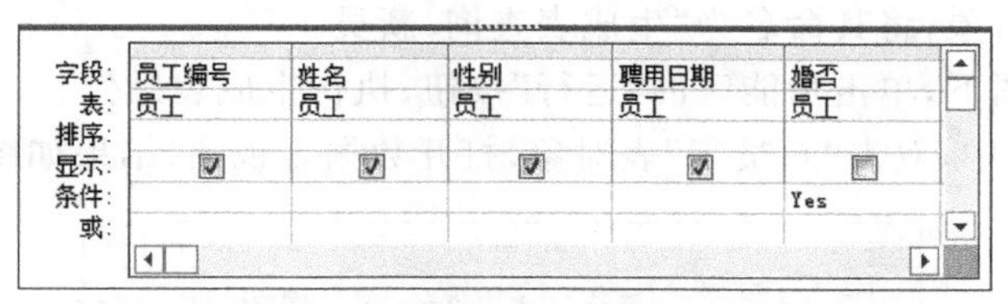

图 4-55　生成表查询设计(1)

④ 保存查询对象,将其命名为"生成表查询_已婚员工"。

⑤ 在设计视图下,单击功能区的"运行"按钮,执行生成表操作。Access 会显示一个消息框,提示将要向新表粘贴记录,单击"是"按钮,则在当前数据库中就会自动建立一个名为"已婚员工"的新表。

在"导航"窗格中,双击"已婚员工"表对象,打开数据表视图,结果如图 4-56 所示。

已婚员工

员工编号	姓名	性别	聘用日期
001	王小萍	女	2007/5/10
002	刘建军	男	2007/6/12
007	李浩	女	2009/8/1

记录: 第 1 项(共 3 项)　无筛选器　搜索

图 4-56　由生成表查询建立的"已婚员工"表

说明:

① 新表中的字段不会继承原数据表字段的属性,如主键、有效性规则等。

(2) 在"导航"窗格中双击或者右击"生成表查询"对象,在弹出的快捷菜单中选择"打开"选项,都表示执行生成表查询操作。若要修改"生成表查询"对象,则可以右击该对象,在弹出的快捷菜单中选择"设计视图"选项,打开查询设计视图。

【例 4-20】 创建生成表查询,将"员工"表中最新聘用的 3 位员工的员工编号、姓名、性别和聘用日期等信息保存到一个新表中,新表的名称为"新员工"。

操作步骤如下。

① 打开查询设计视图,添加"员工"表。

② 执行"查询工具/设计"→"查询类型"→"生成表"命令,在"生成表"对话框中输入新表的名称"新员工",并将新表保存在"当前数据库"。

③ 按图 4-57 所示设计生成表查询。

- "聘用日期"按降序排列。
- 在"查询工具/设计"→"查询设置"组的"返回"框中输入 3,如图 4-58 所示。

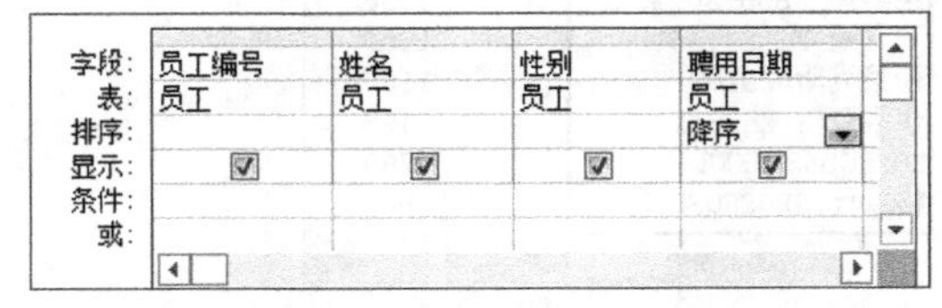

图 4-57　生成表查询设计(2)

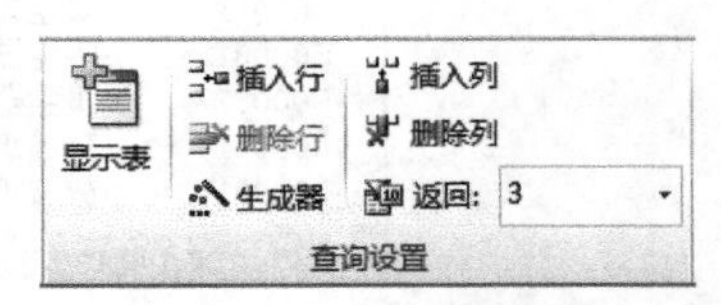

图 4-58　设置返回的记录数

④ 保存查询对象,将其命名为“生成表查询_新员工”。

⑤ 在设计视图下,单击功能区的“运行”按钮,执行生成表操作。

在“导航”窗格中,双击“新员工”表对象,打开数据表视图,结果如图 4-59 所示。

新员工

员工编号	姓名	性别	聘用日期
009	周涛	女	2010/10/18
008	林慧慧	女	2009/12/25
007	李浩	女	2009/8/1

记录: 第 1 项(共 3 项) 无筛选器 搜索

图 4-59 由生成表查询建立的“新员工”表

【例 4-21】 创建生成表查询,将“商品”表中的信息备份到一个新表中,新表包含商品编号、类别、商品名和销售价(商品名由“品牌”+空格+“型号”组成)4 列,并要求按商品编号排序,新表的名称为“商品_bakup”。

操作步骤如下。

① 打开查询设计视图,添加“商品”表。

② 执行“查询工具/设计”→“查询类型”→“生成表”命令,在“生成表”对话框中输入新表的名称“商品_bak”,并将新表保存在“当前数据库”中。

③ 按图 4-60 所示设计生成表查询。

- 在第 3 个字段单元格中输入:商品名:[品牌] & " " & [型号]。
- 在“商品编号”列中选择按“升序”排序。

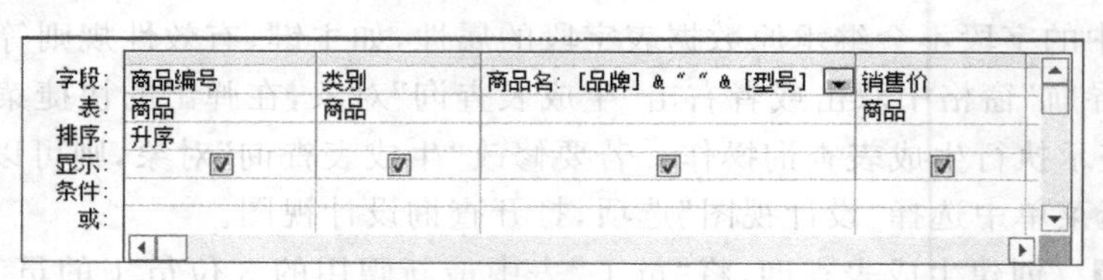

图 4-60 生成表查询设计(3)

④ 保存查询对象,将其命名为“生成表查询_商品备份”。

⑤ 在设计视图下,单击功能区的“运行”按钮,执行生成表操作。

在“导航”窗格中,双击“商品_bakup”表对象,打开数据表视图,结果如图 4-61 所示。

商品_bakup

商品编号	类别	商品名	销售价
A00011	洗衣机	小天鹅 TB60-3073G	1257
A00012	洗衣机	小天鹅 TB50-3073G	1048
A00013	洗衣机	小天鹅 XQB50-180G	1018
A00021	洗衣机	荣事达 RB55-3012G	1038
C00011	吸尘器	飞利浦 FC8641/01	1350
C00031	吸尘器	伊莱克斯 ZS203	1180
C00032	吸尘器	伊莱克斯 ZB2811	1498
D00051	微波炉	LG MG5337MKMR	760
D00061	微波炉	格兰仕 G8023CSL-K3	588

记录: 第 1 项(共 9 项) 无筛选器 搜索

图 4-61 由生成表查询建立的“商品_bakup”表

4.5.2 删除查询

删除查询可以从表中删除一组记录。

注意：删除后的记录不能恢复，因此要做好数据备份。

【例 4-22】 创建删除查询，删除“已婚员工”表中所有男员工的记录。

操作步骤如下。

① 打开查询设计视图，添加“已婚员工”表。

② 执行“查询工具/设计”→“查询类型”→“删除”命令，切换到“删除查询”设计视图(视图中有一个“删除”行)，按图 4-62 所示设计查询。

- 第 1 列选择“已婚员工.*”字段。
- 第 2 列选择“性别”字段，并输入条件："男"。

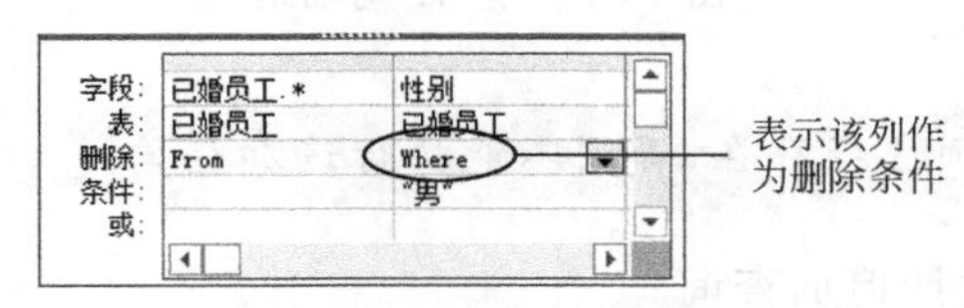

图 4-62 删除查询设计

③ 单击功能区的“视图”按钮，进入数据表视图，查看要被删除的记录。

注意：在执行删除查询前，最好先查看要被删除的记录。

④ 单击功能区的“视图”按钮，返回设计视图；然后单击功能区的“运行”按钮，执行删除操作。

⑤ 保存查询对象，将其命名为“删除查询_已婚员工”。

打开“已婚员工”表，查看其内容，结果如图 4-63 所示。

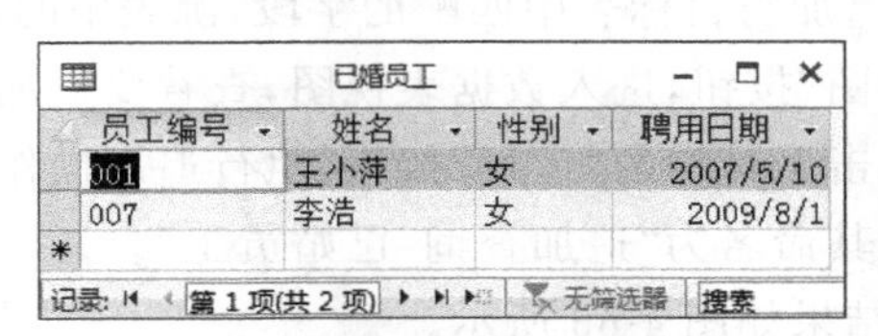

员工编号	姓名	性别	聘用日期
001	王小萍	女	2007/5/10
007	李浩	女	2009/8/1

图 4-63 执行删除查询后的“已婚员工”表

说明：如果两个表之间建立了关系，并实施了参照完整性，同时允许级联删除，则对主表执行删除查询时，将级联删除子表中的相关记录。

4.5.3 追加查询

追加查询可以将一个或多个表中的一组记录添加到其他表的末尾。

【例 4-23】 将“员工”表中所有已婚男员工的记录追加到“已婚员工”表中。

操作步骤如下。

① 打开查询设计视图，添加“员工”表。

② 执行“查询工具/设计”→“查询类型”→“追加”命令，打开“追加”对话框，如图 4-64 所示。选择要追加记录的表，本例为当前数据库中的“已婚员工”表。单击“确定”按钮，进入追加查询设计视图(视图中有一个“追加到”行)。

图 4-64 “追加”对话框

注意：指定的表必须已经存在，否则不能执行追加查询。

③ 按图 4-65 所示设计追加查询。

- 在“性别”列输入条件："男"。
- 在“婚否”列输入条件：Yes。

字段:	员工编号	姓名	性别	聘用日期	婚否
表:	员工	员工	员工	员工	员工
排序:					
追加到:	员工编号	姓名	性别	聘用日期	
条件:			"男"		Yes
或:					

图 4-65 追加查询设计

在追加记录时，只能追加与目标表中匹配的字段，源表中的其他字段将被忽略。

④ 单击功能区的“视图”按钮，进入数据表视图，查看要追加的记录。

⑤ 返回设计视图，单击工具栏的“运行”按钮，执行追加操作。

⑥ 保存查询对象，将其命名为“追加查询_已婚员工”。

打开“已婚员工”表，结果如图 4-66 所示。

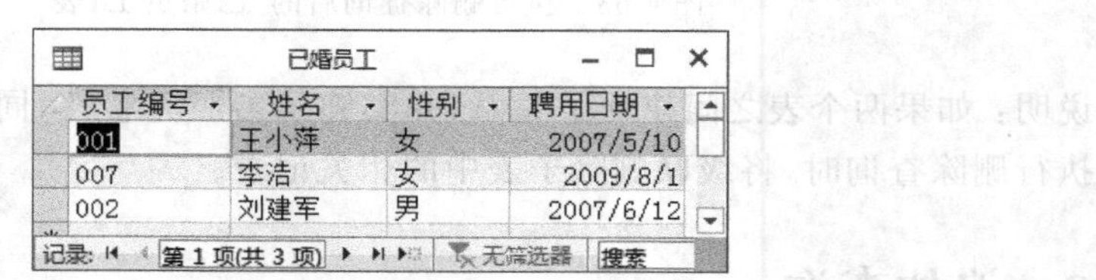

已婚员工

员工编号	姓名	性别	聘用日期
001	王小萍	女	2007/5/10
007	李浩	女	2009/8/1
002	刘建军	男	2007/6/12

记录: 第 1 项(共 3 项) 无筛选器 搜索

图 4-66 执行追加查询后的“已婚员工”表

说明：如果两个表中的字段个数、字段名称和数据类型都相同，且要将源表中的所有列都追加到目标表中，则在选择追加字段时，可以将源表中代表所有字段的“*”号拖曳到“字段”栏中。

4.5.4 更新查询

更新查询可以对表中指定的一个或多个字段批量地修改字段值。

【例 4-24】 在“已婚员工”表中增加一个“补贴”字段(数字类型、单精度、小数位数固定为 1)，然后创建更新查询，将所有员工的补贴更新为 200。

操作步骤如下。

① 打开“已婚员工”表的设计视图，增加一个“补贴”字段，然后保存表对象。

② 打开查询设计视图，添加“已婚员工”表。

③ 执行“查询工具/设计”→“查询类型”→“更新”命令，切换到更新查询设计视图(视图中有一个“更新到”行)，按图 4-67 所示设计更新查询。更新字段设置为“补贴”，在“更新到”框中输入 200。

④ 保存查询对象，将其命名为“更新查询_补贴”。

⑤ 在设计视图下，单击功能区的“运行”按钮，执行更新操作。

打开“已婚员工”表，查看其内容，结果如图 4-68 所示。

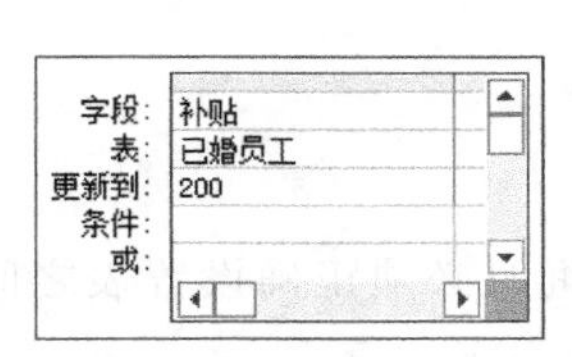

图 4-67 更新查询设计

图 4-68 执行更新查询后的“已婚员工”表

【例 4-25】 创建更新查询，将“已婚员工”表中在 2008 年之前聘用的员工的补贴增加 150.5。

操作步骤如下。

① 新建一个更新查询，按图 4-69 所示进行设计。“补贴”字段的更新值为：[补贴]+150.5，第 2 个字段列表示更新条件。

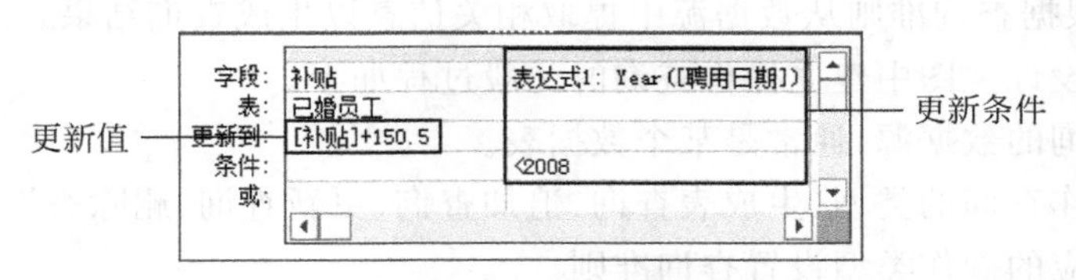

图 4-69 更新“补贴”字段的更新查询设计

> **注意：在更新表达式中引用的字段名时，字段名需要加“[]”。**

② 保存查询对象，将其命名为“更新查询_补贴 2”。

③ 在设计视图下，单击功能区的“运行”按钮，执行更新操作。

打开“已婚员工”表，查看其内容，结果如图 4-70 所示。

已婚员工

员工编号	姓名	性别	聘用日期	补贴
001	王小萍	女	2007/5/10	350.5
007	李浩	女	2009/8/1	200.0
002	刘建军	男	2007/6/12	350.5

记录：第 1 项(共 3 项)　无筛选器　搜索

图 4-70　更新补贴后的“已婚员工”表

本 章 小 结

本章介绍了查询的作用和查询设计的各种方法，主要内容如下。

(1) 在 Access 中，查询分为选择查询和操作查询两类。

① 选择查询按照一定的条件对数据库中一个或多个数据表中的数据进行检索或统计操作，查询结果不会改变表中的记录。

② 操作查询对数据表进行追加、更新、删除或生成新表等操作，查询结果会影响数据库中的当前表或其他表中的记录。

(2) 使用查询向导或在查询设计视图中创建查询。

① 在查询设计视图中建立选择查询的一般过程如下。

- 选择查询的数据源，可以是表或其他查询。多表查询时必须正确设置表之间的关联关系。
- 在数据源中选择需要查询的字段，也可以根据数据源中的字段建立一个表达式，计算需要查询的信息。
- 设置查询条件以满足用户的查询要求。
- 设置排序或分组以组织查询结果。
- 保存查询对象。

查询对象中保存的是查询准则，包括查询的数据源、输出项、查询条件、排序方式等，打开查询时会根据查询准则从数据源中提取相关信息以生成查询结果。

② 在查询设计视图中建立操作查询的一般过程如下。

- 选择查询的数据源，通常是某个数据表。
- 选择操作查询的类型(生成表查询、追加查询、更新查询、删除查询)。
- 根据相应的操作类型设置查询准则。
- 保存查询对象。

对于操作查询，最好先查看要被更新的记录，再执行查询，使数据表中的数据发生改变。

(3) 查询条件是查询设计的一个重要选项，反映了用户对查询的要求。查询条件对应一个逻辑表达式，该表达式由常量、变量和函数通过运算符连接起来，其值为一个“是/

否”类型的数据。查询条件的设置非常灵活。

(4) 参数查询是在查询条件中设置参数(以方括号“[]”括起来的名字或短语作为参数的名称),在打开查询时输入参数值,从而与查询条件表达式中的其他项一起构成特定的查询条件,这是一种交互式的查询方式。

(5) 交叉表查询是一种特殊的选择查询,通过分组和汇总以行列交叉的形式显示查询结果。交叉表查询由一个列标题、一个或多个行标题以及一个总计值组成。

习 题 4

4.1 思考题

1. 在 Access 中,选择查询与操作查询有何区别?
2. 如何使用查询设计视图建立查询?
3. 如何在查询中添加计算列?
4. 参数查询的作用是什么?
5. 交叉表查询的作用是什么?
6. 在查询条件中可以使用哪几种条件运算符?

4.2 选择题

1. 在 Assess 中,查询的数据源可以来自(　　)。

   A) 表　　B) 查询　　C) 表或查询　　D) 报表

2. 在 Access 中,创建查询的方法有(　　)。

   A) 查询向导　　B) 查询设计视图　　C) SQL 查询　　D) 以上都是

3. 创建参数查询时,在查询设计视图的条件栏中应给参数提示文本添加(　　)。

   A) { }　　B) ( )　　C) [ ]　　D) ＜＞

4. 以下不属于操作查询的是(　　)。

   A) 删除查询　　B) 联接查询　　C) 更新查询　　D) 追加查询

5. 设计交叉表查询时,必须指定(　　)。

   A) 行标题　　B) 列标题　　C) 值　　D) 以上都是

6. 将表 A 的记录复制到表 B 中,且不删除表 B 中的记录,可以使用(　　)。

   A) 选择查询　　B) 生成表查询　　C) 追加查询　　D) 复制查询

7. 利用输入框提示用户输入查询要求,这样的查询属于(　　)。

   A) 选择查询　　B) 参数查询　　C) 操作查询　　D) 输入查询

8. 以下关于查询的叙述中正确的是(　　)。

   A) 查询对象与表对象的名称可以相同

   B) 在查询设计视图中设置多个排序字段时,最左边的排序字段的优先级最高

   C) 查询结果不会随着数据源中记录的变动而变动

D）一个查询不能作为另一个查询的数据源

9. 在查询条件中使用通配符“#”的含义是（　　）。

A）通配任意一个字符　　B）通配任意多个字符

C）通配任意一个数字　　D）通配任意多个数字

10. 若要查找姓“王”的记录，则在查询设计视图的“姓名”列的条件栏中应输入（　　）。

A）Like "王 *"　　B）Like "王?"　　C）Like "王"　　D）="王"

11. 条件“Not 价格>1200”的含义是（　　）。

A）选择价格大于 1200 的记录

B）选择价格小于 1200 的记录

C）选择价格不大于 1200 的记录

D）选择除了价格大于 1200 之外的其他价格字段

12. 以下关于空值的比较中错误的是（　　）。

A）Is NULL　　B）= NULL　　C）Is Not Null　　D）Not Is NULL

13. 若要查询学号是“S1”或“S2”的记录，可以在查询设计视图的条件栏中输入（　　）。

A）"S1" or "S2"　　B）"S1" and "S2"

C）in（"S1" and "S2"）　　D）in（"S1";"S2"）

14. 教师表中有“姓名”“性别”“职称”“工资”等字段，现有如下记录：工资为 3000 元，职称为“教授”，性别为“男”。在下列逻辑表达式中结果为“假”的是（　　）。

A）工资>3000　AND 职称="讲师"　OR　职称="教授"

B）性别="女"　OR　NOT　职称="讲师"

C）工资=3000　AND　（职称="教授"　OR　性别="女"）

D）工资>3000　AND　（职称="副教授"　OR　性别="男"）

4.3　填空题

1. 在 Access 中，操作查询分为________、________、________、________ 4 种。

2. 如果要在员工表中查找 2008—2010 年之间（包括 2008 年和 2010 年）聘用的员工记录，则对“聘用日期”字段设置的条件为________。

3. 员工表中有“聘用日期”字段，但没有“聘用年数”字段，若要查询所有员工的聘用年数，则可以在查询中添加一个计算列，其计算表达式为________。

4. 如果要求在执行查询时通过输入的学号查询学生信息，则可以采用________查询。

5. 在 Access 中使用 Like 运算符，若要与任意一个字符匹配，则使用的通配符是________。

6. 学生表中有“学号”“姓名”和“专业”等字段，要求建立一个查询，将“学号”与“姓名”两个字段合二为一，在查询结果的第 1 列显示“学号姓名”，则第 1 个输出项应设置为________。

7. 成绩表中记录了所有学生的各门课程的成绩及等级，其中的等级分为 A、B、C、D、E 5 种。若要查询 A、B、C 3 个等级的学生成绩，则在查询设计视图的“等级”字段的条件栏中应输入________。

8. 如果在数据库中已有同名的表，要想通过查询覆盖原来的表，则应使用________查询。

9. 在客房表中有“房间号”等字段，若要查找“房间号”字段第4～6位值为“506”的记录，则在查询设计视图的“房间号”字段的条件栏中应输入________。

10. 创建一个更新查询，要求在学生表中所有“学号”字段值的前面增加2个字符“BS”，则“学号”字段的更新值应设置为________。

4.4 上机练习题

在第2章建立的“订阅管理”数据库中完成以下查询设计。

1. 利用“查找重复项查询向导”查找同一个客户的订阅情况，包含客户编号、邮发代号、订阅份数和订阅日期，查询对象命名为QY1。

2. 利用“查找不匹配项查询向导”查找从未被订阅过的报纸的邮发代号、名称和出版周期，查询对象命名为QY2。

3. 创建一个名为QY3的查询，查找出版周期为“日刊”的报纸的订阅情况，包括邮发代号、名称、订阅份数和订阅日期，并按订阅日期排序。

4. 创建一个名为QY4的查询，按出版周期统计各种报纸的平均订阅年价，查询结果中包括出版周期和平均订价，并按平均订价降序排列。

5. 创建一个名为QY5的查询，按客户编号查找实际订价总金额小于800或大于1200的客户，查询结果中包括客户编号和总金额，并按总金额排序。

6. 创建一个名为QY6的查询，查找客户地址中不包含“2号”的客户记录。

7. 创建一个名为QY7的查询，显示客户的标识、地址和电话，要求“标识”列由客户编号和姓名的姓组合在一起(规定：“姓名”字段的第1个字符为姓)。

8. 创建一个名为QY8的查询，查找仅限国内发行的报纸在2009年的订阅情况，查询结果中包括邮发代号、名称、订阅份数和订阅日期。

9. 创建一个名为QY9的查询，查找每年12月份的报纸的订阅情况。

10. 创建一个名为QY10的查询，统计每种报纸的订阅总数，在查询结果中保存订阅总数超过10份的报纸的邮发代号和订阅总数。

11. 创建一个名为QY11的查询，查找所有未收录网址的报纸的邮发代号和名称。

12. 创建一个名为QY12的参数查询，根据用户输入的报纸名称查询该种报纸的订阅情况，包括客户编号、姓名、订阅日期和订阅份数。输入提示信息为：“请输入报纸名称”。

13. 利用“交叉表查询向导”查询每个客户及每种报纸的订阅数量，以“订阅”表为数据源，行标题选择“客户编号”，列标题选择“邮发代号”，按“订阅份数”求和。将查询对象命名为QY13。

14. 以“订阅”表为数据源，创建一个交叉表查询，统计每种报纸每年的订阅数量，显示结果如图4-71所示。将查询对象命名为QY14。

15. 创建一个名为QY15的生成表查询，将名称中包含“晚报”和“日报”的报纸记录保存到一个新表中(包括邮发代号、名称、出版周期、订阅年价、是否国外发行)，新表的名

QY14

邮发代号	总数	2008	2009	2010
1-14	6	1	4	1
1-20	4	1	1	2
1-38	1		1	
1-4	15	5	8	2
1-41	3		3	3
1-47	4		1	3

记录: 第 1 项(共 6 项) 无筛选器 搜索

图 4-71 订阅明细

称为“报纸_bak”。

16. 创建一个名为 QY16 的追加查询，将名称为“健康报”和“文摘报”的报纸记录添加到“报纸_bak”表中。

17. 创建一个名为 QY17 的更新查询，将“报纸_bak”表中订阅年价超过 250 的报纸的订阅年价减少 35。

18. 创建一个名为 QY18 的删除查询，将邮发代号的最后一位数字是“4”的报纸记录从“报纸_bak”表中删除。

19. 在“订阅管理”数据库中增加一个“工资”表，包括职工编号、应发工资、交通补贴、住房补贴、公积金等字段，“职工编号”字段的数据类型为“短文本”，其余均为“数字(整型)”。创建一个名为 QY19 的查询，统计每个职工的实发工资，查询结果中包括职工编号和实发工资。

20. 创建一个名为 QY20 的查询，以“工资”表为数据源计算并输出住房补贴最高值与最低值的差值，显示标题为“补贴差值”。

第5章 结构化查询语言

结构化查询语言(Structured Query Language,SQL)是一种通用且功能极其强大的关系数据库语言,也是关系数据库的标准语言,具有数据定义、数据操纵(包括数据更新和数据查询)、数据控制等功能。本章主要介绍Access支持的SQL功能及其使用方法。

由于不同的关系数据库管理系统在实现标准SQL语言时各有差别,因此本章的SQL语言均指Access所支持的SQL语言。本章的SQL命令均在“销售管理”数据库中进行,以下不再赘述。

5.1 SQL语言概述

SQL语言是数据库的标准语言,目前几乎所有关系数据库管理系统都支持SQL标准。SQL语言的主要特点如下。

(1) 高度集成化。SQL语言集数据定义、数据操纵(包括数据更新和数据查询)、数据控制功能于一体,可以独立完成数据库操作和管理中的全部工作,为数据库应用系统的开发提供了良好的手段。

(2) 高度非过程化。SQL是一种非过程化的语言。使用SQL语言进行数据操作不必告诉计算机怎么做,只要提出做什么,系统就可以自动完成全部工作,从而大幅减轻用户的负担,同时有利于提高数据独立性。

(3) 面向集合的操作方式。SQL语言采用集合操作方式,操作对象和操作结果都是记录集。

(4) 简洁易学。SQL语言不仅功能强大,而且非常简洁,完成核心功能只用了9个命令动词(CREATE、ALTER、DROP、INSERT、UPDATE、DELETE、SELECT、GRANT、REVOKE),许多复杂的工作仅通过一条SQL命令就可以完成。另外,SQL语言接近英语的自然语法,易学易用。

(5) 用法灵活。SQL语言按其使用方式可分为交互式命令语言(又称自含型或自主型语言)和宿主型语言(可嵌入C、C++、COBOL等高级过程性语言中)两种结构形式,其语法基本相同。

5.2 SQL 数据定义

使用 SQL 的 CREATE、ALTER 和 DROP 命令可以实现数据定义功能，包括表、索引等的创建、修改和删除。

1. 定义表

使用 CREATE TABLE 命令，其语法为

```
CREATE TABLE <表名>
(<字段名 1><数据类型 1>[(<大小>)] [NOT NULL] [PRIMARY KEY|UNIQUE]
 [,<字段名 2><数据类型 2>[(<大小>)] [NOT NULL] [PRIMARY KEY|UNIQUE]]
 [,...])
```

说明：

① 在上述格式中，“< >”表示必选项，“[ ]”表示可选项，“|”表示多选一，且命令关键字不区分大小写。

② 在定义表时，必须指定表名、各个字段名及相应的数据类型和字段大小（由系统自动确定的字段大小省略），并且各个字段之间用半角逗号分隔。

③ 字段的数据类型用字符表示，如：

Text(短文本)、Byte(字节)、Integer(长整型数字)、Single(单精度型数字)、Float(双精度型数字)、Currency(货币)、Memo(长文本)、Date(日期/时间)、Logical(是/否)、OLEObject(OLE 对象)、Counter(自动编号)等。

④ NOT NULL 指定字段不允许为空值，PRIMARY KEY 定义主键，UNIQUE 定义唯一键。

⑤ 语句中的各个关键词不区分大小写。

【例 5-1】 在“销售管理”数据库中，使用 SQL 语句定义 emp 表，结构如下。

员工号(Text，3 字符)、姓名(Text，4 字符)、性别(Text，1 字符)、婚否(Logical)、聘用日期(Date)、照片(OLEObject)、简历(Memo)，员工号为主键，姓名不允许为空值。

操作步骤如下。

① 打开“销售管理”数据库，执行“创建”→“查询”→“查询设计”命令，打开查询设计视图，然后直接关闭“显示表”对话框。

② 执行“查询工具/设计”→“查询类型”→“数据定义”命令，在“数据定义”查询窗口中输入 SQL 语句，如图 5-1 所示。

注意：在“数据定义”查询窗口中一次只能输入一条 SQL 语句。

③ 在设计视图下，单击功能区的“运行”按钮，执行 SQL 语句，创建 emp 表。

④ 可以将 SQL 语句保存为一个查询对象，也可以直接关闭“数据定义”查询窗口。

在“导航”窗格中选择 emp 表，打开表设计视图，结果如图 5-2 所示。

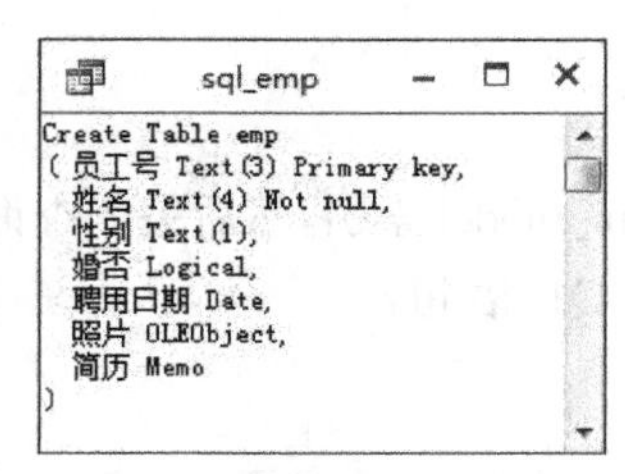

图 5-1　使用 SQL 语句定义 emp 表

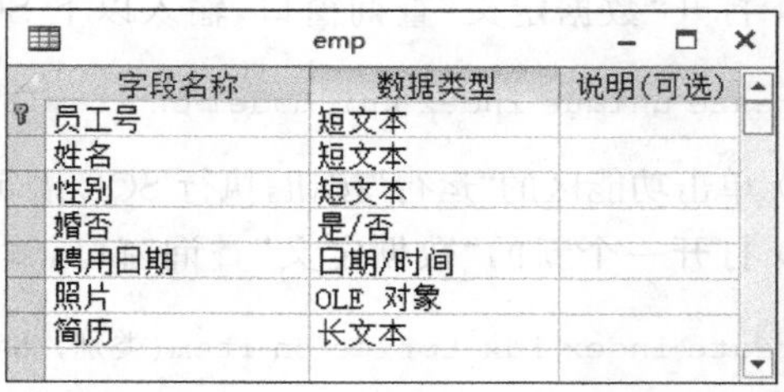

emp

	字段名称	数据类型	说明(可选)
🔑	员工号	短文本	
	姓名	短文本	
	性别	短文本	
	婚否	是/否	
	聘用日期	日期/时间	
	照片	OLE 对象	
	简历	长文本	

图 5-2　在表设计视图中查看 emp 表

【例 5-2】　在“销售管理”数据库中，使用 SQL 语句定义 item 表和 sale 表。

item 表结构：商品号(Text，6 字符)、品牌(Text，10 字符)、类别(Text，6 字符)、型号(Text，15 字符)、价格(Single)，商品号为主键。

sale 表结构：序号(Counter)、员工号(Text，3 字符)、商品号(Text，6 字符)、销售量(Integer)、销售日期(Date)，序号为主键。

操作步骤如下。

① 打开“数据定义”查询窗口，按图 5-3 所示输入 SQL 语句。

② 单击功能区的“运行”按钮，执行 SQL 语句，创建 item 表，然后关闭查询窗口。

③ 打开一个新的“数据定义”查询窗口，按图 5-4 所示输入 SQL 语句。

④ 单击功能区的“运行”按钮，执行 SQL 语句，创建 sale 表。

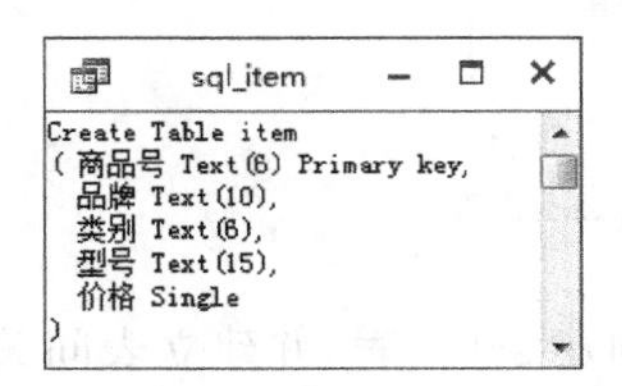

图 5-3　使用 SQL 语句定义 item 表

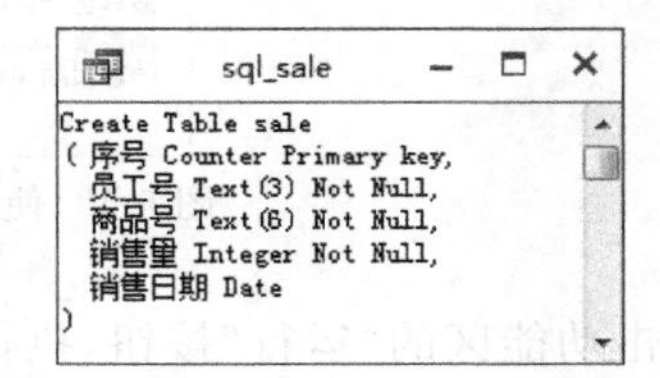

图 5-4　使用 SQL 语句定义 sale 表

2. 建立索引

使用 CREATE INDEX 命令建立索引，其语法为

```
CREATE [UNIQUE] INDEX <索引名称>ON <表名>
    (<索引字段 1>[ASC|DESC][,<索引字段 2>[ASC|DESC][,...]])
[WITH PRIMARY]
```

说明：

① UNIQUE 指定唯一索引，WITH PRIMARY 指定主索引。

② ASC 和 DESC 指定索引值的排列方式，ASC 表示升序，DESC 表示降序，默认为升序。

【例 5-3】　使用 SQL 语句建立索引，在 item 表的“型号”字段上建立唯一索引，索引名称为 uni_model；在“类别”和“价格”2 个字段上分别按升序和降序建立组合索引，索引名称为 idx_tprice。

操作步骤如下。

① 打开"数据定义"查询窗口，输入以下 SQL 语句：

```
create unique index uni_model on item(型号)
```

② 单击功能区的"运行"按钮，执行 SQL 语句，建立 uni_model 索引，然后关闭查询窗口。

③ 打开一个新的"数据定义"查询窗口，输入以下 SQL 语句：

```
create index idx_tprice on item(类别, 价格 desc)
```

④ 单击功能区的"运行"按钮，执行 SQL 语句，建立 idx_tprice 索引。

3. 建立表间关系

使用 CREATE TABLE 命令在定义表的同时可以建立表间关系。

【例 5-4】 在"销售管理"数据库中，使用 SQL 语句定义 sale2 表，并通过"员工号"字段与 emp 表建立关系，通过"商品号"字段与 item 表建立关系。

操作步骤如下。

① 打开"数据定义"查询窗口，按图 5-5 所示输入 SQL 语句。语句中的 references 关键词表示参照引用。

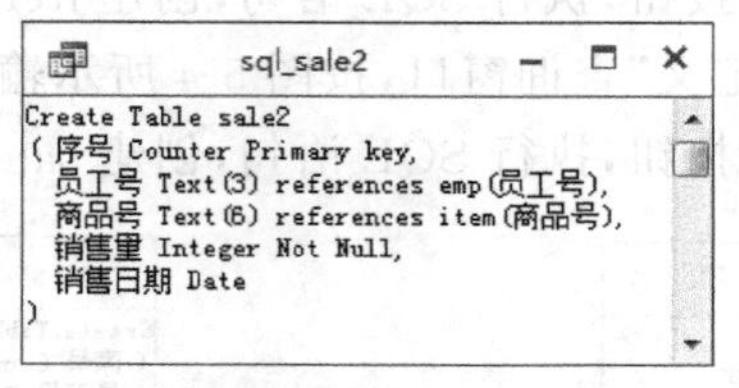

sql_sale2
Create Table sale2
(序号 Counter Primary key,
员工号 Text(3) references emp(员工号),
商品号 Text(6) references item(商品号),
销售量 Integer Not Null,
销售日期 Date
)

图 5-5　使用 SQL 语句定义 sale2 表

② 单击功能区的"运行"按钮，执行 SQL 语句，创建 sale2 表，并建立表间关系。

在"关系"窗口中加入 emp 表、item 表和 sale2 表，结果如图 5-6 所示。

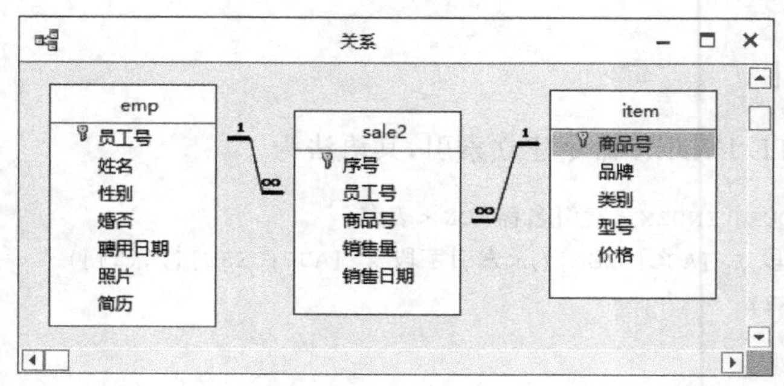

图 5-6　"关系"窗口

4. 修改表

使用 ALTER TABLE 命令可以修改表的结构，包括修改、添加和删除字段等。

(1) 修改字段,其语法为

```
ALTER TABLE <表名>ALTER [column] <字段名><数据类型>(<大小>)
```

说明:使用该命令时不能修改字段名。

(2) 添加字段,其语法为

```
ALTER TABLE <表名>ADD [column] <字段名><数据类型>(<大小>)
```

(3) 删除字段,其语法为

```
ALTER TABLE <表名>DROP [column] <字段名>
```

例如,使用 SQL 语句修改表,在 emp 表中增加一个"电话号码"字段(Integer),然后将该字段修改为 Text 型(11 字符),最后删除该字段,可以使用以下命令。

```
alter table emp add column 电话号码 integer
alter table emp alter 电话号码 text(11)
alter table emp drop 电话号码
```

5. 删除索引或表

使用 DROP 命令可以删除表上的索引或删除表。

(1) 删除索引,其语法为

```
DROP INDEX <索引名称>ON <表名>
```

(2) 删除表,其语法为

```
DROP TABLE <表名>
```

注意: 删除表后,在表上定义的索引也会被一起删除。

例如,使用 SQL 语句删除 item 表中的 uni_model 索引项。

```
drop index uni_model on item
```

使用 SQL 语句删除 sale 表。

```
drop table sale
```

5.3 SQL 数据更新

使用 SQL 的 INSERT、UPDATE 和 DELETE 命令可以实现数据更新操作,包括插入记录、更新记录和删除记录。

1. 插入记录

使用 INSERT 命令,其语法为

```
INSERT INTO <表名>[(<字段名 1>[,<字段名 2>[,...]])]
VALUES(<表达式 1>[,<表达式 2>[,...]])
```

说明：如果缺省字段名，则必须为新记录中的每个字段都赋值，且数据类型和顺序要与表中定义的字段一一对应。

【例 5-5】 使用 SQL 语句在 emp 表中插入 2 条员工记录。

操作步骤如下。

① 打开"数据定义"查询窗口，输入以下 SQL 语句：

```
insert into emp values
    ("a01","马立","男",yes,#2011-5-15#,null,null)
```

② 单击功能区的"运行"按钮，执行 SQL 语句，在 emp 表中插入记录。

③ 重复上述 2 个步骤，插入第 2 条记录：

```
insert into emp(员工号,姓名,性别,聘用日期) values
    ("b01","陈慧娟","女",#2011-7-10#)
```

打开 emp 表，结果如图 5-7 所示。"婚否"字段中的 0 表示"否"，-1 表示"是"。

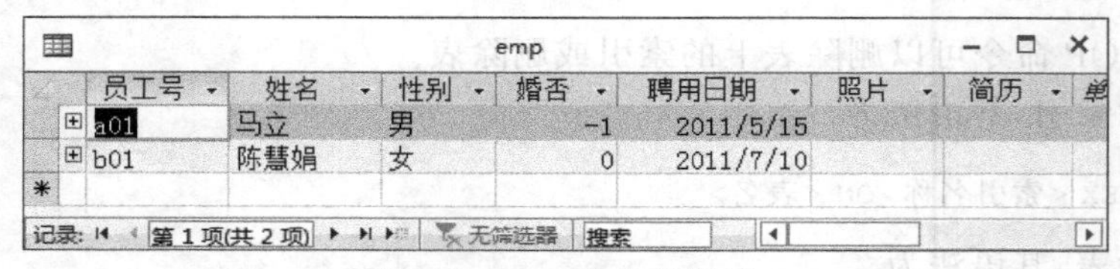

员工号	姓名	性别	婚否	聘用日期	照片	简历
a01	马立	男	-1	2011/5/15		
b01	陈慧娟	女	0	2011/7/10		

图 5-7　emp 表中的记录

2. 更新记录

使用 UPDATE 命令，其语法为

```
UPDATE <表名>SET <字段名 1>=<表达式 1>[,<字段名 2>=<表达式 2>[,...]]
[WHERE <条件>]
```

例如，使用 SQL 语句将 emp 表中所有男员工的"婚否"字段改为"否"。

```
update emp set 婚否=no where 性别="男"
```

3. 删除记录

使用 DELETE 命令，其语法为

```
DELETE FROM <表名>[WHERE <条件>]
```

例如，使用 SQL 语句删除 emp 表中的所有记录。

```
delete from emp
```

5.4 SQL 数据查询

数据查询是数据库的核心操作，使用 SQL 语言的 SELECT 命令可以实现数据查询操作，包括选择查询、投影查询、连接查询、子查询、合并查询等。

5.4.1 SQL 查询语法

SELECT 命令是 SQL 的核心语句，具有灵活的使用方式和丰富的功能。在 Access 中，查询的数据来源可以是表，也可以是另一个查询对象。

SELECT 命令的语法为

```
SELECT [ALL|DISTINCT] [TOP <数值>[PERCENT]]<目标列>[[AS] <列标题>]
FROM <表 1 或查询 1>[[AS] <别名 1>],<表 2 或查询 2>[[AS]<别名 2>]
[ WHERE <连接条件>AND <筛选条件>]
[ GROUP BY <分组项>[ HAVING <分组筛选条件>]]
[ ORDER BY <排序项>[ ASC | DESC ]]
```

第 4 章介绍了使用查询设计视图建立查询的方法。实际上，在查询设计视图中建立的查询都由 Access 中的 SQL 语法转换引擎自动转换为了 SQL 语句。

表 5-1 中列出了 SELECT 命令中各子句与查询设计视图中各栏目之间的对应关系。

表 5-1　SELECT 子句与查询设计视图栏目之间的对应关系

SELECT 子句	查询设计视图栏目	SELECT 子句	查询设计视图栏目
SELECT ＜目标列＞	“字段”栏	GROUP BY ＜分组项＞	“总计”栏
FROM ＜表或查询＞	“显示表”对话框	ORDER BY ＜排序项＞	“排序”栏
WHERE ＜筛选条件＞	“条件”栏		

单击功能区的“视图”列表按钮，从“视图”列表中选择“SQL 视图”或“设计视图”选项，即可以在 SQL 命令窗口和查询设计视图之间切换。

5.4.2 基本的 SQL 查询

基本的 SQL 查询

基本的 SQL 查询包括投影、选择、排序、分组等操作。

1. 投影

投影查询是指从数据源中选择若干列，相当于关系代数中的投影运算，其格式为

```
SELECT <目标列 1>[,<目标列 2>[,...]] FROM <表或查询>
```

说明：

① <目标列>可以是数据源中已有的字段，也可以是一个计算表达式。

② <目标列>使用“ * ”，表示选择数据源中的所有字段。

【例 5-6】 查询“员工”表中所有员工的员工编号、姓名、性别和聘用日期。

操作步骤如下。

① 打开 SQL 命令窗口，输入以下 SQL 语句：

```
select 员工编号, 姓名, 性别, 聘用日期 from 员工
```

② 单击功能区的“运行”按钮，执行 SQL 语句，查询结果如图 5-8 所示。

单击功能区的“视图”列表按钮，选择“设计视图”选项，切换到查询设计视图，结果如图 5-9 所示。

查询1

员工编号	姓名	性别	聘用日期
001	王小萍	女	2007/5/10
002	刘建军	男	2007/6/12
003	陈兰花	女	2007/11/20
004	宋海波	男	2008/3/20
005	马海燕	女	2008/3/20
006	周涛	男	2008/9/22
007	李浩	女	2009/8/1
008	林慧慧	女	2009/12/25
009	周涛	女	2010/10/18

记录: 第 1 项(共 9 项) 无筛选器 搜索

图 5-8 查询员工记录

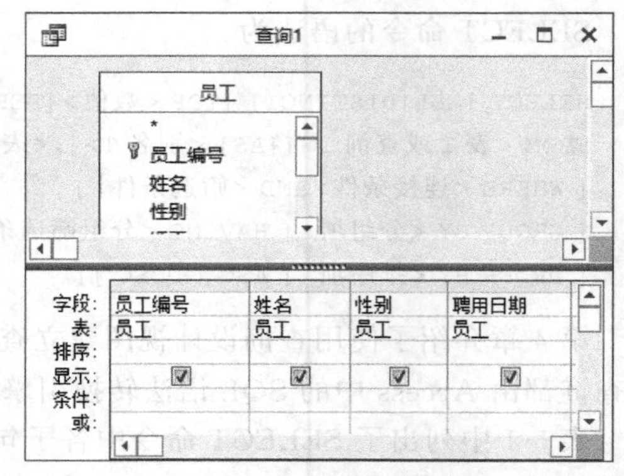

图 5-9 查询设计视图

若要查询“员工”表中的所有记录，则可以使用以下 SQL 语句：

```
select * from 员工
```

【例 5-7】 查询“员工”表中所有员工的员工编号、姓名和聘用年数。

```
select 员工编号, 姓名, year(date())-year(聘用日期) as 聘用年数
from 员工
```

使用 AS 关键字可以改变输出列的列标题，本例将第 3 列的标题指定为“聘用年数”。

【例 5-8】 在“销售”表中查询每件商品的商品编号。

```
select distinct 商品编号 from 销售
```

在第一个字段名前加 DISTINCT 关键字，可以删除查询结果中重复的记录。本例中如果不加 DISTINCT 关键字，则在查询结果中将包含很多重复的记录。

2. 选择

选择查询是从表中选择满足条件的记录，相当于关系代数中的选择运算，其格式为

```
SELECT <目标列> FROM <表名> WHERE <筛选条件>
```

说明：

① <筛选条件>是一个逻辑表达式，由多个关系表达式通过逻辑运算符连接而成。

② 有关查询条件的设置请参见 4.2.3 节。

【例 5-9】 查询“员工”表中所有已婚的女员工的员工编号、姓名和聘用日期。

```
select 员工编号, 姓名, 聘用日期 from 员工 where 性别="女" and  婚否=yes
```

【例 5-10】 查询“商品”表中商品编号以“D”开头的所有商品记录。

```
select * from 商品 where 商品编号 like "D*"
```

3. 排序

在 SELECT 语句中使用 ORDER BY 子句可以对查询结果按照一个或多个列的升序(ASC)或降序(DESC)进行排列，默认是升序，该子句的格式为

```
ORDER BY <排序项>[ASC|DESC]
```

说明：

① <排序项>既可以是字段名，也可以是目标列的序号，如第 1 列为 1，第 2 列为 2……。可以有多个排序项，表示多级排序。

② 若要从查询结果中选择排在前面的若干记录(用数值或百分比指定)，则可以在目标列前加上 TOP 短语，其格式为

```
SELECT TOP <数值>[PERCENT] <目标列>FROM <表或查询>
```

【例 5-11】 查询“商品”表中销售价在 900～1200(包括 900 和 1200)的商品记录，并按销售价降序排列。

```
select * from 商品 where 销售价 between 900 and 1200 order by 销售价 desc
```

【例 5-12】 查询“销售”表中员工编号为“001”“003”和“005”的员工的销售记录，并按“员工编号”排序，对同一员工再按销售日期降序排列。

```
select * from 销售 where 员工编号 in("001","003","005")
order by 员工编号, 销售日期 desc
```

【例 5-13】 查询“商品”表中销售价最低的 3 种商品的商品编号、品牌和销售价。

```
select top 3 商品编号,品牌,销售价 from 商品 order by 销售价
```

查询结果如图 5-10 所示。

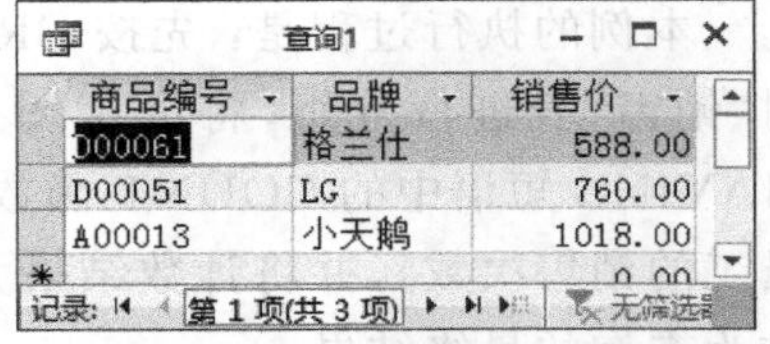

商品编号	品牌	销售价
D00061	格兰仕	588.00
D00051	LG	760.00
A00013	小天鹅	1018.00
*		0.00

图 5-10　查询销售价最低的 3 种商品

4. 分组

在 SELECT 语句中使用 GROUP BY 子句可以按照一列或多列的值进行分组，该子句的格式为

```
GROUP BY <分组项>[ HAVING <分组筛选条件>]
```

说明：

① 使用 HAVING 短语可以对分组后的结果进行筛选。

注意：HAVING 短语必须和 GROUP BY 子句同时使用。

② 分组查询通常与 SQL 聚合函数一起使用，先按指定的数据项分组，再对各组进行总计，如计数、求和、求平均值等。如果未分组，则聚合函数作用于整个表。

常用的 SQL 聚合函数如表 5-2 所示。

表 5-2　常用的 SQL 聚合函数

函　数	功　　能	函　数	功　　能
COUNT	统计记录个数(不包括空值 Null)	MIN	求一列值中的最小值
AVG	求一列数值型数据的平均值	MAX	求一列值中的最大值
SUM	求一列数值型数据的总和		

【例 5-14】　统计"商品"表中的商品数。

```
select count(*) as 商品数 from 商品
```

查询结果如图 5-11 所示。

【例 5-15】　统计"商品"表中各类别商品的数量。

```
select 类别, count(*) as 各类别数量 from 商品 group by 类别
```

查询结果如图 5-12 所示。

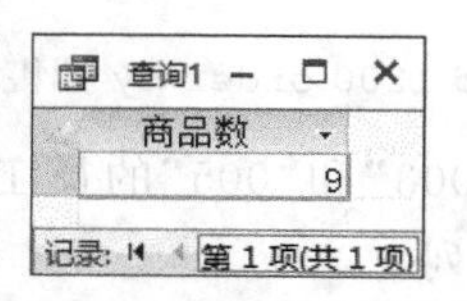

图 5-11　统计商品数

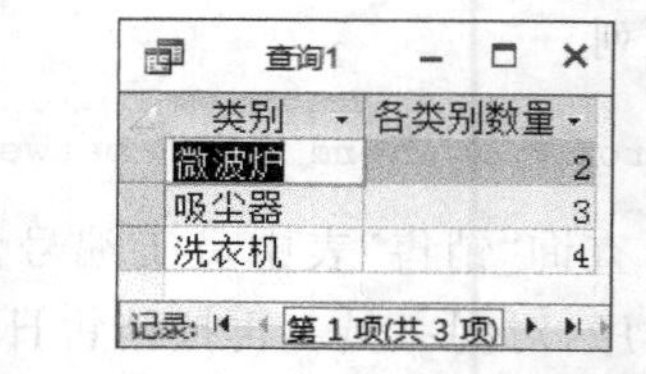

图 5-12　统计各类别商品数

【例 5-16】　在"销售"表中查询至少有 3 次销售记录的员工编号。

```
select 员工编号 from 销售
group by 员工编号 having count(*)>=3
```

查询结果如图 5-13 所示。

本例的执行过程是：先按 GROUP BY 子句中指定的员工编号对"销售"表进行分组，将员工编号相同的记录分为一组，然后用 HAVING 短语中的 COUNT 函数对每一组进行计数(即统计每个员工的销售次数)，并将计数结果大于或等于 3 的员工编号选出来作为查询的最终结果。

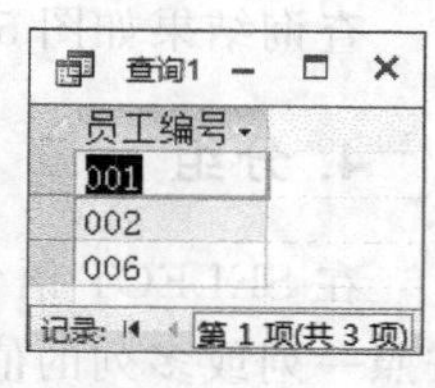

图 5-13　例 5-16 的查询结果

【例 5-17】 在“销售”表中查询 2009 年至少有 2 次销售记录的员工编号。

```
select 员工编号 from 销售
where year(销售日期) =2009
group by 员工编号 having count(*)>=2
```

查询结果如图 5-14 所示。

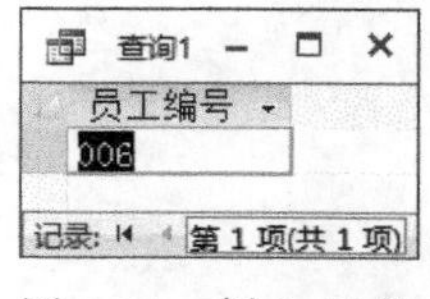

图 5-14　例 5-17 的查询结果

当 WHERE 子句、GROUP BY 子句和 HAVING 短语同时出现在一个查询语句中时，先执行 WHERE 子句，从表中选取满足条件的记录，然后执行 GROUP BY 子句对选取的记录进行分组，再执行 HAVING 短语从分组结果中选取满足条件的组。

5.4.3　连接查询

连接查询同时涉及 2 个或多个表的数据，是数据库中最主要的一类查询。

进行连接查询时，需要指定 2 个表的连接条件，有以下 2 种指定方式。

连接查询

(1) 在 WHERE 子句中指定连接条件，其格式为

```
SELECT <目标列>FROM <表名 1>,<表名 2>
WHERE <表名 1>.<字段名 1>=<表名 2>.<字段名 2>
```

(2) 在 FROM 子句中指定连接条件，其格式为

```
SELECT <目标列>
FROM <表名 1>INNER JOIN | LEFT JOIN | RIGHT JOIN <表名 2>
ON <表名 1>.<字段名 1>=<表名 2>.<字段名 2>
```

- INNER JOIN 表示内部连接，即查询结果中只包含两个表中连接字段值相等的记录。
- LEFT JOIN 表示左外部连接，即查询结果中包含 JOIN 关键字左边的表中的所有记录，如果右边的表中有符合连接条件的记录，则该表返回相应值，否则返回空值。
- RIGHT JOIN 表示右外部连接，即查询结果中包含 JOIN 关键字右边的表中的所有记录，如果左边的表中有符合连接条件的记录，则该表返回相应值，否则返回空值。

这 3 种连接的含义分别与图 3-41 所示的“联接属性”对话框中的选项对应。

连接条件中的连接字段一般是 2 个表中的公共字段或语义相同的字段。

【例 5-18】 查询每个员工的商品销售记录，要求查询结果中包含员工编号、姓名、商品编号、销售量和销售日期。

```
select 员工.员工编号, 姓名, 商品编号, 销售量, 销售日期
from 员工, 销售
where 员工.员工编号 =销售.员工编号
```

查询结果如图 5-15 所示。

查询1

员工编号	姓名	商品编号	销售量	销售日期
001	王小萍	A00011	1	2007/10/1
001	王小萍	A00013	3	2007/10/2
001	王小萍	A00011	3	2008/8/3
001	王小萍	A00011	1	2009/10/5
001	王小萍	A00012	3	2010/8/10
002	刘建军	A00021	5	2007/10/2
002	刘建军	A00011	2	2008/5/2
002	刘建军	A00013	3	2009/10/1
003	陈兰花	C00031	2	2008/1/1

记录: 第 1 项(共 16 项 无筛选器 搜索

图 5-15　例 5-18 的查询结果

由于“员工”表和“销售”表中都有“员工编号”字段，为避免混淆，必须在“员工编号”前加上表名前缀。

为简化输入，在 SELECT 命令中允许使用表的别名代替表名，别名在 FROM 子句中指定，其格式为

```
SELECT <目标列> FROM <表名 1><别名 1>,<表名 2><别名 2>
WHERE <别名 1>.<字段名 1>=<别名 2>.<字段名 2>
```

所以，上例也可以写成如下形式：

```
select yg.员工编号, 姓名, 商品编号, 销售量, 销售日期
from 员工 as yg, 销售 as xs
where yg.员工编号 =xs.员工编号
```

若在 FROM 子句中指定连接条件，则上例可以写成如下形式：

```
select yg.员工编号, 姓名, 商品编号, 销售量, 销售日期
from 员工 as yg inner join 销售 as xs
  on yg.员工编号 =xs.员工编号
```

【例 5-19】 查询 2010 年每个员工的商品销售记录，要求查询结果中包含员工编号、姓名、商品编号、销售量和销售日期。

```
select 员工.员工编号, 姓名, 商品编号, 销售量, 销售日期
from 员工, 销售
where 员工.员工编号 =销售.员工编号
  and  year(销售日期) =2010
```

查询结果如图 5-16 所示。

查询1

员工编号	姓名	商品编号	销售量	销售日期
006	周涛	D00051	3	2010/3/15
007	李浩	C00011	1	2010/3/15
004	宋海波	D00051	2	2010/5/2
001	王小萍	A00012	3	2010/8/10

记录: 第 1 项(共 4 项) 无筛选器 搜索

图 5-16　例 5-19 的查询结果

5.4.4 子查询

子查询也称嵌套查询，通常是在一个 SELECT 语句的 WHERE 子句中完整地包含另一个 SELECT 语句。如图 5-17 所示，该子查询的功能是查找所有“微波炉”类别的商品销售记录。

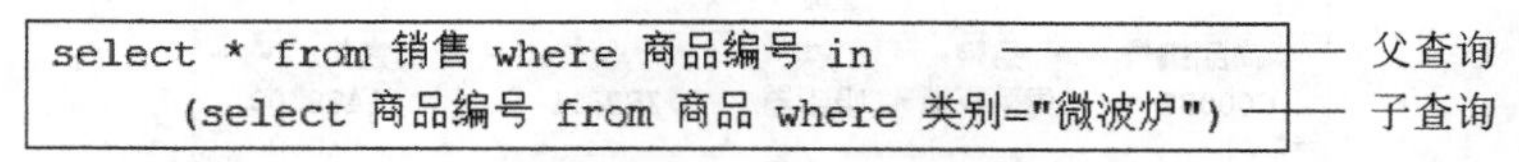

图 5-17 子查询示例

说明：

① 子查询必须用括号“( )”括起来。

② 子查询(内层查询)的结果作为建立其父查询(外层查询)的条件，因此子查询的结果必须有确定的值。

③ 利用子查询可以将几个简单查询构成一个复杂查询，从而增强 SQL 的查询能力。

【例 5-20】 查询与员工编号为“005”的员工在同一时间被聘用的员工记录，包括员工编号、姓名、性别和聘用日期。

```
select 员工编号,姓名,性别,聘用日期 from 员工 where 聘用日期 =
    (select 聘用日期 from 员工 where 员工编号 ="005")
```

查询结果如图 5-18 所示。

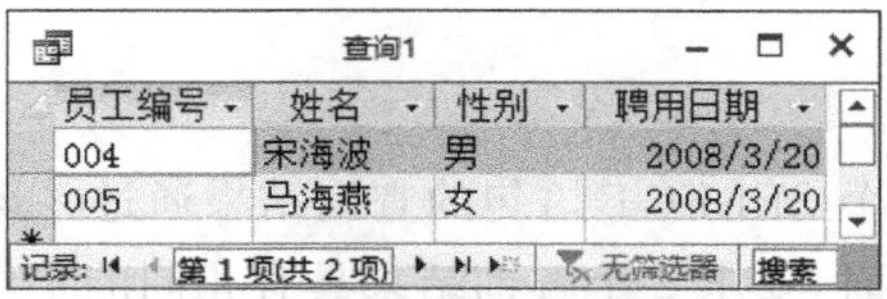

查询1

员工编号	姓名	性别	聘用日期
004	宋海波	男	2008/3/20
005	马海燕	女	2008/3/20

记录: 第 1 项(共 2 项) 无筛选器 搜索

图 5-18 例 5-20 的查询结果

该命令的执行过程如下。

① 执行子查询，从“员工”表中找出编号为“005”的员工的聘用日期。

② 执行外层查询，将“员工”表中所有员工的聘用日期与子查询的结果进行比较。

【例 5-21】 在查询设计视图中设计查询，查找与员工编号为“005”的员工在同一时间被聘用的员工记录，包括员工编号、姓名、性别和聘用日期。

按图 5-19 所示设计查询，在“聘用日期”的“条件”单元格中输入子查询。

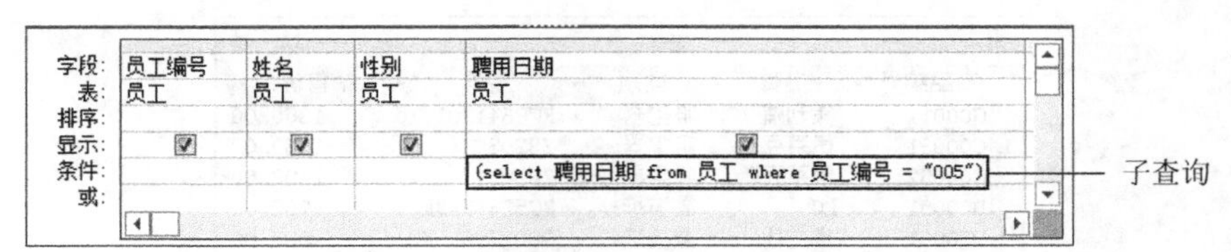

图 5-19 在查询设计视图中使用子查询(1)

【例 5-22】 查找未销售过的商品记录,包括商品编号、品牌、类别、型号和销售价。

```
select 商品编号,品牌,类别,型号,销售价 from 商品
where 商品编号 not in
  ( select distinct 商品编号 from 销售 )
```

查询结果如图 5-20 所示。

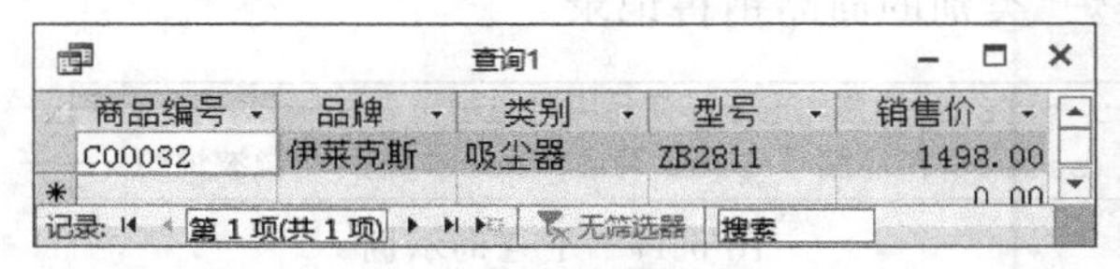

查询1

商品编号	品牌	类别	型号	销售价
C00032	伊莱克斯	吸尘器	ZB2811	1498.00
*				0.00

记录: 第 1 项(共 1 项) 无筛选器 搜索

图 5-20 例 5-22 的查询结果

【例 5-23】 在查询设计视图中设计查询,查找未销售过的商品记录,包括商品编号、品牌、类别、型号和销售价。

按图 5-21 所示设计查询,在“商品编号”的“条件”单元格中输入子查询。

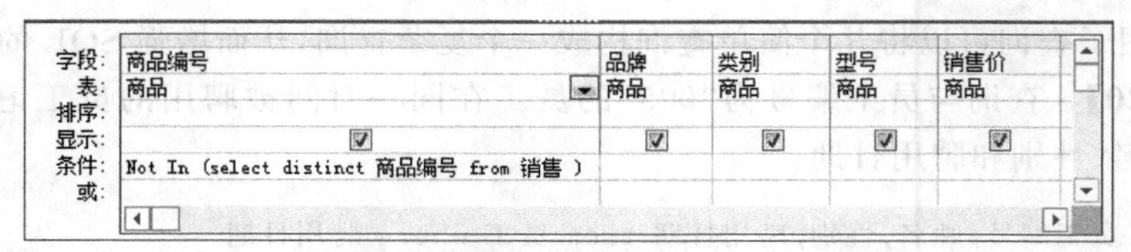

图 5-21 在查询设计视图中使用子查询(2)

5.4.5 合并查询

在 SQL 中,可以将 2 个 SELECT 语句的查询结果通过并运算(UNION)合并为 1 个查询结果。进行合并查询时,要求 2 个查询结果具有相同的字段个数,并且对应字段的数据类型也必须相同。

【例 5-24】 查询“微波炉”和“吸尘器”类别的商品记录,包括商品编号、品牌、类别、型号和销售价。

```
select 商品编号,品牌,类别,型号,销售价 from 商品 where 类别="微波炉"
union
select 商品编号,品牌,类别,型号,销售价 from 商品 where 类别="吸尘器"
```

查询结果如图 5-22 所示。

查询1

商品编号	品牌	类别	型号	销售价
C00011	飞利浦	吸尘器	FC8641/01	1350.00
C00031	伊莱克斯	吸尘器	ZS203	1180.00
C00032	伊莱克斯	吸尘器	ZB2811	1498.00
D00051	LG	微波炉	MG5337MKMR	760.00
D00061	格兰仕	微波炉	G8023CSL-K3	588.00

记录: 第 1 项(共 5 项) 无筛选器 搜索

图 5-22 例 5-24 的查询结果

本章小结

本章介绍了 Access 支持的 SQL 语言的功能及其使用方法，主要内容如下。

(1) 数据定义功能。

使用 CREATE TABLE、ALTER TABLE、DROP TABLE、CREATE INDEX、DROP INDEX 命令建立、修改、删除表或索引。

(2) 数据更新功能。

使用 INSERT、UPDATE 和 DELETE 命令插入记录、修改记录和删除记录。

(3) 数据查询功能。

使用 SELECT 命令完成选择查询、投影查询、连接查询、子查询、合并查询等功能。

习 题 5

5.1 思考题

1. SQL 语言的主要特点是什么？
2. 在 Access 中如何使用 SQL 语言定义表和索引？
3. 如何使用 SQL 语言完成数据更新功能？
4. 使用 SQL 语言与使用查询设计视图建立查询，这两者之间有什么关系？

5.2 选择题

1. SQL 语言是(　　)语言。

A) 层次数据库　　B) 网状数据库　　C) 关系数据库　　D) 程序设计

2. 在 Access 中，使用 SQL 语言不能创建(　　)。

A) 报表　　B) 操作查询

C) 选择查询　　D) 数据定义查询

3. 在 Access 数据库中创建一个新表所使用的 SQL 语句是(　　)。

A) Create Table　　B) Create Index

C) Define Table　　D) Create Database

4. 在 SQL 语句中，删除表的命令是(　　)。

A) DROP　　B) ALTER　　C) DELETE　　D) UPDATE

5. 在 SQL 语句中，删除记录的命令是(　　)。

A) DROP　　B) ALTER　　C) DELETE　　D) UPDATE

6. 在 SQL 语句中，表示条件的子句是(　　)。

A) FOR　　B) IF　　C) WHILE　　D) WHERE

7. 下列关于 SQL 语句的说法中错误的是(　　)。

A) INSERT 语句用来向数据表中追加新记录

B) UPDATE 语句用来修改数据表中的记录

C) DELETE 语句用来删除数据表中的记录

D) CREATE 语句用来定义表并向表中添加新记录

8. 在 SQL 语句中,HAVING 短语必须和(　　)子句同时使用。

A) ORDER BY　　　　B) WHERE

C) GROUP BY　　　　D) 以上都是

9. 使用 SQL 语句为"员工"表中的"补贴"字段值加 100,正确的命令是(　　)。

A) 补贴 ＝ 补贴 ＋ 100　　　　B) update 员工 set 补贴 ＝ 补贴 ＋ 100

C) set 补贴 ＝ 补贴 ＋ 100　　　　D) edit 员工 set 补贴 ＝ 补贴 ＋ 100

10. 以下选项中,与"价格 BETWEEN 300 AND 500"完全等价的条件是(　　)。

A) 价格＞300 AND 价格＜500　　　　B) 价格＞＝300 AND 价格＜＝500

C) 价格＞300 OR 价格＜500　　　　D) 价格＞＝300 OR 价格＜＝500

11. "选课"表中有学号、课程号、成绩等字段,查询没有参加考试的学生的学号,正确的语句是(　　)。

A) SELECT 学号 FROM 选课 WHERE 成绩＝0

B) SELECT 成绩 FROM 选课 WHERE 学号＝0

C) SELECT 学号 FROM 选课 WHERE 成绩＝NULL

D) SELECT 学号 FROM 选课 WHERE 成绩 IS NULL

12. "补贴"表中有学号、系部、补助等字段,以下 SQL 命令的执行结果是(　　)。

```
select avg(补助) from 补贴 group by 系部
```

A) 统计并显示所有系部的平均补助

B) 统计并显示所有学生的系部和平均补助

C) 统计并显示所有学生的平均补助并按系部排序

D) 按系部分组统计并显示各系部学生的平均补助

13. 从"教师"表中查找所有工资高于 5000 元的教授的姓名,正确的 SQL 语句是(　　)。

A) SELECT 姓名 FROM 教师 WHERE 职称＝"教授" OR 工资＞5000

B) SELECT 姓名 FROM 教师 WHERE 职称＝"教授" AND 工资＞5000

C) SELECT 姓名 FROM 教师 WHERE 职称＝教授 AND 工资＞5000

D) SELECT 姓名 FROM 教师 WHERE 职称＝教授, 工资＞5000

14. "课程"表中有课程号、课程名等字段,要查找课程名中含有"技术"二字的课程信息,正确的 SQL 语句是(　　)。

A) SELECT * FROM 课程 FOR 课程名＝" *技术* "

B) SELECT * FROM 课程 FOR 课程名 LIKE "*技术*"

C) SELECT * FROM 课程 WHERE 课程名＝"*技术*"

D) SELECT * FROM 课程 WHERE 课程名 LIKE "*技术*"

15. 以下 SQL 语句实现的功能是(　　)。

```
SELECT TOP 5 学号 FROM 选课 ORDER BY 成绩 DESC
```

A) 查询“选课”表中成绩排在最后 5 名的学生的学号

B) 查询“选课”表中成绩排在前 5 名的学生的学号

C) 查询“选课”表中前 5 个学生的成绩

D) 查询“选课”表中前 5 个学生的学号

16. 下列 SQL 查询语句中，与查询设计视图所示的查询结果等价的是(　　)。

字段:	学号	贷款金额	系部
表:	贷款	贷款	贷款
排序:			
显示:	☑	☑	☐
条件:			"计算机" Or "英语"
或:			

A) select 学号,贷款金额,系部 from 贷款
　　where 系部 = "计算机" or "英语"

B) select 学号,贷款金额, 系部 from 贷款
　　where 系部 = "计算机" or 系部 = "英语"

C) select 学号,贷款金额 from 贷款
　　where 系部 in("计算机","英语")

D) select 学号,贷款金额 from 贷款
　　where 系部 in("计算机" or "英语")

17. 与下列查询设计视图中的设计具有相同查询结果的 SQL 语句是(　　)。

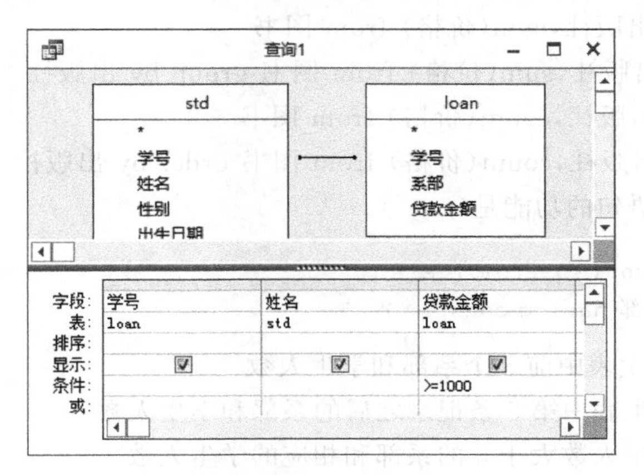

A) select 学号,姓名,贷款金额 from std,loan
　　Where 贷款金额＞＝1000

B) select 学号,姓名,贷款金额 from std,loan
　　Where std.学号 = loan.学号

C) select loan.学号,姓名,贷款金额 from std,loan
　　Where std.学号 = loan.学号, 贷款金额＞＝1000

D) select loan.学号,姓名,贷款金额 from std,loan

Where std.学号 = loan.学号 and 贷款金额>=1000

18. 数据库中有 c 表(课程号,课程名)和 sc 表(学号,课程号,成绩),若要查找所有选修"数据库技术"课程的学生的学号和成绩,则以下 SQL 语句中不正确的是(   )。

A) select 学号, 成绩 from c, sc

Where 课程名 = "数据库技术"

B) select 学号, 成绩 from c, sc

where c.课程号 = sc.课程号 and 课程名 = "数据库技术"

C) select 学号, 成绩 from c inner join sc

on c.课程号 = sc.课程号 where 课程名 = "数据库技术"

D) select 学号, 成绩 from sc Where 课程号 =

(Select 课程号 from c where 课程名 = "数据库技术")

19. 以下 SQL 语句的功能是(   )。

```
select 学号, 姓名 from 学生 where 年龄 <
    ( select avg(年龄) from 学生)
```

A) 查询每个学生的学号、姓名和年龄

B) 查询所有学生的平均年龄

C) 按年龄查询所有学生的学号和姓名

D) 查询年龄低于所有学生平均年龄的学生的学号和姓名

20. 已知"图书"表中有书号、价格、出版社等字段,要求按出版社统计每个出版社的图书的价格总和,下列 SQL 语句中正确的是(   )。

A) select 出版社,sum(价格) from 图书

B) select 出版社,sum(价格) from 图书 group by 出版社

C) select 出版社,count(价格) from 图书

D) select 出版社,count(价格) from 图书 order by 出版社

21. 以下 SQL 语句的功能是(   )。

```
select 系部,count(*) from 学生
    group by 系部 having count(*) >5
```

A) 查询学生表中前 5 个系部和学生人数

B) 查询学生表中第 5 条记录之后的系部和学生人数

C) 查询学生人数大于 5 的系部和相应的学生人数

D) 当学生表中的系部数量大于 5 时,显示系部信息和系部数量

5.3 填空题

1. SQL 的中文全称是________。

2. SQL 查询命令的基本成分是________和________。

3. 使用 SELECT 命令查询时,加上________关键字可以去除查询结果中的重复

记录。

4. SQL 语言是关系数据库的标准语言，其功能包括________、________、数据查询和数据控制。

5. 在 SQL 语句中，________子句表示查询条件，________子句表示分组，________子句表示排序。

6. 在 SQL 语句中，创建表的命令是________，修改表的命令是________，删除表的命令是________。

7. 在 SQL 语句中，插入记录的命令是________，修改记录的命令是________，删除记录的命令是________。

8. 若要查询“学生”表中的所有记录，并按“系部”字段排序，则应该使用的 SELECT 语句是________。

5.4 上机练习题

在第 2 章建立的“订阅管理”数据库中完成以下操作。

1. 使用 SQL 语句定义 client 表，其结构与第 4 章中的“客户”表相同，然后使用插入命令在 client 表中插入 2 条记录，内容自定。

2. 根据“订阅管理”数据库中的“客户”“报纸”和“订阅”3 个表，使用 SQL 语句完成以下查询。

(1) 从“报纸”表中查找出版周期为“日刊”的报纸记录，包括邮发代号、名称和订阅年价，并按订阅年价排序。

(2) 从“客户”表中查找客户地址中不包含“2 号”的客户记录。

(3) 根据“报纸”表，按出版周期统计各种报纸的平均订阅年价，查询结果中包括出版周期和平均订价。

(4) 根据“报纸”表和“订阅”表，查找每种报纸的订阅情况，包括邮发代号、名称、订阅份数和订阅日期。

(5) 根据“报纸”表和“订阅”表，查找无人订阅的报纸的邮发代号和名称。

第 6 章 窗体设计

窗体(Form)又称表单,是 Access 数据库中的重要对象之一,是用户与数据库进行人机交互的界面,用户通过窗体可以快速有效地查看、输入和编辑数据库中的数据。窗体设计的好坏会直接影响 Access 数据库应用系统的友好性和可操作性,美观的窗体会让用户在使用数据库时更愉快、更高效,还可以防止输入错误数据。本章主要介绍窗体的功能、窗体的创建方法以及窗体中常用控件的设置方法。

本章的窗体设计均在“销售管理”数据库中进行,以下不再赘述。

6.1 认识窗体

窗体是用户与数据库进行人机交互的界面。窗体本身并不存储数据,但通过窗体可以更直观和方便地查看、输入或编辑数据库中的数据。

1. 窗体的功能

窗体作为用户和数据库应用系统之间的接口,其设计要求清晰、易理解且容易控制,从而保证窗体可以很好地实现相应功能。

用户一方面可以通过窗体中的文本框、组合框、列表框、选项按钮等控件直观、方便地完成数据的查看和编辑等操作;另一方面,用户还可以通过命令按钮等控件控制应用程序的流程。概括起来,窗体的作用包括以下 3 个方面。

(1) 输入和编辑数据。可以为数据库中的数据表设计相应的窗体作为输入或编辑数据的界面,方便用户进行数据的输入和编辑。

(2) 显示数据。在窗体中可以显示来自一个或多个数据表或查询中的数据,还可以显示警告或解释信息等。

(3) 控制应用程序流程。通过窗体上的命令按钮等控件可以调用宏或 VBA 代码,实现各种复杂的流程控制功能。

2. 窗体的类型

根据窗体的工作方式或功能,可以将窗体分为不同的类型。

(1) 按工作方式划分。窗体有以下 6 种类型。

① 单个窗体。在窗体中只显示一条记录,每个字段内容的左侧有一个标签,用来显

示字段标题，利用导航按钮可以切换记录。如果一行只显示一个字段，则这样的窗体称为纵栏式窗体，如图 6-1 所示。

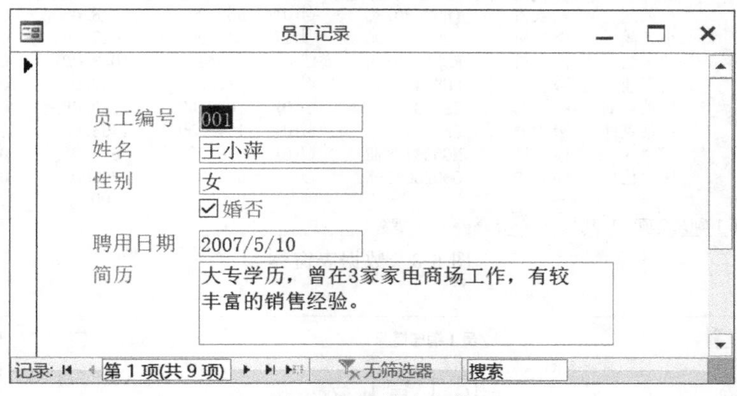

图 6-1　纵栏式窗体

② 表格式窗体。也称多个项目窗体或连续窗体，在窗体中以表格形式显示多条记录，一条记录占一行，字段标题显示在每列的顶部，如图 6-2 所示。

商品记录-2

商品

商品编号	品牌	类别	型号	商品介绍	进价	销售价	利润率
A00011	小天鹅	洗衣机	TB60-3073G		1005.60	1257.00	0.25
A00012	小天鹅	洗衣机	TB50-3073G		852.00	1048.00	0.23
A00013	小天鹅	洗衣机	XQB50-180G		842.00	1018.00	0.21
A00021	荣事达	洗衣机	RB55-3012G		830.40	1038.00	0.25
C00011	飞利浦	吸尘器	FC8641/01		1175.00	1350.00	0.15

记录: 第 1 项(共 9 项)　无筛选器　搜索

图 6-2　表格式窗体

③ 数据表窗体。在窗体中以数据表形式显示多条记录，一条记录占一行，与第 3 章介绍的数据表视图显示形式相同，如图 6-3 所示。

④ 主子窗体。也称父子窗体，在窗体中可以同时包含两个窗体，其中插入到另一个窗体中的窗体称为子窗体，被插入的窗体称为主窗体或父窗体，如图 6-4 所示。主子窗体通常用于显示具有一对多关系的两个表或查询中的数据。

⑤ 分割窗体。同时提供数据的窗体视图和数据表视图，这两个视图连接到同一数据源，并且总是相互保持同步，如图 6-5 所示。使用分割窗体可以在一个窗体中同时利用两种窗体类型的优势，例如可以使用窗体的数据表部分快速定位记录，然后使用窗体部分查看或编辑记录。

⑥ 导航窗体。导航窗体是一种包含导航控件的窗体，可以方便地在数据库中的各种

商品记录-1

商品编号	品牌	类别	型号	附件	进价	销售价	利润率
A00011	小天鹅	洗衣机	TB60-3073G	(2)	1005.60	1257.00	0.25
A00012	小天鹅	洗衣机	TB50-3073G	(0)	852.00	1048.00	0.23
A00013	小天鹅	洗衣机	XQB50-180G	(1)	842.00	1018.00	0.21
A00021	荣事达	洗衣机	RB55-3012G	(0)	830.40	1038.00	0.25
C00011	飞利浦	吸尘器	FC8641/01	(0)	1175.00	1350.00	0.15
C00031	伊莱克斯	吸尘器	ZS203	(0)	1000.00	1180.00	0.18
C00032	伊莱克斯	吸尘器	ZB2811	(0)	1248.00	1498.00	0.20
D00051	LG	微波炉	MG5337MKMR	(0)	670.00	760.00	0.13
D00061	格兰仕	微波炉	G8023CSL-K3	(0)	535.00	588.00	0.10
*				(0)	0.00	0.00	

记录: 第 1 项(共 9 项) 无筛选器 搜索

图 6-3　数据表窗体

图 6-4　主子窗体

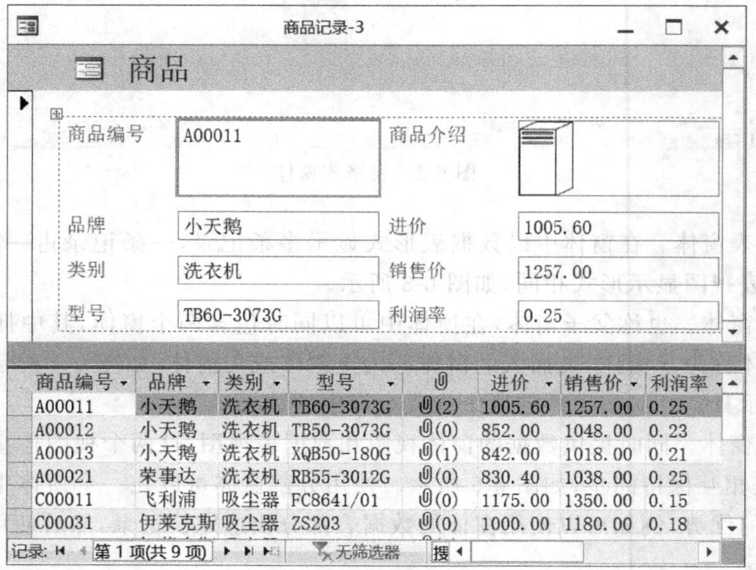

图 6-5　分割窗体

窗体和报表之间切换,如图 6-6 所示。

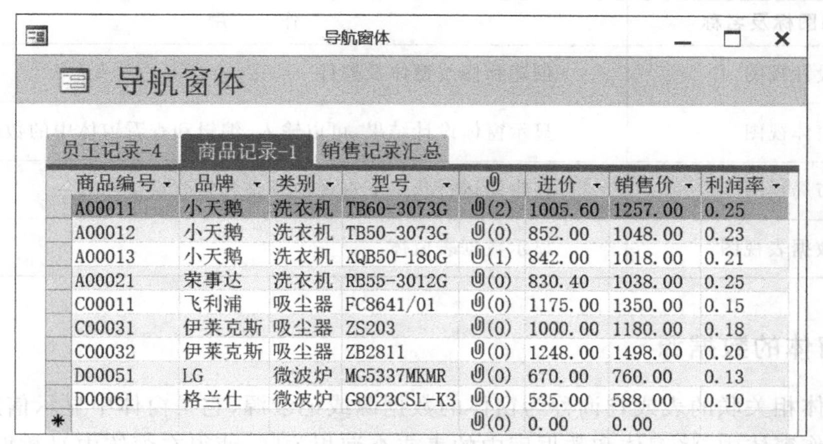

商品编号	品牌	类别	型号	附件	进价	销售价	利润率
A00011	小天鹅	洗衣机	TB60-3073G	(2)	1005.60	1257.00	0.25
A00012	小天鹅	洗衣机	TB50-3073G	(0)	852.00	1048.00	0.23
A00013	小天鹅	洗衣机	XQB50-180G	(1)	842.00	1018.00	0.21
A00021	荣事达	洗衣机	RB55-3012G	(0)	830.40	1038.00	0.25
C00011	飞利浦	吸尘器	FC8641/01	(0)	1175.00	1350.00	0.15
C00031	伊莱克斯	吸尘器	ZS203	(0)	1000.00	1180.00	0.18
C00032	伊莱克斯	吸尘器	ZB2811	(0)	1248.00	1498.00	0.20
D00051	LG	微波炉	MG5337MKMR	(0)	670.00	760.00	0.13
D00061	格兰仕	微波炉	G8023CSL-K3	(0)	535.00	588.00	0.10
*				(0)	0.00	0.00	

图 6-6 导航窗体

(2) 按功能划分。窗体分为以下 3 种类型。

① 数据操作窗体。主要用来查看、输入和编辑数据表中的数据,窗体上的控件与表中的字段相关联,属于绑定窗体,图 6-1 至图 6-5 所示的窗体均为数据操作窗体。

② 切换面板窗体。主要用于控制应用程序的流程,如打开其他窗体或报表等,属于非绑定窗体,如图 6-7 所示。

③ 自定义对话框。用来接收用户的输入并根据输入执行相应操作,属于非绑定窗体,如图 6-8 所示。

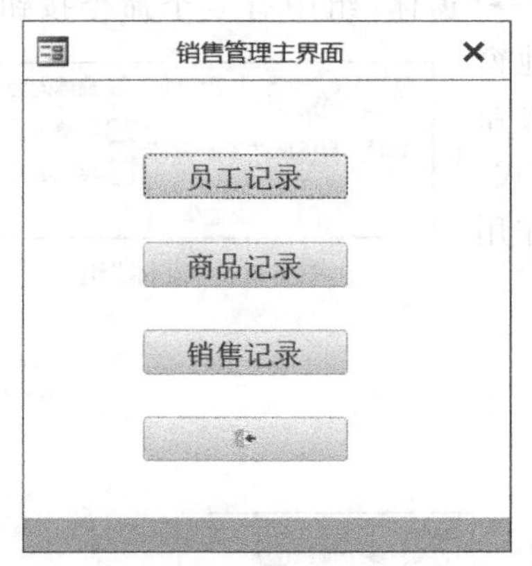

图 6-7 切换面板窗体

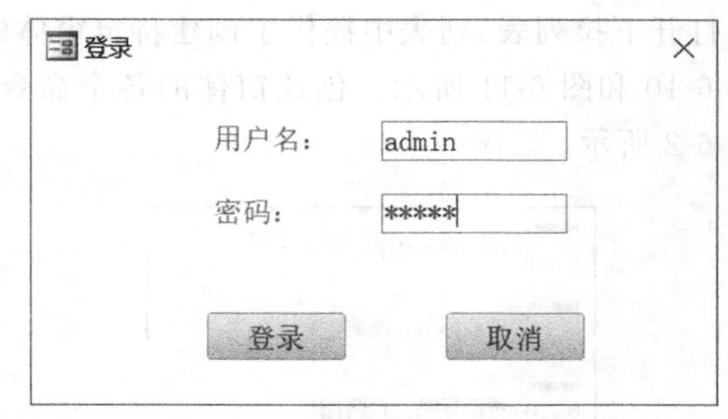

图 6-8 自定义对话框

3. 窗体的视图

Access 窗体有 4 种视图,其名称与作用如表 6-1 所示。单击"开始"→"视图"→"视图"按钮,打开视图选择列表,可以从一个视图切换到另一个视图。不同类型的窗体具有的视图有所不同。

表 6-1　窗体的视图

视图图标及名称	作　　用
设计视图	创建和修改窗体及控件
窗体视图	显示窗体设计结果，可以输入、编辑和查看窗体中的数据
布局视图	在窗体运行状态下直观地调整和修改窗体布局
数据表视图	显示数据表窗体

4. 窗体的数据源

与窗体相关联的表或查询称为窗体的数据源或记录源，它是窗体中显示信息的来源。在数据操作窗体中，将窗体和数据库中的表或查询相关联，使得在窗体中对数据进行输入和编辑等操作的结果会自动保存到相关联的数据表中。

在 Access 中，一个窗体只能使用一个表或查询作为数据源。若要创建使用多个表中数据的窗体，则可以先根据这些表建立一个查询，再将该查询作为数据源。单纯地执行命令操作的窗体不需要数据源。

6.2　使用工具自动创建窗体

Access 提供了多种创建窗体的方法。在"创建"→"窗体"组中有 6 个命令按钮"窗体""窗体设计""空白窗体""窗体向导""导航""其他窗体"，如图 6-9 所示。单击"导航"按钮和"其他窗体"按钮可以打开下拉列表，列表中提供了创建特定窗体的方式，如图 6-10 和图 6-11 所示。创建窗体的各个命令的作用如表 6-2 所示。

图 6-9　"窗体"组

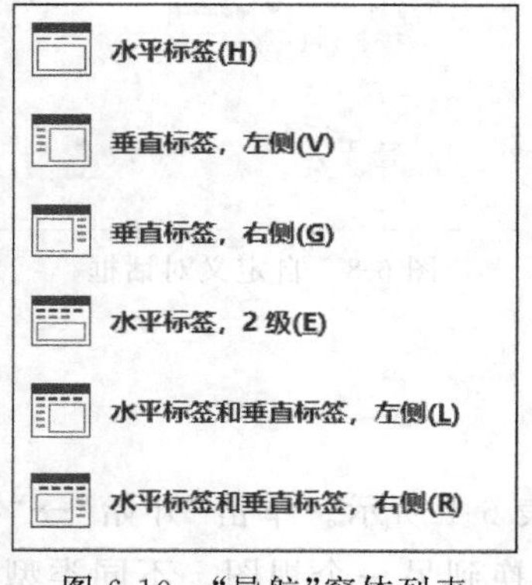

图 6-10　"导航"窗体列表

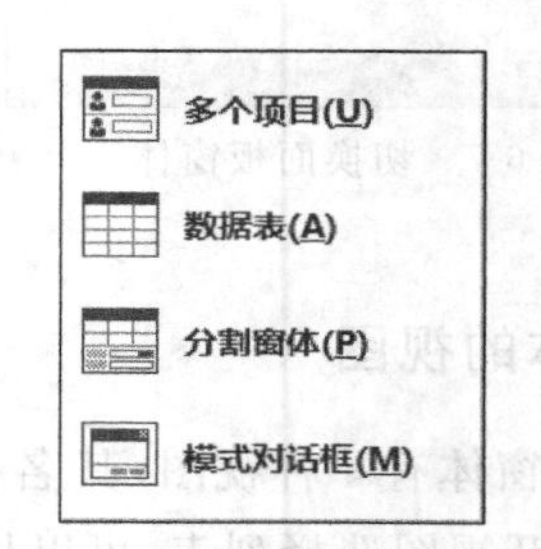

图 6-11　"其他窗体"列表

表 6-2 创建窗体的命令按钮

命令		作用
窗体		单击即可快速创建窗体，并显示数据源的所有字段
窗体设计		利用窗体设计视图设计窗体
空白窗体		利用布局视图设计窗体
窗体向导		使用向导创建窗体
导航		创建包含一组导航按钮的窗体，以方便在数据库的各种窗体和报表之间切换
其他窗体	多个项目	创建显示多个记录的窗体
	数据表	生成数据表布局的窗体
	分割窗体	同时提供对应同一数据源的窗体视图和数据表视图，数据相互保持同步
	模式对话框	生成的窗体总是保持在系统的最前面，不关闭该窗体就不能进行其他操作

1. 使用“窗体”命令自动创建窗体

使用“窗体”命令可以快速创建一个单项目窗体，并将数据源的所有字段都放置在窗体上。单项目窗体中只显示一条记录，通过导航按钮可以切换记录。

【例 6-1】 以“员工”表作为数据源创建窗体。

操作步骤如下。

① 打开“销售管理”数据库，在“导航”窗格中选择“员工”表。

② 执行“创建”→“窗体”→“窗体”命令，立即完成窗体的创建，并以“布局视图”显示，如图 6-12 所示。

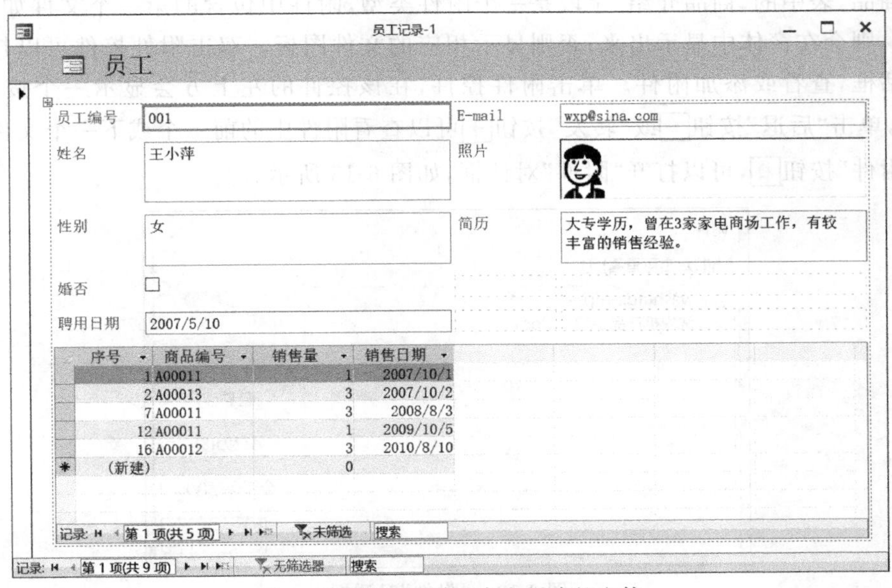

图 6-12 使用“窗体”命令创建的窗体

③ 单击快速访问工具栏上的“保存”按钮，保存窗体对象，将其命名为“员工记录-1”。

说明：如果用来创建窗体的表或查询与某个表之间有一对多关系，则 Access 将自动建立一个主子窗体（有关主子窗体的概念将在 6.7 节介绍）。本例生成的就是一个主子窗体。

2. 创建数据表窗体

使用“数据表”命令可以快速创建一个以数据表形式显示多条记录的窗体，每条记录占一行。

【例 6-2】 以“商品”表为数据源，创建“数据表”类型的窗体。

操作步骤如下。

① 在“导航”窗格中选择“商品”表，执行“创建”→“窗体”→“其他窗体”→“数据表”命令，立即完成窗体的创建，并以“数据表视图”显示，结果如图 6-3 所示。

② 单击快速访问工具栏上的“保存”按钮，保存窗体对象，将其命名为“商品记录-1”。

3. 创建多个项目窗体

使用“多个项目”命令可以快速创建一个以表格形式显示多条记录的窗体。与数据表窗体相比，多个项目窗体提供了更多的自定义选项，如添加图形元素、按钮和其他控件。

【例 6-3】 以“商品”表为数据源创建“多个项目”类型的窗体。

操作步骤如下。

① 在“导航”窗格中选择“商品”表，执行“创建”→“窗体”→“其他窗体”→“多个项目”命令，立即完成窗体的创建，并以“布局视图”显示，结果如图 6-2 所示。

② 保存窗体对象，将其命名为“商品记录-2”。

“商品”表中的“商品介绍”字段是一个附件类型，附件中包含的第一个文件如果是图片文件，则会在窗体中显示出来；否则显示相应的文件图标。双击附件控件可以打开“附件”对话框，查看或添加附件。单击附件控件，在该控件的左上方会显示一个按钮列表 ← → 📎，单击“后退”按钮 ← 或“转发”按钮 → 可以查看附件中的前一个或下一个文件，单击“管理附件”按钮 📎，可以打开“附件”对话框，如图 6-13 所示。

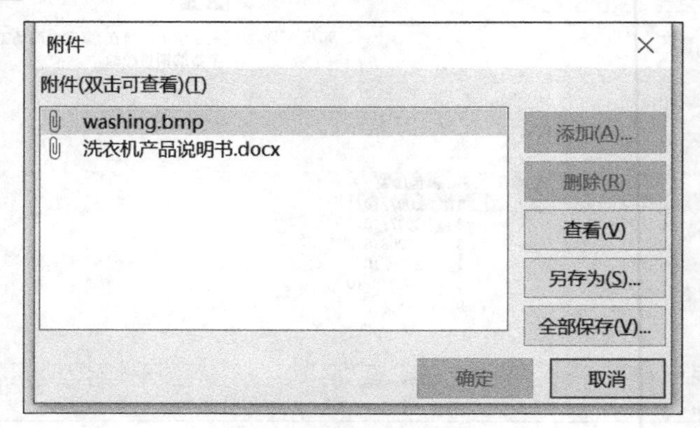

图 6-13 “附件”对话框

4. 创建分割窗体

分割窗体可以同时提供数据的两种视图：窗体视图和数据表视图，两个视图连接到同一数据源，并且总是相互保持同步。因此，使用分割窗体可以在一个窗体中同时利用两种窗体类型的优势，使用窗体的数据表部分快速定位记录，然后使用窗体部分查看或编辑记录。

【例 6-4】 以“商品”表为数据源创建分割窗体。

操作步骤如下。

① 在“导航”窗格中选择“商品”表，执行“创建”→“窗体”→“其他窗体”→“分割窗体”命令，立即完成窗体的创建，并以“布局视图”显示，结果如图 6-5 所示。

② 保存窗体对象，将其命名为“商品记录-3”。

6.3 使用向导创建窗体

利用 Access 提供的窗体向导可以根据用户指定的记录源、字段、布局等快速创建窗体。

【例 6-5】 使用“窗体向导”创建窗体，显示员工编号、姓名、性别、聘用日期、简历。

操作步骤如下。

① 打开“销售管理”数据库，执行“创建”→“窗体”→“窗体向导”命令，打开“窗体向导”对话框，如图 6-14 所示。

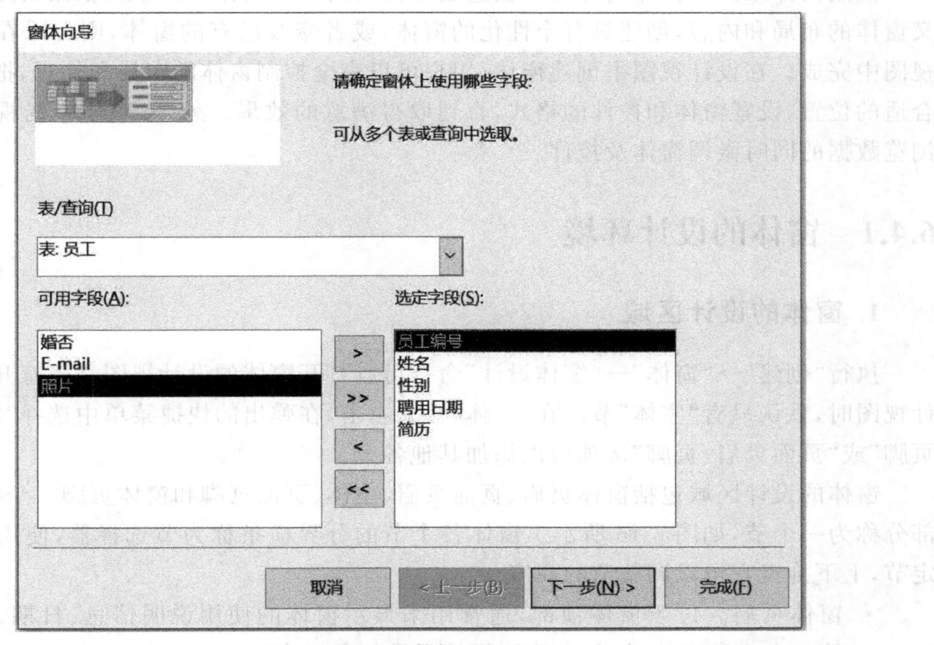

图 6-14 选择数据源和字段

从“表/查询”下拉列表中选择“员工”表作为数据源，并将“可用字段”列表框中的“员工编号”“姓名”“性别”“聘用日期”和“简历”等字段通过单击“添加”按钮 > 添加到“选定字段”列表框中。

② 单击“下一步”按钮，选择窗体的布局，本例选择“表格”选项。

③ 单击“下一步”按钮，输入窗体的标题。本例默认为“员工”。

④ 单击“完成”按钮，结果如图 6-15 所示。窗体的标题默认作为窗体对象的名称，关闭“员工”窗体，在“导航”窗格中将该窗体对象重命名为“员工记录-2”。

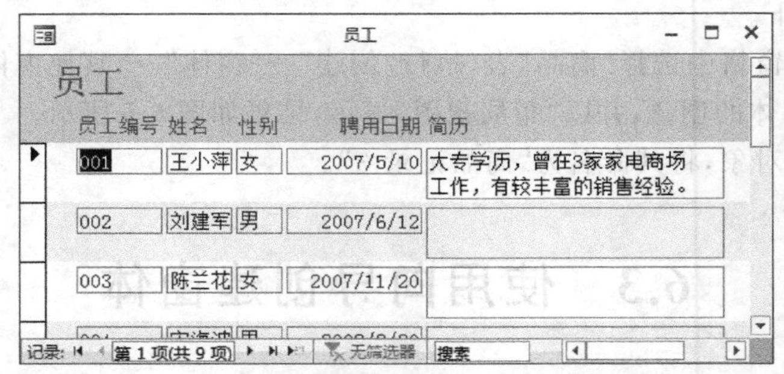

图 6-15　使用窗体向导创建的表格式窗体

6.4　使用设计器创建窗体

使用窗体工具和窗体向导可以快速创建比较简单的窗体。如果要根据实际需求自定义窗体的布局和内容，创建具有个性化的窗体，或者修改已有的窗体，则可以在窗体设计视图中完成。在设计视图中创建窗体，用户可以完全控制窗体的布局和外观，把控件放到合适的位置，设置窗体和控件的格式，直到取得满意的效果。另外，利用布局视图可以在浏览数据的同时微调窗体及控件。

6.4.1　窗体的设计环境

1. 窗体的设计区域

执行“创建”→“窗体”→“窗体设计”命令可以打开窗体的设计视图。当打开窗体的设计视图时，默认只有“主体”节。在“主体”节上右击，在弹出的快捷菜单中选择“窗体页眉/页脚”或“页面页眉/页脚”选项可以添加其他各节。

窗体的设计区域包括窗体页眉、页面页眉、主体、页面页脚和窗体页脚 5 个部分，每个部分称为一个节，如图 6-16 所示。窗体各个节的分界横条称为节选择器，使用它可以选定节，上下拖曳它可以调整节的高度。

- 窗体页眉。位于窗体顶部，通常用来显示窗体的使用说明信息、日期、标志图案等。在打印窗体时，只在第一页的开头打印一次。

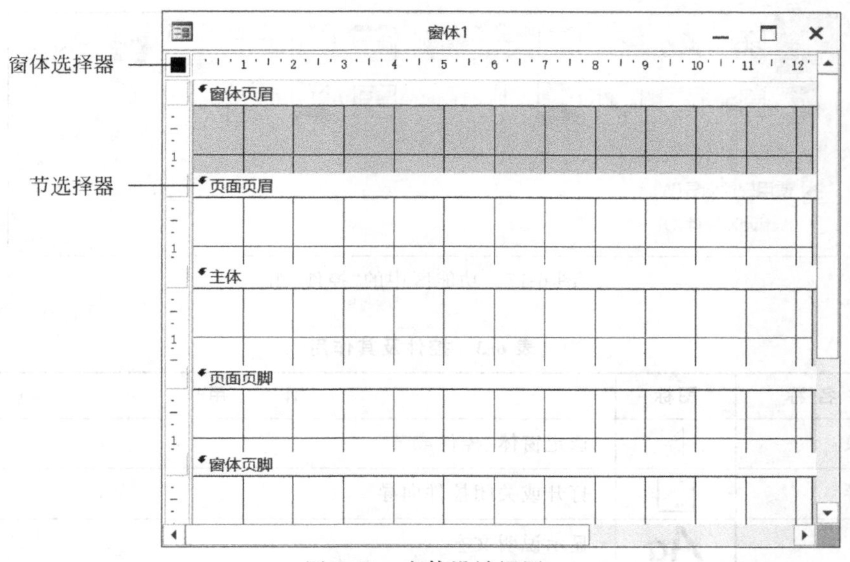

图 6-16　窗体设计视图

- 页面页眉。只在设计视图或打印窗体时出现，一般用来设置窗体在打印时的页头信息，例如标题、徽标或用户要在每一页上方显示的内容。页面页眉的内容在每页开头都打印一次。
- 主体。窗体的主要设计区域，通常用来显示或操作数据源中的记录。
- 页面页脚。只在设计视图或打印窗体时出现，一般用来设置窗体在打印时的页脚信息，例如日期、页码或用户要在每一页下方显示的内容。页面页脚的内容在每页末尾都打印一次。
- 窗体页脚。位于窗体底部，通常用来显示对所有记录都要显示的内容(如汇总信息)以及操作使用说明等信息，也可以设置命令按钮以便进行必要的流程控制。在打印窗体时，窗体页脚中的内容显示在主体节的最后一项数据之后。

2. 窗体设计工具

打开窗体设计视图后，出现"窗体设计工具"选项卡，由"设计""排列"和"格式"3 个子选项卡组成，集成了窗体设计中的一些常用工具。

(1)"设计"选项卡。该选项卡包括视图、主题、控件、页眉/页脚和工具等命令组，主要用于窗体及其控件的设计。

"主题"组包含"主题""颜色""字体"3 个按钮，主题决定了整个数据库系统的视觉外观。单击每个按钮都可以打开相应的下拉列表，更新设置后，新的设置将改变整个系统的主题、颜色和字体。

"控件"组是设计窗体的主要工具，由多个控件对象组成。单击控件列表框垂直滚动条下方的"其他"按钮可以显示所有控件。将鼠标移至某个控件按钮上，鼠标下方会显示该控件的名称，如图 6-17 所示。各控件的作用如表 6-3 所示。

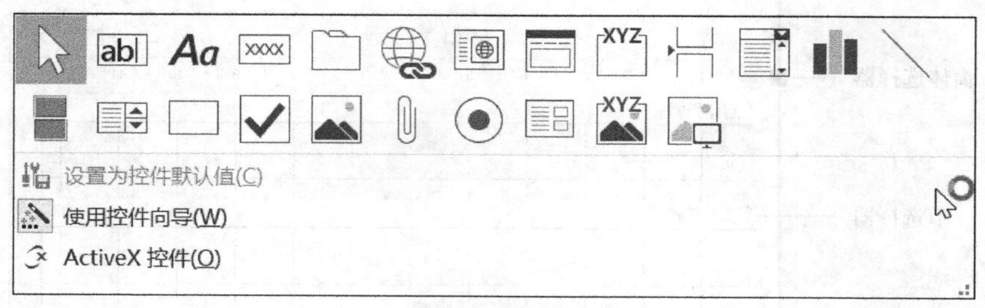

图 6-17　功能区中的“控件”组

表 6-3　控件及其作用

控件名称	图标	作　用
选择对象		选定窗体、控件或节
控件向导		打开或关闭控件向导
标签	Aa	显示说明文本
文本框	ab|	显示、输入或编辑数据，还可以显示计算结果
命令按钮	XXXX	用来执行一项操作
列表框		显示可滚动的数值列表，可从列表中选择数据
组合框		由一个文本框和一个列表框组成，可以输入或选择数据
子窗体/子报表		在主窗体/主报表中添加子窗体/子报表，显示来自多个表的数据
选项组	XYZ	与复选框、选项按钮或切换按钮配合使用，显示一组可选值
切换按钮		表示开或关 2 种状态
选项按钮		用于单项选择
复选框		用于多项选择
图像		在窗体或报表中显示图像
未绑定对象框		显示未绑定型 OLE 对象
绑定对象框	XYZ	显示绑定型 OLE 对象
分页符		创建多页窗体，或者在打印窗体及报表时开始一个新页
选项卡		创建一个带选项卡的窗体或对话框，显示多页信息
直线		绘制直线
矩形		绘制矩形框，将一组控件组织在一起
图表		在窗体中插入图表对象
附件		显示和编辑附件类型的数据

续表

控件名称	图标	作　用
超链接		在窗体中插入超链接控件
Web浏览器控件		在窗体中插入浏览器控件
导航控件		在窗体中插入导航条
ActiveX控件		打开一个ActiveX控件列表，插入Windows系统提供的控件
图像库	插入图像	存储在数据库中需要重复使用的图像(包括背景图像)

“页眉/页脚”组中的命令用于设置窗体页眉/页脚和页面页眉/页脚，各命令按钮的功能如表6-4所示。

表6-4 “页眉/页脚”组命令按钮及作用

按钮名称	按钮	作　用
徽标		将图片插入窗体或报表中用作徽标，并将其自动添加到窗体或报表页眉中
日期和时间		将日期和时间自动添加到窗体或报表页眉中
标题		可以快速创建窗体标题，并将其自动添加到窗体或报表页眉中

“工具”组中的命令用来辅助窗体设计，各命令按钮的功能如表6-5所示。

表6-5 “工具”组命令按钮及作用

按钮名称	按钮	作　用
添加现有字段		显示表或者查询的字段列表
Tab键次序		改变窗体上控件获得焦点的键次序
查看代码		显示当前窗体的VBA代码
属性表		打开“属性表”窗格，设置窗体和控件的属性
将窗体的宏转换为Visual Basic代码		将窗体中的宏转变为VBA代码

(2)“排列”选项卡。该选项卡包括表、行和列、合并/拆分、移动、位置、调整大小和排序6个组，主要用来对齐和排列控件。

① 表。该组命令用于设置窗体控件的布局方式，包含4个命令按钮。

- 网格线。为“堆积”式或“表格”式的布局设置网格线样式。
- 堆积。在这种布局中，各个控件沿垂直方向排列，每个控件的左侧都有一个标签。
- 表格。在这种布局中，各个控件按表格形式排列，标签位于每列的顶部，数据位于标签下面的列中。
- 删除布局。删除应用于控件的布局。

在堆积式或表格式的布局中，每个控件所在的区域称为一个单元格，可以像使用

Word 表格一样在布局中插入行或列，拆分或合并单元格，以自定义布局样式。

② 行和列。该组命令用于在“堆积”式或“表格”式的窗体布局中选择和插入行或列，插入的行或列中默认包含一组空单元格。

③ 合并/拆分。该组命令用于在“堆积”式或“表格”式的窗体布局中拆分或合并单元格。

④ 移动。该组命令对“堆积”式或“表格”式布局中的控件有效，用于在窗体内移动控件。

⑤ 位置。该组命令用于调整控件的位置，包含 3 个命令按钮。

• 控件边距。调整控件内文本与控件边界的距离。

• 控件填充。在“堆积”式或“表格”式布局中调整控件之间的相对位置。

• 定位。调整控件在窗体上的位置。

⑥ 调整大小和排序。该组命令用于调整控件的大小、对齐方式和所在图层的位置。

• 大小/空格、对齐。调整控件的大小、排列和对齐方式。

• 置于顶层、置于底层。调整两个有重叠区域的控件的上下位置。

(3) “格式”选项。该选项卡包括所选内容、字体、数字、背景和控件格式 5 个组，主要用来设置控件的各种格式。

3. “属性表”窗格

窗体和控件是窗体设计的主要对象，它们都具有一系列的属性，这些属性决定了对象的特征以及如何操作对象。对象的属性可以在“属性表”窗格中设置，如图 6-18 所示。

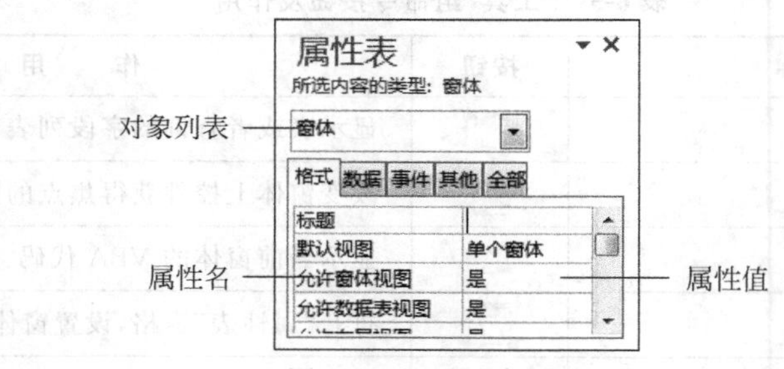

图 6-18 “属性表”窗格

打开窗体的设计视图后，如果没有显示“属性表”窗格，则可以单击“窗体设计工具/设计”→“工具”→“属性表”按钮；或者在窗体设计视图中右击，从弹出的快捷菜单中选择“表单属性”或“属性”选项；也可以双击窗体或窗体中的某个对象以打开“属性表”窗格。

(1) 对象列表框。列表框中显示了当前窗体中所有对象的名称。

(2) 属性设置区域。用选项卡分类显示当前被选定的窗体或控件的各种属性。选择某个属性后，在 Access 窗口的状态栏上会显示该属性的简要说明。

• 格式。设置对象的显示方式，如标题、位置、大小、颜色、边框等。

• 数据。设置对象的数据来源及其数据操作的方式，如记录源、控件来源等。

• 事件。设置对象可以响应的事件，如单击、双击、获得焦点、更新等。事件是由

Access 预先定义好的、能够被对象识别的动作，每个对象都可以识别和响应多种事件，不同对象所能识别和响应的事件不完全相同。

• 其他。设置对象的其他属性，如名称、Tab 键索引、控件提示文本等。
• 全部。综合显示以上各类属性。

6.4.2 设计窗体

设计窗体

在了解窗体的设计环境后，就可以根据自己的实际需求进行窗体设计了。

1. 在窗体设计视图中创建窗体的一般过程

(1) 选择窗体的数据源。如果要创建一个数据操作类型的窗体，则必须指定一个表或查询作为窗体的数据源，可以在“属性表”窗格中设置窗体的“记录源”属性。

(2) 在窗体上添加控件。有以下两种方法。

① 指定窗体的数据源后，执行“窗体设计工具/设计”→“工具”→“添加现有字段”命令，打开“字段列表”窗格，在窗格中列出了数据源中包含的所有字段，从列表中将需要的字段拖曳到窗体上，Access 会根据字段的类型自动生成相应的控件，并在控件和字段之间建立关联。

② 从功能区的“控件”组中将需要的控件添加到窗体上。

(3) 设置对象的属性。在“属性表”窗格中设置窗体或控件的属性，并根据需要使用宏或 VBA 代码编写事件过程。

(4) 查看窗体的设计效果。在窗体设计视图下，右击新建窗体的标题栏或窗体的空白区域，从弹出的快捷菜单中选择“窗体视图”选项；或者单击功能区的“视图”按钮，切换到窗体视图，查看窗体设计效果。如果需要，则还可以切换到布局视图，对窗体设计进行细微调整。

(5) 保存窗体对象。单击快速访问工具栏中的“保存”按钮，保存窗体对象。

【例 6-6】 以“员工”表为数据源，创建一个浏览和编辑员工记录的窗体，窗体名称为“员工记录”。

操作步骤如下。

① 打开“销售管理”数据库，执行“创建”→“窗体”→“窗体设计”命令，打开窗体设计视图。

② 执行“窗体设计工具/设计”→“工具”→“属性表”命令，打开”属性表”窗格，将窗体对象的“记录源”属性设置为“员工”。

③ 单击功能区的“添加现有字段”按钮，打开“字段列表”窗格。默认情况下，窗格中只显示当前记录源中的字段，单击窗格上方的“显示所有表”按钮(按钮标题变为“仅显示当前记录源中的字段”)可以显示数据库的所有数据表中的字段；再单击“仅显示当前记录源中的字段”按钮，即可恢复默认的显示。

从字段列表中将“员工”表中的“员工编号”“姓名”“性别”“婚否”“聘用日期”和“简历”等字段依次拖曳到窗体的“主体”节上。

也可以同时选中需要的字段(选择多个相邻的字段时,可以按住 Shift 键再单击第一个字段和最后一个字段;选择多个不相邻的字段时,可以按住 Ctrl 键再依次单击各个字段),然后将这些字段一起拖曳到窗体的合适位置。结果如图 6-19 所示。

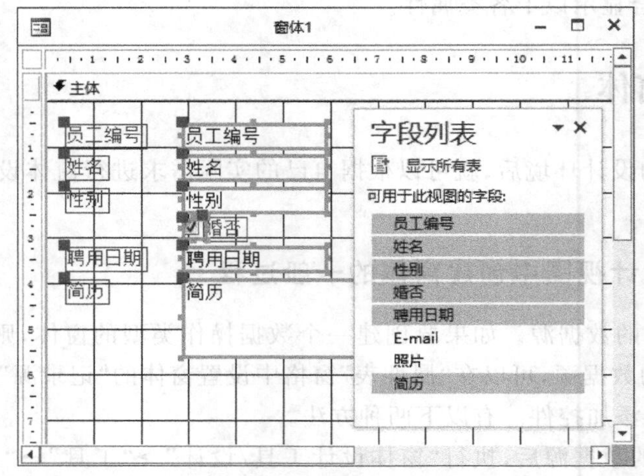

图 6-19 “员工记录”窗体的设计视图

Access 根据字段的类型自动生成相应的控件(控件的名称默认为字段名),并为每个控件都关联上一个标签,关联标签的标题就是字段的标题(如果没有为字段设置标题,则默认使用字段名作为字段标题)。例如,“员工编号”为“文本”型数据,默认控件就是文本框;“婚否”为“是/否”型数据,默认控件就是复选框。

④ 单击功能区的“视图”按钮,在“窗体视图”中查看设计结果,如图 6-20 所示。

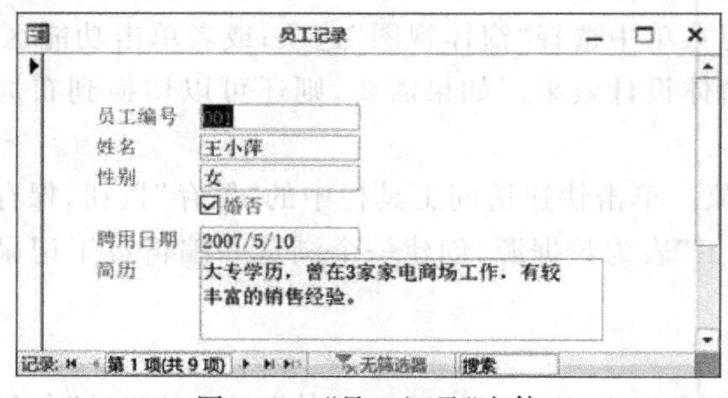

图 6-20 “员工记录”窗体

⑤ 单击快速访问工具栏上的“保存”按钮,保存窗体对象,将其命名为“员工记录”。

2. 在窗体设计视图或布局视图中调整控件的大小和位置

(1) 选择控件。

- 选择单个控件。在窗体上单击一个控件对象,控件对象的边框高亮显示即表示被选中。在“属性表”窗格的对象框中会显示对象的名称,在对象框上方会显示控件的类型,如图 6-21 所示,表示当前选中的是名称为“员工编号”的文本框控件。也可以在“属性表”窗格的“对象”列表框中直接按对象名称选择一个对象。

选中的控件的边框上有 8 个方形控制点，称为控制柄，其中左上角的控制柄的作用较特殊，所以其尺寸比较大。在选定控件外单击鼠标，可取消选定。

- 选择多个控件。按住 Shift 键，再依次单击各个控件；也可以在窗体上拖曳鼠标形成一个矩形，释放鼠标后，即可选定矩形框内的所有控件。

选中多个控件后，在“属性表”窗格中所选内容的类型标识为“多项选择”，且对象名称框为空，如图 6-22 所示。

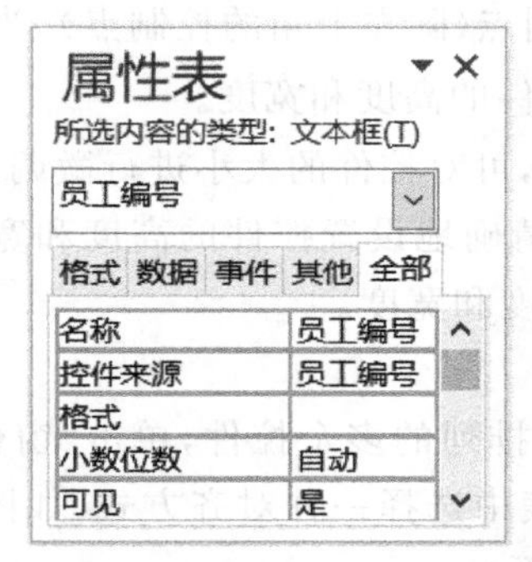

图 6-21 在“属性表”中显示所选控件的名称和类型

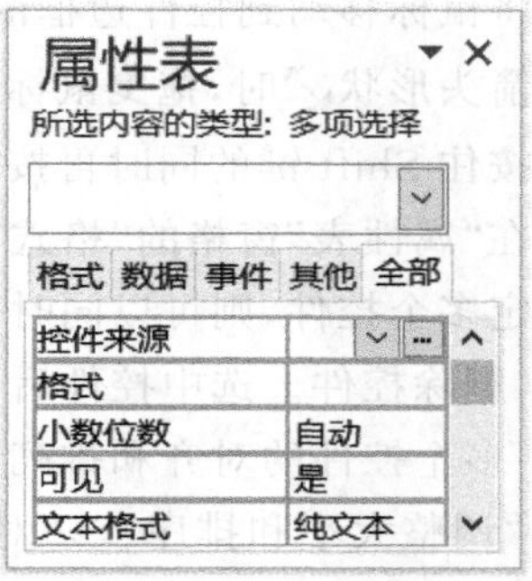

图 6-22 选择多个控件时的“属性表”

- 选择一组控件。在水平标尺或垂直标尺上单击，会出现一条竖直线（或水平线），如图 6-23 所示，释放鼠标后，直线所经过的控件全部会被选中。

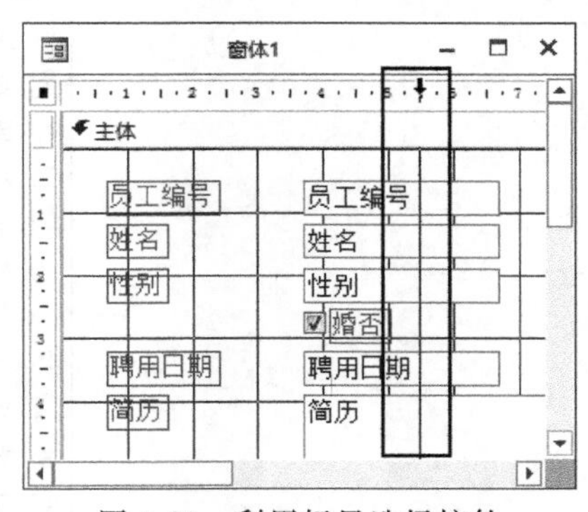

图 6-23 利用标尺选择控件

(2) 移动控件。

- 选定控件后，当鼠标移动到控件左上角以外的地方且变为十字箭头时，按住鼠标左键可以将控件拖曳到其他位置。如果该控件还有关联的标签控件，则标签控件也会同时移动。
- 选定控件后，当鼠标移动到控件左上角的控制柄上且变为十字箭头时，按住鼠标左键可以将选定的控件拖曳到其他位置，如图 6-24 所示。
- 选定控件后，按键盘上的方向键（→、↑、↓、←）移动控件及相关联的标签控件。按住 Ctrl 键的同时再按方向键可以进行位置微调。

（3）改变控件大小。

• 选定控件后，将鼠标移动到控件边框上的控制点，当鼠标变为双箭头形状↕时，拖曳鼠标可以改变控件的高度或宽度，如图 6-25 所示。

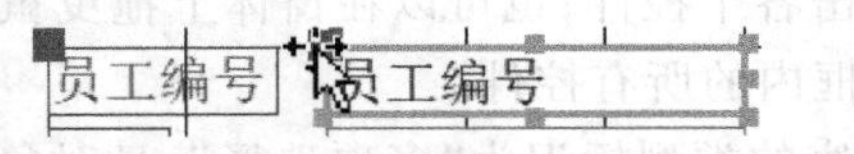

图 6-24　拖曳控制柄移动控件

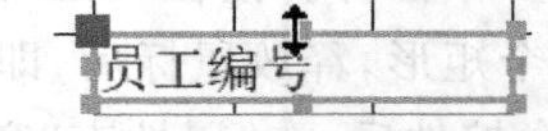

图 6-25　拖曳控件边框改变控件大小

• 将鼠标移动到控件边框的 3 个角上的控制点（除左上角的控制点），当鼠标变为双箭头形状↗时，拖曳鼠标可以同时改变控件的高度和宽度。

• 按住 Shift 键的同时再按键盘上的方向键，可对控件的大小进行微调。

• 在“属性表”窗格的“格式”选项卡中可以精确地设置控件的高度和宽度。如果选定多个控件，则可以同时设置各控件的高度和宽度。

（4）删除控件。选中控件后，按 Delete 键。

（5）多个控件的对齐和排列。选中要对齐或排列的多个控件，单击“窗体设计工具/排列”→“调整大小和排序”→“对齐”按钮，从列表中选择一种对齐方式，如图 6-26 所示。也可以右击，从弹出的快捷菜单中选择“对齐”选项

单击功能区的“大小/空格”按钮，可以打开如图 6-27 所示的列表，以选择大小和间距等调整命令。

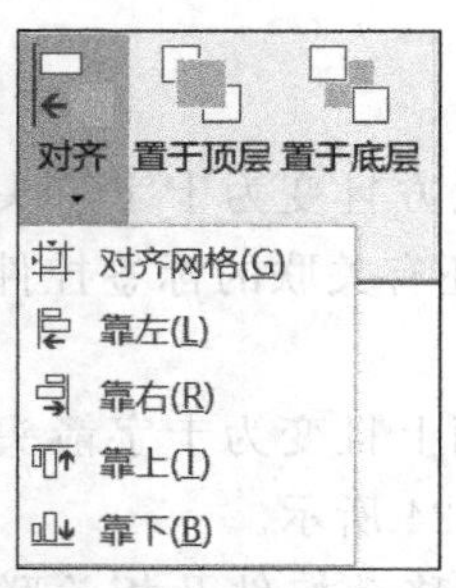

图 6-26　功能区中的“对齐”工具

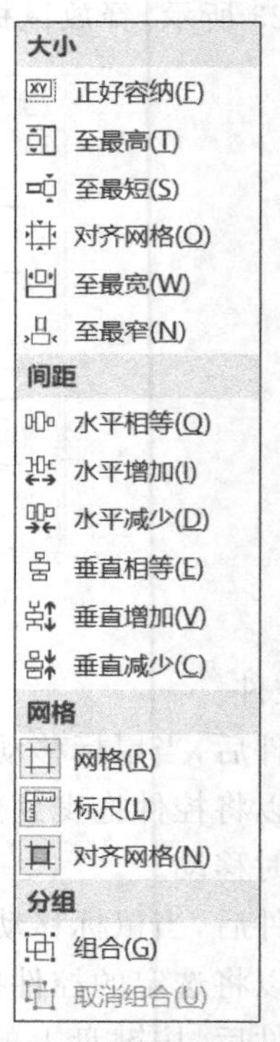

图 6-27　功能区中的“大小/空格”工具

3. 窗体的属性

窗体对象的属性决定了窗体的外观、所包含的数据以及对鼠标或键盘事件的响应等，在此简要介绍常用的窗体格式属性和数据属性。

(1) 格式属性。

① 标题。指定在窗体标题栏中显示的文字。

② 默认视图。指定窗体可选的 4 种显示样式。

- 单个窗体。打开窗体时，显示窗体中所有已进行设置的节，但在主体节中只显示数据源中的一条记录。
- 连续窗体。打开窗体时，显示窗体中所有已进行设置的节，主体节中可显示多条记录。
- 数据表。打开窗体时，只显示主体节中的内容，不显示其他节的内容。
- 分割窗体。同时提供数据的窗体视图和数据表视图，两个视图中的数据相互保持同步。

③ 滚动条。指定窗体上是否显示滚动条。

④ 记录选择器。指定窗体上是否显示记录选择器，即窗体最左端的箭头标记▶。

⑤ 导航按钮。指定窗体上是否显示导航按钮 |◀ ◀ 第 1 项(共 9 项) ▶ ▶| ▶*，导航按钮出现在窗体的最下端，利用导航按钮可以方便地浏览窗体中的记录。

⑥ 分隔线。指定窗体视图中是否在记录间画线。

⑦ 自动居中。窗体打开时是否自动在 Windows 窗口中居中。

⑧ 边框样式。指定窗体边框的样式，有“无”“细边框”“可调边框”“对话框边框”4 个选项。

⑨ 宽度。设置窗体中所有节的宽度。

⑩ 最大最小化按钮。决定是否使用 Windows 标准的最大化和最小化按钮。

(2) 数据属性。

① 记录源。指定窗体信息的来源，可以是数据库中的一个表或查询。其中，查询可以是一个已经存在的查询对象，也可以是一条 SQL 查询语句。例如，例 6-6 中可以将“员工记录”窗体的记录源属性设置为一条 SQL 查询语句：

```
SELECT 员工编号，姓名，性别，婚否，聘用日期，简历 FROM 员工
```

设置记录源的方法有以下几种。

- 从“记录源”属性列表中选择一个现有的表或查询对象。
- 单击属性框右侧的“打开”按钮 ...，启动查询设计器，新建一个查询对象。
- 在属性框中输入 SQL 查询语句，或者按 Shift+F2 快捷键打开“缩放”窗口，输入 SQL 查询语句。

② 筛选。对数据源中的记录设置筛选规则，打开窗体对象时，系统会自动加载筛选规则。若要应用筛选规则，则可以在窗体视图中执行“开始”→“排序和筛选”→“高级”→“应用筛选/排序”命令。执行“开始”→“排序和筛选”→“切换筛选”命令，可以在应用筛选

和取消应用状态之间切换。

③ 排序依据。对数据源中的记录设置排序依据和排序方式(默认是升序,ASC表示升序,DESC表示降序),若排序依据中要使用多个排序字段,则各字段之间用半角逗号分隔。

例如,例6-6中建立的"员工记录"窗体,若希望在浏览记录时按"性别"排序,同一性别的员工按"员工编号"排序,则可以将排序依据设置为"性别,员工编号"。

打开窗体对象时,系统会自动加载设定的排序依据。若要在浏览记录时应用设定的排序依据,则可以执行"开始"→"排序和筛选"→"高级"→"应用筛选/排序"命令。

④ 允许编辑、允许添加、允许删除。这3个属性分别决定窗体运行时是否允许对数据源中的数据进行修改、添加或删除操作。

⑤ 数据输入。该属性决定窗体是否仅允许向数据源中添加新记录。若属性值为"是",则窗体打开时只显示一条空记录。若属性值为"否"(默认值),则打开窗体时显示记录源中已有的记录;单击导航栏上的"新(空白)记录"按钮可显示一条空记录。

⑥ 记录锁定。指定在多用户环境下打开窗体后的锁定记录的方式,有"不锁定""所有记录"和"已编辑的记录"3个选项。

"属性"表中还列出了窗体能识别的所有事件,如打开、加载、单击、关闭等。当窗体的某个事件被触发后,就会自动执行事件响应代码,完成指定的动作。在Access中,有3种处理事件的方法:设置表达式、设置宏操作或编写VBA代码。

【例6-7】 修改例6-6中建立的"员工记录"窗体,添加窗体标题,取消记录选择器、分隔线和滚动条,设置可调边框,保留"最大化/最小化"按钮和"关闭"按钮,调整控件布局,并使窗体在打开时自动居中。

操作步骤如下。

① 在"导航"窗格中右击"员工记录"窗体对象,在弹出的快捷菜单中选择"设计视图"选项,打开窗体的设计视图。

② 在窗体设计区域右击,在弹出的快捷菜单中选择"表单属性"选项,打开"属性表"窗格,修改窗体的各项属性。

- 在"标题"属性框中输入"员工记录表"。
- "记录选择器"和"分隔线"属性设置为"否"。
- "滚动条"属性设置为"两者均无","边框样式"属性设置为"可调边框"。
- "最大化/最小化"按钮属性设置为"两者都有","关闭"按钮属性设置为"是"。
- "自动居中"属性设置为"是"。

③ 调整控件的布局,将姓名和聘用日期2个控件及其关联标签移动到窗体的右边,调整简历控件的大小。

④ 单击快速访问工具上的"保存"按钮,保存修改后的窗体对象,然后关闭窗体。

在"导航"窗格中,双击"员工记录"窗体对象,打开窗体,结果如图6-28所示。

如果需要对设计好的窗体进行细微调整,例如将"婚否"标签移动到复选框控件的前面,则可以在布局视图中进行操作,方法是:在功能区中执行"视图"→"布局视图"命令,打开布局视图,选中"婚否"标签,将其移动到复选框控件的前面,结果如图6-29所示。

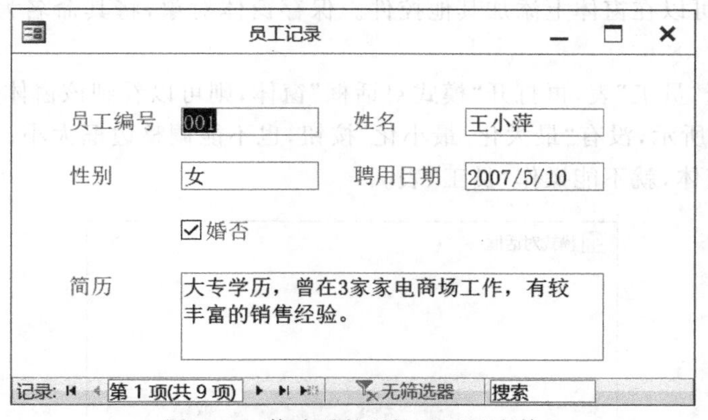

图 6-28　修改后的“员工记录”窗体

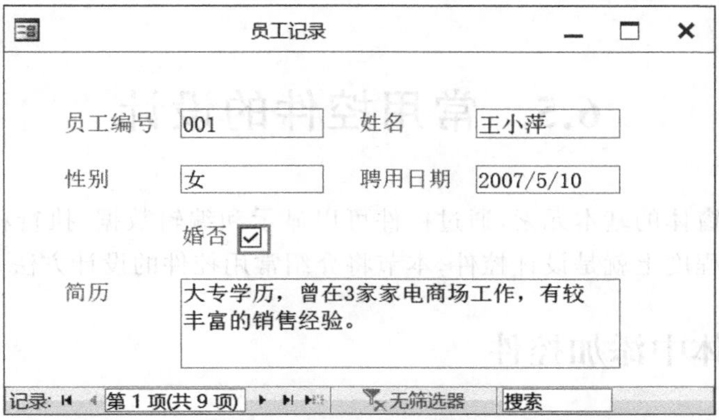

图 6-29　在布局视图中调整控件位置

说明：执行“创建”→“窗体”→“其他窗体”→“模式对话框”命令，Access 自动建立一个如图 6-30 所示的窗体。窗体的“自动居中”“记录选择器”“导航按钮”“边框样式”“最大最小化按钮”和“模式”等属性都已做了设置；并且，在窗体的右下角有 2 个命令按钮，其“单击事件”属性已设置为“[嵌入的宏]”(注：宏的概念将在第 8 章中介绍)，单击“命令”按钮可关闭窗体。

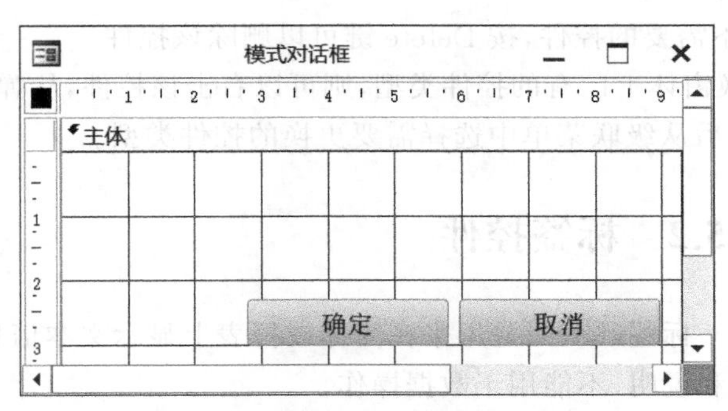

图 6-30　“模式对话框”的设计视图

根据需要，可以在窗体上添加其他控件。保存窗体对象，将其命名为“模式对话框”，然后关闭窗体。

如果先打开“员工”表，再打开“模式对话框”窗体，则可以看到该窗体是一个对话框的形式，如图 6-31 所示，没有“最大化/最小化”按钮，也不能调整边框大小；并且如果不关闭“模式对话框”窗体，就不能操作“员工”表。

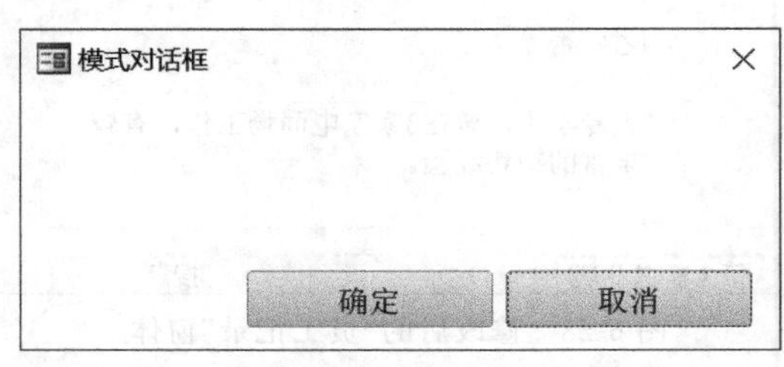

图 6-31　打开的“模式对话框”窗体

6.5　常用控件的设计

控件是构成窗体的基本元素，通过控件可以显示和编辑数据、执行相关功能操作等。设计窗体在很大程度上就是设计控件，本节将介绍常用控件的设计方法。

6.5.1　在窗体中添加控件

功能区的“窗体设计工具/设计”→“控件”组中包含了在窗体中使用的各种控件，在窗体中添加控件的步骤如下。

① 在“控件”组中单击要添加的控件按钮。

② 将鼠标移动到窗体上，鼠标变为一个带“＋”号标记的形状(左上方为“＋”，右下方为选择的控件图标，如添加标签控件时的鼠标形状为⁺A)，然后在窗体的合适位置单击，即可添加一个控件，控件大小由系统自动设定；若在窗体上按住鼠标拖曳，则可以添加一个自定义大小的控件。

在窗体上选中不需要的控件，按 Delete 键可以删除该控件。

说明：若要更换窗体上已有的控件类型，则可以右击该控件，从弹出的快捷菜单中选择“更改为”选项，然后从级联菜单中选择需要更换的控件类型。

标签控件

6.5.2　标签控件

标签(label)是用来在窗体或报表上显示文本信息的控件，常用作提示和说明，不能用于数据操作。

标签控件的常用属性如下。

(1) 名称。名称是控件的一个标识符。在属性表的对象框中显示的就是控件的名称,在程序代码中也是通过控件名称引用各个控件的。

按照标签添加到窗体上的顺序,其默认的名称依次为 Label0,Label1,…,用户可以重新指定每个标签的名称。

注意:在 Access 中,每个控件都必须有一个名称,而且同一个窗体上的各个控件的名称不能相同。

(2) 标题。指定标签中显示的文本内容,对象的"名称"属性与"标题"属性具有不同的含义,使用时不要混淆。

(3) 背景样式。指定标签的背景是否透明。

(4) 背景色、前景色。背景色是标签的填充色,前景色是标签内文字的颜色。

设置颜色的方法是:单击"颜色"属性框右侧的"打开"按钮[...],打开"颜色"列表,从中选择或者设置一种颜色。单击"颜色"属性框右侧的下拉箭头[∨],打开"颜色方案"列表,从中选择一种颜色方案。

(5) 宽度、高度。设置标签的大小。

(6) 边框样式、边框颜色、边框宽度。设置标签边框的格式。

(7) 左边距、上边距。设置标签对象在窗体中的位置。

(8) 字体名称、字号、字体粗细、倾斜字体、文本对齐。设置标签内文字的格式。

(9) 文本上边距、左边距、下边距、右边距。设置标签中文本与控件边框之间的距离。

(10) 可见。打开窗体时对象是否可显示。

说明:标签的背景色、前景色、边框样式、字体等属性也可以利用"窗体设计工具/格式"选项卡或者"开始"选项卡中的命令进行设置,如图 6-32 所示。

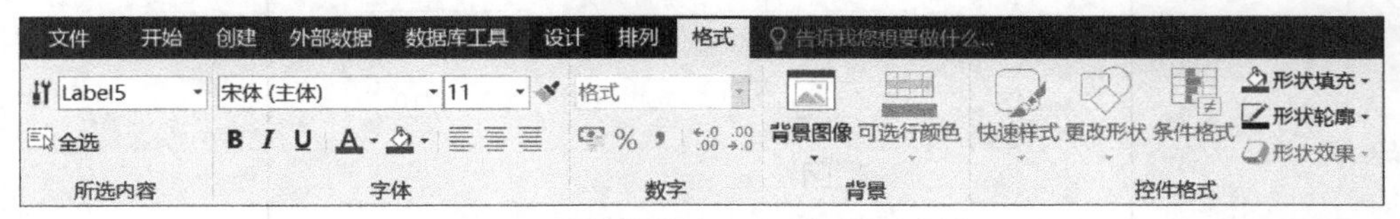

图 6-32 "窗体设计工具/格式"选项卡

【例 6-8】 利用标签控件在"员工记录"窗体的最上方添加一个标签,标题为"员工登记表",并对文字格式进行设置。

操作步骤如下。

① 打开"员工记录"窗体的设计视图,在窗体设计区域的空白位置右击,在弹出的快捷菜单中选择"窗体页眉/页脚"选项,在窗体设计视图中增加"窗体页眉"和"窗体页脚"两个节。

② 在功能区的"控件"组中选中"标签"控件 Aa,然后在"窗体页眉"节的中间位置单击,添加一个标签控件。

- 直接在标签中输入文字"员工登记表",该文本即作为标签的标题,也可以在标签控件的"标题"属性框中输入"员工登记表"。
- 将标签的"名称"属性设置为 lblTitle,如图 6-33 所示。

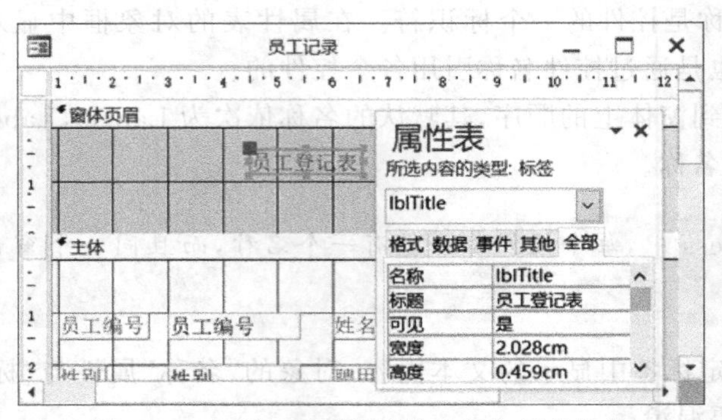

图 6-33　在“员工记录”窗体中添加标签控件

③ 选中 lblTitle 标签控件，在“属性表”中设置标签的格式。

- 左边距为 4.5cm，上边距为 0.4cm。
- 字体为“黑体”，字号为 20，前景色为“黄色”，背景色为“蓝色”。

右击标签控件，从弹出的快捷菜单中选择“大小”→“正好容纳”选项，标签会自动调整大小以容纳其内容。

说明：设置标签格式时，应选中标签对象，而不是标签中的文本。

④ 保存修改后的窗体对象。在“窗体视图”中打开窗体，结果如图 6-34 所示。

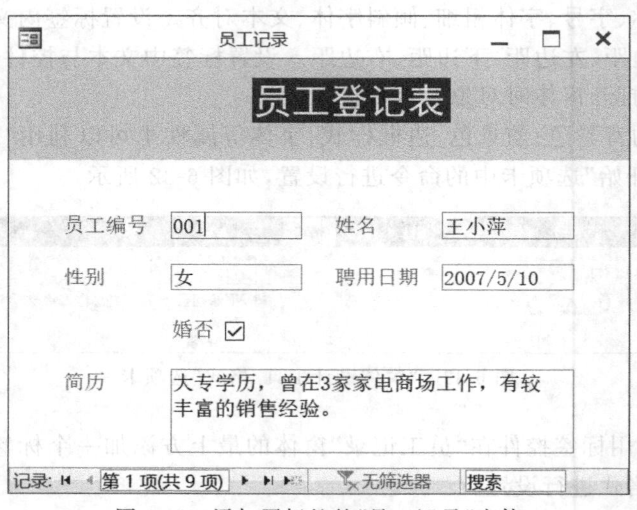

图 6-34　添加了标签的“员工记录”窗体

说明：执行“窗体设计工具/设计”→“页眉/页脚”→“标题”命令，系统会自动在“窗体页眉”节中添加一个标签控件。

文本框控件

6.5.3　文本框控件

文本框(textbox)是一种交互式控件，主要用来显示、输入或编辑数据。

1. 文本框的类型

在 Access 中，文本框有以下 3 种类型。

（1）绑定型文本框。以窗体记录源中的某个字段作为控件来源，也就是将文本框控件与表或查询中的字段相关联，在文本框中可以显示、输入或更新字段值。在上面建立的“员工记录”窗体中，各文本框控件都属于绑定型。

（2）非绑定型文本框。文本框控件没有控件来源。通常使用非绑定型文本框显示提示信息或接收用户输入数据等。

（3）计算型文本框。以表达式作为控件来源。当需要在窗体中显示由计算得到的数据时，可以使用计算型文本框。每次打开窗体时，Access 都会重新计算表达式的值。

2. 文本框控件的常用属性

文本框控件与标签控件的格式属性基本相同，在此不再赘述。文本框控件的其他常用属性如下。

（1）控件来源。

- 对于绑定型文本框，其控件来源是作为窗体记录源的表或查询中的一个字段。
- 对于计算型文本框，其控件来源是一个计算表达式。单击属性框右侧的“生成器”按钮[...]可以打开“表达式生成器”以构建表达式。

注意：*表达式前面必须有一个等号“=”。若在表达式中引用字段名，则字段名必须加方括号“[]”。*

- 对于非绑定型文本框控件，不需要指定控件来源。

从“字段列表”中将文本类型的字段拖曳到窗体上，Access 会自动生成文本框控件，并将它们的“控件来源”属性设置为窗体记录源中对应的字段。

（2）格式。设置文本、日期/时间、数字和货币等数据类型的格式。

（3）输入掩码。设置绑定型或非绑定型文本框控件的数据输入格式，仅对文本型或日期型数据有效。单击属性框右侧的按钮[...]可以启动“输入掩码向导”以设置输入掩码。

（4）默认值。设置计算型文本框控件或非绑定型文本框控件的初始值。

（5）验证规则和验证文本。设置在文本框控件中输入或更改数据时的合法性检查表达式，以及违反验证规则时的提示信息。

（6）可用。设置文本框控件是否能够获得焦点。只有获得焦点的文本框才能输入或编辑其中的内容。

（7）是否锁定。设置文本框中的内容是否允许更改。如果文本框被锁定，则其中的内容就不允许被修改或删除。

【例 6-9】 以“查询总销量和总金额”查询对象为记录源，创建一个名称为“销售记录汇总”的窗体，显示查询对象中的所有记录，并在窗体的最下方显示各款商品累计的总销量和总金额以及系统的当前日期，如图 6-35 所示。

图 6-35 “销售记录汇总”窗体

操作步骤如下。

① 执行“创建”→“窗体”→“窗体设计”命令，打开窗体的设计视图。

② 在窗体设计区域右击，在弹出的快捷菜单中选择“窗体页眉/页脚”选项，在窗体设计视图中增加“窗体页眉”和“窗体页脚”两个节。

③ 在“属性表”中设置窗体的属性。

- “记录源”选择“查询总销量和总金额”查询对象。
- “默认视图”选择“连续窗体”。
- “记录选择器”和“分隔线”设置为“否”。

④ 在“字段列表”中同时选中“商品编号”“总销量”和“总金额”3 个字段，将它们一起拖曳到窗体“主体”节上。

⑤ 用鼠标框选的方式选中窗体上的所有控件，然后执行“窗体设计工具/排列”→“表”→“表格”命令，选中的控件自动按表格方式布局，3 个标签控件被移动到“窗体页眉”节中，如图 6-36 所示。单击表格布局区域中的任意控件，在表格区域左上角显示一个表格选择器 ✥（表格区域被一个虚线框包围），拖曳该选择器可以将表格中的所有控件一起移动。

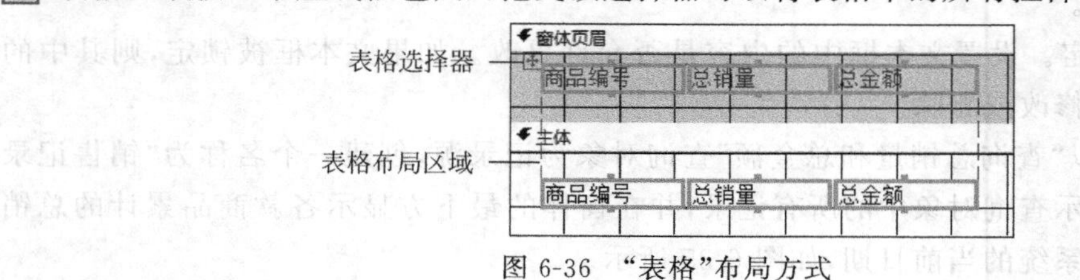

图 6-36 “表格”布局方式

如果不使用自动表格布局方式，也可以分别选中“主体”节中的 3 个标签控件，按 Ctrl+X 快捷键执行剪切操作，再单击“窗体页眉”节的节选择器，选中“窗体页眉”节，按 Ctrl+V 快捷键执行粘贴操作，将 3 个标签移动到“窗体页眉”节中。

⑥ 在功能区的“控件”组中选择“文本框”控件[ab|]，将其添加到“窗体页脚”节中，文本框控件的左边自动关联着一个标签控件，在“属性表”中设置以下属性。

- 选中文本框关联的标签控件，将“标题”属性改为“当前日期：”。
- 选中文本框控件，将“控件来源”属性设置为“=Date()”，表示显示系统的当前日期(也可直接在文本框中输入该表达式)，再将“格式”属性设置为“短日期”，将“可用”属性设置为“否”。

⑦ 在“窗体页脚”节中添加 2 个文本框控件，并进行如下设置。

- 2 个文本框的关联标签的“标题”分别为“总销量累加：”和“总金额累加：”。
- 2 个文本框的“名称”分别为 txtQuantity 和 txtAmount。
- 将 txtQuantity 文本框的“控件来源”设置为“=Sum([总销量])”，表示统计所有商品的总销量累加值。
- 将 txtAmount 文本框的“控件来源”设置为“=Sum([总金额])”，表示统计所有商品的总金额累加值。再将其“格式”属性设置为“货币”。
- 将 2 个文本框的“是否锁定”属性为“是”，表示不允许用户修改或删除该项数据。

⑧ 在“窗体页眉”节中添加一个标签控件，“标题”设置为“销售记录汇总”。然后调整窗体中各控件的位置、大小和文本对齐方式，设计结果如图 6-37 所示。

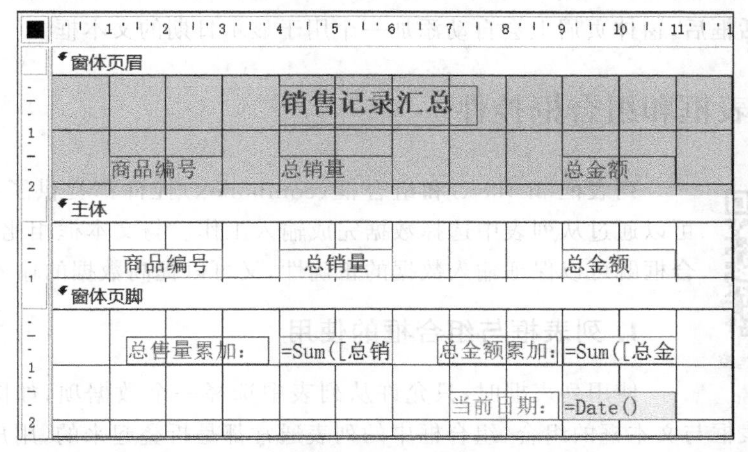

图 6-37 “销售记录汇总”窗体的设计视图

⑨ 保存窗体对象，将其命名为“销售记录汇总”。

说明：

① 添加文本框控件时，系统会自动加上一个关联的标签。如果不需要该标签，可以将其删除。

② 计算表达式可以使用表达式生成器建立。例如，设置 txtQuantity 文本框的“控件来源”属性时，可以单击属性框右侧的“生成器”按钮，打开表达式生成器，按图 6-38 所示

生成表达式。

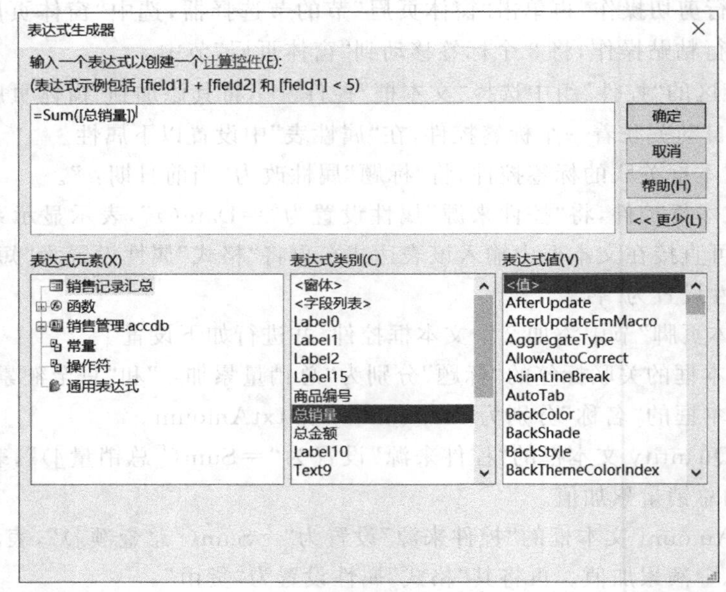

图 6-38　表达式生成器窗口

③ 对日期的设置也可以使用“日期和时间”命令完成，方法是：执行“窗体设计工具/设计”→“页眉/页脚”→“日期和时间”命令，打开“日期和时间”对话框，选择一种日期格式。关闭对话框后，窗体页眉上会自动添加一个用于显示日期的文本框。

6.5.4　列表框和组合框控件

列表框和组合框控

列表框(listbox)和组合框(combobox)控件都提供了一个值列表，可以通过从列表中选择数据完成输入工作。与文本框相比，列表框和组合框既可以保证输入数据的正确性，又可以提高数据的输入速度。

1. 列表框与组合框的使用

使用列表框时，只允许从列表中选择一个数据项，如图 6-39 所示。组合框是列表框与文本框的组合，组合框中的列表通常都是折叠起来的，用户可以在文本框中输入数据，也可以单击文本框右侧的箭头打开下拉列表，从列表中选择数据，如图 6-40 所示。

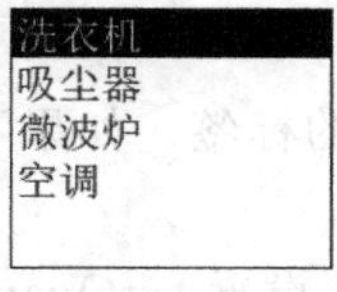

图 6-39　列表框

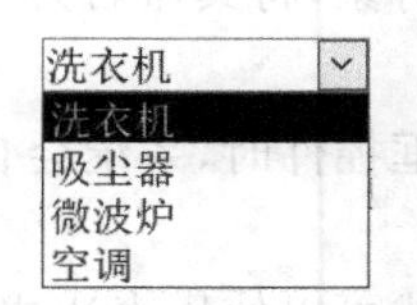

图 6-40　组合框

组合框和列表框的数据来源可以是表或查询中的字段，也可以是自行输入的值。利用控件向导或自定义方法可以创建组合框或列表框控件，设计方法与例 3-9 至例 3-11 中建立字段的查阅属性类似。下面以组合框为例，介绍其设计方法，列表框的设计与此类似。

2. 组合框的常用属性

(1) 列数。该属性值默认为 1，表示在组合框中只显示 1 列数据。如果该属性值大于 1，则表示在组合框中显示多列数据。

(2) 控件来源。指定要与组合框控件建立关联的表或查询中的字段。

(3) 行来源类型、行来源。分别指定组合框中数据来源的类型及具体的数据来源，这两个属性必须同时使用，分为以下 3 种情况。

- 若行来源类型为“表/查询”，则在行来源中要指定一个表或查询（包括查询对象和 SQL 查询语句），在组合框的列表中将显示该表或查询中指定字段的所有取值。
- 若行来源类型为“值列表”，则在行来源属性框中要提供一组取值（各个值之间用半角分号分隔），在组合框的列表中将显示提供的这组值。
- 若行来源类型为“字段列表”，则在行来源中要指定一个表或查询，在组合框的列表中将显示该表或查询中的所有字段值。

(4) 绑定列。在多列组合框中，指定将哪一列的值存入控件来源设定的字段中。

(5) 限于列表。若该属性为“是”，则表示在文本框中输入的数据只有与列表中的某个选项相符时，Access 才接受输入值。利用该属性可以限制用户在文本框中输入的数据必须是组合框列表中已经存在的数据，从而防止用户的错误输入。

【例 6-10】 以“商品”表为记录源，创建名称为“商品记录-4”的窗体，为“类别”字段建立一个组合框控件。

操作步骤如下。

① 打开一个新的窗体设计视图，将窗体“记录源”设置为“商品”表，然后从“字段列表”中将商品表中除“类别”外的所有字段都拖曳到窗体“主体”节中。

② 在功能区中展开“控件”列表区域，单击“使用控件向导”按钮，开启控件向导功能。然后，在窗体上添加一个“组合框”控件，系统会自动启动组合框向导。

- 指定数据来源的类型，如图 6-41 所示。本例选择第 2 项“自行键入所需的值”。
- 单击“下一步”按钮，指定列表中的列数并输入各项数据，如图 6-42 所示。
- 单击“下一步”按钮，指定在组合框中选取数值后 Access 的动作，本例选择将数值保存到“类别”字段中，如图 6-43 所示。
- 单击“下一步”按钮，为组合框指定标签，本例为“类别”。
- 单击“完成”按钮，关闭组合框向导。在向导创建过程中，系统会自动为组合框控件设置相应的属性，如图 6-44 所示。

③ 调整控件布局和文本对齐方式。

- 选中设计视图中的所有控件对象，执行“窗体布局工具/排列”→“表”→“堆积”命令，Access 自动将所选控件按堆积方式布局。将鼠标移动到第 2 列上方，当鼠标

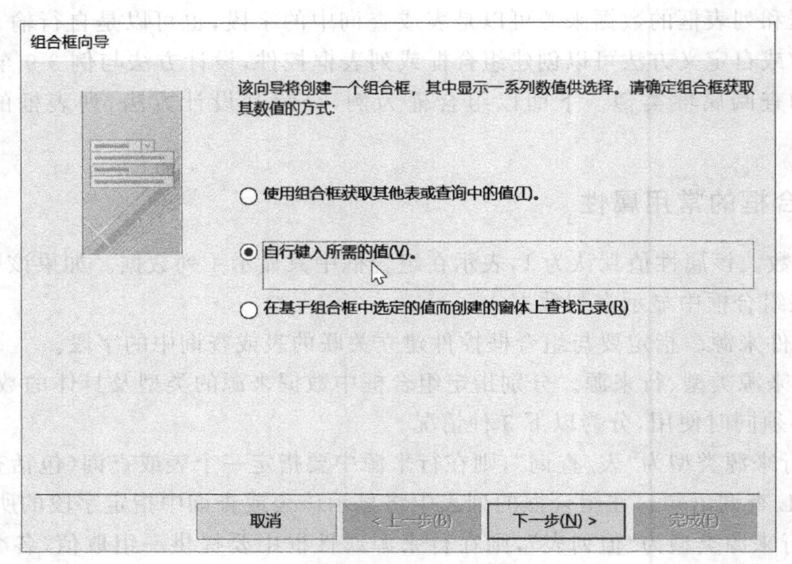

图 6-41　指定组合框获取数值的方式

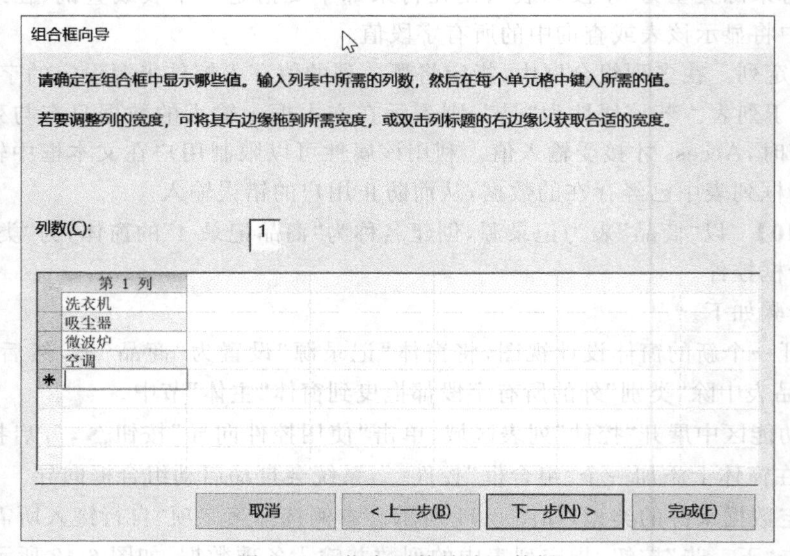

图 6-42　指定列数并输入数据

变为向下箭头时单击选中第 2 列，然后单击功能区“行和列”组中的“在右侧插入”按钮，在第 2 列右侧插入一列。重复上述操作，再插入一列，结果如图 6-45 所示。

- 按图 6-46 所示调整控件的位置。选中控件对象，将其移动到相应的单元格中；然后选中多余的空行并右击，在弹出的快捷菜单中选择“删除行”选项，删除这些空行。
- 选中堆积布局区域中的任意单元格，执行“窗体设计工具/排列”→“位置”→“控件填充”中的相关命令，调整单元格之间的间距，最后适当调整各控件的大小。
- 选中堆积布局区域中的所有标签控件，单击“窗体设计工具/格式”→“字体”→“文

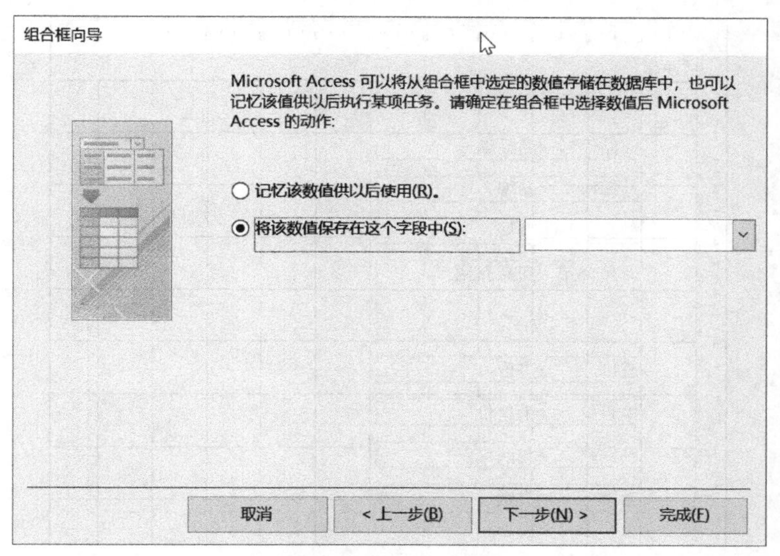

图 6-43　指定在组合框中选取数值后 Access 的动作

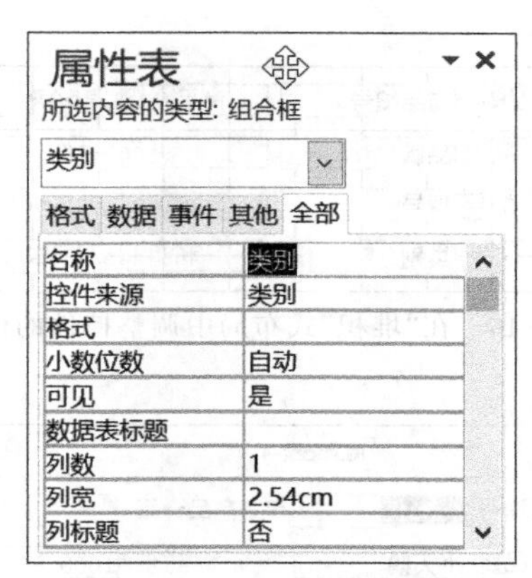

图 6-44　“类别”组合框的属性

本右对齐”按钮，将标签的标题文本右对齐。

④ 保存窗体对象，将其命名为“商品记录-4”。打开窗体，结果如图 6-47 所示。输入或修改类别数据时，可以直接从列表框中选择。

【例 6-11】 以“销售”表为记录源，创建名称为“销售记录”的窗体，为“商品编号”字段建立一个组合框控件。

操作步骤如下。

① 打开一个新的窗体设计视图，将窗体的“记录源”设置为“销售”表，将窗体的“默认视图”设置为“连续窗体”。

② 从“字段列表”中将销售表的 5 个字段都拖曳到窗体“主体”节。然后选中“商品编号”文本框控件并右击，在弹出的快捷菜单中选择“更改为”→“组合框”选项，再按图 6-48 所示设置其属性。

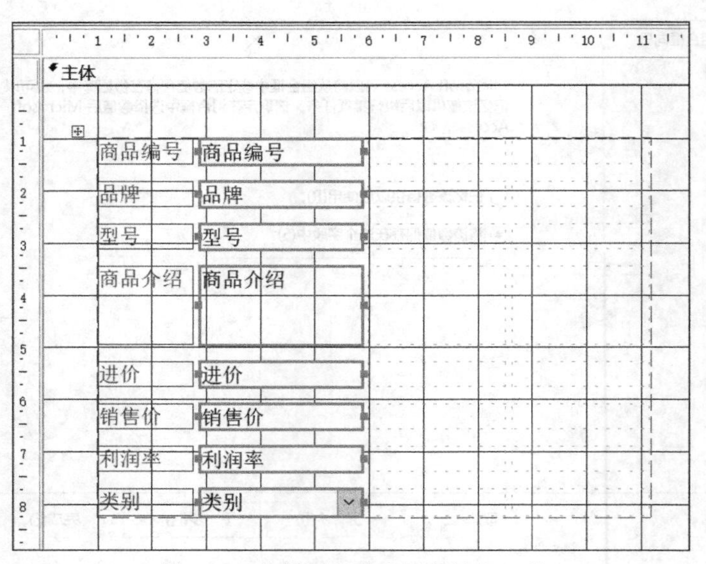

图 6-45 在“堆积”式布局中插入 2 列

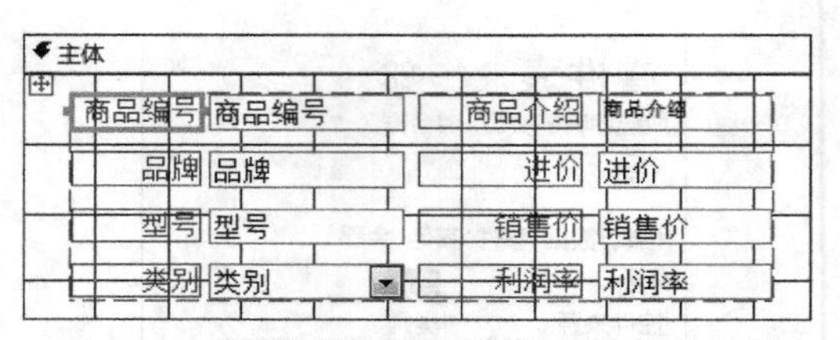

图 6-46 在“堆积”式布局中调整控件的位置

图 6-47 “商品记录-4”窗体

- “控件来源”为“商品编号”。
- “行来源”为“商品”表，“行来源类型”为“表/查询”。

本例中，“行来源”也可以设置为一条 SQL 查询语句：

```
select 商品编号 from 商品
```

- “限于列表”设置为“是”，表示只能从列表中选择数据。

③ 在设计视图中选中所有控件对象并右击，在弹出的快捷菜单中选择“布局”→“表格”选项，Access 将所选控件按表格方式布局，自动增加“窗体页眉”和“窗体页脚”两个

节，并将所有标签控件移动到“窗体页眉”节中，结果如图 6-49 所示。

属性表

所选内容的类型: 组合框

商品编号

格式 数据 事件 其他 全部

控件来源	商品编号
行来源	商品
行来源类型	表/查询
绑定列	1
限于列表	是
允许编辑值列表	是
列表项目编辑窗体	
继承值列表	是
仅显示行来源值	否

图 6-48 “商品编号”组合框的属性设置

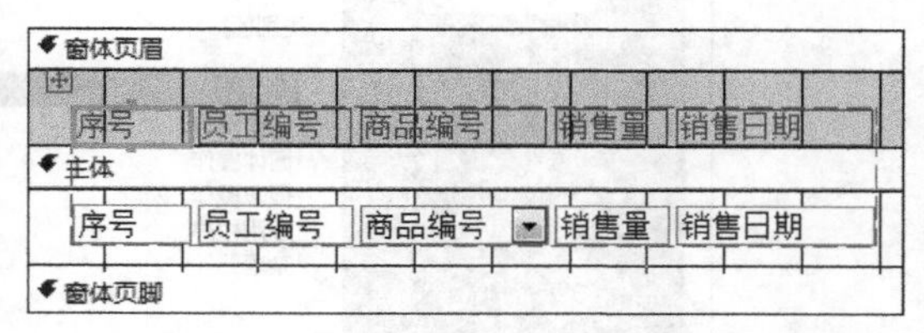

图 6-49 “销售记录”窗体的设计视图

④ 保存窗体对象，将其命名为“销售记录”。打开窗体，结果如图 6-50 所示。修改商品编号数据时，可以直接从组合框中选择。

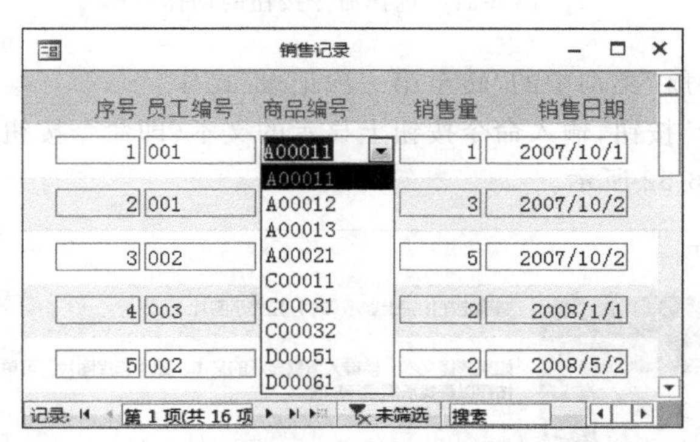

图 6-50 “销售记录”窗体

6.5.5 命令按钮控件

命令按钮(commandbutton)是窗体中用于实现某种功能操作的控件。使用 Access 提供的命令按钮向导可以创建几十种不同功能的命令按钮。

命令按钮控件

【例 6-12】 修改“员工记录”窗体，取消默认的导航按钮，重新添加一组命令按钮，实现记录浏览的功能。

操作步骤如下。

① 打开“员工记录”窗体的设计视图，在属性表中将“导航按钮”属性设置为“否”。

② 在功能区中展开“控件”组的列表区域，单击“使用控件向导”按钮，开启控件向导功能。然后，在“窗体页脚”上添加一个“命令按钮”控件xxxx，打开“命令按钮向导”对话

框,如图 6-51 所示。可以为命令按钮指定不同类别的动作,如记录导航、记录操作、窗体操作、报表操作等。

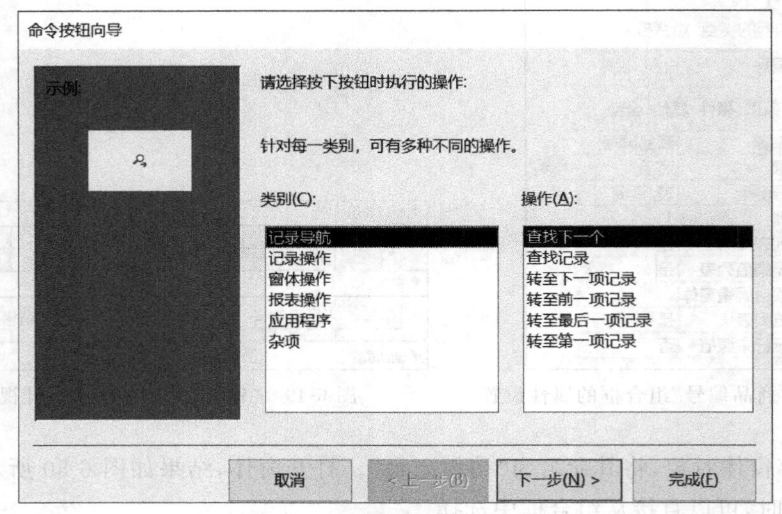

图 6-51　选择命令按钮的动作

- 选择“记录导航”类别中的“转至第一项记录”操作。
- 单击“下一步”按钮,输入命令按钮上显示的文本(即命令按钮的标题),本例为“第一条”,如图 6-52 所示。

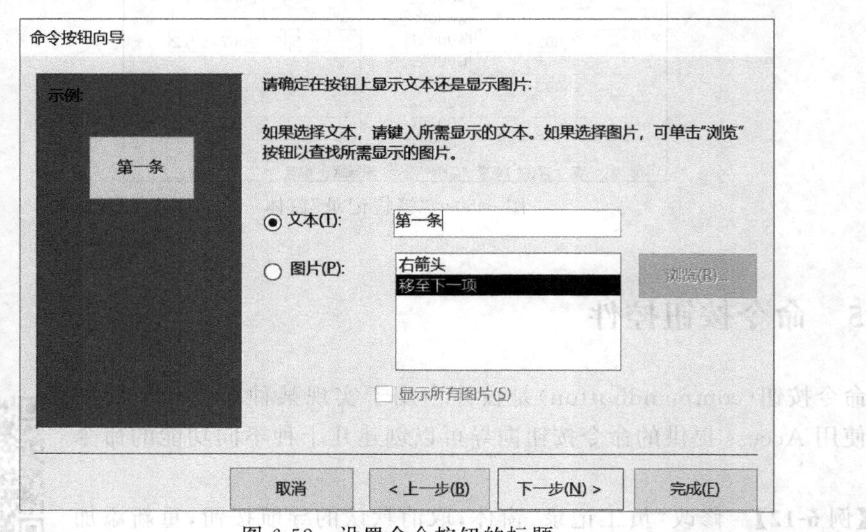

图 6-52　设置命令按钮的标题

- 单击“下一步”按钮,指定命令按钮的名称,本例为 cmdFirst。
- 单击“完成”按钮,结束向导。在窗体上出现一个标题为“第一条”的命令按钮。

重复上述步骤,依次在窗体上添加 3 个命令按钮:标题分别为“上一条”“下一条”和“最后一条”,对应的操作分别为“转至前一项记录”“转至下一项记录”“转至最后一项记录”，按钮的名称分别为 cmdPrev、cmdNext、cmdLast，结果如图 6-53 所示。

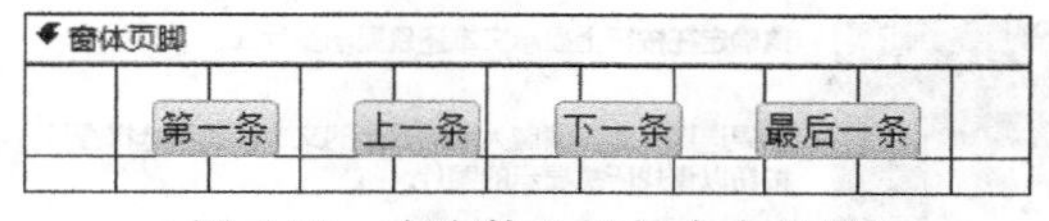

图 6-53　在窗体上添加命令按钮

③ 保存窗体对象，将其命名为“员工记录-3”。打开窗体，结果如图 6-54 所示。

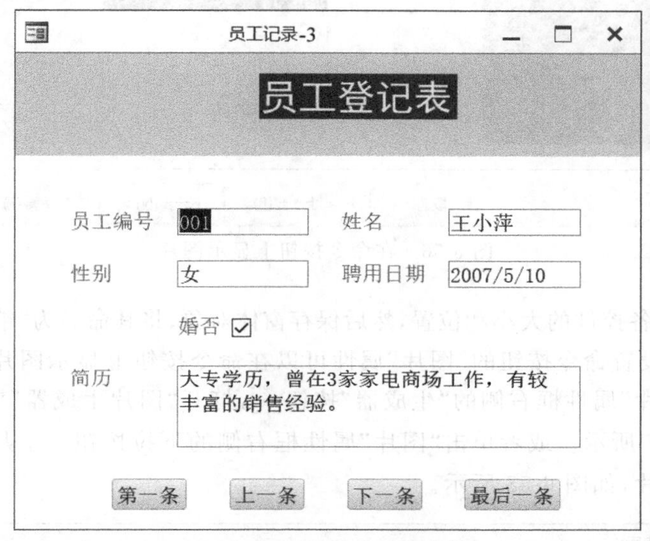

图 6-54　“员工记录-3”窗体

【例 6-13】　创建一个名称为“销售管理主界面”的窗体，如图 6-55 所示。单击命令按钮可分别打开对应的窗体，单击“退出”按钮则可以退出主界面。

操作步骤如下。

① 打开一个新的窗体设计视图，在“属性表”中设置窗体属性。

- “记录选择器”“导航按钮”和“分隔线”属性设置为“否”。
- “自动居中”属性设置为“是”，“最大化/最小化按钮”属性设置为“无”。

② 按图 6-55 所示，使用命令按钮向导在窗体上添加 4 个命令按钮。

- 第 1 个命令按钮：选择“窗体操作”类别中的“打开窗体”操作，打开的窗体对象为“员工记录-3”（例 6-12 中创建的窗体），命令按钮的“标题”为“员工记录”。
- 第 2 个命令按钮：标题为“商品记录”，单击该按钮可打开“商品记录-1”窗体（例 6-2 中创建的窗体）。
- 第 3 个命令按钮：标题为“销售记录”，单击该按钮可打开“销售记录”窗体（例 6-11 中创建的窗体）。
- 第 4 个命令按钮：选择“窗体操作”类别中的“关闭窗体”操作，按钮上显示“退出入门”图片，如图 6-56 所示。

图 6-55　销售管理主界面

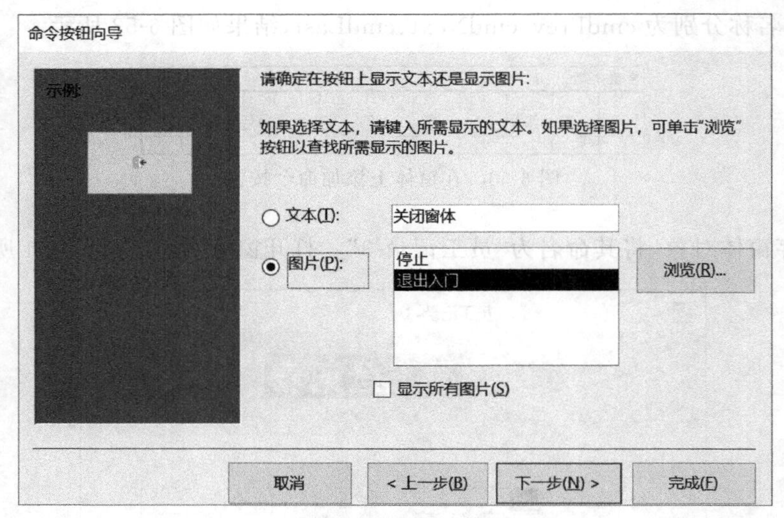

图 6-56　在命令按钮上显示图片

③ 适当调整各控件的大小和位置，然后保存窗体对象，将其命名为“销售管理主界面”。

说明：通过设置命令按钮的“图片”属性可以在命令按钮上显示图片，方法是：在“属性表”中单击“图片”属性框右侧的“生成器”按钮[...]，打开“图片生成器”对话框，选择需要的图片，如图 6-57 所示。或者单击“图片”属性框右侧的下拉按钮[v]，从下拉列表中选择“图像库”中的图片，如图 6-58 所示。

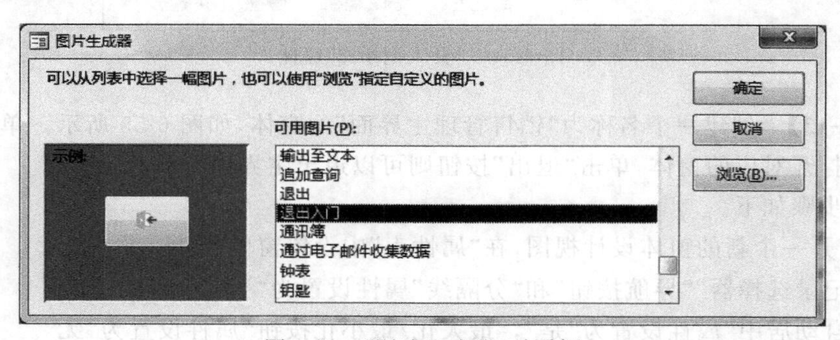

图 6-57　“图片生成器”对话框

图 6-58　选择图像库中的图片

图像库提供了一种在窗体和报表中添加、重复使用和更新图像(包括背景图像)的简单方式。将图像添加到图像库中后,该图像即成为数据库的一部分,从而可以快速添加到该数据库中的任何其他窗体或报表中。更新图像库中的图像时,也会自动在使用该图像的任何窗体和报表中更新。

单击"窗体设计工具/控件"→"插入图像"按钮,可以看到图像库中已添加的图像,如图 6-59 所示。单击图像库列表中的"浏览"按钮,可以打开"插入图片"对话框,从计算机中选择图片文件添加到图像库。右击图像库中的一个图片对象,在弹出的快捷菜单中可以执行针对该图片的删除、更新、重命名等编辑操作。

图 6-59　图像库列表

6.5.6 其他控件

除了标签、文本框、组合框、列表框、命令按钮等常用控件外,在窗体上还可以使用以下几种控件。

其他控件

1. 选项按钮控件、复选框控件和切换按钮控件

选项按钮(option button)、复选框(check box)、切换按钮(toggle button)都是用于表示"是/否"选择的控件。

选项按钮又称单选按钮,主要用于从一组选项中选择一项。单击选项按钮时,按钮内显示一个圆点◉,表示被选中;再次单击该按钮,按钮内的圆点消失○,表示取消选中。

复选框可以单独使用,当同时使用多个复选框时允许选择多项。单击复选框时,方框内出现一个对号☑,表示被选中,再次单击该复选框,对号消失□,表示取消选中。

切换按钮主要用于"开"或"关"的选择,通常成组使用。单击切换按钮时,按钮背景呈深色、标题文本呈反白显示 播放 ;再次单击该按钮则恢复正常显示状态 播放 。

2. 选项组控件

选项组(frame) XYZ 是一个容器控件,其中可以包含其他对象,如选项按钮、复选框和切换按钮等。

选项组控件本身不能操作数据,其作用主要有以下两点。

(1) 将若干具有相同性质的选项按钮、复选框或切换按钮关联在一起,构成一组选项。

在这种情况下,包含在选项组中的控件与选项组控件之间具有绑定关系,它们只能在选项组的方框内移动,而且在移动选项组控件时,被包含的控件也会随之移动。

可以使用选项组控件向导或手动创建一组选项。手动创建的方法如下。

① 在窗体上添加一个选项组控件。

② 在"控件"组中选中要放置在选项组中的其他控件,如选项按钮、切换按钮等,然后

将鼠标移动至选项组控件上，当选项组控件变黑呈选中状态时单击，被选中的控件就被放入了选项组中。

说明：一般不建议将复选框控件与选项组控件绑定在一起，因为在选项组中只能选中一个复选框，而一般认为复选框是可以多选的。

(2) 划分窗体区域，使窗体整齐美观。在这种情况下，放置在选项组中的控件与选项组之间没有绑定关系，它们可以在窗体上任意移动位置。创建方法如下。

① 在窗体上分别添加选项组控件和其他控件。

② 将其他控件直接移入选项组中。

3. 图像控件、绑定对象框控件、未绑定对象框控件

(1) 图像控件(image)是一个放置和显示图形对象的控件。在“控件”组中选择图像控件，然后在窗体上单击，会打开一个“插入图片”对话框，用户可以从计算机中选择需要的图形或图像文件。

图像控件的常用属性包括以下几种。

• 图片。指定图形或图像文件的来源，可以插入一张新图片，也可以从图像库中选择一张已有的图片。

• 图片类型。指定图形对象是嵌入到数据库还是链接到数据库，或是添加到可共享的图像库。

• 缩放模式。指定图形在图像框中的显示方式，有“裁剪”“拉伸”“缩放”3 个选项。

执行“窗体设计工具/设计”→“页眉/页脚”→“徽标”命令，Access 会自动将一个“图像”控件添加到“窗体页眉”节，并将图片作为徽标显示。

(2) 绑定对象框控件(bound object frame)用来显示和操作数据表中的 OLE 对象类型的字段内容，如例 6-1 创建的“员工记录-1”窗体中用于显示照片的控件。

(3) 未绑定对象框控件(unbound object frame)用来显示未存储在数据库中的 OLE 对象。在“控件”组中选择该控件，然后在窗体上单击，会打开一个“插入对象”对话框，用户可以通过“新建”或“由文件创建”两种方法插入一个对象。

4. 图表控件

使用图表控件(graph)可以在窗体中以图表形式显示记录源中的数据。

【例 6-14】 创建查询对象“查询员工销售情况”作为数据来源，使用“图表”控件创建一个图表窗体，显示每个员工的销售总额。

操作步骤如下。

① 创建一个名称为“查询员工销售情况”的查询对象，设计界面如图 6-60 所示。

② 打开一个新的窗体设计视图，然后单击“控件”组中的“图表”控件按钮，Access 会自动启动图表向导，选择图表的数据来源为查询对象“查询员工销售情况”。

单击“下一步”按钮，从“可用字段”列表框中将“姓名”和“各款商品销售总额”添加到“用于图表的字段”列表框中。

③ 单击“下一步”按钮，选择图表的类型，如图 6-61 所示。本例选择“柱形图”。

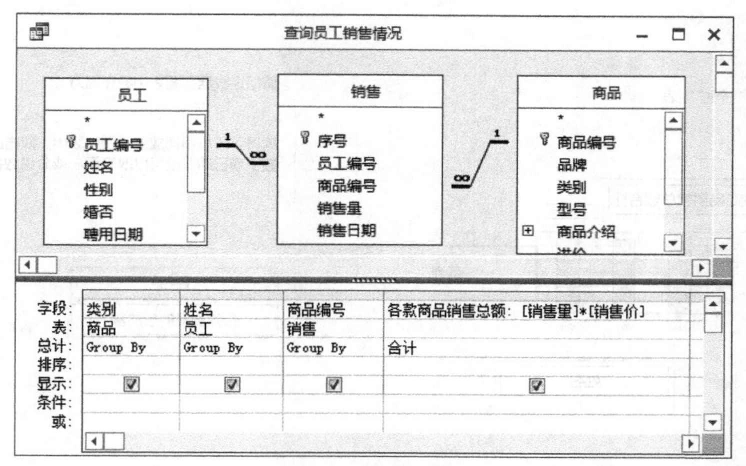

图 6-60 查询设计

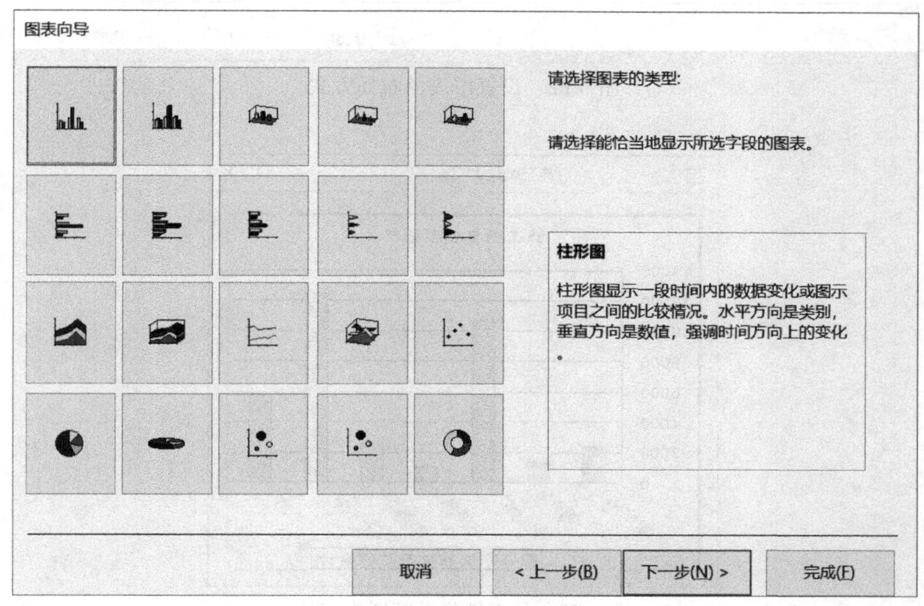

图 6-61 选择图表的类型

④ 单击“下一步”按钮,指定图表的布局方式,如图 6-62 所示。根据需要将各字段按钮拖曳到示例图表的相应位置(数据、轴和系列)。

数据的汇总方式默认为“合计”,如果要修改汇总方式,则可以双击“各款商品销售总额合计”按钮,打开“汇总”对话框以选择其他汇总方式。

设置好布局方式后,单击图表向导左上角的“预览图表”按钮,可以预览图表效果。

⑤ 单击“下一步”按钮,输入图表的标题,本例为“员工销售总额图表”。

⑥ 单击“完成”按钮,关闭图表向导。保存图表对象,将其命名为“员工销售总额图表”,结果如图 6-63 所示。

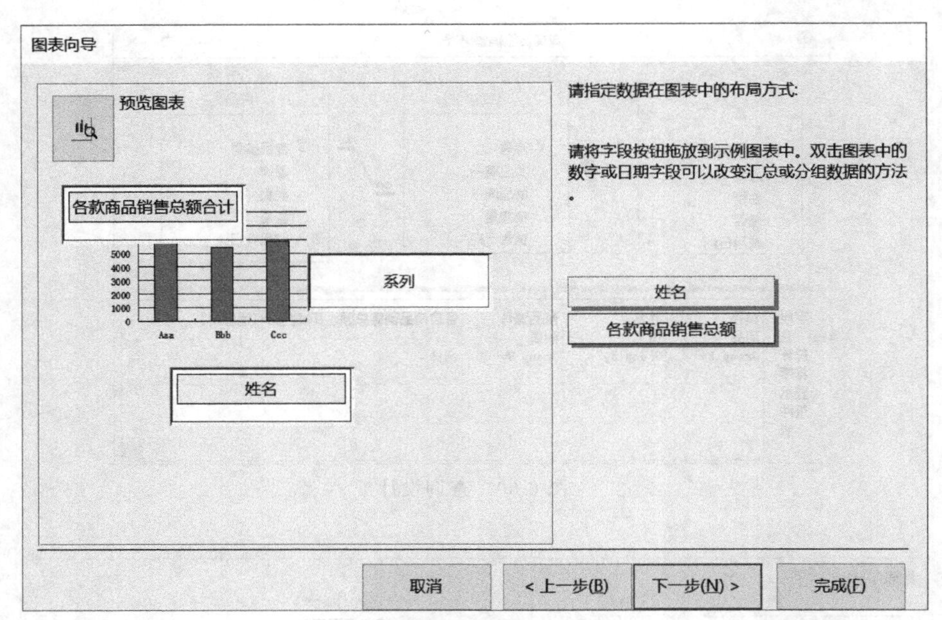

图 6-62　设置图表的布局方式

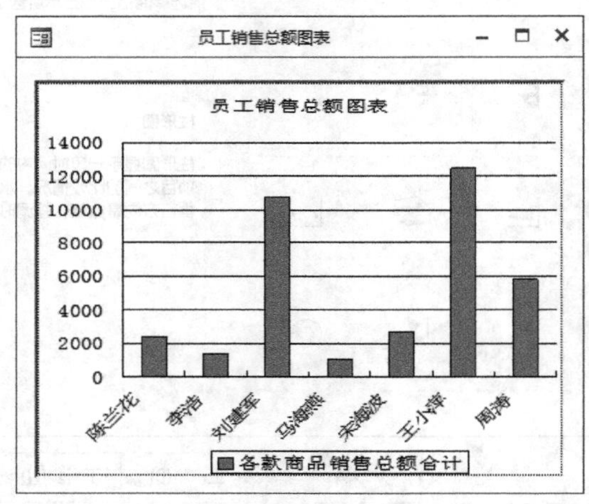

图 6-63　员工销售总额图表窗体

若要编辑图表,则可以在设计视图中双击图表对象,进入图表编辑状态(图表对象周围出现一个黑色虚线框)。然后利用"图表"菜单中的命令更改图表类型或者设置图表选项等,还可以修改图表的格式(如文字格式、图表区格式、绘图区格式、背景墙格式等)。在图表编辑区外单击可以退出图表编辑状态。

5. 附件控件

附件控件(attachment)用来显示数据表中"附件"类型的字段。在窗体视图中双击该控件可以打开"附件"对话框以管理附件文件。在例 6-10 中,将"商品"表中的"商品介绍"

字段拖曳到窗体,即可自动创建与该字段类型相对应的附件控件。

6. 选项卡控件

选项卡控件(option group)是一个包含多个页面的容器控件,每个页面中都可以放置多个控件。使用选项卡可以将几组相关的信息组织在同一个窗体中。

【例 6-15】 创建如图 6-64 所示的窗体,在窗体页眉中用图像控件显示一张 logo 图片;在"主体"节中放置一个包含 3 个页面的选项卡,每个页面中分别以列表框形式显示"查询聘用年数"(例 4-5 中创建)、"商品_交叉表"(例 4-18 中创建)、"查询员工销售情况"(例 6-14 中创建)这 3 个查询对象中的数据信息。

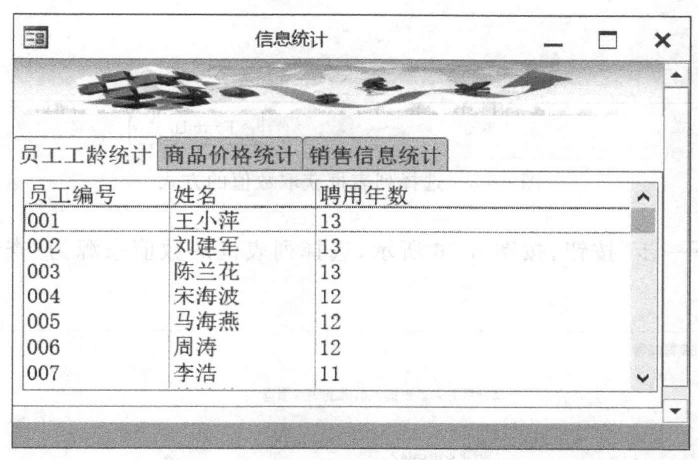

图 6-64 使用选项卡控件的窗体

操作步骤如下。

① 打开一个新的窗体设计视图,添加"窗体页眉"和"窗体页脚"节。

② 在"窗体页眉"节中添加"图像"控件,并在属性表中设置属性。

- "图片"属性为 logo 图片的文件路径(如 D:\Access2016\图片\logo.jpg)。
- "图片类型"属性为"嵌入","缩放模式"属性为"拉伸"。

适当调整图像控件的位置和大小。

③ 在"主体"节中,添加选项卡控件,选项卡中默认只有 2 个页面。右击选项卡控件,在弹出的快捷菜单中选择"插入页"选项,插入一个新的页面。

依次选中 3 个页面对象,将其"标题"属性设置为"员工工龄统计""商品价格统计""销售信息统计",再适当调整窗体和选项卡控件的大小和位置。

④ 单击标题为"员工工龄统计"的页面,使之成为当前页页。启用控件向导功能后,在"控件"组中选择"列表框"控件,然后将鼠标移动至窗体上的选项卡区域(选项卡区域自动变黑,呈选中状态),单击以启动列表框向导,设置列表框选项。

- 按图 6-65 所示,选择列表框获取数值的方式为"使用列表框获取其他表或查询中的值"。

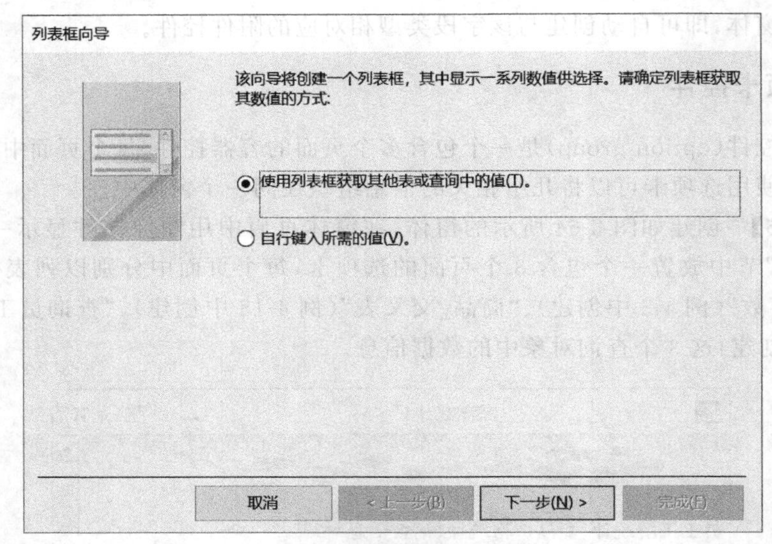

图 6-65 选择列表框获取数值的方式

- 单击“下一步”按钮，按图 6-66 所示，选择列表框的数值来源为“查询聘用年数”查询对象。

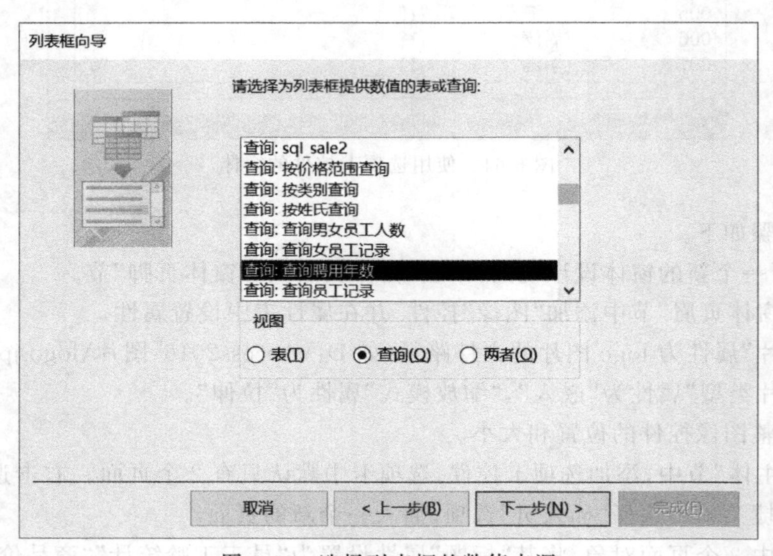

图 6-66 选择列表框的数值来源

- 依次单击“下一步”按钮，选择在列表框中显示所有字段，设置按“员工编号”排序，调整列表框中各列的宽度。
- 单击“下一步”按钮，选择列表框中唯一标识该行的字段为“员工编号”，如图 6-67 所示，然后单击“完成”按钮。
- 删除列表框关联的标签控件，然后在“属性表”中将列表框的“列标题”属性设置为“是”，表示显示各列的标题。

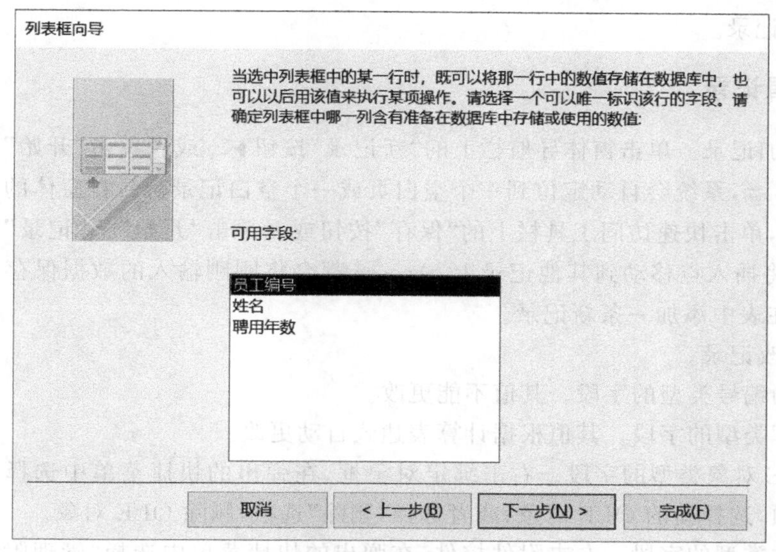

图 6-67　选择列表框中的行标识字段

⑤ 利用相同的方法在另外 2 个页面中基于“商品_交叉表”查询对象和“查询员工销售情况”查询对象创建列表框控件。设计结果如图 6-68 所示。

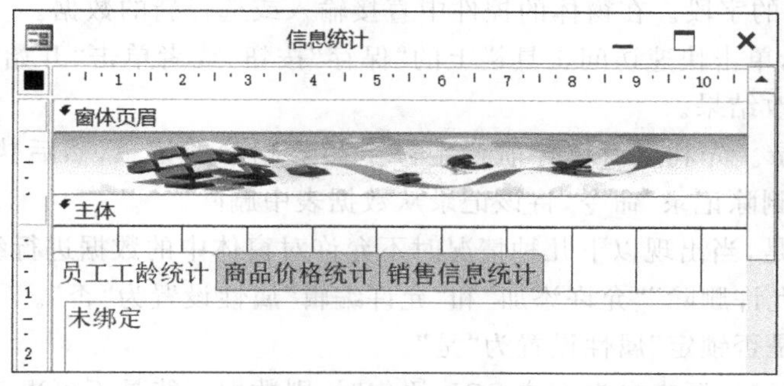

图 6-68　带选项卡窗体的设计视图

⑥ 保存窗体对象，将其命名为“信息统计”，打开窗体的效果如图 6-64 所示。

6.6　使用窗体操作数据

在数据操作型窗体中，通过窗体可以很方便地操作记录源中的记录。

使用窗体操作数据

1. 浏览记录

在默认设置下，窗体下方都有一个导航栏，单击导航栏上的各个按钮可以浏览记录，在导航栏的“当前记录”文本框中输入记录号可以快速定位到指定记录。

2. 编辑记录

(1) 添加记录。单击窗体导航栏上的"新记录"按钮或者单击"开始"→"记录"→"新建"按钮,系统会自动定位到一个空白页或一个空白记录行。在窗体的各个控件中输入数据后,单击快速访问工具栏上的"保存"按钮或者单击"开始"→"记录"→"保存"按钮,或者将插入点移动到其他记录上,Access 都会将刚刚输入的数据保存到数据源表中,也就是在表中添加一条新记录。

(2) 修改记录。

- 自动编号类型的字段。其值不能更改。
- 计算类型的字段。其值根据计算表达式自动更改。
- OLE 对象类型的字段。右击绑定对象框,在弹出的快捷菜单中选择"插入对象"选项,选择新的 OLE 对象;或者选择"删除"选项,删除 OLE 对象。
- 附件类型的字段。右击附件控件,在弹出的快捷菜单中选择"管理附件"选项,添加或删除附件中的文件。
- 超链接类型的字段。右击显示超链接的文本框,在弹出的快捷菜单中选择"超链接"→"编辑超链接"选项,修改超链接信息。
- 其他类型的字段。在窗体的控件中直接输入或选择新的数据。

修改记录后,单击快速访问工具栏上的"保存"按钮,或者单击"开始"→"记录"→"保存"按钮,保存修改结果。

(3) 删除记录。先利用窗体导航栏定位至需要删除的记录,然后执行"开始"→"记录"→"删除"→"删除记录"命令,将该记录从数据表中删除。

需要注意的是,当出现以下几种情况时不允许对窗体中的数据进行编辑操作。

- 窗体的"允许删除""允许添加"和"允许编辑"属性设置为"否"。
- 控件的"是否锁定"属性设置为"是"。
- 若窗体的记录源来自查询或 SQL 语句时,则数据可能是不可更新的。

【例 6-16】 复制"员工记录-3"窗体对象,并将其重命名为"员工记录-4"。然后对"员工记录-4"窗体进行如下修改。

(1) 添加一个文本框控件,用于输入 E-mail 地址。

(2) 添加一个绑定对象框控件,用于显示和插入照片。

(3) 添加 4 个命令按钮用于记录的添加、删除、保存和撤销操作。

(4) 添加一个矩形控件,将 8 个命令按钮排列其中。

(5) 在窗体上输入一条新记录。

设计结果如图 6-69 所示,打开窗体的效果如图 6-70 所示。

操作步骤发下。

① 打开"员工记录-4"窗体的设计视图。

- 在"字段列表"中选中"E-mail"和"照片"两个字段,将它们一起拖曳到窗体的"主体"节并调整其大小和位置。

• 选中“照片”绑定对象框控件，将“缩放模式”属性设置为“缩放”。

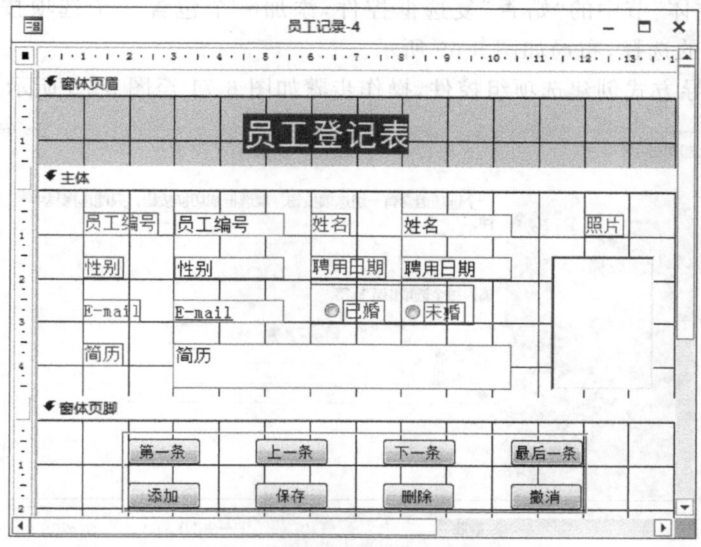

图 6-69 “员工记录-4”窗体的设计视图

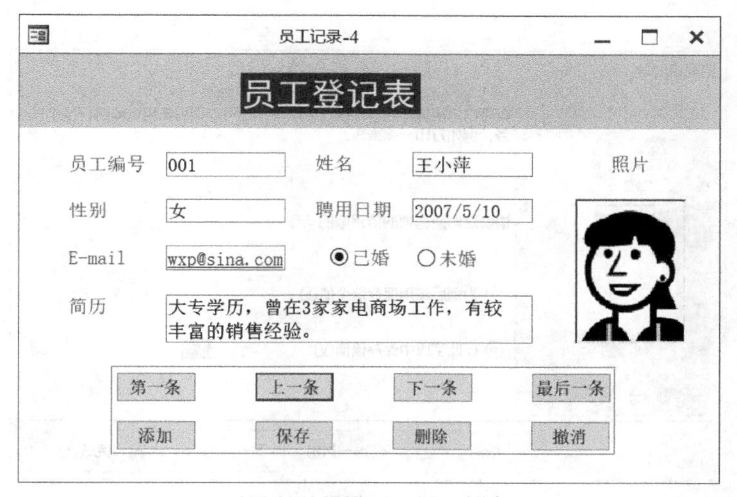

图 6-70 “员工记录-4”窗体

② 在“窗体页脚”节中使用向导方式添加 4 个命令按钮。

• 添加第一个命令按钮控件，选择相应类别为“记录操作”，操作为“添加新记录”，按钮标题为“添加”，按钮名称为“cmdInsert”。

• 利用相同的方法添加另外三个命令按钮，操作分别为“保存记录”“删除记录”“撤销记录”，按钮标题分别为“保存”“删除”“撤销”，按钮名称分别为 cmdSave、cmdDelete 和 cmdCancel。

• 统一调整四个命令按钮的大小，宽度为 1.6cm，高度为 0.6cm，并适当调整对齐、间距和位置等。

③ 在 8 个命令按钮周围添加一个矩形控件,并适当调整其位置和大小。

④ 删除“主体”节中的“婚否”复选框控件,添加一个包含 2 个选项按钮的选项组控件,用于“婚否”的选择,布局如图 6-69 所示。

• 使用向导方式创建选项组控件,操作步骤如图 6-71 至图 6-76 所示。

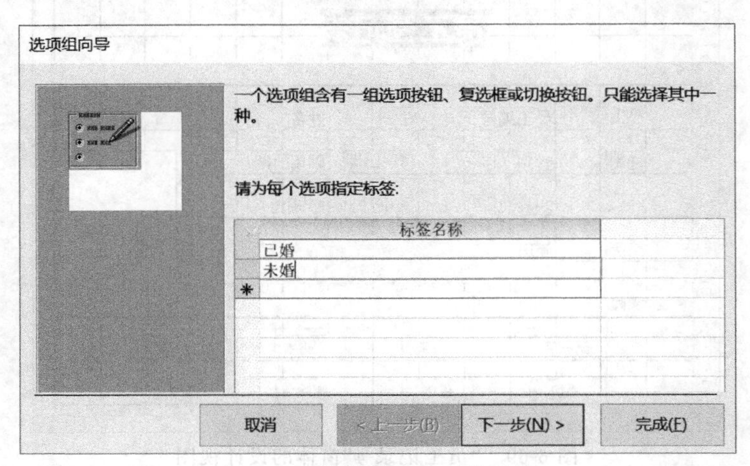

图 6-71　设置每个选项的标签

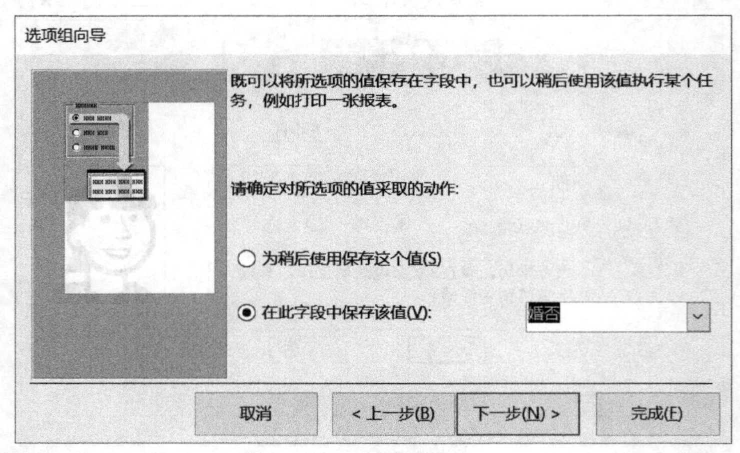

图 6-72　选择默认选项

• 在“属性表”中将“选项组”控件的“名称”设置为“婚否”,“边框样式”设置为“透明”,然后删除标题为“婚姻状况”的标签。

⑤ 保存窗体对象。然后切换到窗体视图,结果如图 6-70 所示。

单击窗体上的“添加”按钮(功能与“开始”→“记录”→“新建”相同),出现一个空白页,直接在各控件中输入新数据。对于照片字段,可以右击控件对象,在弹出的快捷菜单中选择“插入对象”选项,插入一张图片。

⑥ 单击窗体上的“保存”按钮(功能与“开始”→“记录”→“保存”相同),保存新输入的记录。单击窗体上的“删除”按钮(功能与“开始”→“记录”→“删除”→“删除记录”相同),

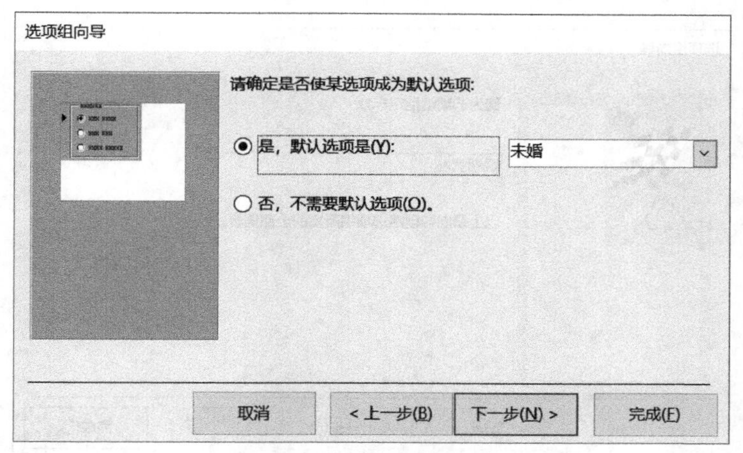

图 6-73　为每个选项赋值

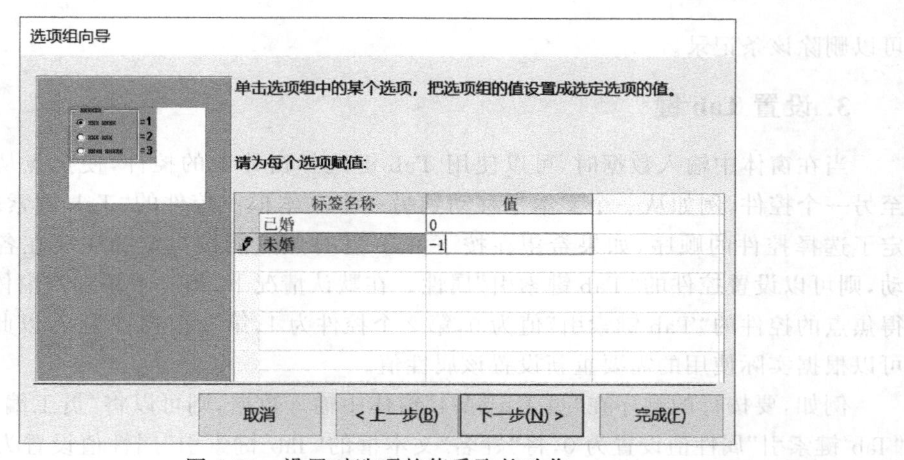

图 6-74　设置对选项的值采取的动作

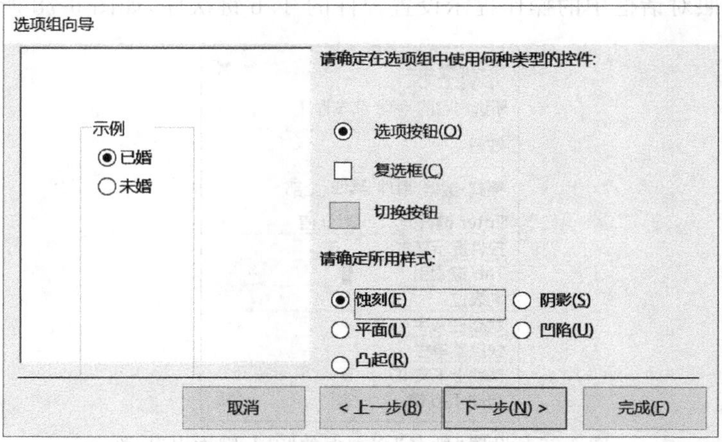

选项组向导

示例

已婚

未婚

请确定在选项组中使用何种类型的控件:

选项按钮(O)

复选框(C)

切换按钮

请确定所用样式:

蚀刻(E)　阴影(S)

平面(L)　凹陷(U)

凸起(R)

取消　< 上一步(B)　下一步(N) >　完成(F)

图 6-75　选择选项组中的控件类型和样式

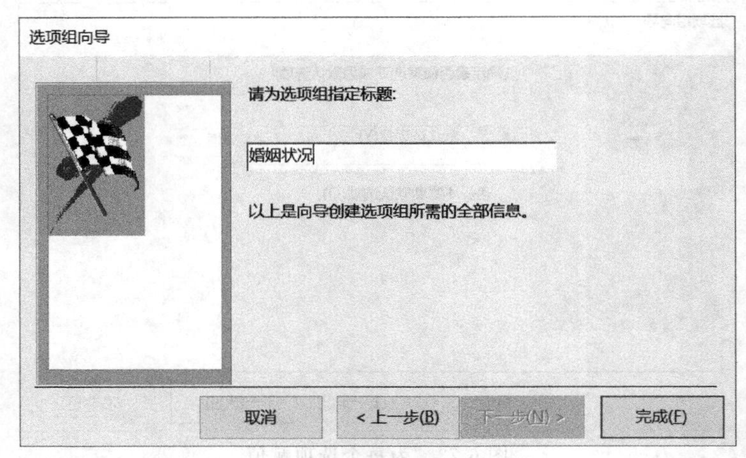

图 6-76　设置选项组的标题

可以删除该条记录。

3. 设置 Tab 键

当在窗体中输入数据时,可以使用 Tab 键选择窗体上的控件,使焦点从一个控件移至另一个控件,例如从一个文本框移动到另一个文本框。控件的"Tab 键索引"属性值决定了选择控件的顺序,如果希望在按下 Tab 键时焦点能按指定的顺序在各控件之间移动,则可以设置控件的"Tab 键索引"属性。在默认情况下,第 1 个添加到窗体上的可以获得焦点的控件的"Tab 键索引"值为 0,第 2 个控件为 1,第 3 个控件为 2,以此类推。用户可以根据实际使用的需要重新设置该属性值。

例如,要按行的顺序在"员工记录-4"窗体中输入数据,则可以将"员工编号"文本框的"Tab 键索引"属性值设置为 0,将"姓名"文本框的"Tab 键索引"属性值设置为 1,如图 6-77 所示。也可以执行"窗体设计工具/设计"→"工具"→"Tab 键次序"命令,打开"Tab 键次序"对话框,按照对话框中的操作提示设置控件的 Tab 键次序,如图 6-78 所示。

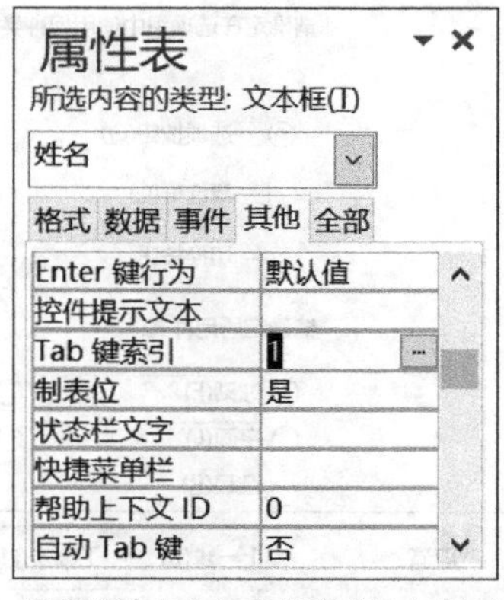

图 6-77　设置"姓名"文本框的"Tab 键索引"属性

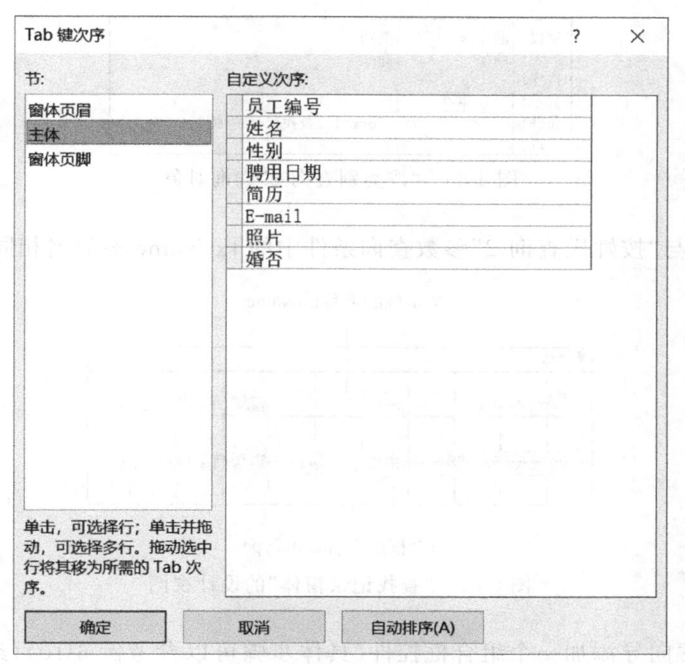

图 6-78 “Tab 键次序”对话框

4. 通过窗体查找记录

可以根据窗体中的特定输入值查找并显示相关记录。

【例 6-17】 创建一个名称为“查找记录窗体”的窗体对象，在窗体中输入员工姓氏并单击命令按钮可以显示相应员工的销售业绩情况，选择商品类别并单击命令按钮可以显示相应的商品详细信息。

操作步骤如下。

① 在“导航”窗格中，复制查询对象“按姓氏查询”(例 4-16 中创建)，并将其粘贴另存为“按姓氏查询-2”，然后打开“按姓氏查询-2”的设计视图，将“姓名”字段的条件设置为“Like [Forms]![查找记录窗体]![txtName] & "*" ”，如图 6-79 所示。

字段:	员工编号	姓名	商品编号	销售量	销售日期
表:	员工	员工	销售	销售	销售
排序:					
显示:	☑	☑	☑	☑	☑
条件:		Like [Forms]![查找记录窗体]![txtName] & "*"			
或:					

图 6-79 “按姓氏查询-2”查询对象

② 在“导航”窗格中，复制查询对象“按类别查询”(例 4-14 中创建)，并将其粘贴另存为“按类别查询-2”。然后打开“按类别查询-2”的设计视图，将“类别”字段的条件设置为“[Forms]![查找记录窗体]![comType]”，如图 6-80 所示。

③ 按图 6-81 所示创建窗体，添加 1 个标签和 1 个文本框控件，将文本框的“名称”设

图 6-80 “按类别查询-2”查询对象

置为 txtName，与“按姓氏查询-2”参数查询条件中的 txtName 参数名相同。

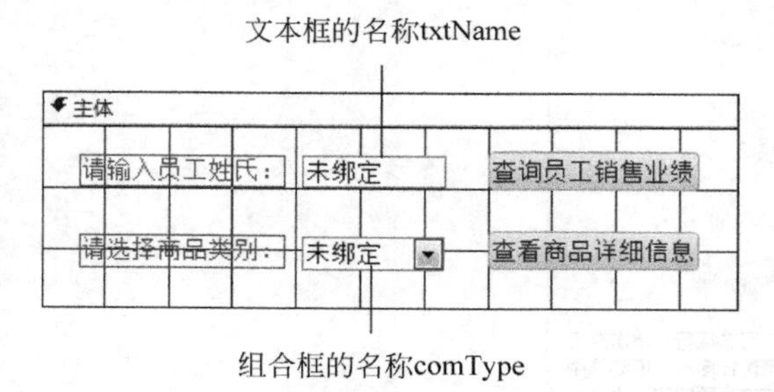

图 6-81 “查找记录窗体”的设计视图

使用组合框向导添加一个组合框控件（具体步骤可以参考例 6-10），组合框的名称为 comType，与“按类别查询-2”参数查询条件中的 comType 参数名相同。

④ 利用向导添加一个命令按钮，动作类别为“杂项”，操作为“运行查询”。然后根据向导提示选择运行的查询为“按姓氏查询-2”，将命令按钮的标题设置为“查询员工销售业绩”。

⑤ 利用向导再添加一个命令按钮，动作类别为“杂项”，操作为“运行查询”。然后根据向导提示选择运行的查询为“按类别查询-2”，将命令按钮的标题设置为“查看商品详细信息”。

⑥ 保存窗体对象，将其命名为“查找记录窗体”。

打开窗体，输入姓氏“王”，单击“查询员工销售业绩”按钮，显示结果如图 6-82 所示。在类别列表中选择“吸尘器”，单击“查看商品详细信息”按钮，显示结果如图 6-83 所示。

图 6-82 按输入的姓氏查询并显示员工销售业绩

说明：

① 例 4-14 和例 4-16 中的参数查询，其参数值来自用户在参数输入框中输入的数据。本例中的参数查询的参数引用了窗体上的控件，用户在文本框中输入的数据或在组合框中选择的数据将作为参数查询的参数值。

图 6-83　按输入的商品类别查询并显示商品详细信息

② 在参数查询的参数中引用窗体上的控件，其格式为

[Forms]![<窗体名称>]![<控件名称>]

6.7　创建主子窗体

创建主子窗体

在主子窗体中可以同时包含两个窗体，其中插入到另一个窗体中的窗体称为子窗体，被插入的窗体称为主窗体或父窗体。子窗体中还可以再插入子窗体，构成多级主子窗体。

使用主子窗体的作用是：以主窗体数据源中的某个字段（通常为主键）为依据，在子窗体中显示与主窗体中当前记录相关的记录；并且在主窗体中切换记录时，子窗体的内容也会随之切换。建立主子窗体时，主窗体数据源中的表与子窗体数据源中的表通常要建立一对多关系。

1. 使用窗体向导创建主子窗体

【例 6-18】 使用窗体向导创建主子窗体，主窗体显示员工记录，子窗体显示销售记录。操作步骤如下。

① 执行“创建”→“窗体”→“窗体向导”命令，启动窗体向导。

- 从“表/查询”下拉列表中选择“员工”表，并将“员工编号”“姓名”“性别”“聘用日期”“E-mail”这 5 个字段添加到“选定字段”框中，如图 6-84 所示。
- 再从“表/查询”下拉列表中选择“销售”表，并将“员工编号”“商品编号”“销售量”“销售日期”这 4 个字段添加到“选定字段”框中，如图 6-85 所示。

② 单击“下一步”按钮，如果两个表之间已经正确建立了关系，则要求选择查看数据的方式。本例选择默认设置，如图 6-86 所示。

如果两个表之间没有建立关系，则会显示一个提示框，要求用户先建立两个表之间的关系。

③ 单击“下一步”按钮，选择子窗体使用的布局。本例选择“数据表”选项。

④ 单击“下一步”按钮，为窗体指定标题。本例中，主窗体标题为“员工销售情况”，子

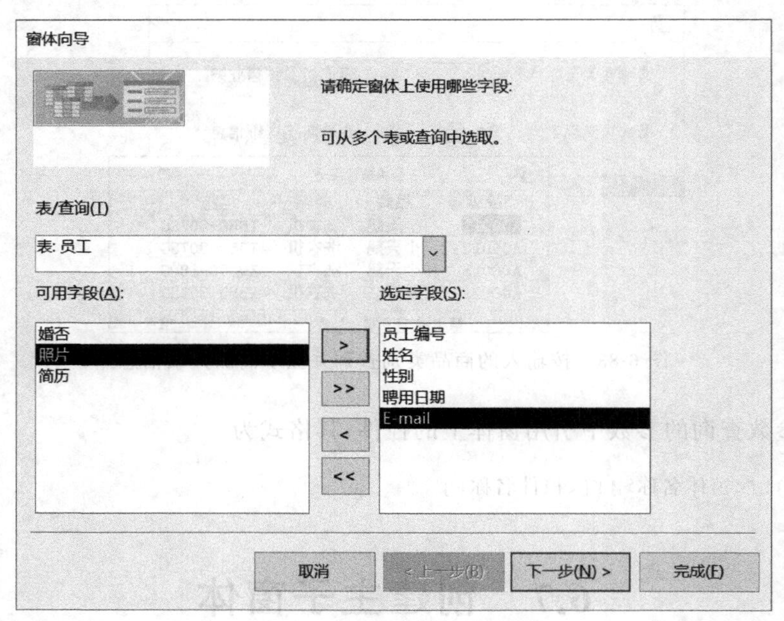

图 6-84　选择主表及其字段

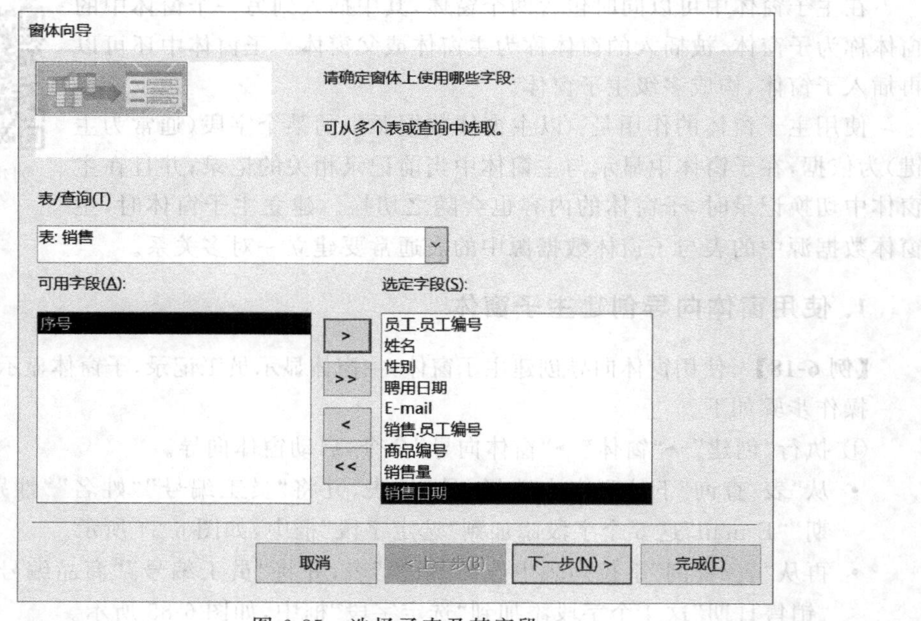

图 6-85　选择子表及其字段

窗体标题为“销售情况”。

⑤ 单击“完成”按钮，关闭窗体向导。Access 会同时创建主子两个窗体对象，结果如图 6-87 所示。

⑥ 默认情况下，窗体的标题即作为窗体对象的名称。在“导航”窗格中，将默认的“员

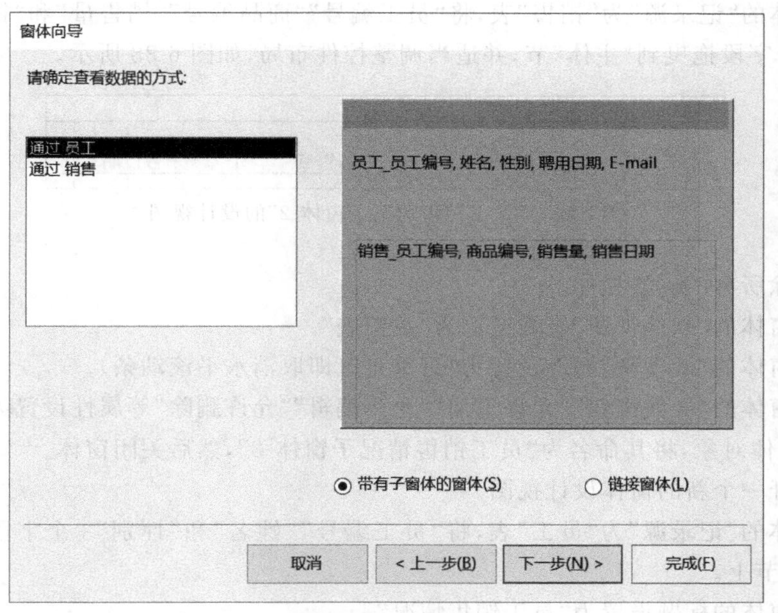

图 6-86　选择查看数据的方式

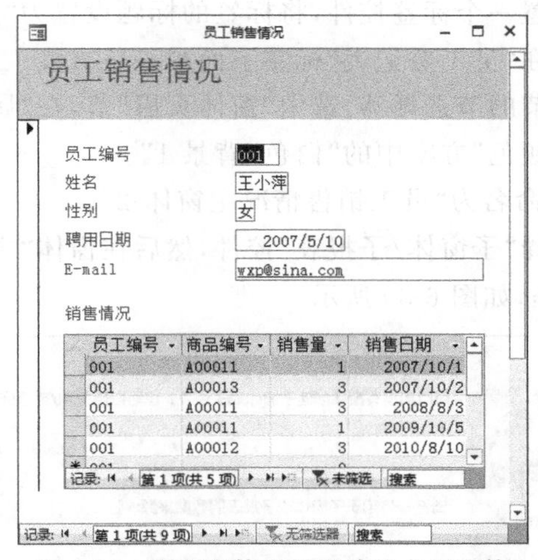

图 6-87　利用窗体向导设计的主子窗体

工销售情况"窗体对象重命名为"员工销售情况主窗体",将"销售情况"窗体对象重命名为"员工销售情况子窗体"。Access 会自动更新主窗体中引用的子窗体对象的名称。

2. 使用设计视图创建主子窗体

【例 6-19】 在设计视图中创建主子窗体,查看每个员工的销售情况。

操作步骤如下。

① 打开一个新的窗体设计视图。

• 窗体的“记录源”为“销售”表，将“员工编号”“商品编号”“销售量”和“销售日期”这4个字段拖曳到“主体”节，并适当调整控件布局，如图6-88所示。

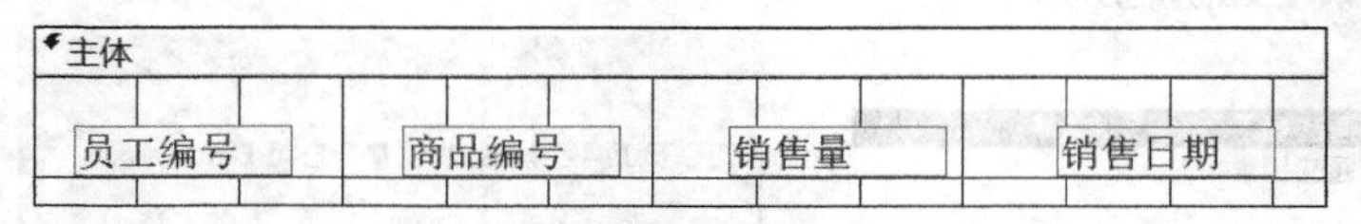

图6-88 “员工销售情况子窗体-2”的设计视图

• 删除所有的标签控件。
• 将窗体的“默认视图”属性设置为“数据表”。
• 将窗体的“滚动条”属性设置为“只垂直”(即取消水平滚动条)。
• 将窗体的“导航按钮”“允许添加”“允许编辑”“允许删除”等属性设置为“否”。

保存窗体对象，将其命名为“员工销售情况子窗体-2”，然后关闭窗体。

② 打开一个新的窗体设计视图。

• 窗体的“记录源”为“员工”表，将“员工编号”“姓名”和“性别”3个字段拖曳到“主体”节上。
• 将窗体的标题设置为“员工销售情况”。
• 执行“窗体设计工具/设计”→“页眉/页脚”→“标题”命令，Access会自动添加“窗体页眉”节，并放置一个标签控件，将标签的标题设置为“员工登记表”。
• 利用“直线”控件在“员工登记表”标签下面画一条直线。
• 单击“窗体页眉”节的节选择器，选中“窗体页眉”节，在“属性表”中将该节的“背景色”设置为“主题颜色”方案中的“白色，背景1”。

保存窗体对象，将其命名为“员工销售情况主窗体-2”。

③ 在“控件”组中选择“子窗体/子报表”控件，然后在窗体“主体”节的合适位置单击，打开“子窗体向导”对话框，如图6-89所示。

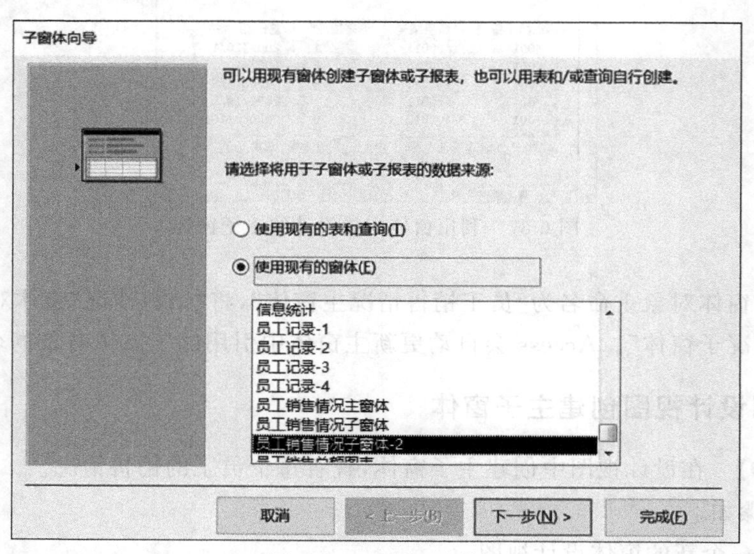

图6-89 选择子窗体

• 选择“使用现有的窗体”选项，并从列表框中选择“员工销售情况子窗体-2”选项。
• 单击“下一步”按钮，选择主窗体和子窗体链接的字段，如图 6-90 所示。本例选择默认设置，以“员工”表的“员工编号”为依据，在子窗体中显示相关员工的销售记录。

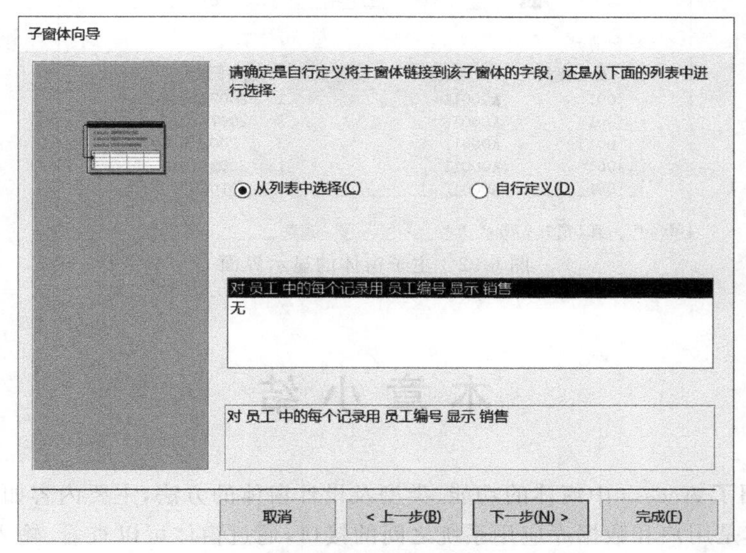

图 6-90 确定主窗体和子窗体链接的字段

• 单击“下一步”按钮，设置子窗体控件的名称。本例为“销售情况”。
• 单击“完成”按钮，在当前窗体中插入“员工销售情况子窗体-2”对象。

设计结果如图 6-91 所示。

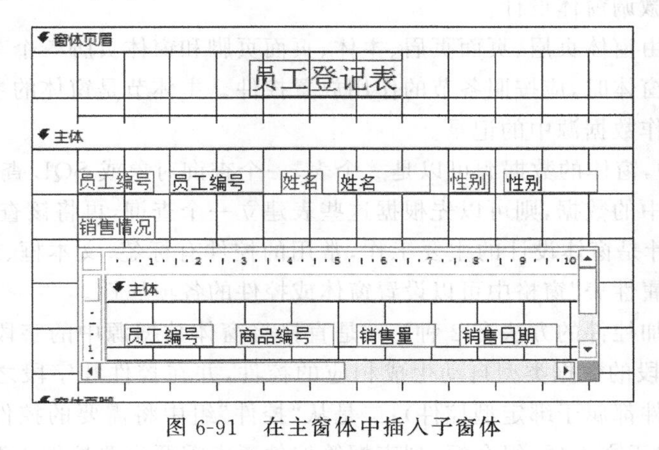

图 6-91 在主窗体中插入子窗体

④ 在主窗体中适当调整子窗体对象的大小，然后保存主窗体。打开窗体，结果如图 6-92 所示。

图 6-92 主子窗体的显示界面

本章小结

本章介绍了Access中窗体的功能、类型及设计窗体的方法，主要内容如下。

(1) 窗体是用户和数据库应用系统之间的接口，通过窗体可以查看、输入和编辑数据表中的数据，还可以控制应用程序的流程。

(2) 根据窗体的工作方式或功能可以将窗体分为不同的类型。

(3) 使用窗体工具和窗体向导可以快速创建功能相对简单的窗体，在窗体设计视图中可以根据实际需求设计个性化、功能复杂的窗体。利用窗体布局视图可以在窗体运行的状态下直观地微调窗体设计。

窗体设计器由窗体页眉、页面页眉、主体、页面页脚和窗体页脚5个节组成(默认只显示主体节)，设计窗体时，应按照各节的作用放置控件。主体节是窗体的主要设计区域，通常用来显示或操作数据源中的记录。

在Access中，窗体的数据源可以是一个表、一个查询对象或SQL查询。如果在窗体中要访问多个表中的数据，则可以先根据这些表建立一个查询，再将该查询作为数据源。

(4) 控件设计是窗体设计的主要工作，常用的控件有标签、文本框、组合框、列表框、命令按钮等，在"属性表"窗格中可以设置窗体或控件的各项属性。

在窗体上添加控件的方法有2种：一是直接将窗体数据源中的字段拖曳到窗体上，Access会根据字段的数据类型自动生成相应的控件，并在控件和字段之间建立关联(这种方式生成的控件都属于绑定型控件)；二是从"控件"组中将需要的控件添加到窗体上，在这种情况下，对于文本框、组合框、列表框等控件通常需要设置控件来源属性，其属性值可以是窗体数据源中的某个字段(这样的控件为绑定型控件)，也可以是一个表达式(这样的控件为计算型控件)。

(5) 主子窗体通常用于显示具有一对多关系的2个表或查询的数据。建立主子窗体时，必须在两个窗体的数据源所基于的表之间建立一对多(或一对一)关系。

习 题 6

6.1 思考题

1. 窗体的作用包括哪些?
2. 简述使用窗体设计器创建窗体的一般过程。
3. 文本框控件有哪几种类型?
4. 选项组控件的作用是什么?
5. 如何创建主子窗体?

6.2 选择题

1. 下列选项中不属于 Access 窗体的视图是(　　)。
   A) 设计视图　　B) 版面视图　　C) 窗体视图　　D) 数据表视图
2. 在窗体设计视图中,必须包含的节是(　　)。
   A) 主体　　B) 页面页眉和页脚
   C) 窗体页眉和页脚　　D) 以上三项都要包括
3. 可以作为窗体记录源的是(　　)。
   A) 表　　B) SQL 查询语句
   C) 查询　　D) 表、查询或 SQL 语句
4. 打开"属性"对话框,可以更改的对象是(　　)。
   A) 窗体上单独的控件　　B) 整个窗体
   C) 窗体上的节　　D) 以上全部
5. 在 Access 中,使用窗体可以完成的数据操作有(　　)。
   A) 添加记录　　B) 筛选记录　　C) 修改记录　　D) 以上都包括
6. 下列选项中不是窗体的"数据"属性的是(　　)。
   A) 允许添加　　B) 排序依据　　C) 记录源　　D) 自动居中
7. 为窗体中的命令按钮设置单击时发生的动作,应选择"属性"对话框的(　　)。
   A) 格式选项卡　　B) 事件选项卡　　C) 数据选项卡　　D) 方法选项卡
8. 在窗体视图中显示窗体时,窗体中没有记录选定器,应将窗体的"记录选定器"属性设置为(　　)。
   A) 是　　B) 有　　C) 否　　D) 无
9. 在窗体设计工具箱中,代表组合框的图标是(　　)。
   A)　　B)　　C)　　D)
10. 能够接收数值型数据输入的窗体控件是(　　)。
   A) 图像　　B) 文本框　　C) 命令按钮　　D) 标签

11. 要改变窗体中文本框控件的输出内容,应设置的属性是(　　)。

A) 标题　　B) 控件来源　　C) 查询条件　　D) 记录源

12. 若要求在文本框中输入文本时达到密码“*”的显示效果,则应该设置的属性是(　　)。

A) 默认值　　B) 输入掩码　　C) 有效性文本　　D) 密码

13. 在窗体中用来输入和编辑字段值的交互控件是(　　)。

A) 标签　　B) 列表框　　C) 文本框　　D) 复选框

14. 如果不允许文本框中的数据被修改,则可以设置文本框控件的(　　)属性。

A) 是否锁定　　B) 输入掩码　　C) 默认值　　D) 有效性规则

15. 下列选项中不是文本框的“事件”属性的是(　　)。

A) 更新前　　B) 加载　　C) 退出　　D) 单击

16. 用来显示与窗体关联的表或查询中字段值的控件类型是(　　)。

A) 绑定型　　B) 关联型　　C) 计算型　　D) 非绑定型

17. 在 Access 数据库中,若要求在窗体上输入的数据是取自某一个表或查询中记录的数据,或取自某固定内容的数据,可以使用的控件是(　　)。

A) 选项卡控件　　B) 列表框或组合框控件

C) 文本框控件　　D) 复选框、切换按钮、选项按钮

18. 在 Access 中建立了“员工”表,其中有可以存放照片的字段。在使用向导为该表创建窗体时,“照片”字段所使用的默认控件是(　　)。

A) 图像　　B) 绑定对象框　　C) 非绑定对象框　　D) 列表框

19. 既可以直接输入文字,又可以从列表中选择输入值的控件是(　　)。

A) 组合框　　B) 文本框　　C) 列表框　　D) 复选框

20. 假设在 Access 中建立了包含“商品名称”“单价”和“数量”等字段的“订单”表,在以该表为数据源创建的“产品订单”窗体中有一个用于计算订购总金额的文本框,其控件来源是(　　)。

A) [单价]*[数量]

B) [产品订单]![单价]*[产品订单]![数量]

C) =[单价]*[数量]

D) =[产品订单]![单价]*[产品订单]![数量]

21. 某字段为“是/否”型数据,则在窗体中可以显示该数据的控件是(　　)。

A) 标签　　B) 命令按钮　　C) 复选框　　D) 以上都是

6.3　填空题

1. 窗体由多个部分组成,每个部分称为一个________。
2. 标签控件在窗体的________视图中不能显示。
3. 创建主子窗体时,通常需要在作为窗体数据源的两个表之间建立________关系。
4. 能够唯一标识某一控件的属性是________。
5. 计算型控件的控件来源属性一般设置________为开头的计算表达式。

6. 当文本框中的内容发生改变时，触发的事件名称是________。

7. 利用窗体的________视图可以在窗体运行状态下微调窗体设计。

8. ________提供了一种在窗体和报表中添加、重复使用和更新图像的方式。

6.4 上机练习题

在“订阅管理”数据库中完成以下操作。

1. 建立一个名称为“客户登记”的窗体，数据源为“客户”表，其他窗体和控件属性参考图 6-93 中的效果完成。

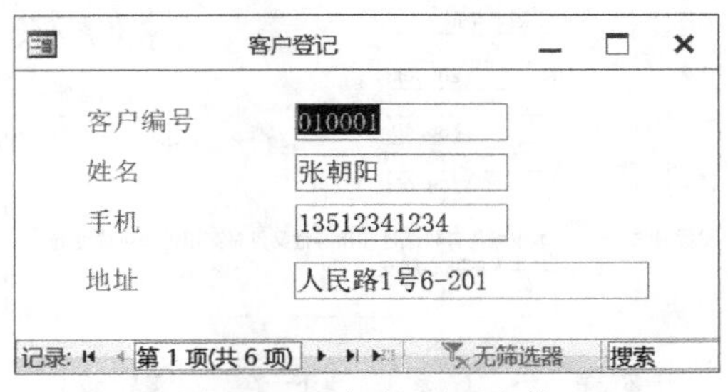

图 6-93 “客户登记”窗体

2. 创建一个名称为“订阅登记”的窗体，如图 6-94 所示，要求如下。

订阅登记

订阅号	客户编号	邮发代号	订阅日期	订阅份数
1	010001	1-14	2008/11/5	1
2	010001	1-20	2008/12/10	1
3	010002	1-4	2008/12/25	5
4	010003	1-47	2009/11/8	1
5	010003	1-14	2009/11/8	1
6	010004	1-14	2009/11/8	1
7	010004	1-38	2009/12/2	1
8	010004	1-20	2009/12/2	1
9	010001	1-14	2009/12/10	2
10	010002	1-4	2009/12/25	8

日期: 2020/3/9　　订阅总份数: 33

图 6-94 “订阅登记”窗体

(1) 数据源为“订阅”表。

(2) 默认视图设置为“连续窗体”，“窗体滚动条”属性设置为“只垂直”。

(3) 在“窗体页脚”节中添加两组标签和文本框控件，分别显示当前日期和订阅总份数。

(4) 其他窗体和控件的位置、大小等属性参考图 6-94 中的效果进行设置。

3. 建立一个名称为“报纸登记”的窗体，如图 6-95 所示，要求如下。

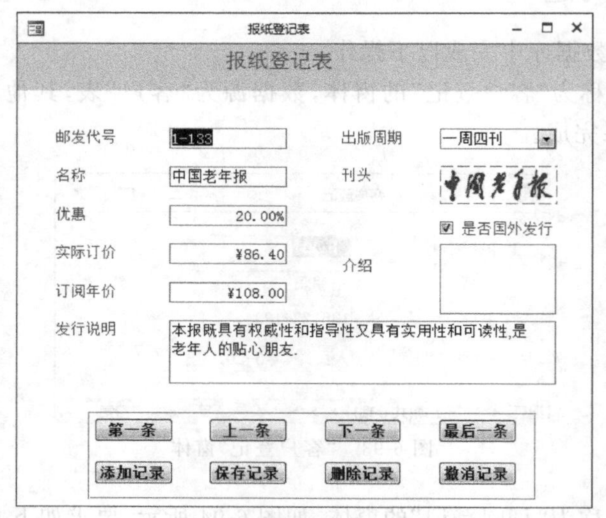

图 6-95 “报纸登记”窗体

(1) 数据源为“报纸”表，窗体标题为“报纸登记表”。

(2) 在窗体页脚中添加 4 个记录导航命令按钮和 4 个记录操作命令按钮，如图 6-95 所示。

(3) 在“窗体页眉”节中添加标题为“报纸登记表”的标签控件(名称为 lblTitle)。标签控件的高度为 1cm，宽度为 3cm，字号为 16，字体为隶书，左边距为 5cm，上边距为 0.1cm，背景样式为透明。

(4) 取消窗体的滚动条、导航按钮、记录选定器和分隔线，设置自动居中属性为“是”。

(5) 其他窗体和控件的位置、大小等属性参考图 6-95 中的效果进行设置。

4. 创建一个名称为“订阅管理统计”的窗体，如图 6-96 所示，要求如下。

订阅管理统计

订阅管理

报纸价格统计 | 报纸订阅统计 | 客户订阅统计

客户编号	总计 订阅份数	1-14	1-20	1-38	1-4
010001	5	4	1		
010002	13				13
010003	3	1			
010004	3	1	1	1	
010005	6		2		2
010006	3				

图 6-96 “订阅管理统计”窗体

(1) 在“窗体页眉”节中添加标签，标题为“订阅管理”。

(2) 在“主体”节中添加“选项卡”控件并包含 3 个页面，页面标题如图 6-96 所示。

(3) 在 3 个页面中分别用向导方式创建列表框控件，显示第 4 章所建立的查询对象 QY4、QY14、QY13 的数据，并设置列表框控件的“列标题”属性为“是”。

(4) 其他窗体和控件的位置、大小等属性参考图 6-96 中的效果进行设置。

5. 创建一个名称为“订阅管理系统”的窗体，如图 6-97 所示，要求如下。

(1) 添加一个选项组控件，关联标签的标题为“订阅管理”。

(2) 添加 4 个命令按钮，单击时分别打开“报纸记录”“客户记录”“订阅记录”和“信息统计”4 个窗体对象。

(3) 其他窗体和控件属性设置参考图 6-97 的效果完成。

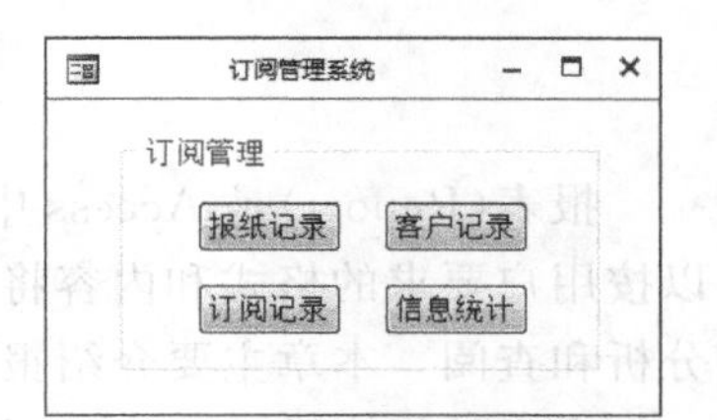

图 6-97 “订阅管理系统”窗体

6. 创建主子窗体，窗体和控件属性设置参考图 6-98 的效果完成，要求如下。

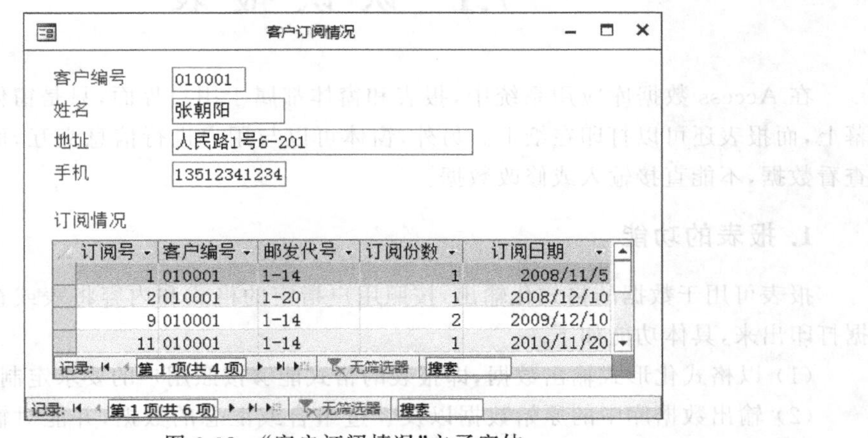

图 6-98 “客户订阅情况”主子窗体

(1) 主窗体中显示客户信息，将主窗体对象命名为“客户订阅情况”。

(2) 子窗体中显示对应客户的订阅情况，将子窗体对象命名为“订阅子窗体”。

7. 创建一个名称为“报纸信息查询”的窗体，如图 6-99 所示。要求：在文本框(名称为 txtName)中输入报纸名称，单击“确定”按钮(名称为 cmdOk)，显示相关报纸的订阅情况(提示：参考第 4 章所建立的参数查询 QY12)。

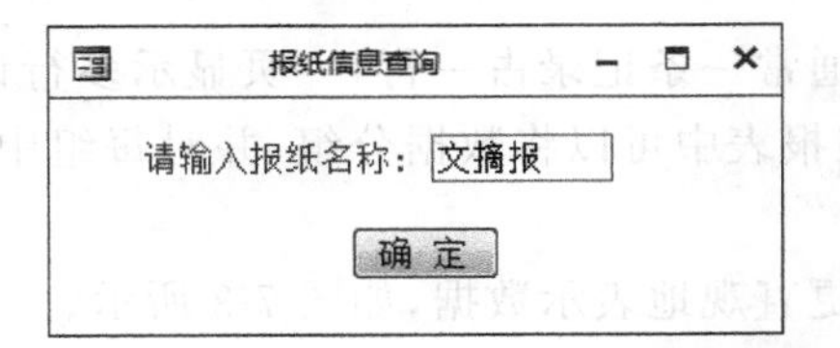

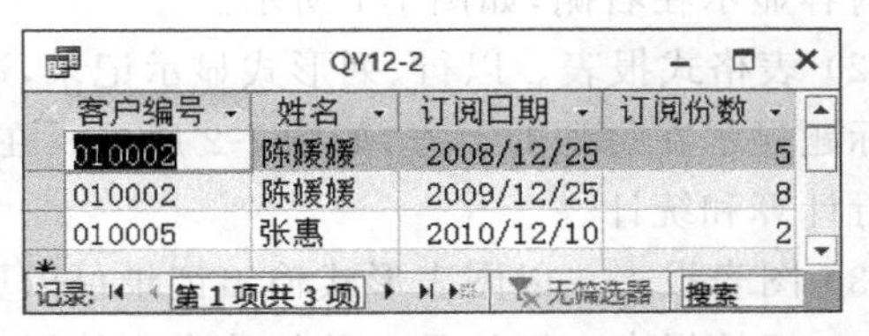

图 6-99 “报纸信息查询”窗体及查询显示结果

第7章 报表设计

报表(Report)是Access中提供的一种专门用于输出和打印数据的数据库对象，它可以按用户要求的格式和内容将数据库中的信息及其汇总信息打印输出，以方便用户进行分析和查阅。本章主要介绍报表的创建与设计方法。

本章的报表设计均在“销售管理”数据库中进行，以下不再赘述。

7.1 认识报表

在Access数据库应用系统中，报表和窗体都属于用户界面，只是窗体通常显示在屏幕上，而报表还可以打印在纸上。另外，窗体可以与用户进行信息交互，而报表通常用于查看数据，不能直接输入或修改数据。

1. 报表的功能

报表可用于数据的格式化输出，按照用户指定的格式和内容将表或查询对象中的数据打印出来，具体功能如下。

(1) 以格式化形式输出数据，即报表的格式能够按照用户的要求定制。

(2) 输出数据库中的原始数据以及经过组合或汇总的数据，并能对输出的结果进行分组和排序。

(3) 将数据库中的数据以清单、标签或图表等形式输出。

2. 报表的类型

在Access中，报表主要分为以下4种类型。

(1) 纵栏式报表。显示一条或多条记录，一行显示一个字段，字段标题显示在左侧，字段内容显示在右侧，如图7-1所示。

(2) 表格式报表。以行、列形式显示记录，通常一条记录占一行，一页显示多行记录，字段标题显示在每列的上方，如图7-2所示。在报表中可以将数据分组，并对每组中的数据进行计算和统计。

(3) 图表报表。以图表形式输出记录可以更直观地表示数据，如图7-3所示。

(4) 标签报表。标签是一种特殊类型的报表，例如实际应用中的商品标签、客户的邮件标签、员工卡等，如图7-4所示。

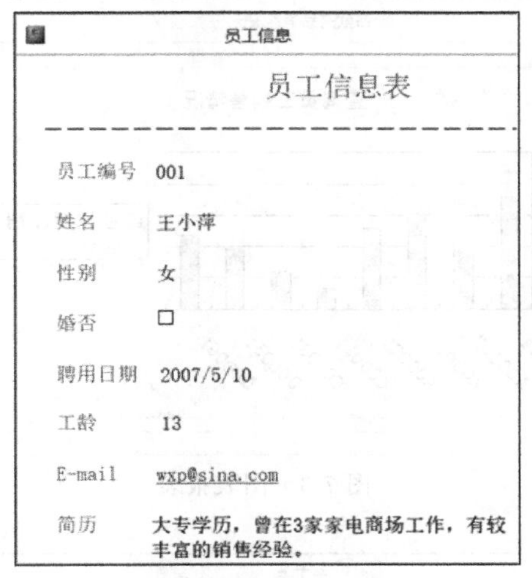

图 7-1　纵栏式报表

商品信息

商品编号	品牌	类别	型号	进价	销售价	利润率	商品介绍
A00021	荣事达	洗衣机	RB55-3012G	830.40	1038.00	25.00%	
A00011	小天鹅	洗衣机	TB60-3073G	1005.60	1257.00	25.00%	
A00012	小天鹅	洗衣机	TB50-3073G	852.00	1048.00	23.00%	
A00013	小天鹅	洗衣机	XQB50-180G	842.00	1018.00	20.90%	
C00032	伊莱克斯	吸尘器	ZB2811	1248.00	1498.00	20.03%	
C00031	伊莱克斯	吸尘器	ZS203	1000.00	1180.00	18.00%	
C00011	飞利浦	吸尘器	FC8641/01	1175.00	1350.00	14.89%	
D00051	LG	微波炉	MG5337MKMR	670.00	760.00	13.43%	
D00061	格兰仕	微波炉	G8023CSL-K	535.00	588.00	9.91%	

图 7-2　表格式报表

3. 报表的视图

Access 为报表提供了 4 种视图：报表视图、设计视图、布局视图和打印预览视图。

- 报表视图：浏览精确呈现的报表，而不必打印它或在打印预览中显示它。在该视图下还可以应用筛选以选择需要显示的数据。
- 设计视图：创建和编辑报表的结构、内容及格式等。
- 布局视图：在显示数据的情况下调整报表设计。布局视图中提供了设计布局，这

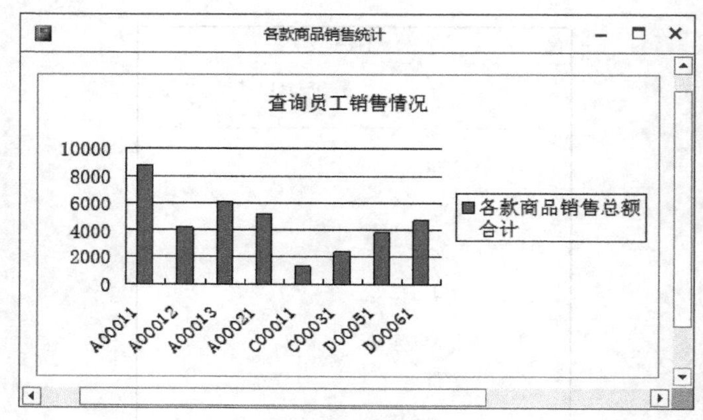

图 7-3　图表报表

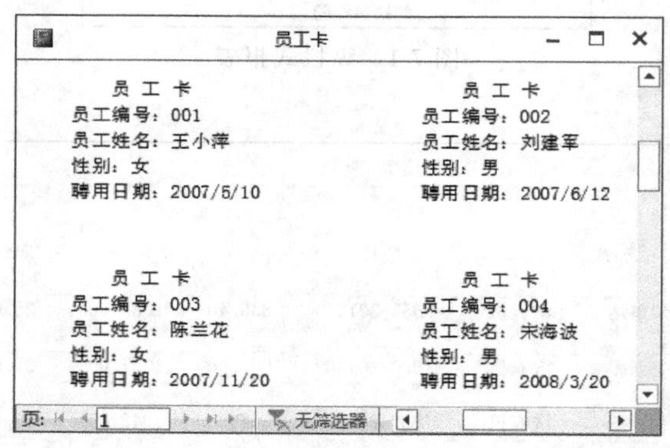

图 7-4　标签报表

些布局是一系列控件组，可以将它们作为一个整体进行调整，以方便地重排字段、行、列或整个布局以及删除字段或设置格式等。

- 打印预览视图：按照设计的布局和内容浏览报表的实际显示效果，或者直接打印该报表。

4. 报表的数据源

报表的数据源可以是数据库中的表、查询以及 SQL 查询语句。

5. 报表创建工具

报表创建工具如表 7-1 所示。

表 7-1　报表创建工具

工　具	说　明
报表	创建简单的表格式报表，包含记录源中的所有字段
报表设计	在设计视图中打开一个空报表，添加所需字段和控件

续表

工　　具	说　　明
空报表	在布局视图中打开一个空报表，添加所需字段和控件
报表向导	一个多步骤向导，允许指定字段、分组/排序级别和布局选项
标签	一个向导方式，允许选择标准或自定义的标签大小、要显示的字段以及字段排序方式

Access 中提供的报表创建工具的使用方法与窗体设计类似。在实际应用中，一般可以首先使用自动报表或向导方式快速创建报表结构，然后在设计视图和布局视图中对其外观、功能加以完善，从而提高报表设计的效率。

7.2　使用向导创建报表

Access 提供了创建报表的一种简单快捷的方式，即在“导航”窗格中选择一个表或查询对象，然后执行“创建”→“报表”→“报表”命令，即以该表或查询为数据源自动生成一份报表，报表中包含数据源中的所有字段。

使用报表向导方式可以根据用户选择的记录源、字段和报表版面格式等信息快速创建报表。本节介绍两种向导方式：报表向导和标签。

【例 7-1】 使用“报表向导”创建报表，输出“员工”表中的信息，并按“性别”分组，组内按“员工编号”排序。

操作步骤如下。

① 打开“销售管理”数据库，单击“创建”→“报表”→“报表向导”按钮，打开“报表向导”对话框，如图 7-5 所示。

② 选择数据来源为“员工”表，依次单击“添加”按钮 > 将“员工编号”“姓名”“性别”“婚否”“聘用日期”“E-mail”和“简历”等字段添加到“选定字段”框中。

③ 单击“下一步”按钮，选择分组字段，如图 7-6 所示，本例为“性别”。

④ 单击“下一步”按钮，选择排序字段。本例为“员工编号”。

⑤ 单击“下一步”按钮，选择报表的布局方式。本例为“递阶”。

⑥ 单击“下一步”按钮，指定报表的标题。本例默认为“员工”。

⑦ 单击“完成”按钮，在打印预览视图中显示报表，如图 7-7 所示。报表的标题默认作为报表对象的名称，关闭“员工”报表，在“导航”窗格中将其重命名为“员工记录单-1”。

【例 7-2】 使用“标签”向导建立标签报表，输出员工信息。

操作步骤如下。

① 在“导航”窗格中选择“员工”表，然后单击“创建”→“报表”→“标签”按钮，打开“标签向导”对话框，如图 7-8 所示，指定标签尺寸或自定义标签尺寸。本例中，选择型号 C2166，即每个标签的尺寸为 52mm×70mm，每页 2 列标签。

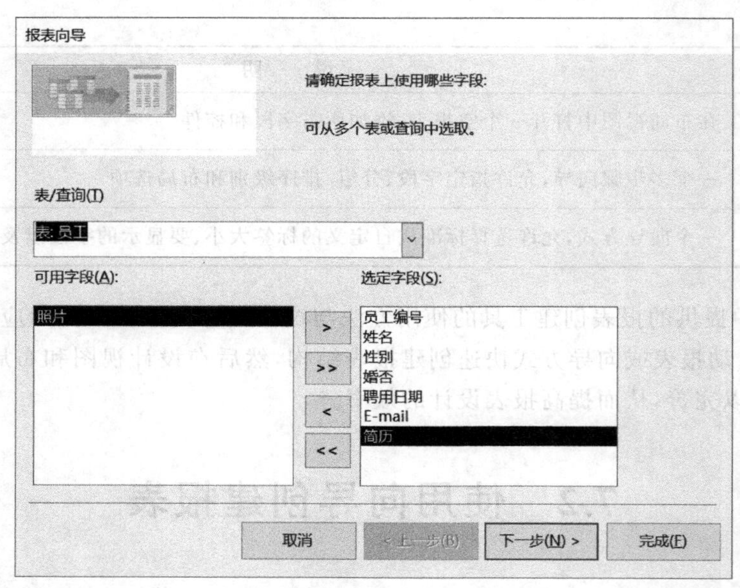

图 7-5 “报表向导”对话框

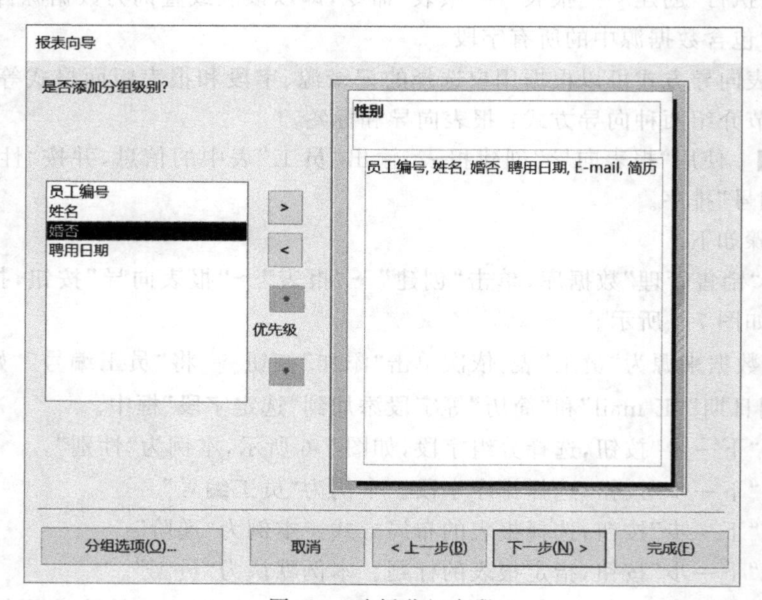

图 7-6 选择分组字段

② 单击“下一步”按钮，选择标签中文本的字体和颜色。

③ 单击“下一步”按钮，设计原型标签，如图 7-9 所示。

在“原型标签”框的第 1 行中输入“员工卡”，按 Enter 键换行。

在第 2 行中输入“员工编号：”，然后单击“添加”按钮 > 将“员工编号”字段从“可用字段”列表中添加到原型标签的当前位置（系统自动为该字段加上花括号{}），也可以直接

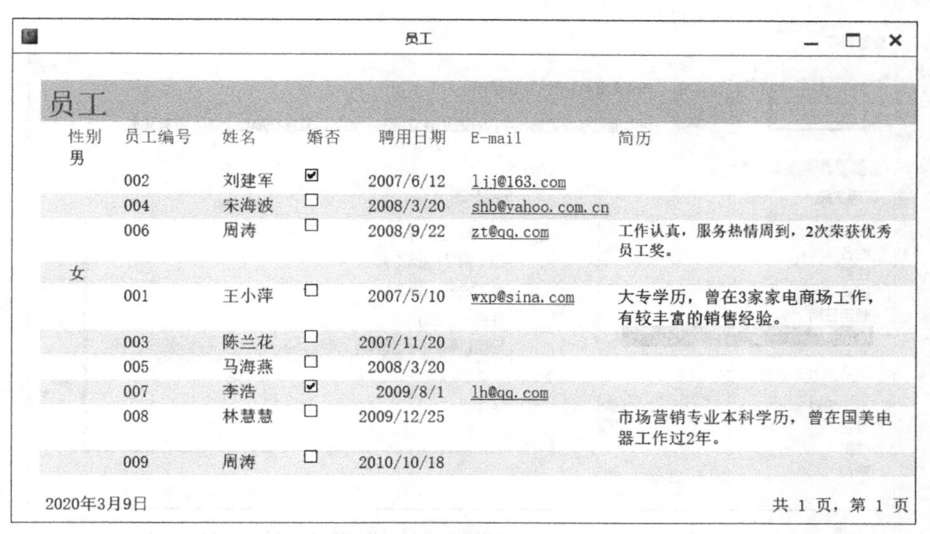

图 7-7 “员工记录单-1”报表

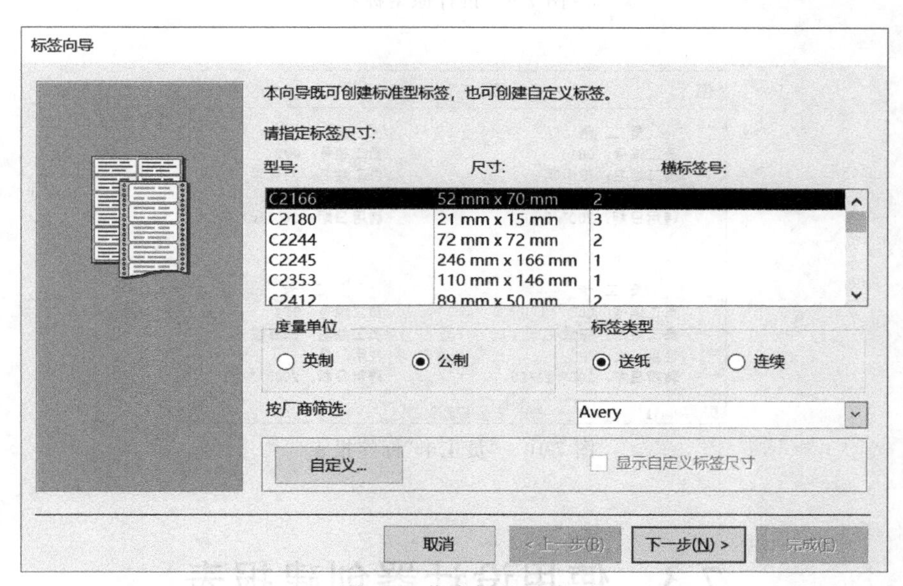

图 7-8 指定标签尺寸

输入“{员工编号}”。

利用同样的方法完成其他 3 行的设计。

④ 单击“下一步”按钮，选择排序字段，本例为“员工编号”。

⑤ 单击“下一步”按钮，指定报表的标题，本例为“员工卡”。单击“完成”按钮，打印预览视图如图 7-10 所示。

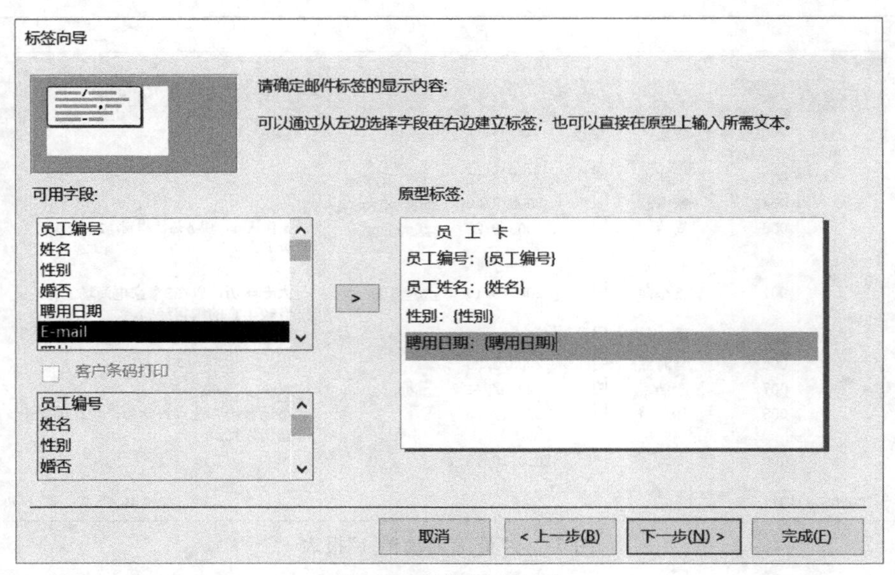

图 7-9　设计原型标签

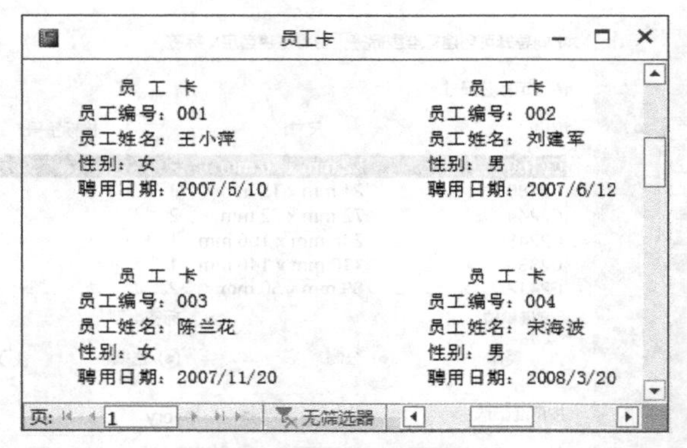

图 7-10　“员工卡”标签报表

7.3　使用设计器创建报表

使用自动功能和向导方式可以快速创建相对简单的报表，如果需要自定义报表的布局和内容，或者修改和完善已有的报表，则可以使用报表设计器，它提供了一种灵活的报表创建方法。

7.3.1　报表的设计视图

执行“创建”→“报表”→“报表设计”命令，可以打开报表的设计视图。报表的设计视图与窗体的设计视图很相似。完整的报表由报表页眉、页面页眉、组页眉、主体、组页脚、页面页脚和报表页脚 7 个节组成。默认只显示页面页眉、主体、页面页脚 3 个节。

报表设计视图的结构如图 7-11 所示。

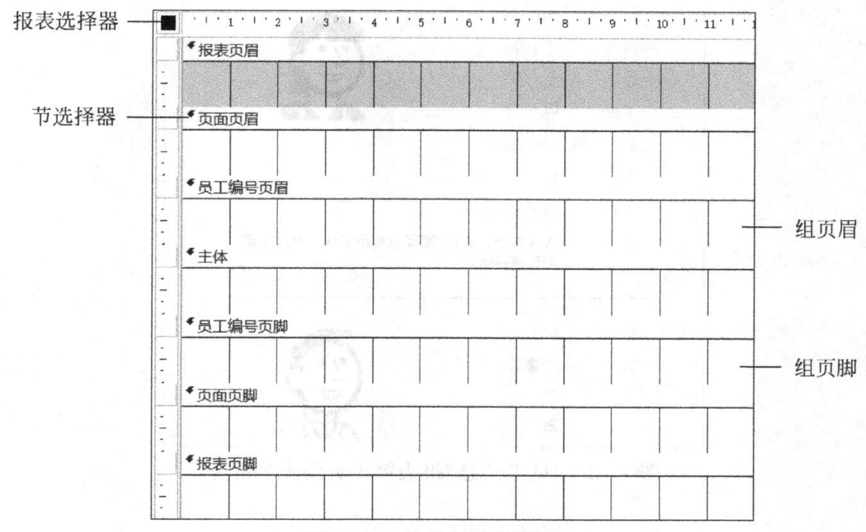

图 7-11　报表的设计视图

- 报表页眉。常用于显示报表的标题、日期、标志图案或说明性文字等，报表页眉只在第 1 页的开头打印一次。
- 页面页眉。常用于显示报表中各列数据的标题，在报表的每页开头都打印一次。
- 组页眉。显示分组字段，在每组开头打印一次。
- 主体。显示数据源中的记录，是报表显示数据的主要区域，每条记录打印一次。
- 组页脚。常用于显示分组的统计信息，在每组末尾打印一次。
- 页面页脚。打印在每页的底部，常用于显示页码等信息，在报表的每页末尾打印一次。
- 报表页脚。常用于显示整份报表的统计信息、日期以及说明信息等，在每份报表末尾打印一次。

7.3.2　设计报表

设计报表

在报表设计器中建立报表的方法与在窗体设计器中建立窗体的方法类似，需要指定报表的数据源、在报表中添加控件、设置控件的控件来源及其他属性等。

【例 7-3】 创建一个名称为“员工信息”的报表对象，显示员工的详细情况，如图 7-12 和图 7-13 所示。

操作步骤如下。

① 打开“销售管理”数据库，单击“创建”→“报表”→“报表设计”按钮，打开报表设计视图。在设计区域右击，在弹出的快捷菜单中选择“报表页眉/页脚”选项。

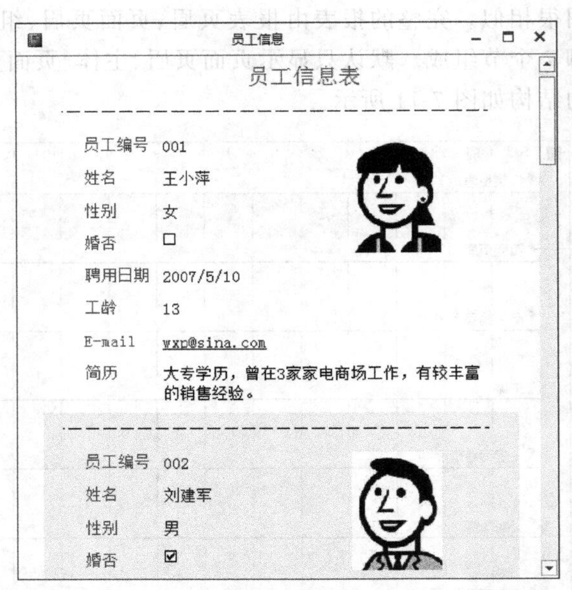

图 7-12 “员工信息”报表第 1 页的上半部分

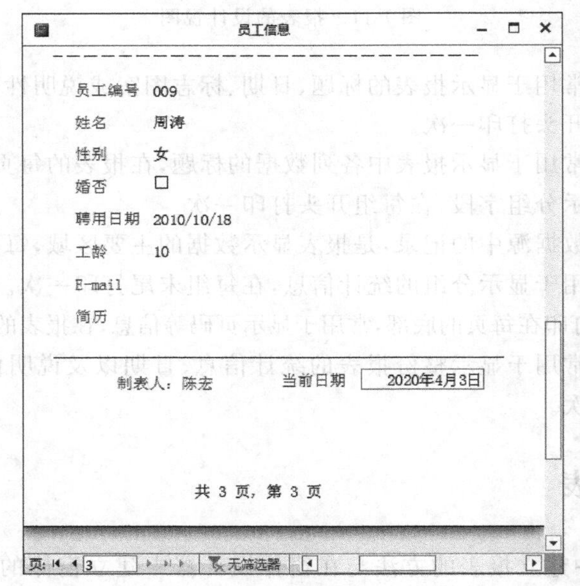

图 7-13 “员工信息”报表最后一页的下半部分

单击“报表设计工具/设计”→“工具”→“属性表”按钮，打开报表的“属性表”窗格，将报表的“记录源”属性设置为“员工”表。

② 在“页面页眉”节中添加一个标签，标题为“员工信息表”。然后设置字体为宋体，字号大小为 16，标签高度为 0.7cm，宽度为 3cm。

③ 单击“报表设计工具/设计”→“工具”→“添加现有字段”按钮，打开“字段列表”窗

格，将所有字段都拖曳到“主体”节，并进行以下调整。

- 将“简历”文本框的“可以扩大”属性设置为“是”，表示当文本框中的内容超过文本框的高度时自动向下扩展。
- 将“照片”绑定对象框的“缩放模式”属性设置为“缩放”，“边框样式”属性设置为“透明”，表示显示时不加边框。
- 添加一个文本框控件，关联标签的标题为“工龄”，将文本框的“控件来源”属性设置为“=Year(Date())-Year([聘用日期])”。

④ 执行“报表设计工具/设计”→“页眉/页脚”→“页码”命令，打开如图 7-14 所示的“页码”对话框，在页脚插入页码，格式为“第 N 页，共 M 页”。

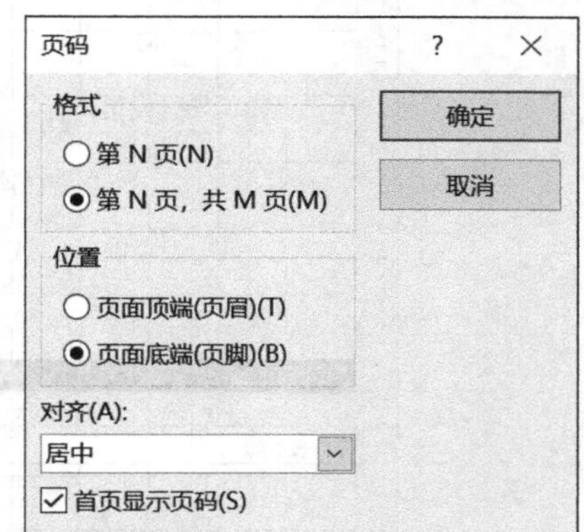

图 7-14 “页码”对话框

⑤ 在“报表页脚”节中添加一个文本框控件，关联标签的标题为“当前日期：”。文本框的“控件来源”属性为“=Date()”，“格式”属性为“长日期”。

⑥ 在“主体”节的最上方添加一条直线，将“边框样式”属性设置为“虚线”。在“报表页脚”节的最上方添加一条直线，将“边框样式”属性设置为“实线”。

⑦ 适当调整报表中各节的高度以及各控件大小、位置、对齐，设计结果如图 7-15 所示。也可以切换到布局视图，在浏览数据的同时调整报表及控件格式和布局。

⑧ 单击快速访问工具栏上的“保存”按钮，保存报表对象，将其命名为“员工信息”。

从功能区的“视图”列表中选择“打印预览”选项，报表的预览效果如图 7-12 和图 7-13 所示。

在功能区中，单击“打印预览”→“关闭预览”→“关闭打印预览”按钮可以退出打印预览视图。关闭报表对象后，若要重新预览报表，则可以在“导航”窗格中右击该对象，在弹出的快捷菜单中选择“打印预览”选项。

设计报表时可以通过灵活使用报表属性、控件属性和节属性等设计出更加丰富的报表。报表中的控件与窗体中的控件的属性相同，在此不再赘述。下面介绍报表和节的一些常用属性及其设置方法。

(1) 报表属性。

- 记录源：可以是表、查询或者 SQL 语句。
- 筛选：设置筛选条件，报表只输出符合条件的记录子集。
- 加载时的筛选器：指定是否在打开报表时应用筛选条件。
- 排序依据：设置报表中记录的排序条件。
- 加载时的排序方式：指定是否在打开报表时应用排序规则。
- 记录锁定：设置在生成报表所有页之前是否禁止其他用户修改数据源中的记录。
- 打开：在“事件”选项卡中，在报表打开时执行该属性设置的宏、表达式或代码。

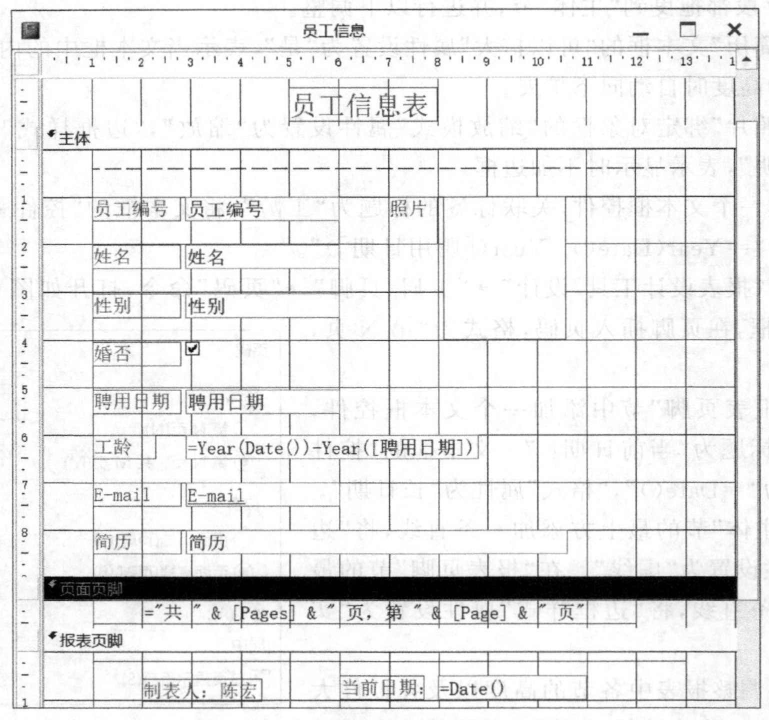

图 7-15 “员工信息”报表的设计视图

• 关闭：在“事件”选项卡中，在报表关闭时执行该属性设置的宏、表达式或代码。

(2) 节属性。

• 强制分页：设置为“是”表示可以强制换页。
• 保持同页：设置为“是”表示一节区域内的所有行保持在同一页中；设置为“否”表示跨页边界编排。
• 可见：设置为“是”表示可以显示该区域。
• 可以扩大：设置为“是”表示可以让节区域扩展以容纳较长的文本。
• 可以缩小：设置为“是”表示可以让节区域缩小以容纳较短的文本。
• 打印：在“事件”选项卡中，在打印或预览报表时执行该属性设置的宏、表达式或代码。

7.3.3 报表的排序与分组

报表的排序与分组

在报表中可以按指定的字段对记录进行排序和分组，并对各组数据进行统计。在 Access 中，可以设置多个排序字段，也可以设置多级分组，并且可以同时使用排序和分组功能。

【例 7-4】 创建一个名称为“商品信息”的报表对象，按利润率的降序输出所有商品信息，如图 7-2 所示。

操作步骤如下。

① 单击“创建”→“报表”→“报表设计”按钮，打开报表设计视图，将报表“记录源”设置为“商品”表。

② 从“字段列表”中将“商品”表中的所有字段都拖曳到报表“主体”节，选中“主体”节中的所有控件，执行“报表设计工具/排列”→“表”→“表格”命令，建立表格式报表，并将“商品介绍”列移动到表格的最后，如图 7-16 所示。然后将“利润率”文本框的“格式”属性设置为“百分比”。

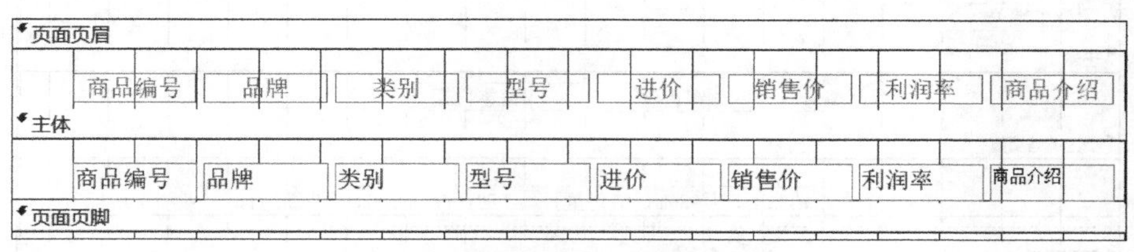

图 7-16 “商品信息”报表的设计视图

③ 执行“报表设计工具/设计”→“分组和汇总”→“分组和排序”命令，打开“分组、排序和汇总”窗格，如图 7-17 所示。单击“添加排序”按钮，打开“选择字段”列表，选择“利润率”字段，并在“排序依据”行中选择“降序”选项，如图 7-18 所示。

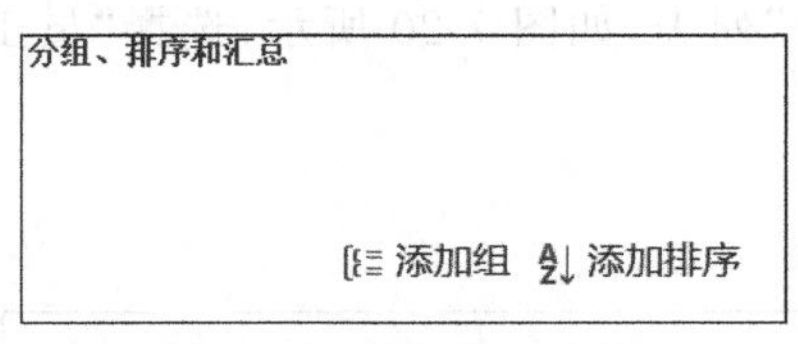

图 7-17 排序设置窗格

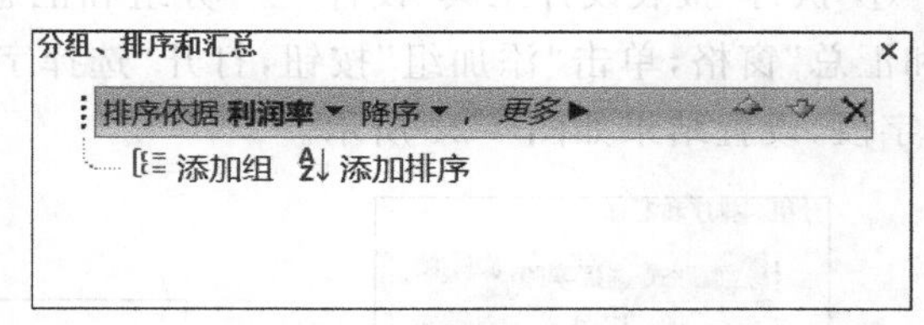

图 7-18 按“利润率”降序排序

④ 保存报表对象，将其命名为“商品信息”。预览效果如图 7-2 所示，各行数据按“利润率”降序排列。

【例 7-5】 以“销售”表为数据源，建立一个名称为“销售记录单”的报表对象。要求如下。

(1) 按“员工编号”分组，并对同一员工的销售记录按“商品编号”升序排列，在商品编号相同的情况下按“销售日期”升序排列。

(2) 统计每个员工的总销售量以及所有员工的总销售量。

操作步骤如下。

① 打开一个新的报表设计视图，报表的“记录源”设置为“销售”表。

② 添加“报表页眉”节和“报表页脚”节，在“报表页眉”节中放置一个标签控件，标题为“销售记录单”。

③ 按图 7-19 所示设置报表布局。

- 从“字段列表”中将“员工编号”“商品编号”“销售量”“销售日期”这 4 个字段拖曳到报表“主体”节。
- 将 4 个标签剪切后粘贴到“页面页眉”节中。

• 在 4 个标签下方添加一条直线，并在“属性表”中将“边框样式”设置为“实线”，将“边框宽度”设置为“2pt”。

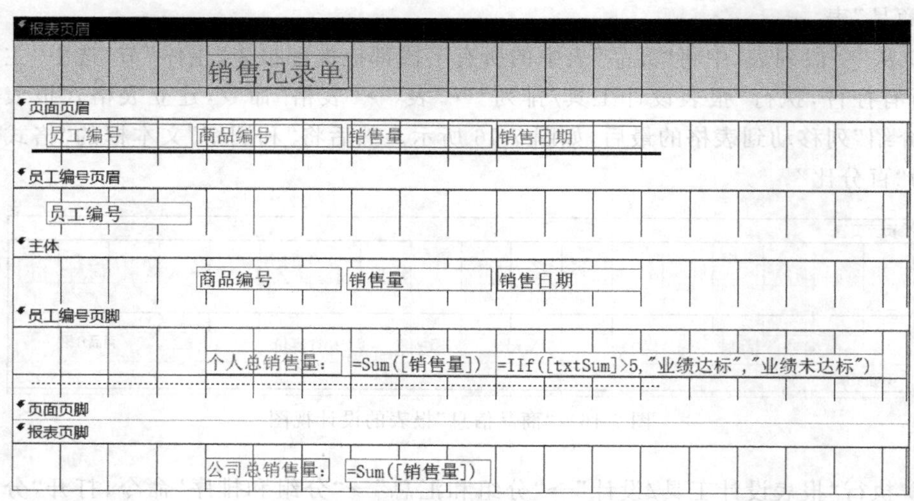

图 7-19 “销售记录单”的设计视图

④ 执行“报表设计工具/设计”→“分组和汇总”→“分组和排序”命令，打开“分组、排序和汇总”窗格，单击“添加组”按钮，打开“选择字段”列表，如图 7-20 所示，选择“员工编号”字段，设置结果如图 7-21 所示。

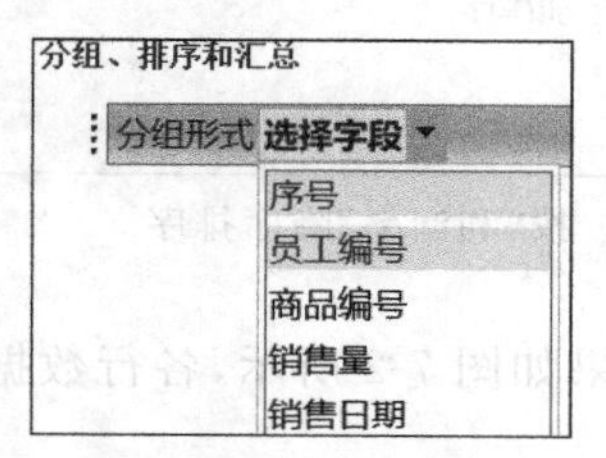

图 7-20 将“员工编号”设置为分组字段

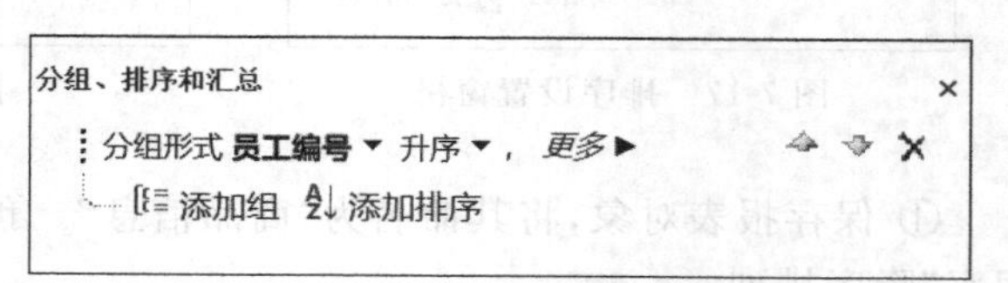

图 7-21 设置分组字段后的操作界面

单击图 7-21 中的“添加排序”按钮，打开“选择字段”列表，选择“商品编号”字段；然后单击“添加排序”按钮，选择“销售日期”字段，设置结果如图 7-22 所示。其中，“商品编号”为一级排序项，“销售日期”为二级排序项。

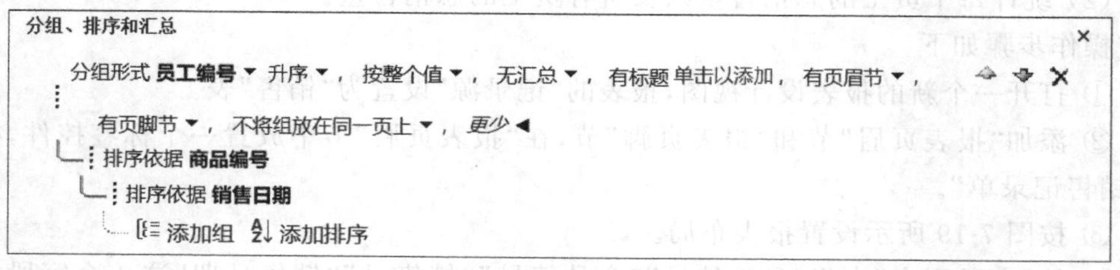

图 7-22 设置分组和排序

设置分组字段后，在报表设计设图中会增加“组页眉”节。若要增加相应的“组页脚”

节，则可以单击“分组形式”设置行中的“更多”按钮 更多▶ 以展开分组设置行，将其设置为“有页脚节”，如图 7-22 所示。

在“分组、排序和汇总”窗格中，还可以进行其他选项的设置，如升序、降序、标题、汇总等。单击某个设置行中的“删除”按钮✕可以删除该行；单击“上移”按钮或者“下移”按钮可以调整行的先后顺序。

设置完成后，可见在报表设计视图中增加了“员工编号页眉”节和“员工编号页脚”节。

⑤ 将“员工编号”文本框从“主体”节剪切并粘贴到“员工编号页眉”节。

⑥ 在“员工编号页脚”节中添加两个文本框控件，并进行如下设置。

- 第一个文本框的关联标签的标题为“个人总销售量:”，将文本框的“名称”设置为 txtSum，“控件来源”设置为“=Sum([销售量])”，作用是统计每个员工的总销售量。
- 第二个文本框的“控件来源”为“=IIf([txtSum]>5，"业绩达标","业绩未达标")”，作用是根据 txtSum 文本框中的数据判断并显示“业绩达标”或“业绩不达标”。
- 在该节的最下方添加一条直线，将“边框样式”设置为“点线”。

⑦ 在“报表页脚”节中添加一个文本框控件，关联标签的标题为“公司总销售量:”，将文本框的“控件来源”设置为“=Sum([销售量])”，作用是统计所有员工的总销售量。

⑧ 适当调整报表中各节的高度以及各控件的大小、位置、对齐等，再切换到布局视图中进行细微调整，然后保存报表对象，将其命名为“销售记录单”。预览效果如图 7-23 和图 7-24 所示。

销售记录单

销售记录单

员工编号	商品编号	销售量	销售日期
001			
	A00011	1	2007/10/1
	A00011	3	2008/8/3
	A00011	1	2009/10/5
	A00012	3	2010/8/10
	A00013	3	2007/10/2
	个人总销售量:	11	业绩达标
002			
	A00011	2	2008/5/2
	A00013	3	2009/10/1

图 7-23 “销售记录单”报表的首页

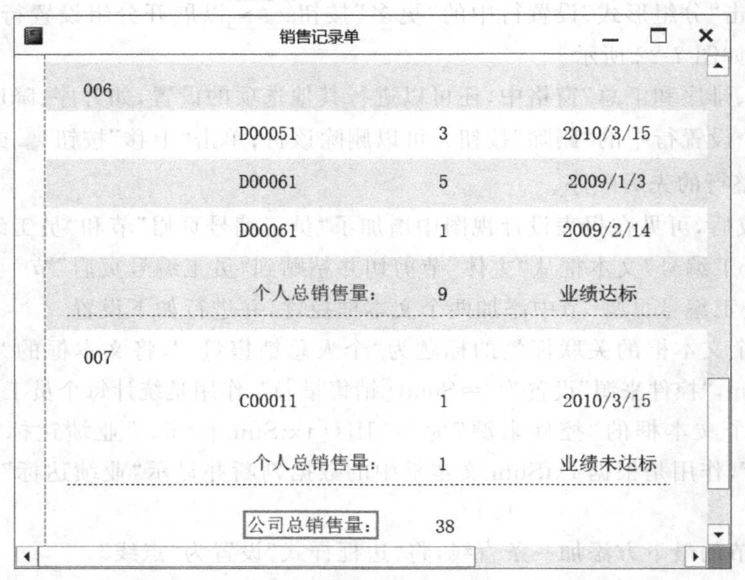

图 7-24 “销售记录单”报表的最后一页

说明：本例中，在“组页脚”节和“报表页脚”节中都使用了聚合函数 Sum()，Access 会自动根据该函数所在的节进行数据统计。在“组页眉”节和“组页脚”节中使用的聚合函数，如 Count()、Avg()、Sum()、Min()、Max()等，其统计范围是一个组中的记录；在“报表页眉”节和“报表页脚”节中使用的聚合函数，其统计范围是整个报表中的记录。但在“页面页眉”节和“页面页脚”节中使用聚合函数不会起作用。

【例 7-6】 以“商品”表为数据源建立一个名称为“商品记录单-1”的报表对象，按“商品编号”的首字母(本例中称为“商品类别码”)分组显示记录，如图 7-25 所示。

操作步骤如下。

① 打开一个新的报表设计视图，报表的“记录源”设置为“商品”表。

② 添加“报表页眉”节和“报表页脚”节，然后按图 7-26 所示进行设计。

- 在“报表页眉”节中添加一个标签，标题为“商品记录单”。
- 从“字段列表”中将“商品编号”“品牌”“类别”“型号”“销售价”“利润率”这 6 个字段拖曳到“主体”节，并将相应标签剪切后粘贴至“页面页眉”节。
- 在“页面页眉”节的最左侧添加一个标签，标题为“商品类别码”。

③ 单击功能区的“分组和排序”按钮，打开“分组、排序和汇总”窗格，将分组字段设置为“商品编号”。然后单击“分组形式”设置行右侧的“更多”按钮，按图 7-27 所示对分组进行设置。

- 设置“有页眉节”和“有页脚节”。
- 将“按整个值”修改为“按第一个字符”，表示按照“商品编号”字段值的第一个字符进行分组。设置完成后，在报表设计视图中增加“商品编号页眉”和“商品编号页脚”两个节。

④ 在“商品编号页眉”节中添加一个文本框，控件来源设置为“=Left([商品编号],1)”，

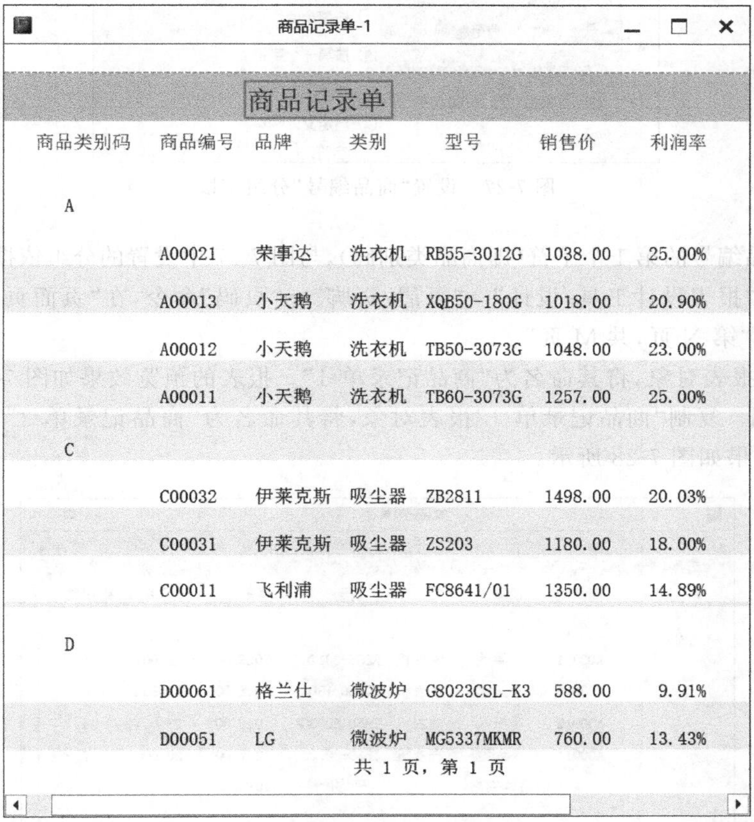

商品记录单-1

商品记录单

商品类别码	商品编号	品牌	类别	型号	销售价	利润率
A						
	A00021	荣事达	洗衣机	RB55-3012G	1038.00	25.00%
	A00013	小天鹅	洗衣机	XQB50-180G	1018.00	20.90%
	A00012	小天鹅	洗衣机	TB50-3073G	1048.00	23.00%
	A00011	小天鹅	洗衣机	TB60-3073G	1257.00	25.00%
C						
	C00032	伊莱克斯	吸尘器	ZB2811	1498.00	20.03%
	C00031	伊莱克斯	吸尘器	ZS203	1180.00	18.00%
	C00011	飞利浦	吸尘器	FC8641/01	1350.00	14.89%
D						
	D00061	格兰仕	微波炉	G8023CSL-K3	588.00	9.91%
	D00051	LG	微波炉	MG5337MKMR	760.00	13.43%

共 1 页，第 1 页

图 7-25 “商品记录单-1”报表

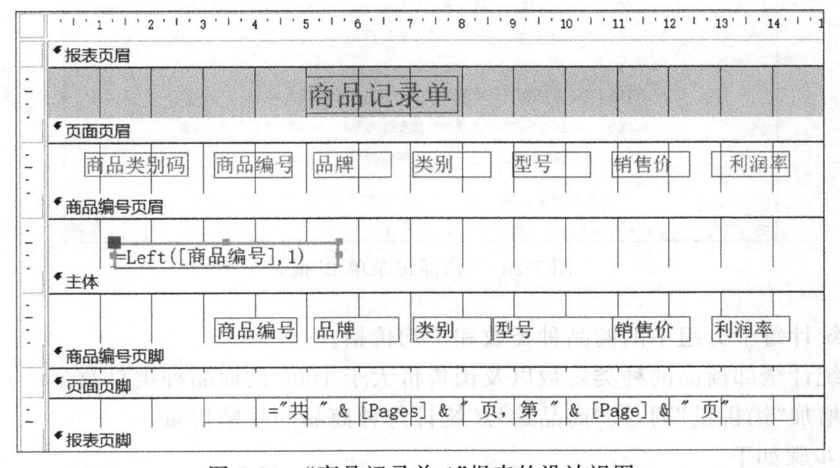

图 7-26 “商品记录单-1”报表的设计视图

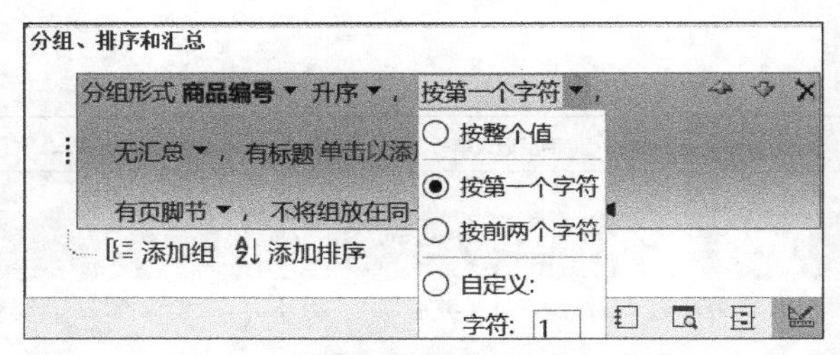

图 7-27　设置“商品编号”分组字段

表示显示商品编号的第 1 个字符(即商品类别码),与图 7-27 中设置的分组依据对应。

⑤ 执行“报表设计工具/设计”→“页眉/页脚”→“页码”命令,在“页面页脚”节中插入页码,格式为“第 N 页,共 M 页”。

⑥ 保存报表对象,将其命名为“商品记录单-1”。报表的预览效果如图 7-25 所示。

【例 7-7】 复制“商品记录单-1”报表对象,将其命名为“商品记录单-2”,按以下要求修改报表,结果如图 7-28 所示。

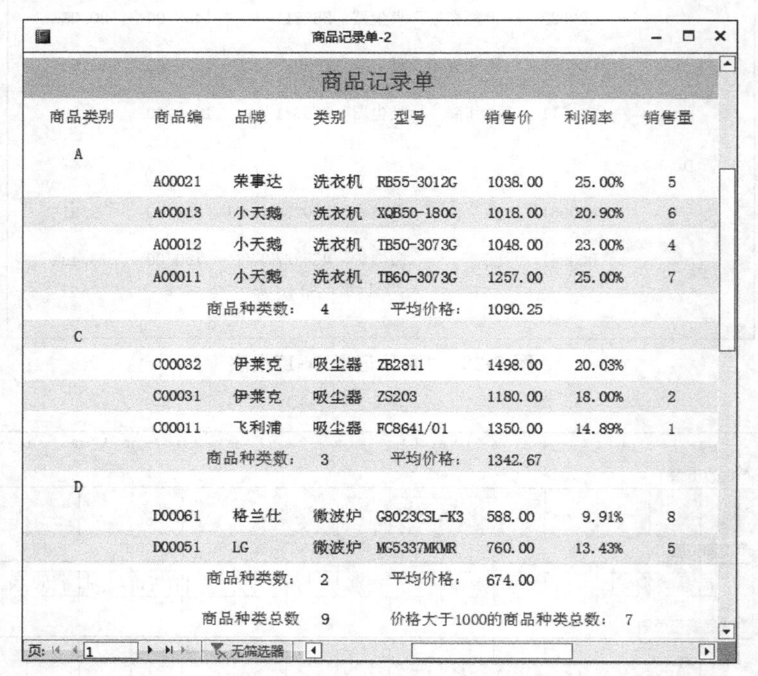

图 7-28　“商品记录单-2”报表

(1) 统计每个分组中的商品种类数和平均价格。

(2) 统计全部商品的种类总数以及销售价大于 1000 的商品种类总数。

(3) 增加“销售量”列,按“商品编号”统计每种商品的总销售量。

操作步骤如下。

① 打开“商品记录单-2”报表的设计视图。

② 统计每个分组中的商品种类数和全部商品的种类总数。

- 在“商品编号组页脚”节和“报表页脚”节中各添加一个标签，标题分别为“商品种类数：”和“商品种类总数：”。
- 单击功能区的“分组和排序”按钮，打开“分组、排序和汇总”窗格，展开“分组形式”设置行，单击“汇总”设置项右侧的向下箭头按钮，打开如图 7-29 所示的“汇总”列表。 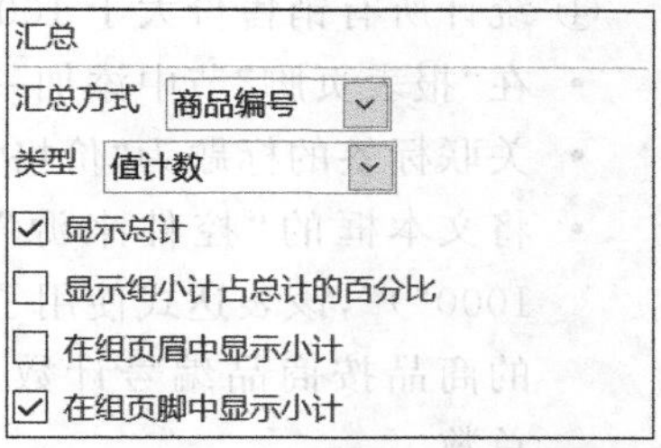
- 汇总方式选择“商品编号”字段，类型选择“值计数”字段。然后勾选“显示总计”复选框，表示按“商品编号”计算所有商品的种类数。再勾选“在组页脚中显示小计”复选框，表示按“商品编号”计算各个分组中的商品种类数。

图 7-29 设置“商品编号”汇总字段

设置完成后，在“报表页脚”节和“商品编号组页脚”节中会出现两个文本框，其控件来源将自动设置为“=Count([商品编号])”。调整两个文本框控件的位置，将其放置在相应标签的右侧。如图 7-30 所示（注：也可以手动添加一个文本框控件，将“控件来源”设置为相应的计算表达式）。

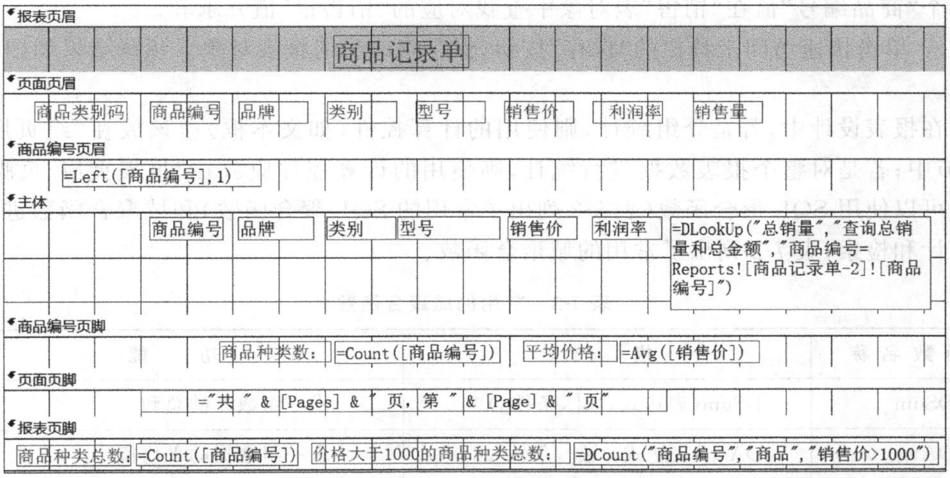

图 7-30 “商品记录单-2”报表的设计视图

③ 统计每个分组中的商品平均价格。

- 在“商品编号组页脚”节中添加一个标签，标题为“平均价格：”。
- 在“分组形式”设置行中单击“汇总 商品编号”设置项右侧的按钮，打开“汇总”列表，汇总方式选择“销售价”字段，类型选择“平均值”字段，并选中“在组页脚中显示小计”选项，如图 7-31 所示。

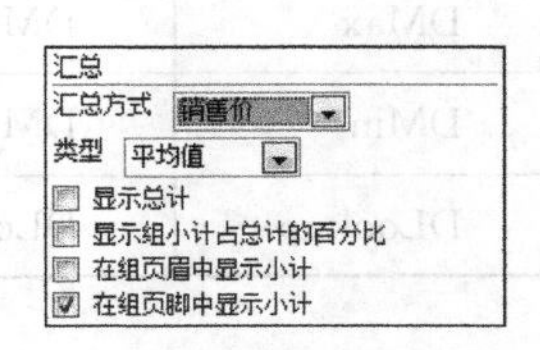

图 7-31 设置“销售价”汇总字段

设置完成后，在“商品编号组页脚”节中会出现一个文本框，其控件来源将自动设置为

"＝Avg([销售价])"。调整文本框控件的位置，将其放置在相应标签的右侧。

④ 统计所有销售价大于 1000 的商品种类总数。

- 在"报表页脚"节中添加一个文本框控件。
- 关联标签的标题为"价格大于 1000 的商品种类总数："。
- 将文本框的"控件来源"设置为"＝Dcount("商品编号","商品","销售价＞1000")"，该表达式使用了域聚合函数，其含义是：对于商品表中销售价大于 1000 的商品按商品编号计数，也就是统计整个报表中销售价大于 1000 的商品种类总数。

⑤ 统计每种商品的总销售量。

- 在"页面页眉"节的右侧添加一个标签，标题为"销售量"。
- 在"主体"节添加一个显示销售量的文本框，将"控件来源"设置为"＝DLookUp("总销量","查询总销量和总金额","商品编号＝Reports！[商品记录单-2]！[商品编号]")"，该表达式的含义是：根据当前报表中的各个"商品编号"值在"查询总销量和总金额"查询对象（例 4-8 中建立）中查找相应的"总销量"值。

说明：文本框的"控件来源"属性也可以设置为"＝DSum("销售量","销售","商品编号＝Reports！[商品记录单-2]！[商品编号]")"，该表达式的含义是：根据当前报表中的各个"商品编号"值在"销售"表对象中查找对应的"销售量"值并求和。

⑥ 单击快速访问工具栏的"保存"按钮，保存修改后的报表对象。预览结果如图 7-28 所示。

在报表设计中，若是分组统计，则使用的计算控件（如文本框）应该放在"组页眉/页脚"节中；若是对整个报表数据进行统计，则使用的计算控件应放在"报表页眉/页脚"节中。可以使用 SQL 聚合函数（表 5-2 列出了常用的 SQL 聚合函数）和域聚合函数进行数据统计和检索，表 7-2 列出了常用的域聚合函数。

表 7-2　常用的域聚合函数

函数名称	格　式	功　能
DSum	DSum(表达式，域[，条件])	求一组数据的总和
DAvg	DAvg(表达式，域[，条件])	求一组数据的平均值
DCount	DCount(表达式，域[，条件])	求指定记录集的记录数
DMax	DMax(表达式，域[，条件])	求一组数据的最大值
DMin	DMin(表达式，域[，条件])	求一组数据的最小值
DLookup	DLookup(表达式，域[，条件])	在记录集中查找特定字段的值

说明：函数中的"表达式"可以是表或查询中的字段名、常量或函数；"域"可以是表或查询对象的名称；"条件"为可选项，用于指定函数的作用范围，若缺少条件，则默认对整个域进行计算。

在报表的布局中，不仅可以设置多级排序，还可以设置多级分组。例如，当以"员工”表为数据源制作报表时，可以在“分组、排序和汇总”窗格中指定“性别”为第一级分组字段，“婚否”为第二级分组字段，“员工编号”为排序字段，报表的预览效果如图 7-32 所示。

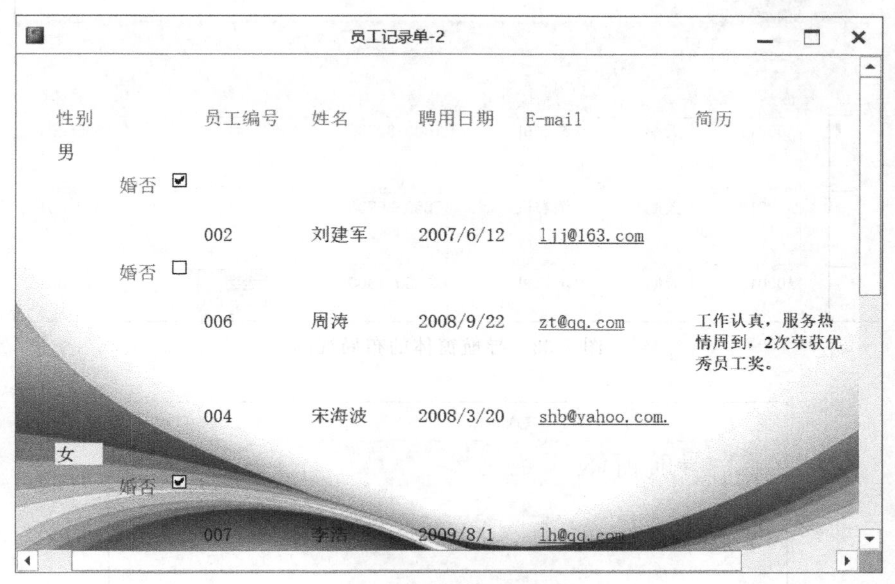

图 7-32　多级分组报表

【例 7-8】 创建一个“导航”窗体，可以在“商品记录-2”窗体和“商品记录单-1”报表、“销售记录”窗体和“销售记录单”报表之间切换。

操作步骤如下。

① 打开“销售管理”数据库，执行“创建”→“窗体”→“导航”→“水平标签”命令，Access 会创建“导航”窗体，并在布局视图中显示窗体。

② 从“导航”窗格中将“商品记录-2”窗体对象（例 6-3 中建立）拖曳到“导航”窗体的“[新增]”按钮上，Access 会自动将窗体对象名称设置为导航按钮的“导航目标名称”属性值（该属性表示单击导航按钮时要打开的窗体或报表的名称），并在“对象”窗格中显示窗体的同时创建新的导航按钮，如图 7-33 所示。

利用同样的方法，依次将“商品记录单-1”报表对象（例 7-6 中建立）、“销售记录”窗体对象（例 6-11 中建立）和“销售记录单”报表对象（例 7-5 中建立）从“导航”窗格中拖曳到导航窗体的“[新增]”按钮上。

③ 在导航窗体中选中第 1 个导航按钮，在“属性表”中将按钮的“标题”属性改为“商品记录”；然后将第 2 个导航按钮的标题改为“商品记录单”。

④ 保存导航窗体对象，将其命名为“导航窗体”。在“窗体视图”中打开导航窗体，结果如图 7-34 所示。单击导航按钮可以在窗体和报表之间切换。

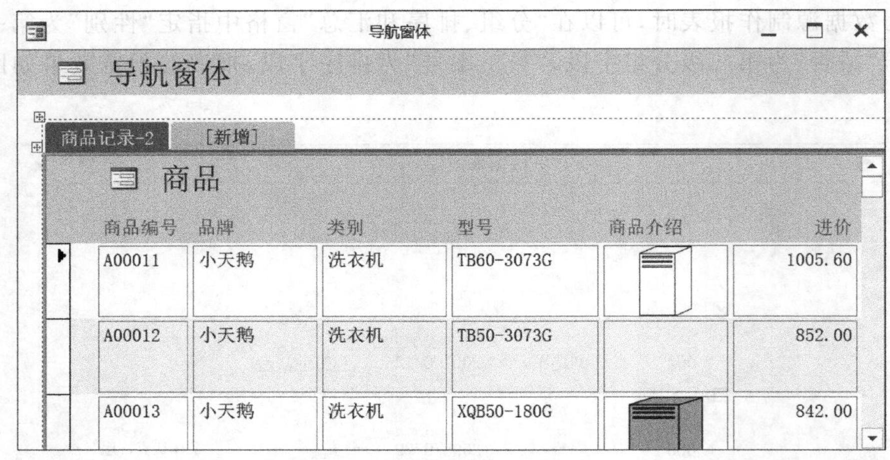

图 7-33 导航窗体的布局视图

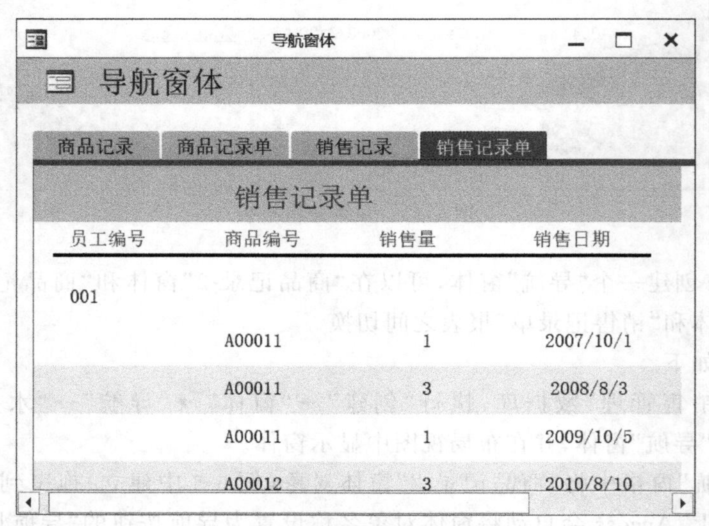

图 7-34 打开的导航窗体

7.3.4 报表的格式设置

设计好报表，可以使用系统预定义或自定义的格式进一步对其进行设置。

1. 主题格式

打开报表的设计视图，在“报表设计工具/设计”→“主题”组中选择合适的“主题”“字体”或者“颜色”，可以统一改变整个报表的外观。

2. 自定义格式

“报表设计工具/格式”选项卡中提供了丰富的格式设置工具，如图 7-35 所示，可以方便地设置字体、数字、背景、控件格式等。也可以在“属性表”中设置报表或控件的格式。

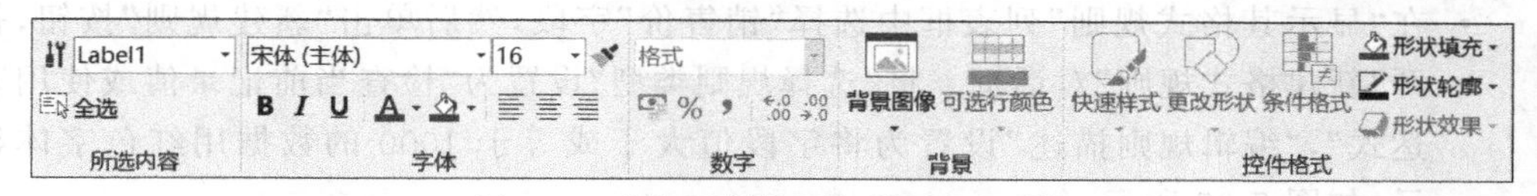

图 7-35 “报表设计工具/格式”选项卡

使用“控件格式”组中的“条件格式”选项，不仅可以根据一个或多个条件设置报表中数据的显示格式，而且可以创建数据条以显示和比较报表中数据。

【例 7-9】 复制“商品记录单-1”报表对象，将其命名为“商品记录单-3”。在“商品记录单-3”报表中按以下要求设置数据的显示格式，结果图 7-36 所示。

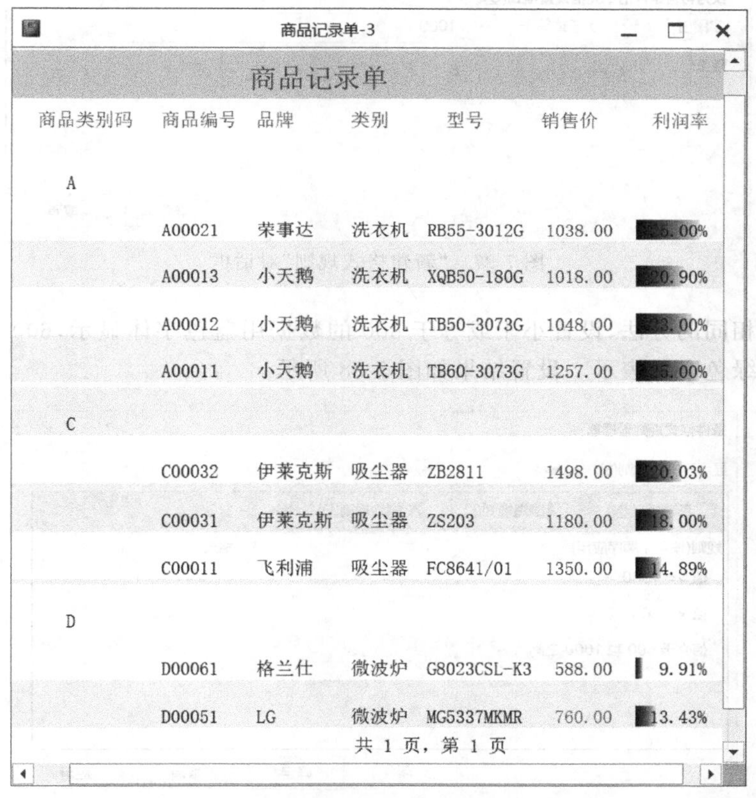

商品类别码	商品编号	品牌	类别	型号	销售价	利润率
A						
	A00021	荣事达	洗衣机	RB55-3012G	1038.00	[illegible]5.00%
	A00013	小天鹅	洗衣机	XQB50-180G	1018.00	20.90%
	A00012	小天鹅	洗衣机	TB50-3073G	1048.00	[illegible]3.00%
	A00011	小天鹅	洗衣机	TB60-3073G	1257.00	[illegible]5.00%
C						
	C00032	伊莱克斯	吸尘器	ZB2811	1498.00	20.03%
	C00031	伊莱克斯	吸尘器	ZS203	1180.00	18.00%
	C00011	飞利浦	吸尘器	FC8641/01	1350.00	14.89%
D						
	D00061	格兰仕	微波炉	G8023CSL-K3	588.00	9.91%
	D00051	LG	微波炉	MG5337MKMR	760.00	13.43%

图 7-36 带显示格式的“商品记录单-3”报表

(1) 将“销售价”字段值大于或等于 1000 的数据用红色字体显示，将小于或等于 600 的数据用蓝色字体显示，将 600 和 1000 的数据用绿色字体表示。

(2) 将“利润率”字段值用黄色数据条显示。

操作步骤如下。

① 打开“商品记录单-3”报表的设计视图。

② 在“主体”节中选中“销售价”文本框控件，执行“报表设计工具/格式”→“控件格

式"→"条件格式"命令，打开"条件格式规则管理器"对话框。

- 在"显示其格式规则"列表框中选择"销售价"字段，然后单击"新建规则"按钮，打开"新建格式规则"对话框。将"选择规则类型"设置为"检查当前记录值或使用表达式"，"编辑规则描述"设置为将字段值大于或等于 1000 的数据用红色字体显示，如图 7-37 所示。

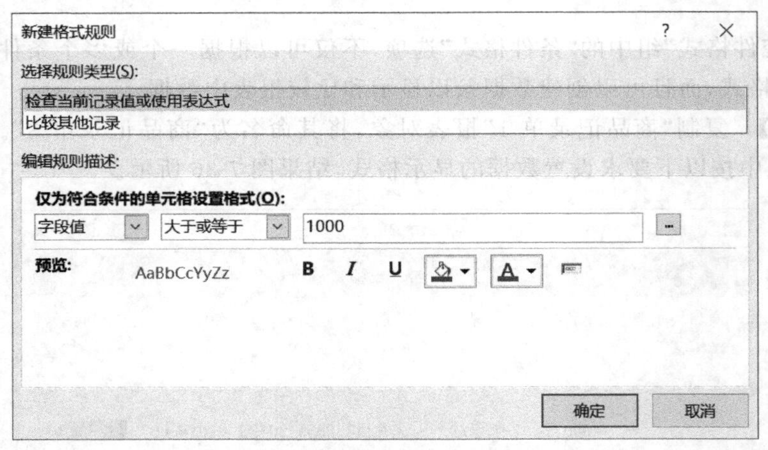

图 7-37 "新建格式规则"对话框

- 利用相同的方法，设置小于或等于 600 的数据用蓝色字体显示，600 和 1000 的数据用绿色字体表示。设置结果如图 7-38 所示。

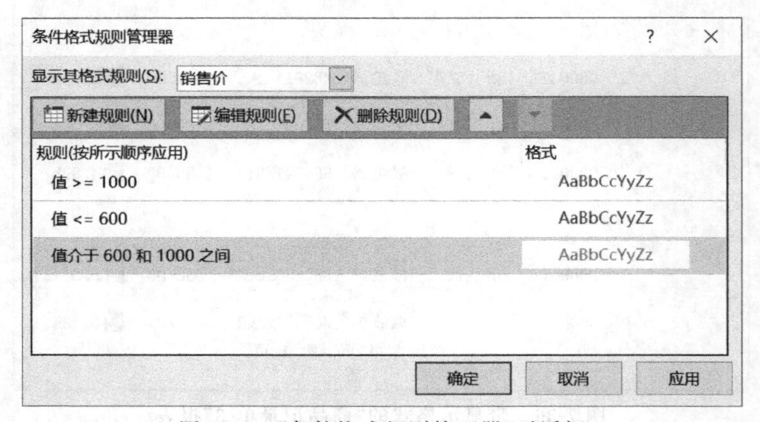

图 7-38 "条件格式规则管理器"对话框

③ 在"主体"节中，选中"利润率"文本框控件，打开"条件格式规则管理器"对话框，按图 7-39 所示新建规则，为"利润率"文本框提供数据条显示方式。

④ 保存修改后的报表对象。报表预览效果如图 7-36 所示。

3. 添加背景图片

在报表上添加背景图片可以增强显示效果，如图 7-32 所示。单击"报表设计工具/格

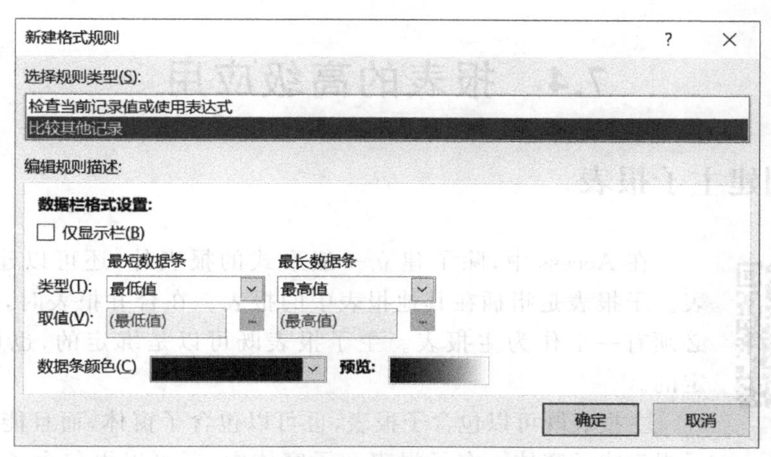

图 7-39　设置"数据条"显示格式

式"→"背景"→"背景图像"按钮可以打开图像库，选择要添加的背景图片。或者在"属性表"中设置报表的"图片"属性，加载需要的图片，并设置"图片类型""图片缩放模式""图片对齐方式"等属性。

4. 添加日期和时间

添加日期和时间的方法有以下 2 种。

(1) 在设计视图中，执行"报表设计工具/计"→"页眉/页脚"→"日期和时间"命令，打开"日期和时间"对话框，选择日期和时间格式，在"报表页眉"节自动插入一个显示日期和时间的文本框。

(2) 在报表中添加文本框控件，设置"控件来源"属性为日期或时间表达式，例如"＝Date()""＝Time()""＝Now()"，然后通过"格式"属性设置相应的日期和时间格式。

5. 添加分页符和页码

(1) 使用"分页符"控件强制分页。

打开报表的设计视图，从"控件"组中选择"分页符"控件，然后在报表需要分页的位置处单击，分页符以短虚线标志显示在报表某个节的左边。

(2) 在报表中添加页码，有以下 2 种方法。

- 执行"报表设计工具/设计"→"页眉/页脚"→"页码"命令，可以在页面页眉或页面页脚中添加页码。
- 在报表中添加文本框控件，然后设置"控件来源"属性为显示页码的表达式，如：

```
="第" & [Page] & "页,共" & [Pages] & "页"     '显示格式为"第N页,共M页"
="第" & [Page] & "页"                          '显示格式为"第N页"
=[Page] & "/" & [Pages]                        '显示格式为"N/M"
```

上述表达式中的"[Page]"和"[Pages]"是 2 个系统变量，分别表示当前页码和总页数。

7.4 报表的高级应用

7.4.1 创建主子报表

创建主子报表

在 Access 中，除了建立一般形式的报表外，还可以建立主、子报表。子报表是指插在其他报表中的报表。在合并报表时，两个报表中必须有一个作为主报表。主子报表既可以是绑定的，也可以是非绑定的。

主报表既可以包含子报表，也可以包含子窗体，而且能够包含多个子报表或子窗体。在子报表和子窗体中，还可以再包含子报表或子窗体。但是，一个主报表最多只能包含两级子报表或子窗体。

1. 在已有的报表中创建子报表

在创建子报表之前，必须先在两个报表所基于的表之间建立正确的关系，这样才能保证子报表中显示的记录与主报表中显示的记录有正确的对应关系。

【例 7-10】 创建主子报表，同时显示“员工”表和“销售”表中的记录。

操作步骤如下。

① 以“员工”表为数据源创建主报表，如图 7-40 所示。如果主报表已经存在，则可以直接打开主报表的设计视图。

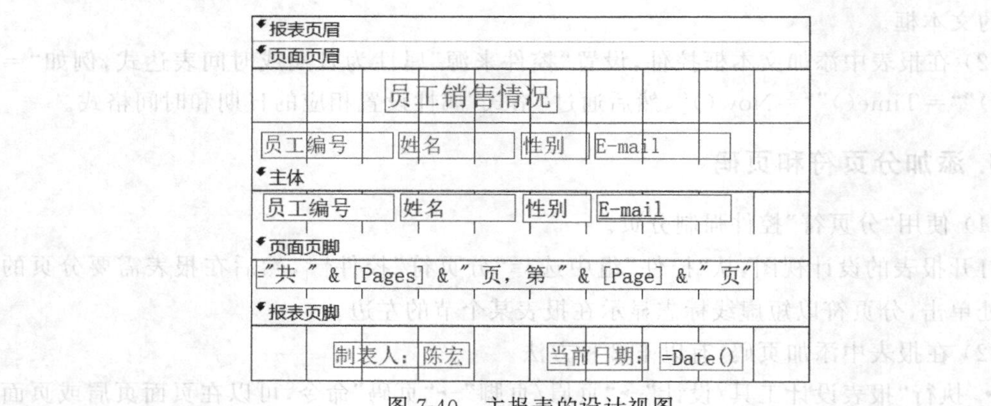

图 7-40　主报表的设计视图

② 从功能区的“控件”组中选择“子窗体/子报表”选项，在“主体”节中单击，打开“子报表向导”对话框，选择“使用现有的表和查询”选项。

③ 单击“下一步”按钮，选择子报表的数据源及子报表中使用的字段。本例选择“销售”表中的“商品编号”“销售量”和“销售日期”字段，如图 7-41 所示。

④ 单击“下一步”按钮，定义主报表链接子报表的字段，如图 7-42 所示。

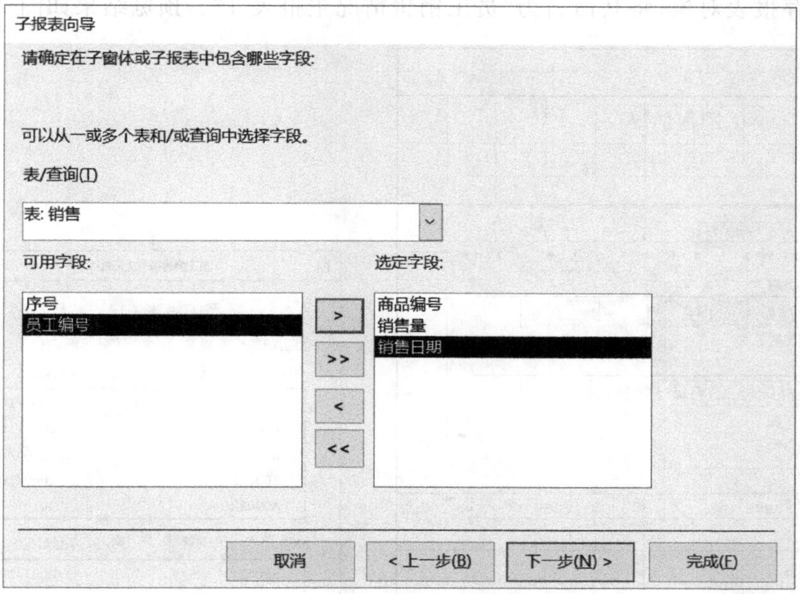

子报表向导
请确定在子窗体或子报表中包含哪些字段:
可以从一或多个表和/或查询中选择字段。
表/查询(T)
表: 销售
可用字段:
序号
员工编号
选定字段:
商品编号
销售量
销售日期
>
>>
<
<<
取消
< 上一步(B)
下一步(N) >
完成(F)

图 7-41　选择子报表的数据源和字段

子报表向导
请确定是自行定义将主窗体链接到该子窗体的字段，还是从下面的列表中进行选择:
从列表中选择(C)
自行定义(D)
对 员工 中的每个记录用 员工编号 显示 销售
无
对 员工 中的每个记录用 员工编号 显示 销售
取消
< 上一步(B)
下一步(N) >
完成(F)

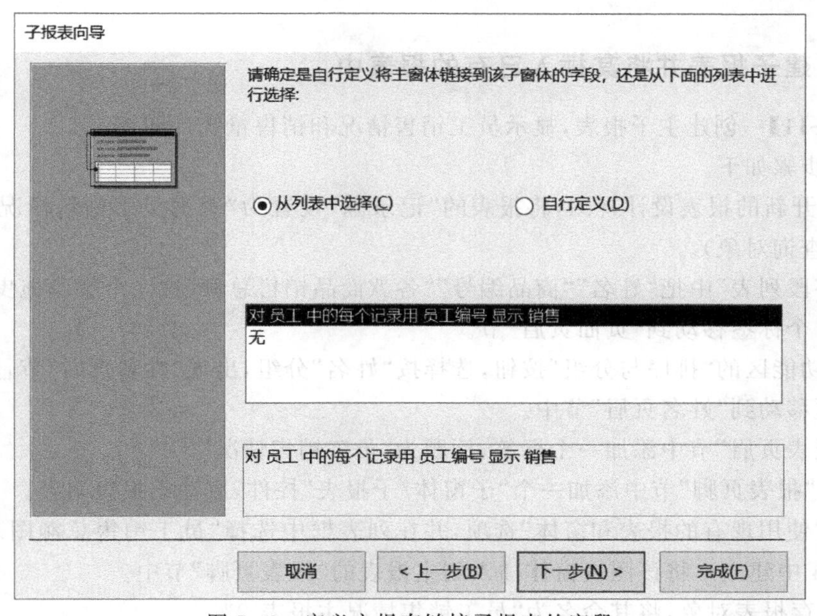

图 7-42　定义主报表链接子报表的字段

⑤ 单击“下一步”按钮，指定子报表的名称，本例为“员工销售情况子报表”。

⑥ 单击“完成”按钮。报表的设计视图如图 7-43 所示。

⑦ 删除子报表左上角的关联标签。切换到布局视图，调整子报表的列宽、对齐方式等格式。

⑧ 保存报表对象，将其命名为"员工销售情况主报表-1"。预览结果如图 7-44 所示。

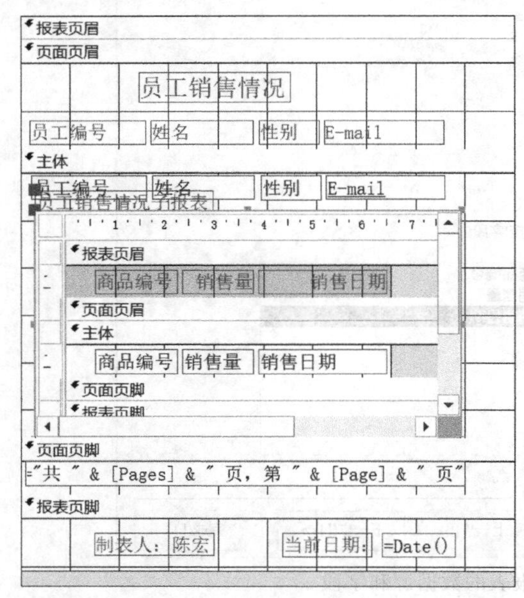

图 7-43　主、子报表的设计视图

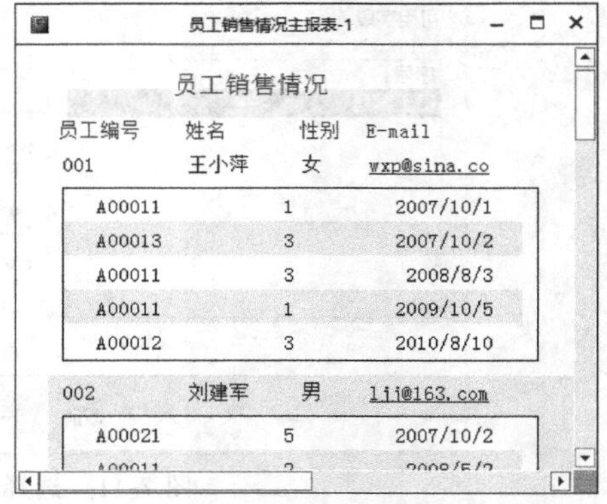

图 7-44　主子报表的预览结果

2. 创建子报表并将其插入已有的报表中

【例 7-11】 创建主子报表，显示员工销售情况和销售量统计图表。

操作步骤如下。

① 打开新的报表设计视图，将报表的"记录源"设置为"查询员工销售情况"(例 6-14 中建立的查询对象)。

从"字段列表"中把"姓名""商品编号""各款商品销售总额"这 3 个字段拖曳到"主体"节，再将 3 个标签移动到"页面页眉"节。

单击功能区的"排序与分组"按钮，选择按"姓名"分组，出现"姓名页眉"节，然后将"姓名"文本框移动到"姓名页眉"节中。

在"报表页眉"节中添加一个标签，标题为"员工销售情况"。

② 在"报表页脚"节中添加一个"子窗体/子报表"控件，启动子报表向导。

选中"使用现有的报表和窗体"选项，并在列表框中选择"员工销售总额图表"窗体对象(例 6-14 中建立)，将该图表窗体插入到主报表的"报表页脚"节中。

③ 保存报表对象，将其命名为"员工销售情况主报表-2"。

主子报表的设计视图如图 7-45 所示，预览结果如图 7-46 所示。

例 7-10 中的主报表和子报表是绑定的，子报表放置在"主体"节，子报表对象的属性设置如图 7-47 所示。例 7-11 中的主报表与子报表是非绑定的，子报表放置在"报表页脚"节，子报表对象的属性设置如图 7-48 所示，不需要链接字段。

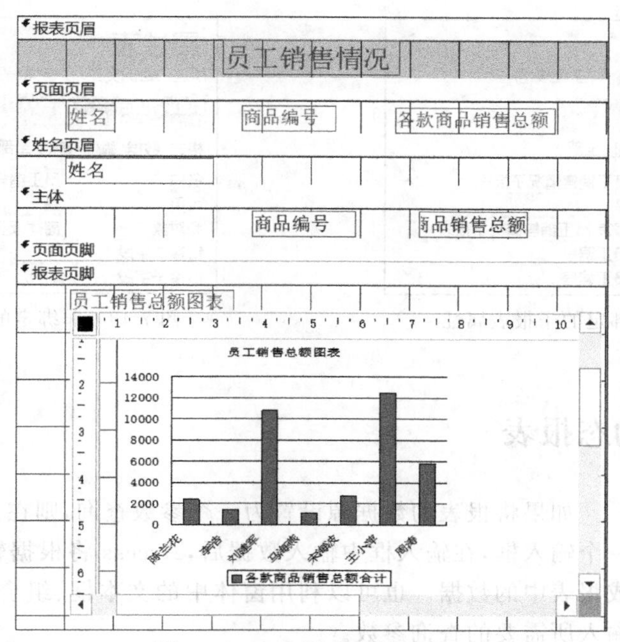

图 7-45　在主报表中插入图表

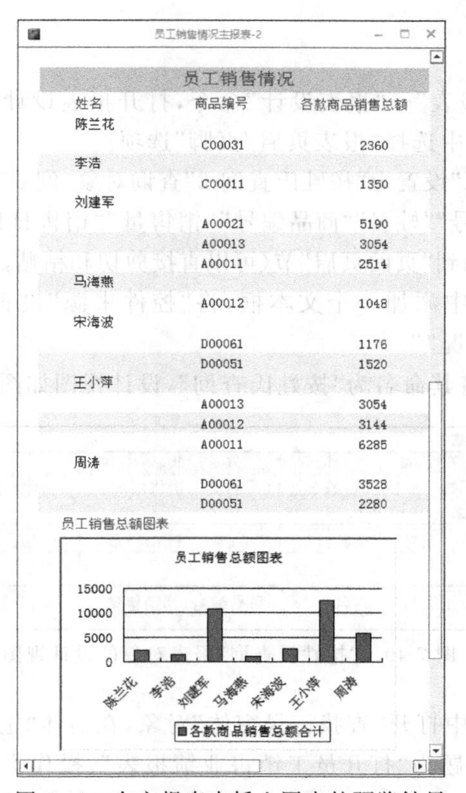

图 7-46　在主报表中插入图表的预览结果

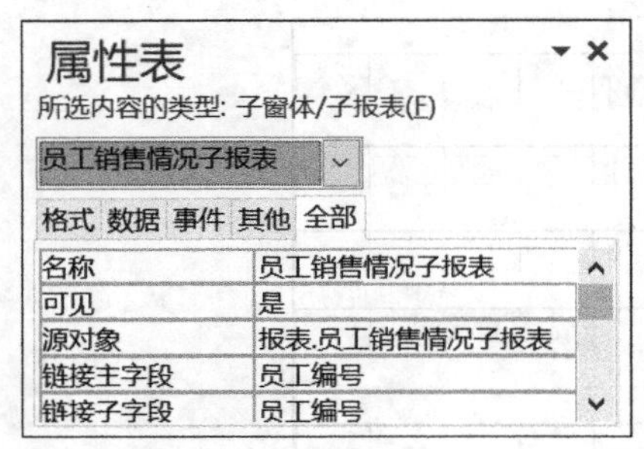

图 7-47 绑定的子报表属性

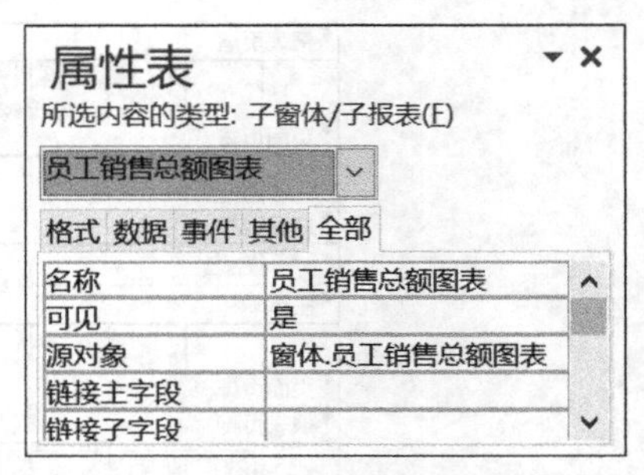

图 7-48 非绑定的子报表属性

7.4.2 创建动态报表

创建动态报表

如果将报表的数据源设置为一个参数查询，则在打开报表时会显示一个输入框，在输入框中输入数据后，Access 将根据输入的参数动态生成报表中的数据。也可以利用窗体中的文本框、组合框、列表框等控件输入所需要的查询参数。

【例 7-12】 以查询对象为数据源，创建一个按姓氏查询的动态报表。

操作步骤如下。

① 执行“创建”→“报表”→“报表设计”命令，打开报表设计视图；然后在“主体”节中右击，在弹出的快捷菜单中选择“报表页眉/页脚”选项。

② 将报表的“记录源”设置为“按姓氏查询-2”查询对象（例 6-17 中建立的对象），然后从“字段列表”中将“员工编号”“姓名”“商品编号”“销售量”“销售日期”这 5 个字段拖曳到“主体”节，将这 5 个标签移动到“页面页眉”节（可以直接剪切和粘贴，也可以利用表格布局）。

③ 在“报表页眉”节中添加一个文本框，将“控件来源”设置为“="姓" & Left([姓名],1)+"的员工销售情况"”。

④ 保存报表对象，将其命名为“按姓氏查询”，设计视图如图 7-49 所示。

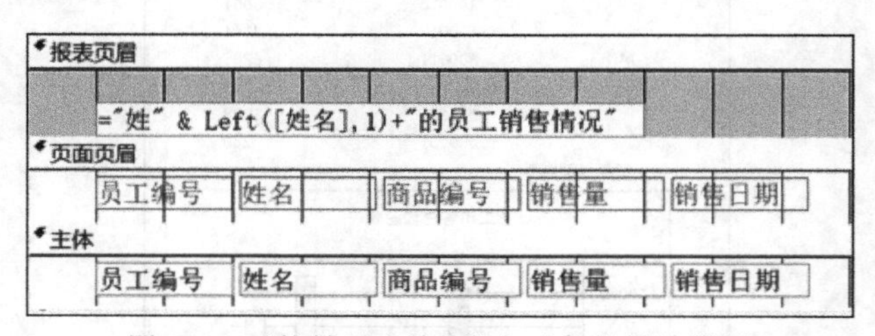

图 7-49 “按姓氏查询”报表对象的设计视图

⑤ 在窗体设计视图中打开“查找记录窗体”对象，在窗体“主体”节的下方使用控件向导添加一个命令按钮，标题为“打开员工销售业绩报表”，操作类别为“打开报表”，对应的报表对象为“按姓氏查询”。

⑥ 保存修改后的窗体对象，切换到窗体视图，在姓氏文本框中输入“王”，单击“打开员工销售业绩报表”按钮，结果如图 7-50 所示。

图 7-50 窗体与动态报表

7.5 打印报表

制作好的报表在经过预览后，如果符合要求，则可以打印输出。

1. 页面设置

打印报表前，通常需要进行页面设置，如选择纸张，设置页边距、列数、打印方向等，在“报表设计工具/页面设置”选项卡中可以进行页面设置，该选项卡包含两个命令组，如图 7-51 所示。

图 7-51 “报表设计工具/页面设置”选项卡

选择“页面布局”组中的“页面设置”选项，可以打开如图 7-52 所示的“页面设置”对话框。如果要建立多列报表，则可以在“列”选项卡中设置列数、列间距、列尺寸和列布局等参数。

2. 预览和打印报表

完成页面设置后，可以切换到“打印预览”视图中预览报表的实际打印效果，然后执行“打印预览”→“打印”命令，打开“打印”对话框，可以选择打印机、打印范围和打印份数等。

图 7-52 “页面设置”对话框

3. 筛选报表

如果只需要打印报表中的部分数据，则可以使用报表的筛选功能。

例如，在“报表视图”中打开“商品信息”报表对象。然后把光标定位在任意“商品编号”字段值上并右击，在弹出的快捷菜单中选择“筛选”选项，筛选需要打印的数据。或者执行“开始”→“排序和筛选”→“筛选器”命令，从“筛选”列表中选择需要打印的数据；也可以执行“开始”→“排序和筛选”→“选择”命令，选择一个简单的筛选条件。

筛选完成后，再切换到打印预览视图，即可打印报表。

4. 导出报表

在打印预览视图下执行“打印预览”→“数据”组中的命令；或者在报表视图下执行“外部数据”→“导出”组中的命令，可以将 Access 的报表导出为 Word、Excel、PDF、文本文件等其他格式的文件，以供用户使用。

本 章 小 结

本章介绍了 Access 中报表的作用、类型及报表的设计方法，主要内容如下。

(1) 报表是 Access 提供的一种专门用于打印数据的数据库对象，它可以按用户要求的格式和内容将数据库中的信息及其汇总信息打印输出，以方便用户的查阅和使用。

(2) 使用自动功能和向导方式可以快速创建相对简单的报表，使用报表设计器则可以根据实际需求设计个性化、功能更复杂的报表。

在 Access 中，报表的数据源可以是一个表、一个查询对象或 SQL 查询。如果在报表中要输出多个表中的数据，则可以先根据这些表建立一个查询，再将该查询作为数据源。

报表设计器由报表页眉、页面页眉、组页眉、主体、组页脚、页面页脚和报表页脚 7 个节组成(默认只显示页面页眉、主体、页面页脚 3 个节)，设计报表时，应按照各节的作用放置控件，设计报表的布局。

“主体”节是报表上显示数据的主要区域；在“组页眉/组页脚”节中，可以对一组中的数据进行统计输出；在“报表页眉/报表页脚”节中，可以对整个报表中的数据进行统计输出。使用 SQL 聚合函数或域聚合函数可以对数据表中的数据进行统计。

(3) 控件设计是报表设计的主要工作，常用控件有标签、文本框、绑定对象框、图像等。在“属性表”窗格中可以设置报表或控件的各项属性。

在报表上添加控件有 2 种方法：一是直接将报表数据源中的字段拖曳到报表上，Access 会根据字段的数据类型自动生成相应的控件，并在控件和字段之间建立关联；二是从“控件”组中将需要的控件添加到报表上，这种情况下，对于文本框等控件需要设置“控件来源”属性，其属性值可以是报表数据源中的某个字段，也可以是一个计算表达式。

(4) 在报表中可以按指定的字段对记录进行排序和分组，并对各组数据进行统计。

在 Access 中，可以设置多级排序，也可以设置多级分组，并且可以同时使用排序和分组功能。分组之后，可以对各组中的数据进行统计输出。

(5) 主子报表通常用于显示具有一对多关系的 2 个表或查询的数据。主子报表既可以是绑定的，也可以是非绑定的。建立绑定型的主子报表时，必须在两个报表的数据源所基于的表之间建立一对多(或一对一)关系。

习　题　7

7.1　思考题

1. 窗体和报表的主要相同点和不同点是什么？
2. 报表设计视图中包含哪些节区域？
3. 如何在报表中实现排序和分组？
4. 如何在报表中添加和显示计算数据？
5. 如何创建主子报表？

7.2　选择题

1. Access 报表中的数据源可以是(　　)。

A) 表、查询和窗体　　B) 表和查询

C) 表、查询和 SQL 语句　　D) 表、查询和报表

2. 下列关于报表的叙述中正确的是(　　)。

A) 报表只能输入数据

B) 报表只能输出数据

C) 报表可以输入数据和输出数据

D) 报表不能输入数据和输出数据

3. 报表不能完成的工作是(　　)。

A) 分组数据　　B) 汇总数据　　C) 格式化数据　　D) 输入数据

4. 如果要在整个报表的最后输出信息,则需要设置(　　)。

A) 页面页脚　　B) 报表页脚　　C) 页面页眉　　D) 报表页眉

5. 在设计视图中进行报表设计时,如果要统计报表中某个字段的全部数据,则应将计算表达式放在(　　)。

A) 组页眉/页脚　　B) 页面页眉/页脚

C) 报表页眉/页脚　　D) 主体

6. 如果要实现报表按某字段分组统计输出,则需要设置(　　)。

A) 报表页脚　　B) 该字段的组页脚

C) 主体　　D) 页面页脚

7. 如果要在报表每页的底部都输出的信息,则需要设置(　　)。

A) 报表页眉　　B) 报表页脚

C) 页面页眉　　D) 页面页脚

8. 如果要实现报表的分组统计,其操作区域是(　　)。

A) 主体　　B) 页面页眉或页面页脚

C) 报表页眉或报表页脚　　D) 组页眉或组页脚

9. 在设计报表的过程中,如果要进行强制分页,则应使用的控件图标是(　　)。

A)　　B)　　C)　　D)

10. 在报表设计过程中,不适合添加的控件是(　　)。

A) 标签控件　　B) 图像控件　　C) 文本框控件　　D) 选项组控件

11. 在报表设计中,可以作为绑定控件显示字段数据的是(　　)。

A) 标签　　B) 文本框　　C) 分页符　　D) 命令按钮

12. 在报表中将大量数据按不同的类别分别集中在一起的操作称为(　　)。

A) 数据筛选　　B) 合计　　C) 分组　　D) 排序

13. 能够实现从指定记录集中检索特定字段值的函数是(　　)。

A) DCount　　B) DLookup　　C) DMax　　D) DSum

14. 在报表中,如果要计算"单价"字段的最高价,则应将控件的"控件来源"属性设置为(　　)。

A) =Max([单价])　　B) Max(单价)

C) =Max[单价]　　D) =Max(单价)

15. 如果要显示格式为"页码/总页数"的页码,则应当设置文本框控件的"控制来源"属性为(　　)。

A) [Page]/[Pages]　　　　　　　　B) =[Page]/[Pages]

C) [Page]& "/ "&[Pages]　　　　　D) =[Page]& "/" &[Pages]

16. 如果设置报表上某个文本框的"控件来源"属性为"= 7 Mod 4",则在打印预览视图中,该文本框显示的信息是(　　)。

A) 未绑定　　　B) 3　　　C) 7 Mod 4　　　D) 出错

7.3　填空题

1. 在报表设计视图中,默认的 3 个节是________、________和________。

2. Access 的报表要实现排序和分组统计操作,应通过设置________属性进行。

3. 报表记录分组操作时,首先要选定分组字段,将在这些字段上值________的记录数据归为同一组。

4. 在报表设计中,可以通过添加________控件控制另起一页输出显示。

7.4　上机练习题

在"订阅管理"数据库中完成以下操作。

1. 以"报纸"表为记录源,建立一个名称为"报纸信息表"的报表对象,显示每种报纸的详细信息,如图 7-53 所示(提示:将"出版周期"字段的默认组合框控件更改为文本框,并用绑定对象框显示"刊头"图片)。

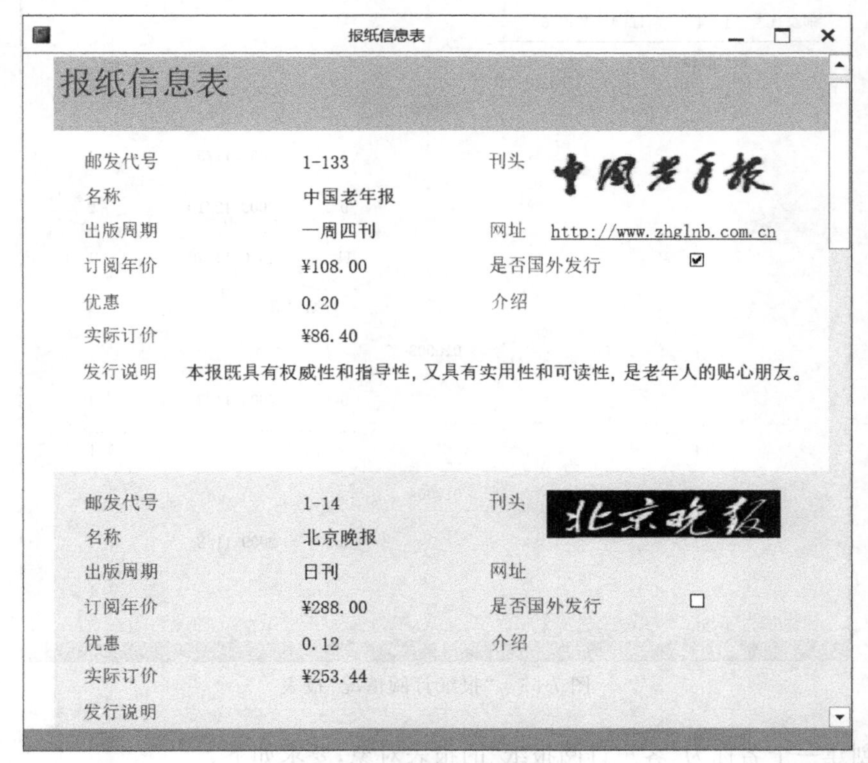

图 7-53　"报纸信息表"报表

2. 以“客户”表为记录源，使用标签向导建立一个名称为“客户信息卡”的标签报表对象，如图 7-54 所示。

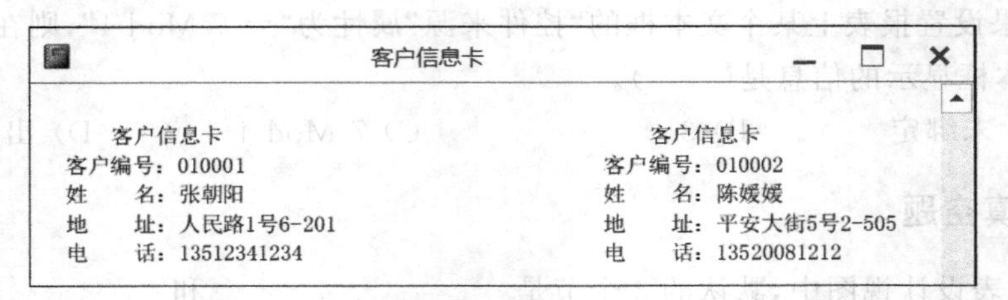

图 7-54 “客户信息卡”标签

3. 以“订阅”表为记录源建立一个名称为“报纸订阅情况”的报表对象，如图 7-55 所示，要求如下。

(1) 将报表标题设置为“报纸订阅情况”。

(2) 先按“邮发代号”分组，再按“客户编号”分组，同组内按“订阅日期”排序。

(3) 统计每种报纸的订阅总份数以及每个客户分别订阅每种报纸的份数。

(4) 使用 DLookUp 函数显示每种报纸的名称。

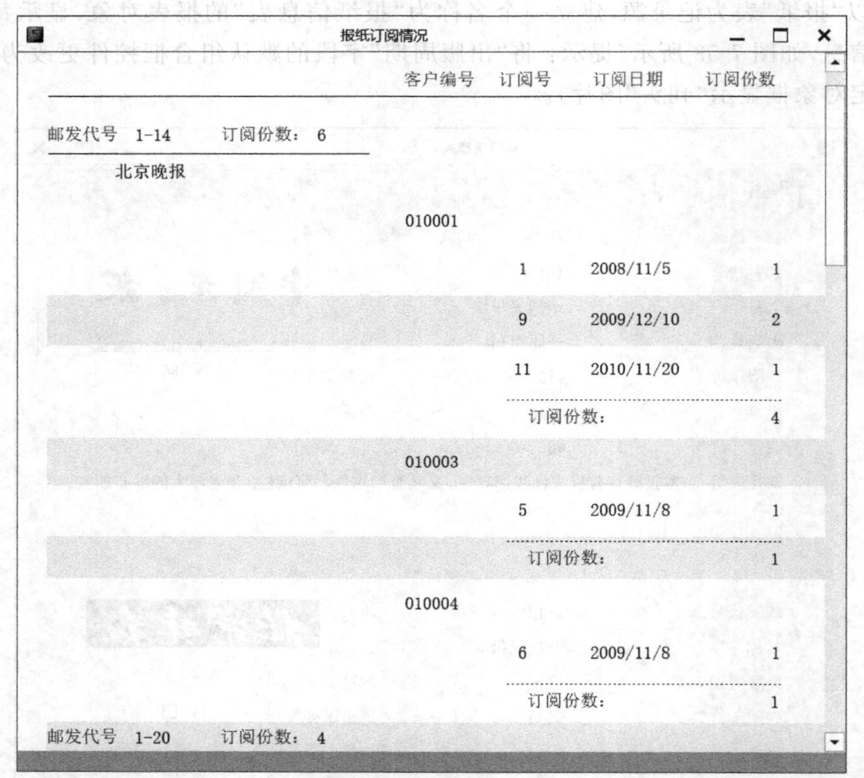

图 7-55 “报纸订阅情况”报表

4. 创建一个名称为“客户订阅报纸”的报表对象，要求如下。

（1）显示每个客户的信息及其报纸订阅情况。用主子报表实现，子报表的名称为“客户订阅报纸子报表”。

（2）第1页只显示报表的标题、制表人和日期等信息，从第2页开始显示客户订阅报纸的信息，如图7-56和图7-57所示（提示：使用“分页符”控件实现强制分页）。

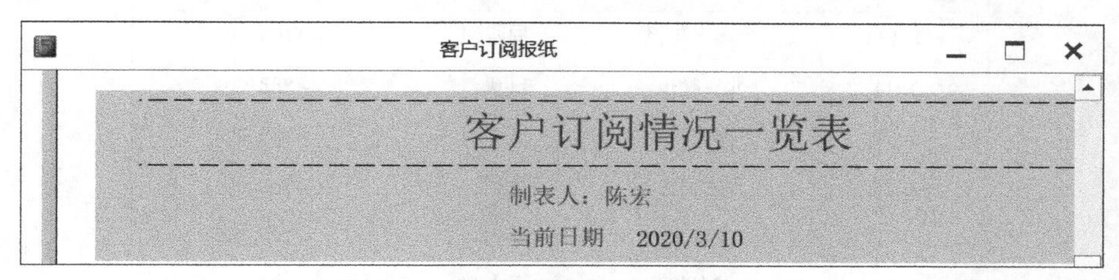

图7-56 “客户订阅报纸”报表的第1页

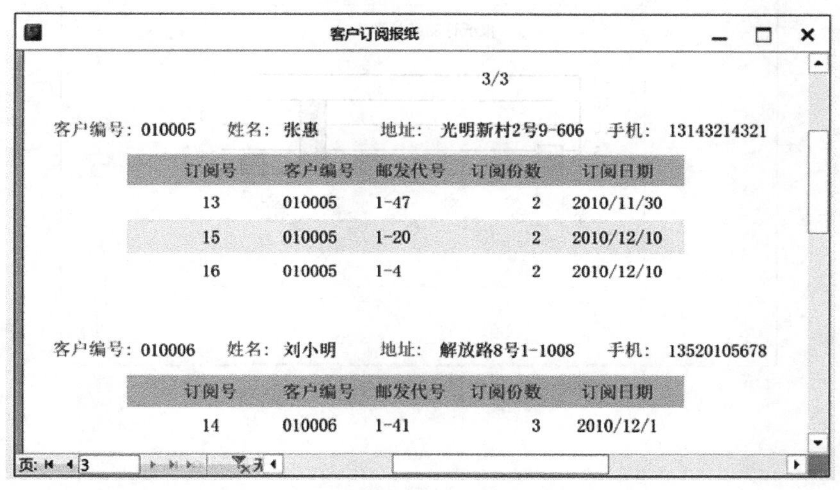

图7-57 “客户订阅报纸”报表的最后一页

5. 创建一个名称为“报纸订阅统计”的报表对象，显示报纸信息及报纸订阅统计图表，如图7-58所示，要求如下。

（1）创建一个名称为QY-R5的查询对象，查询报纸的订阅情况，数据源包括“报纸”和“订阅”两个表，查询结果中包含邮发代号、名称、订阅份数和订阅日期等字段。

（2）以“报纸”表为记录源创建名称为“报纸订阅统计”的主报表对象。

（3）以查询对象QY-R5为记录源创建一个名称为“报纸订阅统计图表”的图表报表对象，然后将其插入到主报表的“报表页脚”节中。

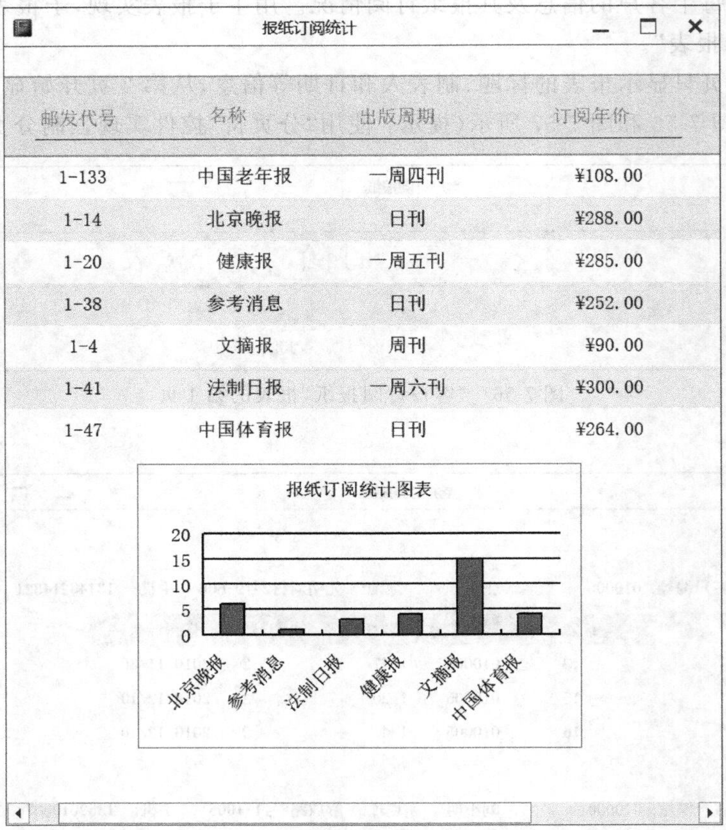

报纸订阅统计

邮发代号	名称	出版周期	订阅年价
1-133	中国老年报	一周四刊	¥108.00
1-14	北京晚报	日刊	¥288.00
1-20	健康报	一周五刊	¥285.00
1-38	参考消息	日刊	¥252.00
1-4	文摘报	周刊	¥90.00
1-41	法制日报	一周六刊	¥300.00
1-47	中国体育报	日刊	¥264.00

报纸订阅统计图表

20
15
10
5
0
北京晚报
参考消息
法制日报
健康报
文摘报
中国体育报

图 7-58 “报纸订阅统计”主子报表

第8章 宏的设计与使用

在 Access 中，系统为方便用户操作数据库而提供了若干操作命令，如打开或关闭窗体、检索记录、打印报表等。使用宏(Macro)可以将完成某项任务的相关操作命令组织在一起，通过运行宏使系统自动执行其中的操作命令。这样，用户不需要编写复杂的程序，就可以自动完成许多重复性操作，使 Access 数据库的管理和维护更加方便。本章主要介绍宏的基本概念、常用宏操作、宏的建立与运行、宏操作的条件控制以及宏的组织管理等内容。

本章的宏设计均在“销售管理”数据库中进行，以下不再赘述。

8.1 宏的基本知识

宏是由一个或多个操作组成的集合，其中的每个操作都能实现特定的功能。Access 中的所有宏操作都是系统预先定义好的，用户可以直接使用。

8.1.1 认识简单的宏

宏是操作命令的一种组织方式，宏中的操作命令称为宏操作，当运行宏时，系统会自动执行在宏中设置的一组操作。

【例 8-1】 创建一个名为 macro1 的宏，运行该宏，会弹出如图 8-1 所示的消息框。

操作步骤如下。

图 8-1 简单的宏

① 打开“销售管理”数据库，执行“创建”→“宏与代码”→“宏”命令，打开宏的设计视图。

② 在“添加新操作”下拉列表中选择宏操作命令 MessageBox。

③ 按图 8-2 所示，通过输入或选择参数值的方式设置 MessageBox 操作命令所需的操作参数。

④ 单击快速访问工具栏上的“保存”按钮，保存宏对象，将其命名为 macro1。

执行“宏工具/设计”→“工具”→“运行”命令，运行宏，结果如图 8-1 所示。

关闭宏设计视图后，也可以在“导航”窗格中双击 macro1 宏对象以运行宏。

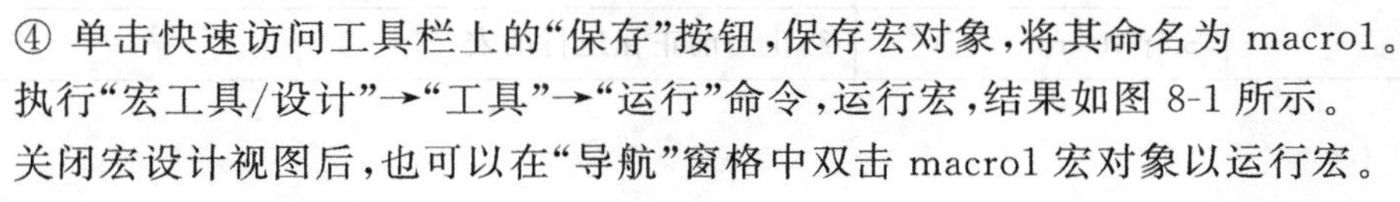

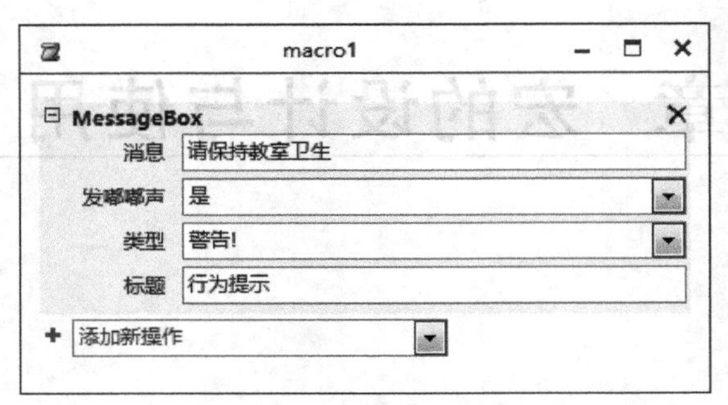

图 8-2 宏 macro1 的设计视图

8.1.2 常用的宏操作

宏是由宏操作组成的，一个宏操作由操作命令和操作参数两部分组成，操作命令指示要做什么，操作参数给出用什么做和怎么做等信息，每个宏操作的操作命令名和操作参数都是由系统预先定义好的。

Access 中常用的宏操作及其功能如表 8-1 所示。

表 8-1 常用的宏操作及其功能

分　类	操作命令	功　能
筛选、查询、搜索	ApplyFilter	在表、窗体或报表中应用筛选以选择表、窗体或报表中显示的记录
	FindNextRecord	查找符合最近 FindRecord 操作或“查找”对话框中指定条件的下一条记录
	FindRecord	查找符合指定条件的第一条或下一条记录
	OpenQuery	打开选择查询或交叉表查询或执行动作查询
	RefreshRecord	刷新当前记录
	SetOrderBy	对表、窗体、报表中的记录应用排序
	ShowAllRecords	删除已应用的筛选，显示所有记录
宏命令	RunCode	调用 VBA 的 Function 过程
	RunDataMacro	运行数据宏
	RunMcro	在宏中运行其他宏
	RunMenuCommand	运行 Access 菜单命令
	StopAllMacros	终止所有正在运行的宏
	StopMacro	终止当前正在运行的宏

续表

分　　类	操作命令	功　　能
数据库对象	GotoControl	将焦点移动到"激活"窗体或数据表中指定的字段或控件上,实现焦点转移
	GotoRecord	使打开的表、窗体或查询结果集中指定的记录作为当前记录
	OpenForm	打开窗体,并可通过选择窗体的数据模式限制对窗体中记录的操作
	OpenReport	在"设计"视图或"打印预览"视图中打开报表或直接打印报表
	OpenTable	以指定的数据输入方式和表视图打开表
	SetProperty	设置控件属性
系统命令	Beep	通过计算机的扬声器发出"嘟嘟"声
	CloseDatabase	关闭当前数据库
	QuitAccess	退出 Microsoft Access 系统
数据输入操作	DeleteRecord	删除当前记录
	SaveRecord	保存当前记录
用户界面命令	MessageBox	显示包含警告信息或其他信息的消息框
	UndoRecord	撤销最近的用户操作
窗口管理	CloseWindow	关闭指定的窗体,如果没有指定窗体,则关闭活动窗体
	MaximizeWindow	使活动窗体最大化,以充满 Microsoft Access 窗口
	MinimizeWindow	使活动窗体最小化,成为 Microsoft Access 窗口底部的标题栏
	RestoreWindow	将处于最大化或最小化的窗体恢复为原来的大小

8.1.3 宏的类型

按照宏的运行和组织方式,可以将宏分为两类:独立宏和嵌入的宏。

1. 独立宏

独立宏是指作为独立的宏对象而存在的宏,也称全局宏。与 Access 数据库中的其他对象一样,独立宏具有宏名,以宏对象的形式显示在"导航"窗格的"宏"分类中。例 8-1 中设计的宏就是一个独立宏。独立宏可以单独调用或用于窗体、报表及其控件等对象的事件响应。

如果需要在应用程序的很多位置重复使用宏,则可以创建独立的宏。

2. 嵌入的宏

嵌入的宏是指嵌入在表、窗体或报表等对象中的宏。嵌入的宏会成为窗体、报表或表对象的一部分，通常用来自动执行特定于窗体或报表的任务，或者特定于数据表逻辑的任务。

嵌入的宏一般没有具体的名称，会随着所嵌入的对象的删除而删除。嵌入的宏不显示在“导航”窗格中。嵌入的宏通常不能单独调用，只能在所嵌入对象的相关事件发生时自动执行。

嵌入的宏有以下 2 种应用形式。

(1) 嵌入在窗体、报表和控件对象的“事件”属性中，作为这些对象的事件响应。这种宏也称用户界面宏。

(2) 嵌入在表对象中，用于验证数据、强制实施业务规则、更新聚合总计等。这种宏也称数据宏。

8.2 宏的创建与运行

8.2.1 宏的设计视图

打开数据库文件，执行“创建”→“宏与代码”→“宏”命令，进入宏的设计视图。宏设计视图一般由宏工具选项卡、宏设计窗格和操作目录窗格组成。

1. “宏工具/设计”选项卡

该选项卡中包含 3 个功能区，如图 8-3 所示。“工具”区中的命令用于运行或调试当前正在设计的宏，“折叠/展开”区中的命令用于折叠或展开操作参数列表，“显示/隐藏”区中的命令用于打开或关闭操作目录窗口。

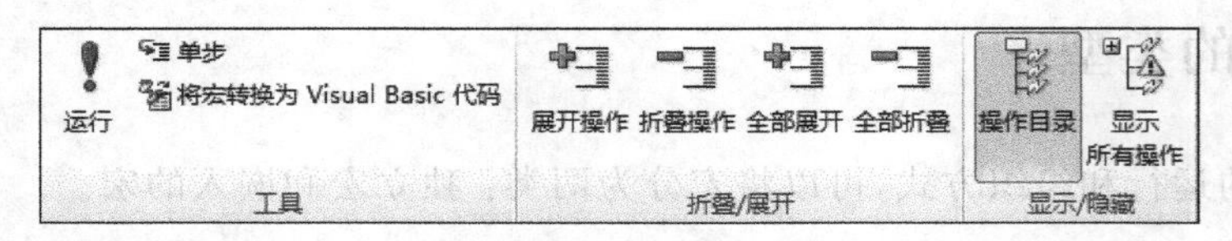

图 8-3 “宏工具/设计”选项卡

2. “宏设计”窗格

“宏设计”窗格是设计宏操作的主要工作区域，如图 8-4 所示，其中已建立了 3 个宏操作。在“添加新操作”输入框中可以输入操作命令；或者单击输入框右侧的箭头按钮，从下拉列表中选择需要的操作命令，然后设置相应的操作参数。

单击“设计”窗格中的“折叠/展开”按钮或双击操作命令，可以折叠或展开操作命令，

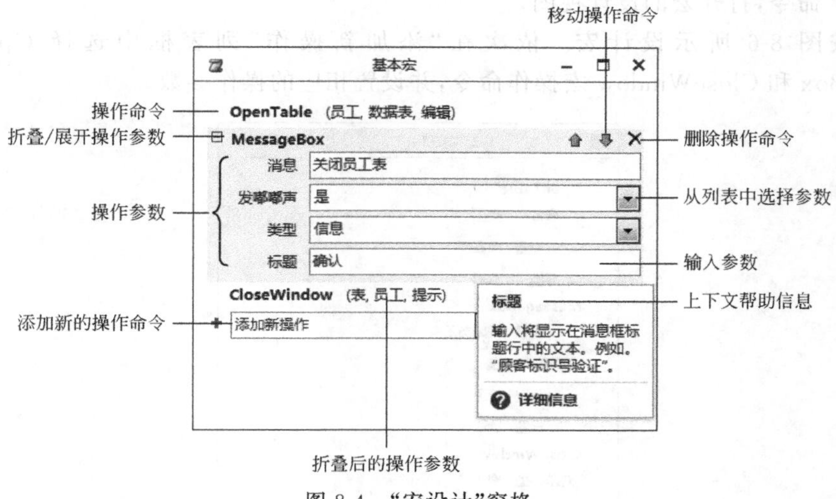

图 8-4 “宏设计”窗格

折叠后的操作命令以“命令名(参数列表)”的形式显示；单击“删除”按钮，可以删除操作命令；单击“上移”或“下移”按钮，可以改变操作命令的顺序；将鼠标光标放在命令名或参数框中，会显示上下文帮助信息。

3. “操作目录”窗格

图 8-5 操作目录

操作目录中列出了可应用于当前宏设计的所有操作命令，如图 8-5 所示。可以直接从操作目录中将需要的操作命令拖曳到“宏设计”窗格。在操作目录中选中某个操作命令后，在窗格底部会显示该操作命令的功能描述。

8.2.2 创建独立的宏

创建独立的宏

宏的创建是在宏的设计视图中完成的。创建宏的关键是根据任务处理步骤的逻辑顺序依次排列宏操作，并分别设置每个宏操作所需的操作参数，创建过程就是一个选择操作命令和设置相关参数的过程。

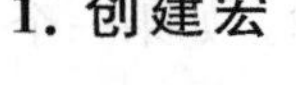

1. 创建宏

【例 8-2】 创建一个名为“基本宏-1”的宏对象，运行宏时先以数据表视图打开“员工”表，然后显示一个消息框，单击消息框的“确定”按钮可以关闭“员工”表。

操作步骤如下。

① 打开“销售管理”数据库，执行“创建”→“宏与代

码”→“宏”命令，打开宏的设计视图。

② 按图 8-6 所示设计宏。依次在“添加新操作”列表框中选择 OpenTable、MessageBox 和 CloseWindow 宏操作命令，并设置相应的操作参数。

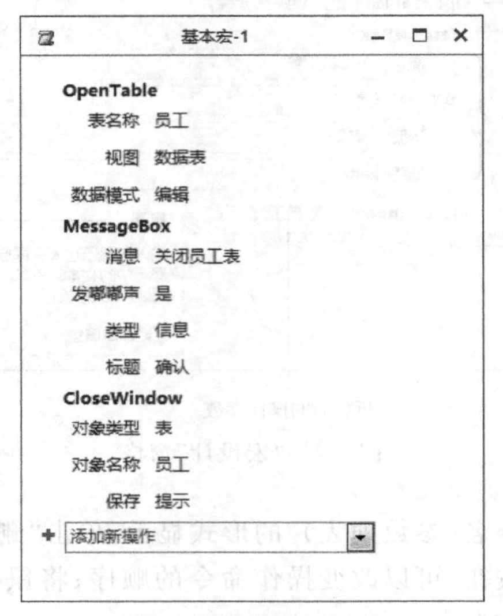

图 8-6 基本宏的设计

③ 保存宏对象，将其命名为“基本宏-1”。该宏作为一个独立的宏对象会被保存在 Access 数据库中，并显示在“导航”窗格的“宏”分类列表中。

在宏设计视图中，单击“宏工具/设计”→“运行”按钮，运行宏，结果如图 8-7 所示。

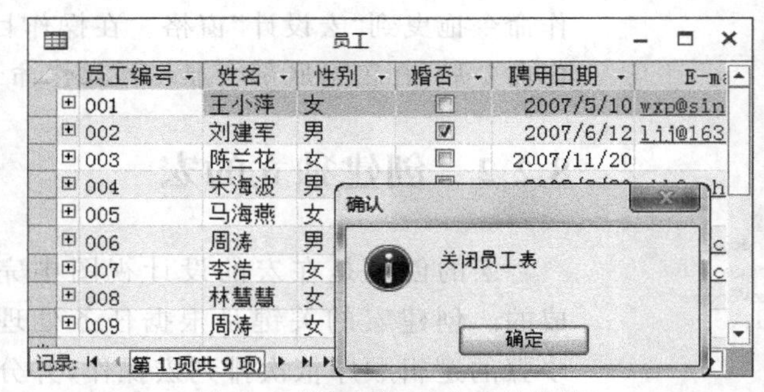

图 8-7 “基本宏-1”的运行结果

说明：

① 一个宏中应至少包括一个宏操作。如果一个宏中包括多个宏操作，则宏操作要按照解决问题的逻辑顺序排列。

② 设置操作参数的方式有以下 3 种：如果参数项是文本框的，则可以直接输入，如果参数项是列表框的，则可以通过“选择”列表项输入。当参数项后面有生成器按钮时，可以通过表达式生成器输入，要善于利用表达式生成器。

【例 8-3】 创建一个名为“基本宏-2”的宏对象，运行宏时按以下顺序执行操作。

先以数据表视图打开“商品”表，然后显示一个消息框；单击消息框的“确定”按钮后，运行名为“按类别查询”的查询对象，同时关闭“商品”表；然后显示一个消息框，单击该消息框的“确定”按钮可以关闭查询对象。

操作步骤如下。

① 打开宏的设计视图，按图 8-8 所示设计宏，依次添加各个操作命令，并设置相应的操作参数。

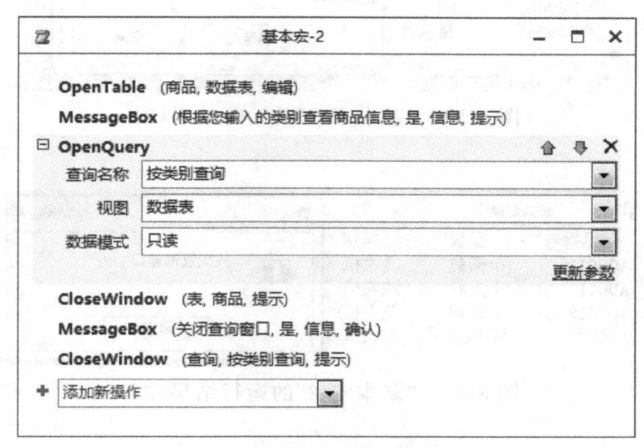

图 8-8 “基本宏-2”的设计

② 保存宏对象，将其命名为“基本宏-2”。

关闭宏设计视图，然后在“导航”窗格中双击“基本宏-2”对象，运行宏。首先显示“商品”表，如图 8-9 所示，单击“提示”消息框中的“确定”按钮后，运行参数查询，如图 8-10 所示。在“输入参数值”对话框中输入“洗衣机”后，自动关闭“商品”表显示窗口，显示查询结果，如图 8-11 所示。单击“确认”消息框中的“确定”按钮后，关闭查询显示窗口。

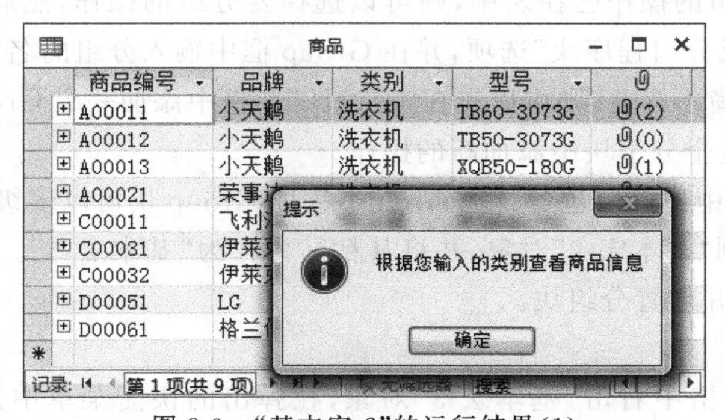

图 8-9 “基本宏-2”的运行结果(1)

2. 在宏中使用注释和分组块

使用 Comment 宏语句可以为操作命令添加注释信息，使用 Group 宏语句可以对一组相关操作进行分组，注释和分组都是为了提高宏操作的可读性，不会影响宏的执行结果。

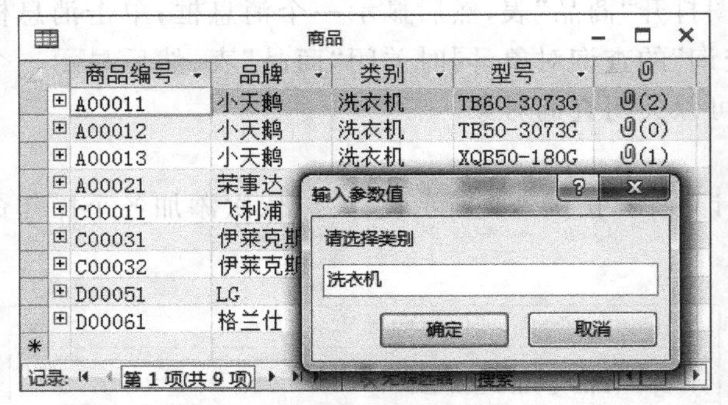

图 8-10 “基本宏-2”的运行结果(2)

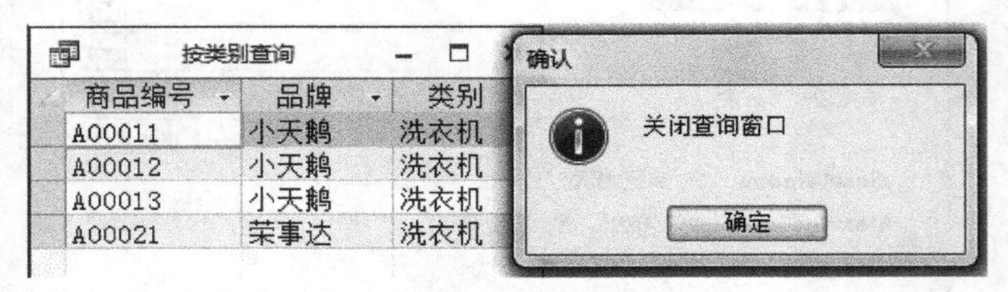

图 8-11 “基本宏-2”的运行结果(3)

当一个宏中包含较多的操作时,为便于阅读,可以将相关操作分为一组,并为该组指定一个有意义的名称,从而更清晰地了解哪些操作是相关的。Group 块不会影响操作的执行方式,也不能单独调用或运行。分组的主要目的是标识一组操作,以方便用户一目了然地了解宏的功能。此外,在编辑大型宏时,可以将每个分组块折叠为单行,从而减少必须进行的滚动操作。

在宏中设置分组块的方式有以下 2 种。

(1) 如果要分组的操作已在宏中,则可以选择要分组的操作,然后右击,在弹出的快捷菜单中选择“生成分组程序块”选项,并在 Group 框中输入分组的名称。

(2) 如果操作尚不存在,则可以先在“宏设计”窗格中添加一个 Group 语句,并输入分组的名称,然后在这个分组块中添加新的操作。

一个 Group 块中还可以包含其他 Group 块,即 Group 块可以多级嵌套。

【例 8-4】 复制“基本宏-2”对象,并将其粘贴另存为“基本宏-3”。在“基本宏-3”宏对象中添加注释信息并设置分组块。

操作步骤如下。

① 在“导航”窗格中右击“基本宏-3”对象,在弹出的快捷菜单中选择“设计视图”选项,打开宏设计视图。

② 从“操作目录”中将“程序流程”类别中的 Comment 语句拖曳到“宏设计”窗格的第一个操作命令的上方以添加一个注释框,在注释框中输入注释信息:“先查看所有商品信息,再按输入的类别查看商品信息”。

③ 按住 Ctrl 键,再依次单击 MessageBox、OpenQuery 和 CloseWindow 这 3 个操作命令,以同时选中它们,然后右击,在弹出的快捷菜单中选择“生成分组程序块”选项,将这

3 个操作命令划分为一组，并在 Group 框中输入分组块的名称："按类别查看商品信息"。

利用同样的方法将最后两个操作命令划分为一组，分组块的名称为"结束查询"，结果如图 8-12 所示。

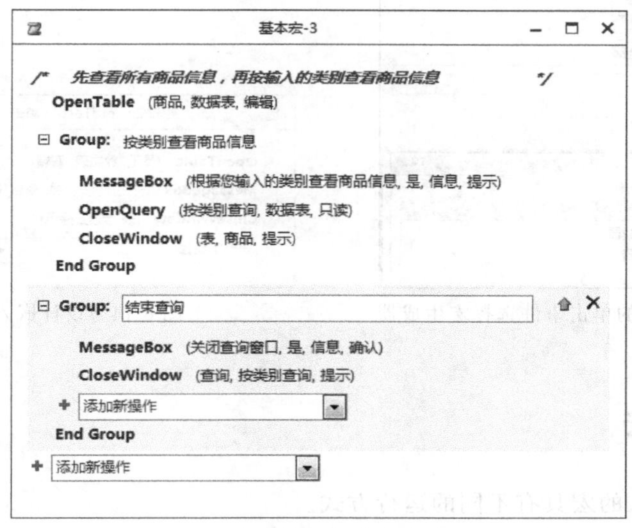

图 8-12　在宏中添加注释和分组块

④ 单击快速访问工具栏中的"保存"按钮，保存修改后的宏对象。

8.2.3　创建嵌入的宏

宏可以嵌入在窗体、报表或控件的"事件"属性中，成为窗体、报表或表对象的一部分，并在对象相应事件发生时自动执行。创建嵌入的宏与创建独立宏的方法基本相同。嵌入在窗体或报表中的宏与窗体、报表及其控件对象相绑定，作为这些对象的事件响应处理。

【例 8-5】 创建一个嵌入的宏，当单击窗体上的命令按钮时能够完成例 8-2 中要求的操作功能。

操作步骤如下。

① 打开窗体设计视图，取消"控件向导"功能，然后在窗体上添加一个命令按钮，按钮的名称为 cmdTest1，标题为 test1，保存窗体对象，将其命名为"测试宏"。

② 选中命令按钮控件，在"属性表"的"事件"选项卡中单击"单击"事件的生成器按钮 ...，打开"选择生成器"对话框，如图 8-13 所示，选择"宏生成器"选项，进入宏设计视图。

③ 按图 8-14 所示设计宏。然后执行"宏工具/设计"→"关闭"→"保存"命令，保存设计的宏，再执行功能区中的"关闭"命令，关闭嵌入宏的设计视图。此时，"属性表"中的 cmdTest1 按钮的"单击"事件属性框中会显示"[嵌入的宏]"。

④ 单击快速访问工具栏上的"保存"按钮，保存窗体对象。

在窗体视图中打开"测试宏"窗体，单击 test1 按钮，自动执行宏中的各项操作。

说明：第 6 章中使用"控件向导"建立的命令按钮，其"单击"事件的响应都是通过嵌入的宏实现的。

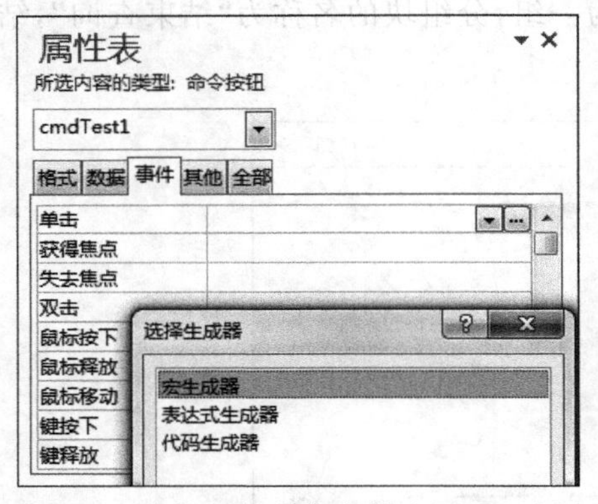

图 8-13　为按钮的单击事件选择宏生成器

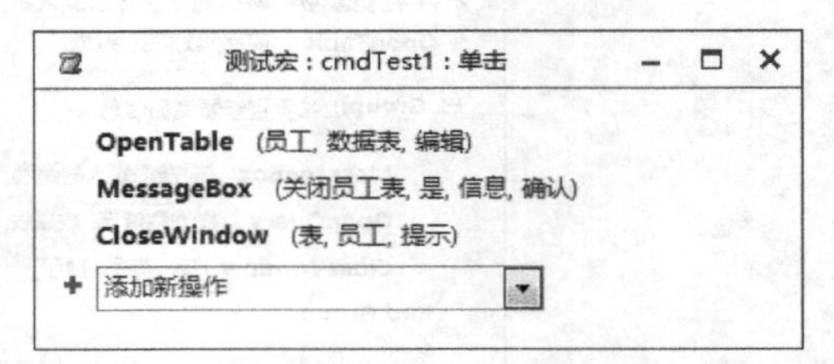

图 8-14　设计嵌入的宏

8.2.4　运行宏

独立宏和嵌入的宏具有不同的运行方式。

1. 运行独立宏

运行独立宏有以下几种方法。

(1) 在宏设计视图中单击“宏工具/设计”→“运行”按钮,运行当前正在设计或修改的宏。

(2) 在“导航”窗格中双击或者右击宏对象,在弹出的快捷菜单中选择“运行”选项。

(3) 将宏设置为窗体、报表或其控件的事件属性,当相应的事件发生时,系统会自动运行该宏,如例 8-7 所示。

(4) 在宏设计中,使用 RunMacro 宏操作,通过设置其“宏名”参数可以在一个宏中运行另一个宏。

(5) 在 VBA 代码中,使用 DoCmd 对象的 RunMacro 方法通过宏名运行宏。

2. 运行嵌入的宏

运行嵌入的宏有以下几种方法。

(1) 在宏设计视图中单击“宏工具/设计”→“运行”按钮,运行当前正在设计或修改的宏。

(2) 运行窗体或报表时,当窗体、报表或其控件对象的相应事件发生时自动运行嵌入在对象中的宏,如例 8-5 所示。嵌入在表事件中的数据宏会在对记录执行添加、修改或删除操作时触发,如例 8-6 所示。

8.2.5　调试宏

对宏进行调试可以发现宏中不正确的操作。在 Access 中,调试宏就是以单步运行的方式跟踪宏的每一步操作。当一个宏中包含多个操作时，调试宏是发现错误的有效手段。

调试宏的基本步骤如下。

① 在宏的设计视图中打开宏，如“基本宏-1”。

② 单击“宏工具/设计”→“单步”按钮，切换为单步执行方式。

③ 单击“宏工具/设计”→“运行”按钮，打开“单步执行宏”对话框，如图 8-15 所示。对话框中首先显示宏的第 1 个操作信息，单击“单步执行”按钮即可执行该操作；如果操作正确，则对话框中继续显示宏的第 2 个操作信息；如果存在错误，则会出现“操作失败”消息框。单击“停止所有宏”按钮即可结束宏的执行；单击“继续”按钮可以退出调试状态（即关闭“单步执行宏”对话框），以正常方式继续执行宏中剩余的操作。

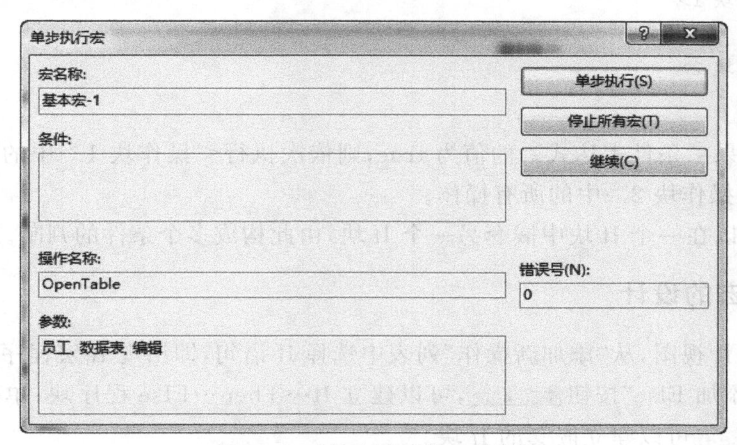

图 8-15 “单步执行宏”对话框

8.3 带条件的宏

宏在运行时一般是按照宏操作的排列顺序依次执行的。如果在宏运行时需要根据条件控制其中执行哪些宏操作，不执行哪些宏操作，则可以为宏操作添加运行条件；若条件不满足，则不执行相应操作。这种带有运行控制条件的宏称为带条件的宏（简称条件宏）。

带条件的宏

1. If 宏程序块

If 宏程序块用于实现宏操作的流程控制，根据 If 表达式的值有条件地执行一组操作。If 宏程序块有以下 2 种常用形式。

(1) If…Then 形式。

格式：

```
If <条件表达式>Then
    <操作块>
```

```
End If
```

功能：如果<条件表达式>的值为 true，则依次执行<操作块>中的所有操作，否则不执行<操作块>中的操作。

说明：<操作块>是由至少一个宏操作组成的操作序列，根据<条件表达式>的值决定是否都执行或者都不执行。

(2) If…Then…Else 形式。

格式：

```
If <条件表达式>Then
    <操作块 1>
Else
    <操作块 2>
End If
```

功能：如果<条件表达式>的值为 true，则依次执行<操作块 1>中的所有操作，否则依次执行<操作块 2>中的所有操作。

说明：可以在一个 If 块中嵌套另一个 If 块，由此构成多个条件的判断。

2. 条件宏的设计

打开宏设计视图，从“添加新操作”列表中选择 If 语句，即出现 If 宏程序块，如图 8-16 所示。单击“添加 Else”按钮添加 Else，可以建立 If…Then…Else 程序块；单击“添加 Else If”按钮添加 Else If 可以建立嵌套的 If 块。

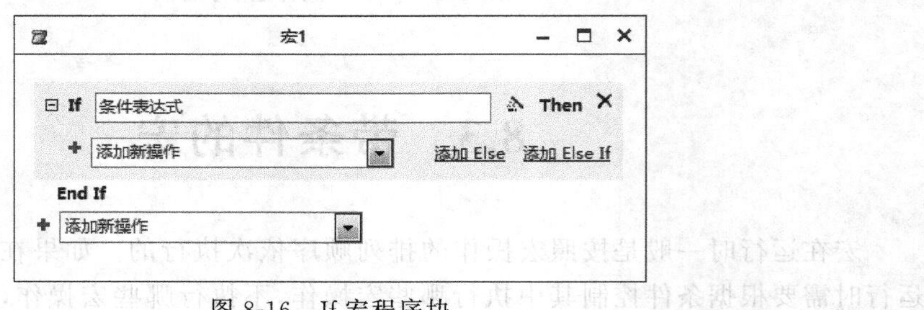

图 8-16　If 宏程序块

【例 8-6】 设计一个“密码输入”窗体，用独立宏完成下列功能。当单击窗体上的“确定”按钮时，如果密码为 merry，则显示一个“密码正确”消息框，关闭“密码输入”窗体后会自动打开“员工记录”窗体，如图 8-17 所示。若密码不为 merry，则显示“密码错误”消息框，提示重新输入密码，如图 8-18 所示。

操作步骤如下。

① 打开窗体设计视图，按图 8-17 所示设计“密码输入”窗体。

- 文本框控件的名称为 txtPassword，将“输入掩码”设置为“密码”(输入数据时会用“*”号占位符替代实际数据)。
- 命令按钮的名称为 cmdOk，标题为“确定”。

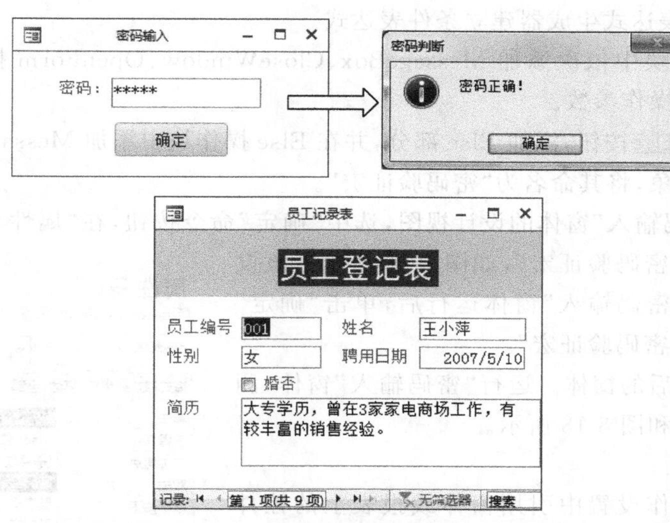

图 8-17　密码正确时的运行结果

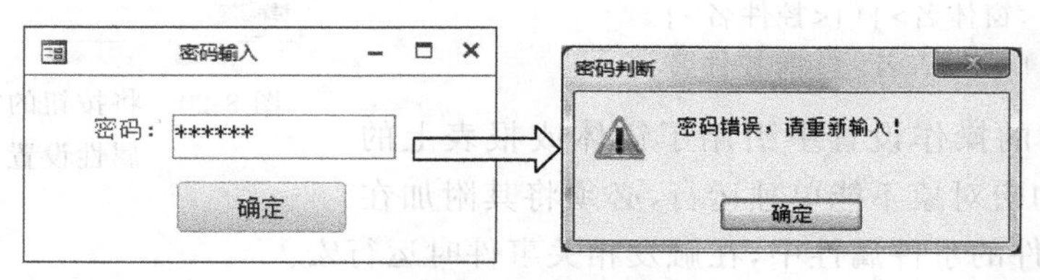

图 8-18　密码错误时的运行结果

• 保存窗体对象，将其命名为“密码输入”。

② 执行“创建”→“宏与代码”→“宏”命令，打开宏设计视图，从“添加新操作”下拉列表中选择 If 语句，按图 8-19 所示设计宏。

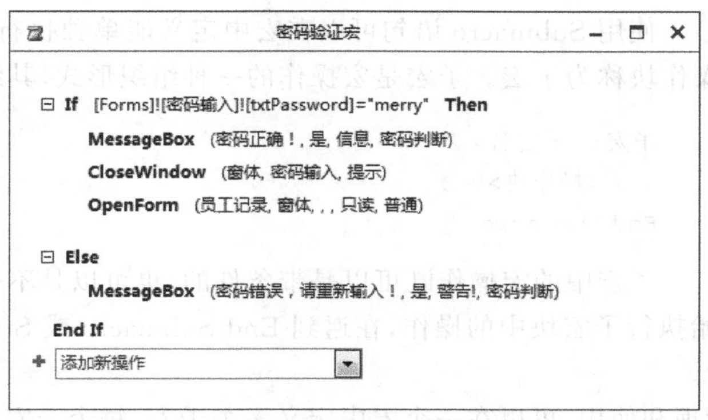

图 8-19　设计带条件的宏

• 在 If 输入框中输入条件表达式：

```
[Forms]![密码输入]![txtPassword] ="merry"
```

也可以利用表达式生成器建立条件表达式。

- 在If操作块中依次添加MessageBox、CloseWindow、OpenForm操作命令，并设置相应的操作参数。
- 单击添加Else按钮，添加Else部分，并在Else操作块中添加MessageBox操作。
- 保存宏对象，将其命名为"密码验证宏"。

③ 打开"密码输入"窗体的设计视图，选中"确定"命令按钮，在"属性表"中将"单击"事件属性设置为"密码验证宏"，如图8-20所示。该设置的作用是：当"密码输入"窗体运行后，单击"确定"按钮会自动执行"密码验证宏"。

④ 保存修改后的窗体。运行"密码输入"窗体，测试结果如图8-17和图8-18所示。

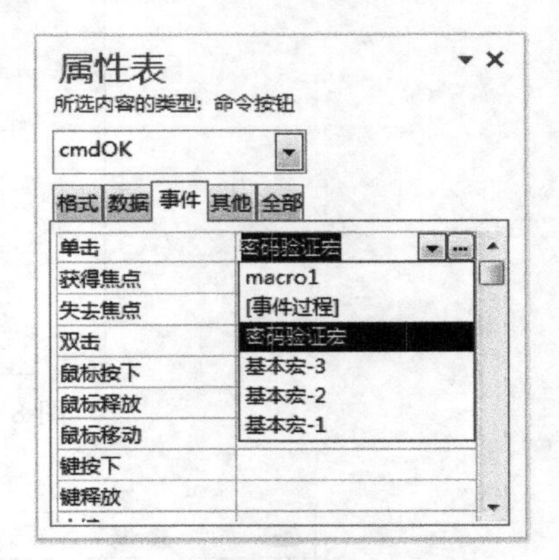

图8-20 将按钮的"单击"事件属性设置为宏对象

说明：

① 在宏的操作设置中引用窗体或报表上的控件时，使用的语法格式为

```
[Forms]![<窗体名>]![<控件名>]
[Reports]![<报表名>]![<控件名>]
```

② 若在宏的操作设置中引用了窗体或报表上的控件，则这样的宏对象不能单独运行，必须将其附加在窗体或报表控件的事件属性中，在触发相关事件时运行宏。

③ 本例中的操作功能也可以使用嵌入宏的方式实现。

8.4 子 宏

子宏

使用Submacro语句可以在宏中定义能单独执行的一组操作，这组操作块称为子宏。子宏是宏操作的一种组织形式，其结构为

```
子宏:<子宏名>
    <操作块>
End Submacro
```

子宏中的宏操作既可以是带条件的，也可以是不带条件的。运行子宏时，从子宏名开始执行子宏块中的操作，在遇到End Submacro或StopMacro宏操作时停止该子宏的执行。

为便于宏的管理和使用，可以在一个宏中定义多个子宏，每个子宏都能被单独调用执行并完成一个特定的任务。子宏通常在事件属性、RunMacro或OnError宏操作中被调用，调用格式为

```
<宏名>.<子宏名>
```

> **注意**：子宏（Submacro）与分组（Group）不同，分组块是为了提高宏的可读性，一个分组块中的宏操作不能单独执行；子宏则用于定义可以单独执行的一组操作。

【例 8-7】 设计如图 8-21 所示的窗体，单击"查找"按钮可以根据输入的商品编号查找并显示该商品的销售信息；单击"退出"按钮可以关闭窗体。

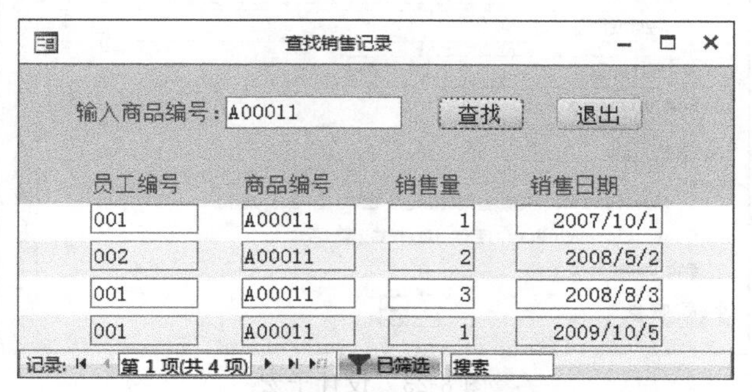

图 8-21 "查找销售记录"窗体

操作步骤如下。

① 按图 8-22 所示设计窗体。

- 窗体的记录源为"销售"表，"默认视图"为"连续窗体"。
- 在"窗体页眉"节中添加一个文本框控件，关联的标签标题为"输入商品编号："，文本框的名称为 txtNum。再添加 2 个命令按钮，标题分别为"查找"和"退出"。
- 保存窗体对象，将其命名为"查找销售记录"。

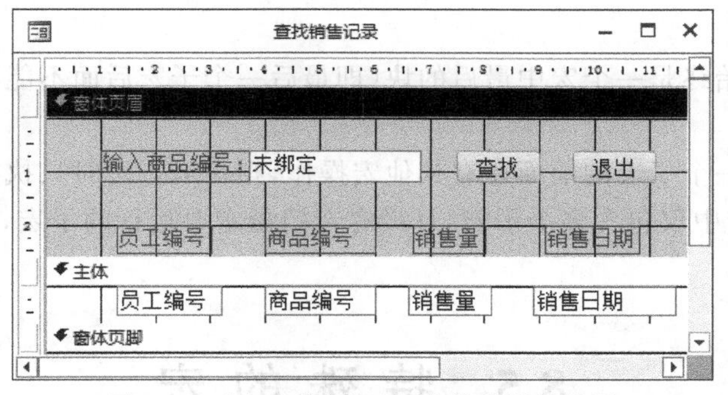

图 8-22 "查找销售记录"窗体的设计视图

② 执行"创建"→"宏与代码"→"宏"命令，打开宏设计视图，按图 8-23 所示设计宏。

- 在"添加新操作"列表中选择 Submacro 语句，添加一个子宏，将默认的 Sub1 子宏名改为 find。在 find 子宏块中添加 ApplyFilter 操作命令并设置"当条件＝"参数，该操作的作用是根据 txtNum 文本框中输入的数据对"查找销售记录"窗体的记录源进行筛选。
- 在 find 子宏块后面的"添加新操作"列表中选择 Submacro 语句，添加一个新的子宏，并将默认的 Sub2 子宏名改为 exit。在 exit 子宏块中添加 MessageBox 和

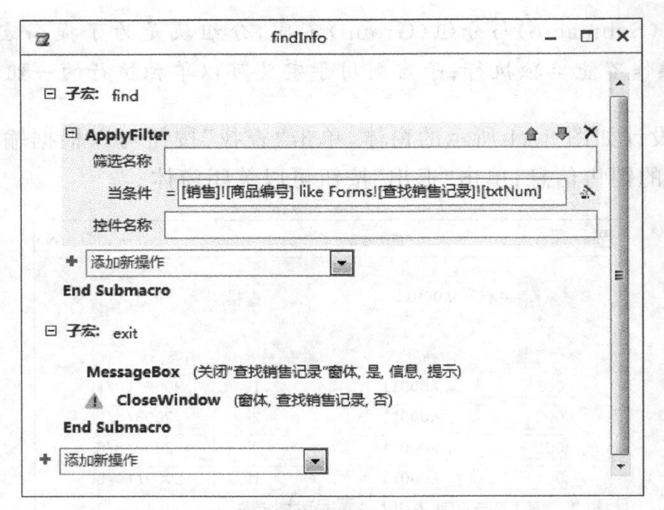

图 8-23　设计子宏

CloseWindow 操作命令并设置相应参数。

- 保存宏对象，将其命名为 findInfo。

③ 打开"查找销售记录"窗体的设计视图，将"查找"按钮和"退出"按钮的"单击"事件属性分别设置为 findInfo.find 和 findInfo.exit，然后保存修改的窗体。

运行"查找销售记录"窗体，在文本框中输入商品编号，如 A00011，窗体中只显示该编号的商品销售记录；单击"退出"按钮会首先显示一个提示框，单击"确定"按钮后即可关闭窗体。

说明：

① 子宏必须始终是一个宏中最后的块（即最后一个子宏后面不能再包含其他单个的宏操作）。

② 如果在第一个子宏的前面还有其他宏操作，则在运行宏时只执行第一个子宏前面的宏操作。如果宏中仅包含多个子宏，且没有专门指定要运行的子宏，则在运行宏时默认执行第一个子宏。

8.5　特殊的宏

Access 中有两个特殊的宏，一个是名为 AutoExec 的宏，另一个是名为 AutoKeys 的宏。

1. AutoExec 宏

AutoExec 宏会在打开数据库时自动执行，其设计方法与独立宏的设计方法完全相同，只是宏对象的名称必须为 AutoExec。

例如，将例 8-2 中设计的"基本宏-1"另存为 AutoExec，则在打开"销售管理"数据库时该宏就会自动运行。

若要禁止其自动运行，则可以在打开数据库时按住 Shift 键。

2. AutoKeys 宏

AutoKeys 宏用于定义数据库的快捷键，可以将一个或一组操作指派给某个特定的键或快捷键，当按下指定的键或快捷键时，Access 就会执行相应的操作。

AutoKeys 宏的设计方法与包含子宏的宏的设计方法相同，只是宏对象的名称必须为 AutoKeys，子宏中的每个子宏名就是一个快捷键。

本章小结

本章介绍了宏的功能、不同类型宏的创建与运行方法，主要内容如下。

(1) 宏是由一个或多个操作组成的集合，其中的每个操作都能实现特定功能。当运行宏时，系统会自动执行宏中给出的一组操作。

(2) 按照宏的运行和组织方式可以将宏分为独立宏和嵌入的宏。

① 独立宏是指作为独立的宏对象存在的宏，独立宏具有宏名，以宏对象的形式显示在“导航”窗格的“宏”分类中，可以单独调用或作为窗体、报表等控件的事件响应。

② 嵌入的宏是指嵌入在表、窗体或报表控件等对象中的宏，嵌入的宏一般没有名称，只能作为所嵌入对象的一部分存在，嵌入的宏不显示在“导航”窗格中，通常也不能单独调用，只能在其所嵌入对象的相关事件发生时自动运行。

(3) 在宏中使用注释(Comment)或分组块(Group)可以提高宏的可读性。

(4) 带条件的宏通过 If 宏程序块实现流程控制。在运行带条件的宏时，根据条件表达式的值决定是否执行相应的操作，If 宏程序块可以嵌套。

(5) 子宏(Submacro)是宏操作的一种组织方式，用于在宏中定义可以单独执行的一组操作。子宏通常以“＜宏名＞.＜子宏名＞”的方式被引用。

(6) 使用宏能够自动执行一些重复性的操作，还可以完成事件响应处理。但宏的使用也有一定的局限性，在宏中无法使用循环等控制结构，对数据库对象的处理能力也较弱，这些问题需要通过使用 VBA 模块解决。

习　题　8

8.1 思考题

1. 什么是宏？宏的运行方式有哪些？

2. 如何建立带条件的宏，如何建立和使用子宏？

3. 在宏条件表达式中如何引用窗体或报表中的控件？

4. 独立宏与嵌入的宏在设计和使用方式上有什么异同？

5. 如何提高宏的可读性？

8.2 选择题

1. 下列有关宏的叙述中不正确的是(　　)。

   A) 宏是一种操作代码的组合

   B) 用户可以自定义宏操作

   C) 建立宏通常需要添加宏操作并设置参数

   D) 宏操作没有返回值

2. 若要在宏中定义可以单独执行的一组操作，则应使用的宏语句是(　　)。

   A) Comment　　B) Group　　C) Submacro　　D) If

3. 在运行宏的过程中，宏不能修改的是(　　)。

   A) 窗体　　B) 宏本身　　C) 表　　D) 数据库

4. 在宏的参数中，若要应用窗体 F1 上 Text1 文本框的值，则应使用的表达式是(　　)。

   A) [Forms]! [F1]! [Text1]　　B) Text1

   C) [F1]! [Text1]　　D) [Forms].[F1].[Text1]

5. 若要限制宏命令的操作范围，则可以在创建宏时定义(　　)。

   A) 宏操作对象　　B) 宏条件表达式

   C) 窗体或报表控件属性　　D) 宏操作目标

6. 不能够使用宏的数据库对象是(　　)。

   A) 查询　　B) 窗体　　C) 宏　　D) 报表

7. 以下关于宏设计的叙述中不正确的是(　　)。

   A) 使用 Submacro 宏语句可以提高宏的可读性

   B) 使用 Comment 宏语句可以提高宏的可读性

   C) 使用 Group 宏语句可以提高宏的可读性

   D) 使用 If 宏语句可以控制宏的执行流程

8. 创建宏时至少要定义一个宏操作，有参数的宏还要设置其对应的(　　)。

   A) 条件　　B) 命令按钮　　C) 宏操作参数　　D) 注释信息

8.3 填空题

1. 在当前窗体上实现将焦点移动到指定控件上的宏操作命令是________，打开查询对象的宏操作命令是________。

2. 宏操作 QuitAccess 的功能是________，CloseWindow 的功能是________。

3. 在设计带条件的宏时，需要添加的宏语句是________。

4. 在数据库打开时自动运行的宏是________，如果想禁止其自动运行，则可在打开时按________键。

5. 对于由多个操作命令组成的宏，执行时是按照宏操作的________顺序执行的。

6. 在窗体上有一个命令按钮 cmdFind，如果要在单击该按钮时运行宏 macroFind，则要将命令按钮 cmdFind 的________事件属性指定为宏 macroFind。

7. 在带条件的宏操作块中，根据________决定宏操作块是否执行。

8. 当遇到________宏操作命令时，无论该命令后面是否还有其他宏操作，都会结束当前正在运行的宏。

8.4 上机练习题

1. 设计如图 8-24 所示的“登录”窗体（将窗体对象命名为“登录”），密码输入文本框的名称为 txtAccount，单击“确定”按钮（名称为 cmdLogin），若输入的密码为“123abc”，则显示一个“登录成功，欢迎使用！”的消息框，然后关闭“登录”窗体；若密码输入错误，则显示一个“密码错误，请重新输入”的消息框。单击“取消”按钮（名称为 cmdCancel）会显示一个“关闭登录窗体”的消息框，然后关闭“登录”窗体。

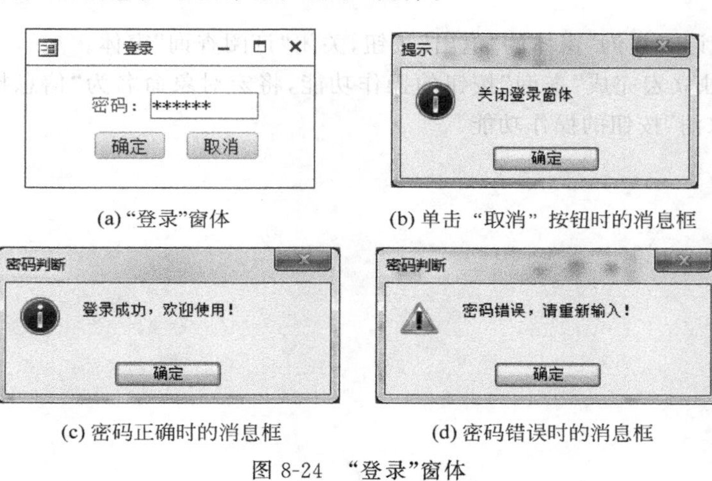

(a)“登录”窗体　(b) 单击“取消”按钮时的消息框

(c) 密码正确时的消息框　(d) 密码错误时的消息框

图 8-24 “登录”窗体

要求：使用子宏设计“确定”按钮和“取消”按钮的操作功能，将宏对象命名为“登录验证”，两个子宏的名称分别为 login 和 cancel。

2. 设计如图 8-25 所示的“订阅查询”窗体。窗体对象名称为“订阅查询”，文本框的名称为 txtCode，“查询”按钮的名称为 cmdQuery，“取消”按钮的名称为 cmdExit，取消窗体上的“最大化/最小化”按钮，并使“关闭”按钮不可用，然后完成以下功能。

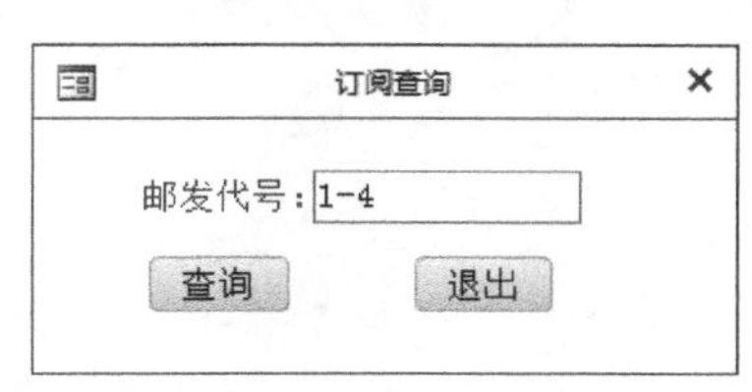

图 8-25 “订阅查询”窗体

(1) 在“订阅查询”窗体的文本框中输入邮发代号或邮发代号的前几位，单击“查询”按钮，打开如图 8-26 所示的“订阅查询结果”窗体，以“只读”方式显示与邮发代号相匹配的订阅信息，并将记录定位于“首记录”。单击“查询”按钮时，若邮发代号为空，则显示如图 8-27 所示的“请输入邮发代号”的提示消息框。

图 8-26 “订阅查询结果”窗体

图 8-27 “提示”消息框

(2) 单击“订阅查询”窗体的“退出”按钮，关闭“订阅查询”窗体。

(3) 使用独立宏完成“查询”按钮的操作功能，将宏对象命名为“信息检索”。使用嵌入的宏完成“取消”按钮的操作功能。

第9章 VBA与模块

窗体中控件的事件可以通过宏或事件过程响应，宏中的操作是系统预定义的程序段，事件过程则是用户使用VBA编程语言编写的程序段，这些程序段通过模块(Module)的方式组织起来。本章主要介绍VBA编程语言基础、程序设计流程控制、过程与模块、面向对象程序设计和VBA数据库编程基础等内容。

9.1 VBA 简 介

VBA(Visual Basic for Applications)是微软Office套件内置的编程语言，编程语言是用户和计算机进行信息交流的媒介，使用编程语言可以设计计算机程序，控制计算机完成用户要求的各项操作功能。

9.1.1 VBA程序初识

计算机程序是使用计算机编程语言编写的操作指令的集合，每条操作指令称为一条语句。语句是程序中执行具体操作的指令，是程序的基本构成单位。编程语言规定了每条语句的语法和语义，语法是语句的使用格式，语义是语句完成的功能。

VBA程序由被称为"过程"的程序段组成，过程中的语句按照解决问题的逻辑顺序依次排列。执行VBA程序段被称为过程的调用，计算机会自动按照过程中各条语句的语义从过程头执行到过程尾。

例如，在窗体上有一个名称为test的命令按钮，其单击事件过程如下。

```
Private Sub test_Click()
    Dim i As Integer, sum As Integer
    sum = 0
    For i = 1 To 100
        sum = sum + i
    Next
    MsgBox "The sum of 1 to 100 is " & Str(sum), 64, "计算结果"
End Sub
```

运行窗体，然后单击命令按钮，显示如图9-1所示的消息框，消息框中给出了1～100

所有整数的累加和。下面对该程序段进行简要分析，分析中涉及的概念及细节问题将在后续内容中给出。

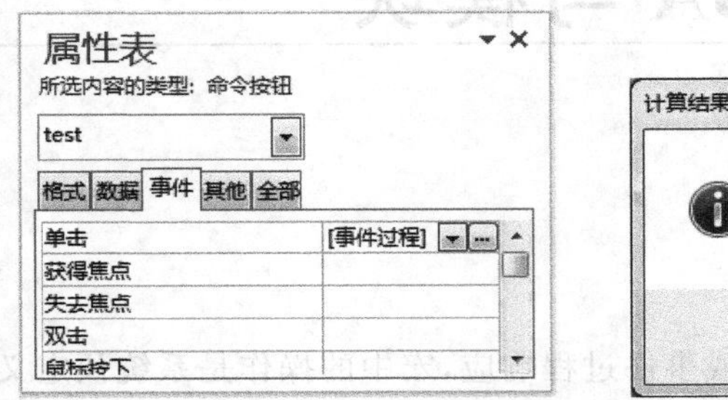

图 9-1 按钮的“单击”事件过程运行结果

(1) 此程序段是一个事件过程，Private Sub test_Click()和 End Sub 分别称为过程头和过程尾，事件过程的过程头和过程尾是系统自动添加的。将 test 命令按钮的“单击”事件属性设置为“[事件过程]”后，单击属性框右侧的“打开”按钮 ... 即可进入事件过程所对应的程序段中编写或修改程序。

(2) 单击窗体上的 test 命令按钮，系统从过程头开始自动执行该事件过程。

① 为变量 i 和 sum 分配内存空间。

② 将 sum(用作累加器)初始化为 0。

③ 使用 For 循环语句，将变量 i 的值从 1 累加到 100，并将每次的累加结果存入 sum。

④ 调用 Msgbox 函数，以消息框的方式显示最后的累加结果 5050。

当系统执行遇到过程尾(End Sub)时，事件过程调用结束。

9.1.2 VBA 程序编辑环境

在 Access 中，VBA 程序(也称 VBA 代码)是使用 VB 编辑器(Visual Basic Editor，VBE)编写的。VBE 是编辑、编译、运行、调试 VBA 代码的集成环境。

1. VBE 窗口

VBE 窗口主要由标准工具栏、代码窗口、工程资源管理器窗口、属性窗口、立即窗口等组成。其中只有代码窗口驻留在主窗口内，其他窗口均为浮动窗口，如图 9-2 所示。通过“视图”主菜单可以打开各个窗口。

(1) 标准工具栏。提供与主菜单中常用命令相对应的工具按钮，将鼠标浮于工具栏各按钮上时，系统将显示该按钮的功能提示信息，其他工具栏可以通过“视图”→“工具栏”菜单进行显示或隐藏切换。

(2) 代码窗口。由对象列表框、过程列表框、代码编辑区 3 部分构成。对象列表框列出了本模块中所有控件对象，过程列表框列出了当前对象所能响应的各种事件，代码编辑区用于输入和编辑 VBA 代码。

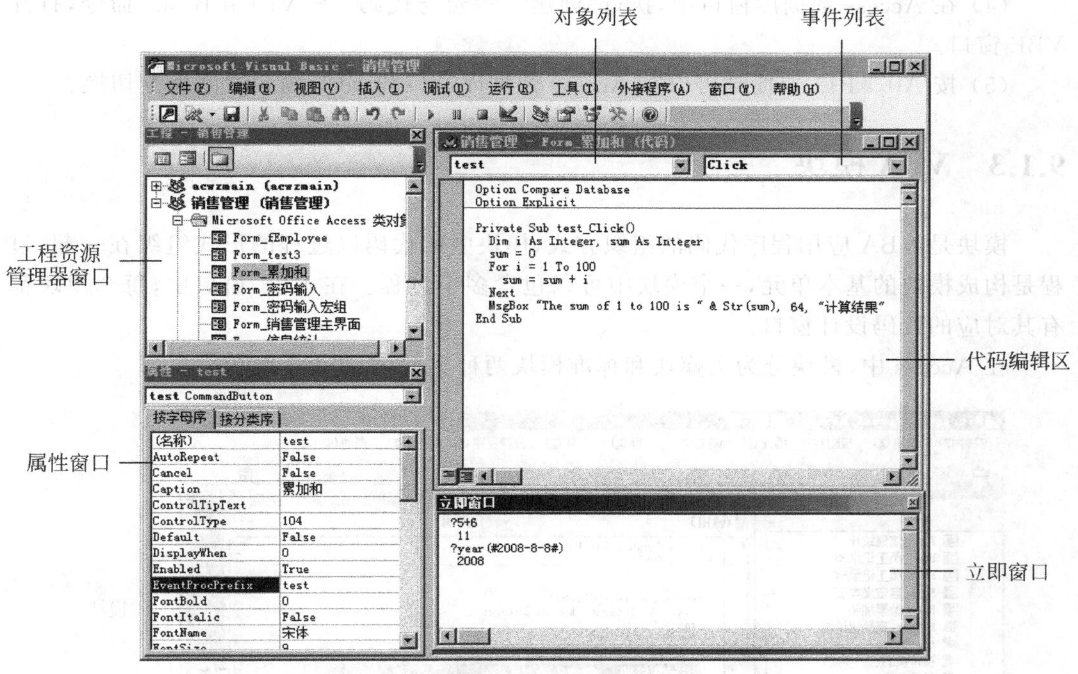

图 9-2　VBE 窗口

(3) 工程资源管理器窗口。以树形结构管理工程(应用程序)使用到的所有模块对象。在 Access 中,模块分为类模块和标准模块两种类型,窗体和报表模块属于类模块。双击某个模块对象后,在代码窗口中会显示该对象中包含的所有过程代码。

(4) 属性窗口。该窗口列出了在工程资源管理器窗口中所选对象的各种属性。可以在属性窗口中设置或修改对象的属性。

(5) 立即窗口。在立即窗口中可以使用“?”或“Print”命令输出表达式、执行简单方法操作、辅助程序测试。代码中的 Debug.Print 语句的输出信息也会显示在立即窗口中。

(6) 本地窗口。对程序进行逐语句等调试时可以通过本地窗口查看当前内存中变量的值。

2. 打开 VBE 窗口

从 Access 数据库窗口打开 VBE 窗口的常用方式有以下几种。

(1) 在 Access 数据库窗口中打开窗体或报表对象的设计视图,在“窗体设计工具”或“报表设计工具”选项卡中的“工具”组中单击“查看代码”按钮,切换到 VBE 窗口并打开所选对象的代码窗口。

(2) 将窗体、报表或其控件的事件属性设置为“[事件过程]”后,单击属性框右侧的“打开”按钮,进入包含该对象事件过程的 VBE 窗口。

(3) 在 Access 窗口的“导航”窗格中右击某个模块对象,在弹出的快捷菜单中选择“设计视图”选项,打开该模块代码的 VBE 窗口。

(4) 在 Access 数据库窗口中,执行“创建”→“宏与代码”→“Visual Basic”命令,打开 VBE 窗口。

(5) 按 Alt+F11 快捷键可以在 Access 数据库窗口和 VBE 窗口之间相互切换。

9.1.3 VBA 模块

模块是 VBA 应用程序代码的组织方式,模块中的代码以过程的形式组织在一起,过程是构成模块的基本单元,一个模块中可以包含多个过程。在 VBE 窗口中,每个模块都有其对应的代码设计窗口。

在 Access 中,模块分为类模块和标准模块两种类型,如图 9-3 所示。

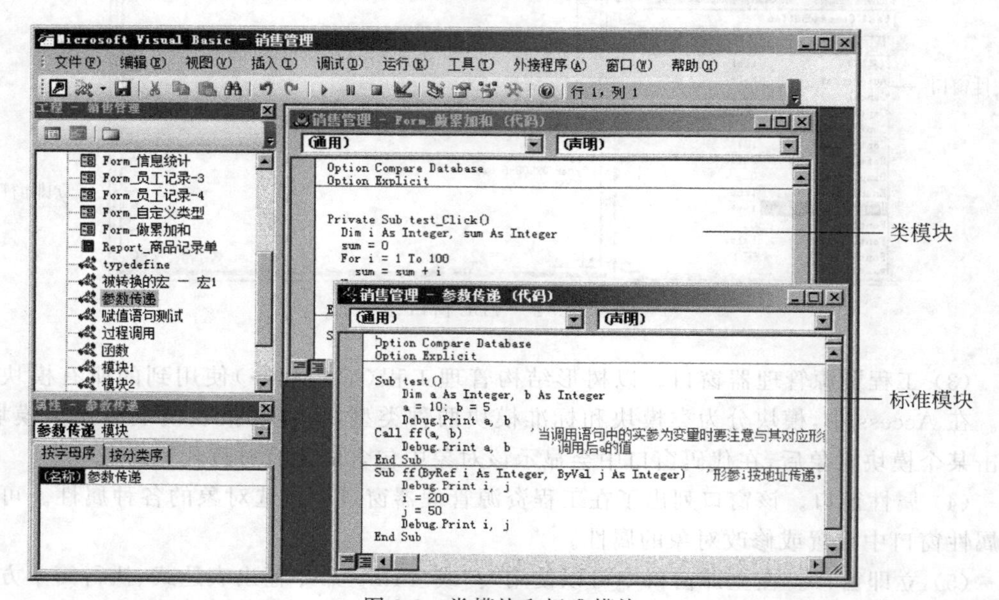

图 9-3 类模块和标准模块

1. 类模块和标准模块

(1) 类模块。类模块包括窗体类模块、报表类模块和自定义类模块 3 种形式。窗体模块和报表模块分别与某一特定窗体或报表相关联,通常包含与窗体或报表对象相关的事件过程,用于响应窗体或报表上的事件,如单击某个命令按钮所对应的事件过程。在 Access 中,每当新建一个窗体或报表对象时,Access 就会自动创建一个与之关联的窗体或报表模块,并将窗体或报表及其控件的事件过程存储在相应的模块中。

(2) 标准模块。标准模块包含与窗体、报表或控件等对象无关的通用过程。标准模块中只能存储通用过程,不能存储事件过程,通用过程可以被窗体模块或报表模块中的事件过程或其他过程调用。

创建标准模块的方法通常有以下 2 种。

① 在 Access 数据库窗口中执行“创建”→“宏与代码”→“模块”命令。

② 在 VBE 窗口的工程资源管理器中右击，在弹出的快捷菜单中选择“插入”→“模块”选项。

2. 模块的结构

无论是类模块还是标准模块，其结构都包含以下两个部分。

(1) 模块声明部分。放置本模块范围的声明，如 Option 声明、变量及自定义类型的声明。

(2) 过程(或函数)定义部分。放置实现过程或函数功能的 VBA 代码。类模块中的过程大部分是事件过程，也可以包含仅供本模块调用的过程和函数。标准模块中的过程和函数均为通用过程，可以供本模块或其他模块中的语句调用。

3. 将宏转换为 VBA 代码

在 Access 中，宏和 VBA 代码都是用来增强数据库功能的，而且宏的每个操作在 VBA 中都有等效的代码。因此可以将宏存储为模块，这样其运行的速度会更快。

独立宏可以转换为标准模块，嵌入在窗体、报表及其控件事件中的宏可以转换为类模块，数据宏不能转换为模块。

将宏转换为 VBA 代码的方法有以下 2 种。

(1) 打开宏的设计视图，执行“宏工具/设计”→“工具”→“将宏转换为 Visual Basic 代码”命令，打开图 9-4 所示的“转换宏：macrol”对话框，单击“转换”按钮即可将当前设计视图中的宏转换为 VBA 代码。

图 9-4 “转换宏：macrol”对话框

(2) 打开窗体或报表的设计视图，执行“设计”→“工具”→“将窗体的宏转换为 Visual Basic 代码”或“将报表的宏转换为 Visual Basic 代码”命令，可以将当前窗体或报表中的宏转换为 VBA 代码。

9.2 VBA 语言基础

如果把计算机比作厨师，程序则相当于厨师制作菜肴的菜谱。“菜谱”一般应包括以下要素。

① 配料，指出应使用哪些原料。

② 操作步骤，指出如何使用这些原料按规定的步骤加工出所需的菜肴。

在程序中，原料是程序中使用和处理的数据，操作步骤是对数据进行加工处理的算法描述。原料数据不同，操作处理的算法也会不同，相应的程序也就不同。无论是 Access 数据表中存储的数据，还是 VBA 程序中要操作处理的数据，它们都有自身的数据类型及运算处理的方式。

在 VBE 窗口中，选择“帮助”菜单中的选项可以查看“Visual Basic 语言参考”中提供的帮助信息。

9.2.1 数据类型

在 Access 中，存储和处理的所有数据都有相应的数据类型。数据类型是对数据的一种分类，数据类型规定了数据的存储方式、取值范围及可以进行的运算操作。

Access 数据库使用数据表存储数据，在数据表的结构设计中，对每个字段都需要指定其数据类型，在 VBA 中使用的数据也必须指定其数据类型。

VBA 语言中使用的数据类型是通过类型标识符标记的。Access 数据库的数据类型与 VBA 语言的数据类型标识符相互对应，当 VBA 代码中的数据在与 Access 中其他对象进行数据交换时，必须符合数据表、查询、窗体和报表中相应字段的数据类型。

VBA 中的数据类型可以分为基本数据类型和用户定义数据类型。基本数据类型也称标准数据类型，是系统已定义好类型标识符的数据类型，如 Integer 为整型类型标识符，这些类型标识符可以直接使用。用户定义数据类型是用户根据需要自定义的数据类型，这种类型可以包含一个或多个 VBA 基本数据类型。

在 VBA 中，除使用类型标识符标记数据类型外，还可以使用类型说明字符标记某些基本数据类型。表 9-1 列出了常用的 VBA 基本数据类型及其对应的 Access 字段类型。

表 9-1 VBA 基本数据类型及其对应的 Access 字段类型

数据类型	类型标识符	说明字符	Access 相应字段类型	取值范围
整型	Integer	%	数字(整型/字节)	－32 768～32 767
长整型	Long	&	数字(长整型)/自动编号	－2 147 483 648～2 147 483 647
单精度	Single	!	数字(单精度型)	负数：－3.402823E38～－1.401298E-45 正数：1.401298E-45～3.402823E38
双精度	Double	#	数字(双精度型)	负数：－1.79769313486232E308～－4.94065645841247E-324 正数：4.94065645841247E-324～1.79769313486232E308
字符串	String	$	文本	变长字符串可包含大约 20 亿(2^31)个字符 定长字符串可包含 1～64000(2^16)个字符
布尔型	Boolean		是/否	True 或 False
日期型	Date		日期/时间	100 年 1 月 1 日～9999 年 12 月 31 日
货币	Currency	@	货币	－922337203685477.5808～922337203685477.5807
变体类型	Variant		任何	数字和双精度相同，文本和变长字符串相同

说明：

① 从能否进行“+、−、*、/”运算的角度上可以把数据类型分为两类：数值型和非数值型。数值型包括整型、长整型、单精型、双精型和货币型等。非数值型包括字符串、日期型等。整型和长整型表示整数(不带小数点的数)，单、双精型及货币型表示实数(带小数点的数)。

② 字符串(String)用于表示和存储汉字、字母、数字、符号等标示性数据。字符串常量用半角双撇号(" ")作为定界符，如"首都北京"。VBA 中有 2 种类型的字符串：变长字符串(String，字符串的长度可以改变)和定长字符串(String * 长度，在程序执行过程中，字符串的长度始终保持不变)。

③ 布尔型(Boolean)数据只有两个值：True 和 False。在将数值型转换为布尔型时，0 转换为 False，非 0 转换为 True；在将布尔型转换为数值时，False 转换为 0，True 转换为 −1。

④ 日期型(Date)用于表示和存储日期和时间数据，日期型常量使用“#”作为定界符。例如，2013 年 5 月 18 日可以表示为#2013-5-18#。

⑤ 变体型(Variant)是一种特殊的数据类型，可以存储数值、字符串或日期等数据以及 Empty、Error、Null 等特殊值。

9.2.2 常量与变量

根据数据的值在程序运行过程中是否可以改变，数据可以分为常量和变量。

1. 常量

常量是指在程序运行过程中其值不能被改变的量。根据常量来源的不同，可以将常量分为以下几种。

(1) 字面常量。

从直接书写的字面形式就可以判断数据值和数据类型的常量称为字面常量。如 18、−9 为整型常量，4.6、−0.23 为实型常量，"男"、"Good"、"北京天安门"为字符串常量，#1949-10-1#、#2012/9/14#为日期型常量。

(2) 符号常量。

当一个程序中多次使用一个常量值时，则可以定义一个标识符代表这个常量值。系统在执行时会自动将这个标识符替换成所代表的常量值，这个以标识符形式出现的常量称为符号常量。引入符号常量可以增加程序的可读性和可维护性。

使用 Const 语句可以声明符号常量。

格式：

```
Const <符号常量名>=<表达式>
```

例如：

```
Const PI =3.14159265                    '定义符号常量 PI 代表 3.14159265
```

```
Const conProv ="首都北京"          '定义符号常量 conProv 代表"首都北京"
```

说明：

① 符号常量名称不能与系统专有标识符同名。

② 定义符号常量时不需要指明数据类型，VBA 会自动以存储效率最高的方式确定其数据类型。

③ 符号常量定义后就可以在其相应的程序段内使用了，但不允许为其重新赋值。

(3) 系统常量。

Access 系统预定义的常量称为系统常量，在代码中可以直接使用，如 True、False、Yes、No、On、Off、Null 等。另外，还有以“vb”或“ac”开头的系统常量，如 vbOK、acForm 等，前者来自 Visual Basic 对象库，后者来自 Access 对象库(注：在 VBE 窗口中选择“视图”→“对象浏览器”选项，打开“对象浏览器”窗口，可以查看这些常量)。

2. 变量

变量是指在程序运行时其值可以发生变化的量。变量的实质是内存中的临时存储单元，一个变量对应一块内存空间，该内存空间中存储的数据值是可变的。

在程序中使用变量存放数据值可能发生变化的数据，如一些输入、输出数据或中间运算结果。Access 数据表中的字段就是一种变量，称为字段变量。

(1) 变量的命名。

每个变量都有一个名称，称为变量名。变量名是变量的标识，在程序中可以通过变量名访问变量所对应的内存空间。

变量名与字段名相似，都要遵守 Access 标识符的一般命名规则，即以字母或汉字开头的仅由汉字、字母、数字或下画线组成的字符序列，其标识符长度不超过 255 个字符，且不能与系统已占用的标识符同名。

在 Access 中，所有标识符不区分大小写，如 AddNum 和 addnum 是同一个名字。

(2) 变量的声明。

声明变量就是定义变量名称及其数据类型，系统根据声明中的数据类型为变量分配相应的内存空间，并将内存空间和变量名相对应，在程序中通过变量名使用该空间存储数据。

VBA 中有 2 种声明变量的方法：显式声明和隐含声明。

① 显式声明。

使用 Dim 语句显示声明变量，有以下 2 种格式。

格式 1：

```
Dim <变量名>As <类型标识符>
```

例如：

```
Dim name As String
```

这个声明语句声明了一个 String 类型的变量，其名称为 name，系统会为 name 分配相应的内存空间，此时如执行赋值语句：

```
name="首都北京"
```

则变量 name 中的值就是文本字符串"首都北京"，如再执行赋值语句：

```
name="万里长城"
```

则变量 name 中的值就变成了"万里长城"。

格式 2：

```
Dim <变量名><类型说明字符>
```

例如：

```
Dim intX%
```

这个声明语句声明了一个 Integer 类型的变量 intX，该语句等同于

```
Dim intX As Integer
```

说明：在一个 Dim 语句中可以同时声明多个变量，各项之间用半角逗号分隔，并且所声明的每个变量都可以用一个单独的 As 子句指定其数据类型，例如

```
Dim name As String, birthday As Date, score As Single
```

该 Dim 语句同时声明了 3 个变量：name、birthday 和 score。

声明变量后，系统在程序执行时就会为该变量分配相应的内存空间，并对该内存空间进行初始化，初始化的结果即为该变量的初始值，其中，数值型数据为 0，字符串数据为空字符串("")，日期型数据为 0:00:00，布尔型数据为 False。

注意：使用 Dim 语句声明变量时，如果没有指定数据类型，则默认为 Variant 类型。

② 隐含声明。

如果没有事先声明而直接在程序中使用的变量称为隐含声明的变量。对于隐含声明的变量，VBA 会将它默认为 Variant 数据类型。

变量隐含声明既不利于数据检查，也可能造成变量命名冲突等错误，因此最好使用 Dim 语句先对其进行声明，然后再使用。为约束程序中所有变量遵循"先声明，后使用"的原则，可以在代码窗口的通用声明部分加入一条 Option Explicit 语句，如图 9-5 所示，此语句的作用是强制该代码窗口中的所有变量都进行显式声明。

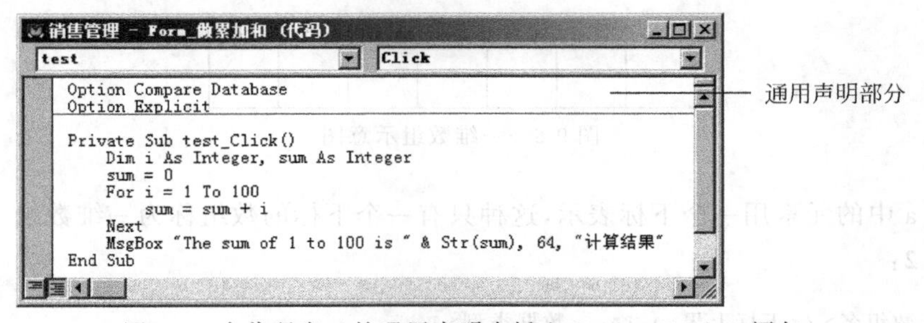

图 9-5 在代码窗口的通用声明中插入 Option Explicit 语句

9.2.3 数组

前面介绍的数据类型都是 VBA 的基本数据类型，基本类型的变量所对应的内存空间是独立的，只能通过其对应的变量名访问。

VBA 除了提供基本数据类型外，还支持用户使用基本类型构造所需的结构类型，包括数组与用户自定义类型。

例如，要存储一年中每天的支出数据，则需要 365 个变量，要起 365 个不同的变量名，而要把这些变量初始化为 10，又要书写 365 条赋值语句，显然这是异常烦琐的，使用数组则可以很方便地解决上述问题。

数组的实质是内存中的一片连续存储空间，该连续空间由一组具有相同数据类型的子空间组成，每个子空间对应一个变量，称为数组的一个元素或分量。这片连续存储空间的名称为数组名，每个子空间在数组中都有一个连续的序号，称为数组元素的下标或索引。如果把数组比作旅馆，则数组名对应旅馆名，下标对应房间号。数组下标是连续的整数，下标的起始值称为下标下界，终止值称为下标上界，由下标的上、下界即可确定数组中元素的个数。

因此，数组用来存储多个相同类型的数据，由一组具有相同数据类型的变量组成，每个变量称为一个数组元素，每个数组元素有其对应的下标，通过数组名和相应的下标即可访问数组元素。数组必须先声明，然后才能使用。

1. 数组的声明

声明数组就是指定数组名、数组元素下标的上界和下界、数组元素的数据类型，有以下 2 种格式。

格式 1：

```
Dim <数组名>(<下标下界>To <下标上界>) [As <数据类型>]
```

例如：

```
Dim a(1 To 7) As Integer
```

该语句声明了一个数组 a，数组的下标为 1～7，共包含 7 个元素，每个元素都是一个整型变量，它们分别为 a(1)、a(2)、a(3)、a(4)、a(5)、a(6)、a(7)。系统为此声明分配的内存空间可以用图 9-6 描述。

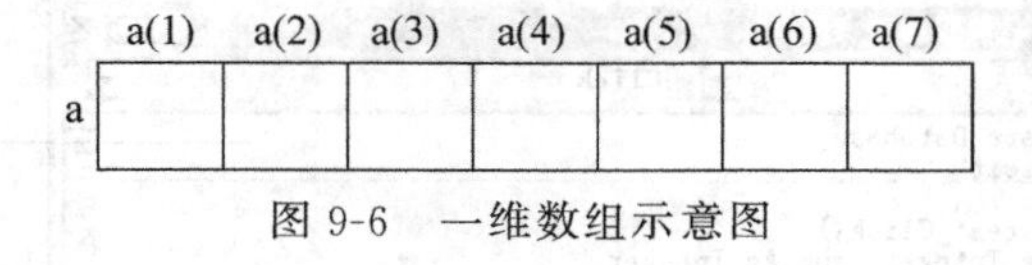

图 9-6　一维数组示意图

数组 a 中的元素用一个下标表示，这种只有一个下标的数组称为一维数组。

格式 2：

```
Dim <数组名>(<下标上界>) [As <数据类型>]
```

例如：

```
Dim a(5) As String
```

该语句声明了一个一维数组 a，这里的“5”是数组的下标上界，此时默认的下标下界为 0，所以数组 a 包含 6 个元素，每个元素都是一个字符型变量，这 6 个元素分别为

```
a(0),a(1),a(2),a(3),a(4),a(5)
```

说明：

① 如果在数组声明中没有指定下标下界，则默认下标下界为 0。如果在代码窗口的通用声明中加入语句 Option Base 1，则指定在该代码窗口中声明的数组的默认下标下界为 1。VBA 默认的下标下界只有 0 或 1 两种取值。

② 如果在数组声明中没有指定数据类型，则默认的数据类型为 Variant 类型。

2. 数组的使用

对数组不能进行整体处理，只能引用其中的数组元素。数组元素由数组名和下标唯一标识，引用数组元素时的下标既可以是整数，也可以是整型变量或整型表达式，但下标值不得超出声明时的下标范围。

数组元素的引用格式为

```
<数组名>(<下标>)
```

例如：

```
Dim depart(1 to 5 ) As string
depart(1)="信息学院"            '为下标为 1 的数组元素赋值
depart(2) ="传播学院"
depart(3) ="管理学院"
depart(2+3) ="艺术学院"         '为下标为 5 的数组元素赋值
```

由于数组元素的下标连续，引用数组元素时的下标又可以是变量，因此常采用循环的方式处理数组元素，以提高程序效率和解决问题的灵活性，其具体使用方法将在流程控制部分中介绍。

说明：数组元素就是数组集合中的普通变量，遵循基本数据类型变量的取值和运算规则，只是这些变量的内存空间是连续的，通过“＜数组名＞(＜下标＞)”的方式引用。

3. 多维数组

在声明数组时如果指定了多个用“,”号分隔的数组下标，则这样的数组称为多维数组，常见的多维数组是二维数组，其声明格式如下。

格式：

```
Dim <数组名>(<下标 1>,<下标 2>) [As <数据类型>]
```

例如：

```
Dim c(1 to 3,2 to 5) As Integer
```

该语句声明了一个二维数组 c,它包含 12 个元素,每个元素都是一个整型变量。第一维的下标为 1～3,第二维的下标为 2～5。系统为此声明分配的内存空间可以用图 9-7 描述。

c(1,2)	c(1,3)	c(1,4)	c(1,5)
c(2,2)	c(2,3)	c(2,4)	c(2,5)
c(3,2)	c(3,3)	c(3,4)	c(3,5)

图 9-7　二维数组示意图

对二维数组而言,＜下标 1＞称为行下标,＜下标 2＞称为列下标,行列交汇处即为数组元素。二维数组的使用与一维数组类似,也需要通过数组名和下标引用数组元素。

二维数组元素的引用格式为

```
<数组名>(<行下标>,<列下标>)
```

例如:

```
Dim a(3,1 to 3) As integer
```

该语句声明了一个二维数组 a,下标 1 的下界采用默认值 0,上界为 3,所以该二维数组为 4 行 3 列的数组,共包含 12 个元素,每个元素都是一个整型变量。

9.2.4　用户自定义数据类型

数组是由基本类型构造的结构类型,数组中的所有元素变量都具有相同的数据类型。此外,VBA 还支持用户使用 Type 语句定义一种可以包含多个基本数据类型的结构类型。

例如,使用 Type 语句自定义一个名为 Student 的数据类型。

```
Type Student
    number As Long                 '声明长整型变量 number,存储学号
    name As String * 10            '声明长度为 10 的定长字符型变量 name,存储姓名
    birthday As Date               '声明日期型变量 birthday,存储出生日期
    loaned As Boolean              '声明布尔型变量 loaned,存储是否贷款信息
End Type
```

该 Type 语句定义了一种类型名为 Student 的数据类型,使用该类型声明的变量包含 4 部分,每部分都是一个变量,称为 Student 类型变量的成员。

成员的引用方式为

```
变量名.成员名
```

Type 定义语句必须放在代码窗口的通用声明部分,然后就可以在模块的其他地方使用 Student 类型声明变量和该变量中的成员了。

例如:

```
Dim s1 As Student                  '声明一个 Student 类型的变量 s1
s1.number =201110588               '为变量 s1 的成员赋值
```

```
s1.name = "张三"
s1.birthday = #1970-12-18#
s1.loaned = False
Debug.Print s1.number, s1.name  ' 在立即窗口中输出变量 s1 的 2 个成员值
```

9.2.5 运算符和表达式

在前面的章节中已使用过运算符和表达式，如字段有效性规则、查询条件表达式等。VBA 代码中使用的运算符和表达式与之相同。

表达式是由括号、常量、变量、运算符和函数组成的能够求值的式子，最简单的表达式只包含一个常量、变量或函数。每个表达式都有一个值，可以用表达式值的类型作为表达式的类型，如"Microsoft Access"为字符串表达式；也可以使用运算符的类型作为表达式的类型，如 5+2 为算术表达式。

注意：表达式中使用的所有符号，如运算符、括号等，都必须是半角符号。

一个表达式中可能包含多个运算符，运算符的优先级决定了表达式的求值顺序，优先级高的先运算，同级别的从左向右运算。

1. 算术运算符

算术运算符用于数学计算，包括^（乘方）、*（乘）、/（除）、\（整除）、Mod（求余）、+（加）、-（减或取负）。优先级为括号→乘方→取负→乘、除、整除、求余→加、减。

\（整除）运算用来对两个整数（如果操作数有小数，则四舍五入变成整数）作除法并返回商的整数部分。如 10\3 值为 3，11.6\3 的值为 4。

Mod（求余）运算用来对两个整数（如果操作数有小数，则四舍五入变成整数）作除法并返回余数。余数的符号与被除数相同。

例如，在 VBE 窗口中，执行"视图"→"立即窗口"命令，打开立即窗口，按图 9-8 所示输入以"?"开始的语句，然后按 Enter 键，即可输出各个表达式的值。

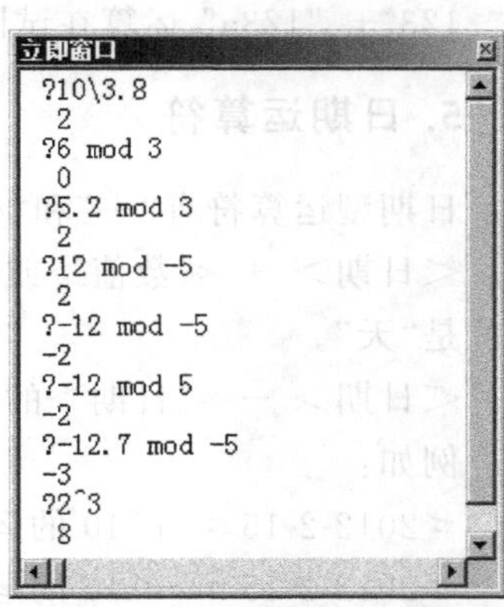

图 9-8　输出算术表达式的值

2. 关系运算符

关系运算符（也称比较运算符）用于比较两个值的大小关系。关系运算符包括=（等于）、>（大于）、<（小于）、>=（大于等于）、<=（小于等于）、<>（不等于）。它们优先级都相同，关系运算的结果是一个布尔值（True 或 False）。

例如，如图 9-9 所示，在立即窗口中输出关系表达式的值。

说明：对字符串进行比较时应依据字符的 ASCII 码值，汉字的比较则依据字典顺序。在对逻辑值进行比较时，True 为－1，False 为 0；在对日期值进行比较时，依据日期距离初始化日期的天数。

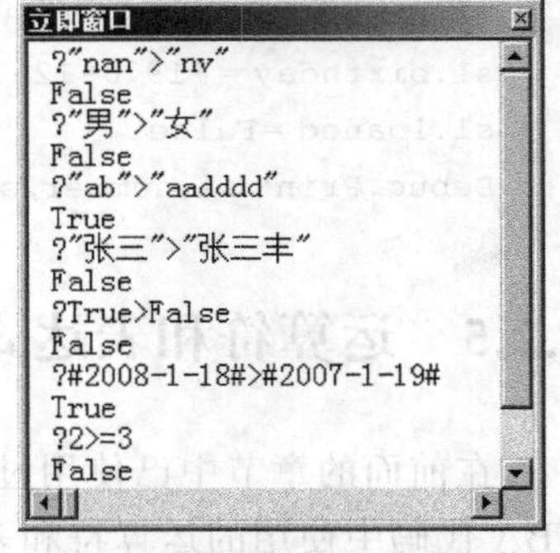

图 9-9　输出关系表达式的值

3. 逻辑运算符

逻辑运算符只用于布尔型数据 True 和 False，运算结果也是布尔型（True 或 False）。常用的逻辑运算符包括 NOT（非）、AND（与）、OR（或），优先级由高到低为 NOT、AND、OR。例如，10＞4 And 1＞＝2 的结果为 False；Not (4＜3) 的结果为 True。

4. 字符串连接运算符

连接运算符用于将两个字符串连接起来合并为一个字符串。在 VBA 中，有两种连接运算符："&"和"＋"，常使用"&"作为连接运算。

"&"用于强制字符串连接，两个运算数都作为字符串处理，自动将数值转换成数字形式的字符串。

"＋"具有算术运算和串连接的双重功能。当两个运算数都是串时，进行串连接运算；当一个运算数是数值时，则进行算术运算。此时如果另一个运算数是数字串，则将其自动转换成数值后进行算术运算；而如果另一个运算数不是数字串，则会出现类型不匹配错误。

例如：

"Microsoft" & "Access"的运算结果为 "Microsoft Access"。

"1234" & 456 的运算结果为 "1234456"。

123 & 456 的运算结果为"123456"。

"8118" ＋ "52"的运算结果为"811852"。

"123" ＋ 456 的运算结果为 579，将数字串"123"转换成数值 123 后进行加法运算。

123 ＋ "123a" 运算在试图将"123a"转换成数值时会出现类型不匹配错误。

5. 日期运算符

日期型运算符有"＋"和"－"两种。

＜日期＞ ＋ ＜数值＞或＜日期＞－ ＜数值＞的结果为一个新的日期，＜数值＞的单位是"天"。

＜日期＞ － ＜日期＞的结果为两个日期相差的天数。

例如：

＃2012-2-15＃ ＋ 10 的运算结果为 ＃2012-2-25＃。

＃2012-2-15＃ － 10 的运算结果为 ＃2012-2-5＃。

＃2012-2-15＃ - ＃2012-1-15＃的运算结果为 31。

说明：在同一表达式中，各类运算符的优先顺序由高到低依次为括号→算术运算符

→字符串连接运算符→关系运算符→逻辑运算符。

使用括号可以改变运算优先顺序，使强制表达式的某些部分优先运算，常在表达式中使用括号"( )"明确运算顺序。所有的括号和运算符都必须是半角字符。

9.2.6 常用标准函数

Access 内置了近百个标准函数，如 Date()、Year()等，在前面的章节中已使用过一些函数。每个函数都有一个函数名和返回值，有些函数还带有参数，在 VBA 代码中使用函数一般有以下 2 种调用格式。

格式 1：

```
<函数名>(<参数 1>,<参数 2>,…)
```

格式 2：

```
<函数名><参数 1>,<参数 2>,…
```

格式 1 常用于表达式中，使用函数的返回值参与表达式的运算。无论函数是否带有参数，函数名后面都必须加括号，如 Year(#2008-1-18#)、Date()。

格式 2 常作为语句调用，不需要使用函数的返回值，如 MsgBox 函数。

带参数的函数在调用时，实际参数的个数、类型、顺序要与函数的定义相一致，且各参数之间用半角逗号分隔。

下面分类介绍一些常用的 VBA 标准函数，可以在立即窗口中测试函数的功能。

1. 算术函数

(1) 绝对值函数。

```
Abs(<数值表达式>)
```

功能：返回参数的绝对值。

例如：

```
Abs(-3.9)=3.9
```

说明：等号"＝"表示 Abs(-3.9)的值为 3.9，本节中用法相同。

(2) 取整函数。

```
Int(<数值表达式>)
```

或

```
Fix(<数值表达式>)
```

功能：返回参数的整数部分。

例如：

```
Int(7.6)=7,Fix(7.6)=7,Int(-8.4)=-9,Fix(-8.4)=-8
```

说明：Int 和 Fix 的不同之处在于如果参数 number 为负数，则 Int 返回小于或等于 number 的第一个负整数，而 Fix 则会返回大于或等于 number 的第一个负整数。

(3) 四舍五入函数。

```
Round(<数值表达式>[,<小数位数>])
```

功能：按照指定的小数位数进行四舍五入运算。

例如：

```
Round(3.345,2)=3.35, Round(-3.5)=-4, Round(7.684)=8
```

说明："[,＜小数位数＞]"中"[ ]"括起来的部分表示该部分可以省略，以下出现的"[ ]"表示的意思相同。此函数如果省略小数位数，则默认为 0。

表达式 0.01 * Int(100 * (x+0.005)) 相当于 Round(x,2)。

(4) 平方根函数。

```
sqr(<数值表达式>)
```

功能：求参数的正平方根。

例如：

```
Sqr(9)=3
```

(5) 随机数函数。

```
Rnd[(<数值表达式>)]
```

功能：产生一个大于等于 0 且小于 1 的随机数。

例如：

Int((100 - 1 + 1) * Rnd + 1) 可产生[1,100]的随机整数。

如要生成[x,y]范围内的随机整数，则可以使用公式

```
Int((y -x +1) * Rnd +x)
```

2. 字符串函数

(1) 串检索函数。

```
InStr([start, ]string1, string2)
```

功能：在 string1 中从 start 位置开始检索 string2 最早出现的位置，返回一个整型数。如果省略了 start，则默认为 1；如果 string1 串的长度为 0，或 string2 表示的串检索不到，则 InStr 返回 0；如果 string2 串的长度为 0，则 InStr 返回 start 的值。

例如：

```
str1="中国青年报"
str2="青年"
```

则

```
instr(str1,str2)=3,instr(4 ,str1,str2)=0
```

(2) 求串长度函数。

```
Len(<字符串表达式>)
```

功能：求参数字符串表达式的长度。

例如：

```
Len("朝阳区育惠东路 1 号")=9, Len("http://www.baidu.com")=20
```

说明：字符串长度是字符串中所包含字符的个数,汉字按 1 个字符计算。空串("")是不包含任何字符的字符串,其长度为 0。空格串是由空格字符组成的串,其长度为串中包含的空格字符数。对于定长字符串,其长度为定义时的长度。

例如：

```
Dim str As String * 10    '声明一个长度为 10 的定长字符串变量 str
Str="notice"
```

则

```
Len("notice")=6,Len(str)=10,Len(str & "notice")=16
```

(3) 字符串提取函数。

Left(＜字符串表达式＞,＜n＞)：从字符串左边提取 n 个字符组成一个新串。

Right(＜字符串表达式＞,＜n＞)：从字符串右边提取 n 个字符组成一个新串。

Mid(＜字符串表达式＞,＜n1＞ [,n2])：从字符串第 n1 个字符开始提取 n2 个字符组成一个新串,如果省略 n2,则默认为提取至串尾。

例如：

```
s="Access 数据库与程序设计"
```

则

```
Left(s,6)="Access",Right(s,4)="程序设计",
Mid(s,7,3)="数据库",Mid(s,7)="数据库与程序设计"
```

(4) 空格串生成函数。

```
Space(<n>)
```

功能：生成由 n 个空格组成的空格串。

例如：

```
Dim s As string
s=Space(5)
```

则

```
Len(s)=5,Len( s & "中国青年报" )=10,
```

```
Mid(s  & "中国青年报",4,4)="  中国"
```

(5) 大小写转换函数。

Ucase(＜字符串表达式＞)：得到一个将参数字符串中的小写字母转换成大写字母而其他字符不变的串。

Lcase(＜字符串表达式＞)：得到一个将参数字符串中的大写字母转换成小写字母而其他字符不变的串。

例如：

```
Dim s As String
s="A Good Student"
```

则

```
Ucase(s)="A GOOD STUDENT",
Lcase(s)="a good student"。
```

说明：s 的值不变。

(6) 两端空格去除函数。

Trim(＜字符串表达式＞)：得到一个将参数字符串两端空格去除后形成的串。

LTrim(＜字符串表达式＞)：得到一个将参数字符串左端空格去除后形成的串。

RTrim(＜字符串表达式＞)：得到一个将参数字符串右端空格去除后形成的串。

例如：

```
Dim s1 As string
s1="   aircraft carrier   "
```

则

```
Trim(s1)="aircraft carrier"
Ltrim(s1)="aircraft carrier   "
Rtrim(s1)="   aircraft carrier"
```

3. 日期/时间函数

(1) 获取系统日期和时间函数。

Date()：返回系统当前日期。

Time()：返回系统当前时间。

Now()：返回系统当前日期和时间。

说明：对于这些无参函数，在调用时括号"()"不能省略。

(2) 日期成分提取函数。

Year(＜日期＞)：返回参数日期中的年份数。

Month(＜日期＞)：返回参数日期中的月份数。

Day(＜日期＞)：返回参数日期中的日数。

Weekday(＜日期＞[,n])：返回参数日期是星期中的第几天数。星期日的值为 1，星期六的值为 7。N 表示星期天数的起点值，默认为 1。

例如：

```
Year(#2008-1-18#)=2008,Month(#2008-1-18#)=1,Day(#2008-1-18#)=18,
Weekday(#2008-1-18#)=6(对星期而言，这天是一周的第六天，即星期五)。
```

(3) 时间成分提取函数。

Hour(<时间>)：返回时间中的时数(0～23)。

Minute(<时间>)：返回时间中的分钟数(0～59)。

Second(<时间>)：返回时间中的秒数(0～59)。

例如：

```
Hour(#2008-1-18 13:18:28#)=13,Minute(#13:18:28#)=18,Second(#13:18:28#)=28,
Year(#2008-1-18#)+Second(#13:18:28#)=2036
```

4. 类型转换函数

窗体文本框控件中显示的是文本，是字符串类型的数据。如果要将文本框中显示的数字串作为数值型数据参与运算，则需要使用类型转换函数进行类型转换。

(1) 字符转 ASCII 码函数。

```
Asc(<字符串表达式>)
```

功能：返回字符串中首字符的 ASCII 码值。

例如：

```
Asc("aircraft carrier")=97
```

(2) ASCII 码转字符函数。

```
Chr(<ASCII 码值>)
```

功能：返回 ASCII 码值对应的字符。

例如：

```
Chr(65)="A",Chr(13)返回回车符
```

(3) 数值转换字符串函数。

```
Str(<数值表达式>)
```

功能：返回数值表达式对应的字符串。

例如：

```
Str(234)="234",Str(-234.56)="-234.56"
```

(4) 字符串转换数值函数。

```
Val(<字符串表达式>)
```

功能：返回从字符串左边开始的数字字符所对应的数值，在遇到第一个不能识别为数字的字符时停止转换，转换中忽略空格、制表符和换行符。返回的数值类型为 Double 类型。

例如：

```
Val("abde234")=0,Val("234")=234,Val("23 45 ")=2345,Val("23.4")=23.4,
Val("23g56")=23,Val("2 3g5.6")=23,Val("2 35.g6")=235
```

(5) 日期串转换成日期函数。

```
DateValue(<日期格式串>)
```

功能：返回日期串对应的日期值，返回结果为日期型。

例如：

```
Datevalue("February 26,2012 ")=#2012-2-26#
```

(6) Nz 函数。

```
Nz(<表达式>[,规定值])
```

功能：当表达式的值为 Null 时，数值型默认返回 0，字符型默认返回空串("")，如果给出了[规定值]，则当表达式的值为 Null 时，函数返回规定值。

5. 输入框和消息框函数

输入框和消息
息框函数

输入框和消息框是一种供用户输入数据和显示消息的对话框。

(1) 输入框函数。

```
InputBox(<提示信息串>[,<标题串>][,<默认值>])
```

功能：显示一个输入对话框，函数返回值是在对话框内的文本框中输入的字符串。

例如：

```
a=InputBox("请输入学生成绩","成绩输入")
```

执行该赋值语句时将弹出如图 9-10 所示的输入框，用户在文本框中输入数据并单击“确定”按钮后，输入的数据将作为函数的返回值赋给变量 a，该返回值的类型为 String。此例中 a 的值为 98.5。

图 9-10　消息框输入函数 InputBox

(2) 消息框函数。

```
Msgbox(<提示信息串>[,按钮及图标组合值][,<标题串>])
```

功能：以消息框的形式显示信息。消息框中按钮及图标的样式由按钮及图标组合值确定，函数返回值为一个代表用户处理消息框中按钮情况的整数值，这 2 种值如表 9-3 和表 9-4 所示。

表 9-3 消息框中按钮及图标样式值

常 数	值	描 述
VbOKOnly	0	只显示 OK 按钮
VbOKCancel	1	显示 OK 及 Cancel 按钮
VbAbortRetryIgnore	2	显示 Abort、Retry 及 Ignore 按钮
VbYesNoCancel	3	显示 Yes、No 及 Cancel 按钮
VbYesNo	4	显示 Yes 及 No 按钮
VbRetryCancel	5	显示 Retry 及 Cancel 按钮
VbCritical	16	显示 Critical Message 图标
VbQuestion	32	显示 Warning Query 图标
VbExclamation	48	显示 Warning Message 图标
VbInformation	64	显示 Information Message 图标

表 9-4 消息框中单击按钮情况返回值

常 数	值	描 述	常 数	值	描 述
vbOK	1	单击 OK 按钮	vbIgnore	5	单击 Ignore 按钮
vbCancel	2	单击 Cancel 按钮	vbYes	6	单击 Yes 按钮
vbAbort	3	单击 Abort 按钮	vbNo	7	单击 No 按钮
vbRetry	4	单击 Retry 按钮			

根据是否需要返回值，Msgbox 函数有以下 2 种使用方式。

① 以语句的方式调用，此时只是显示信息而不关心返回值，调用时省略括号"()"。

例如：

```
MsgBox "这是提示信息", 64+1 ,"这是标题"
```

运行后显示的消息框如图 9-11 所示。

② 以值的方式调用，此时既显示信息，又可以保存函数的返回值。

例如：

```
a=MsgBox("这是提示信息", 64+1 ,"这是标题")
```

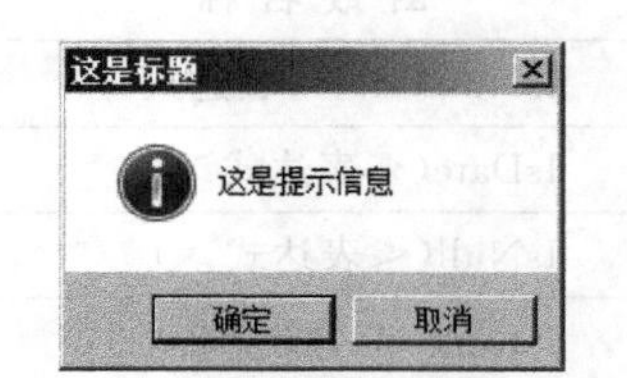

图 9-11 消息框函数 Msgbox

运行后显示的消息框如图 9-11 所示。如果单击"确定"按钮，则 a 的值为 1；如果单击"取消"按钮或关闭消息框，则 a 的值为 2。

6. 选择函数

(1) IIF 函数。

```
IIf(part1, part2, part3)
```

功能：根据函数条件选择函数返回值。当 part1 的值为 True 或非 0 时，函数的值为 part2；当 part1 的值为 False 或 0 时，函数的值为 part3。

例如：

IIf(2＞4,7,8)的值为 8,IIf(10,"good","bad")的值为"good"。

(2) Choose 函数。

```
Choose(index, choice1[, choice2, ... [, choicen]])
```

功能：根据索引值选择函数的返回值。索引值为 1～n。

例如：

```
Dim n As Integer
n=2
```

则

Choose(n, "red","green","blue", "black")的值为"green"。

(3) Switch 函数。

```
Switch(expr1,value1,expr2,value2 … exprn,valuen)
```

功能：从左至右检查各表达式的值，当遇到第一个非 0(True)表达式时，其后面的值就是函数的返回值。

例如：Switch(2＞3, "red",4＜7, "green",9＞3, "blue")的值为"green"。

7. 数据验证函数

数据验证函数主要用于对表达式或控件中的数据进行类型判断，返回值的类型均为 Boolean 类型，常见的验证函数见表 9-5 所示。

表 9-5 常见的数据验证函数

函数名称	函数功能及返回值
IsNumeric(＜表达式＞)	验证表达式的结果是否是数值，是数值则返回 True
IsDate(＜表达式＞)	验证表达式是否可以转换成日期，可转换则返回 True
IsNull(＜表达式＞)	验证表达式是否为无效数据(Null)，无效数据返回 True
IsEmpty(＜变量名＞)	验证变量是否初始化，未初始化则返回 True
IsArray(＜变量名＞)	判断变量是否为一个数组，是数组则返回 True
IsError(＜表达式＞)	验证表达式是否为一个错误值，错误值返回 True
IsObject(＜变量名＞)	判断标识符是否表示对象变量，是对象变量则返回 True

9.3 VBA 语 句

VBA 程序是由描述解决问题操作步骤的语句组成的集合,语句是构成程序的基本单位。每条语句都是一条完整的操作命令,语句的语法和语义是由编程语言规定的,使用 VBA 的语句必须严格遵守 VBA 的语法规则,灵活运用语句的语义。

VBA 程序语句按照功能可以分为两大类:声明语句和执行语句。声明语句用于给常量、变量或过程定义进行命名;执行语句用于执行赋值操作、调用过程、实现程序流程控制等。

9.3.1 语句书写规则

VBA 语句以“过程”的形式存在,除一些声明语句出现在模块声明部分外,其他语句都必须出现在某个具体过程中。语句的书写是在 VBE 的代码区域进行的,主要的书写规则如下。

(1) 在默认情况下,输入一行代码并按 Enter 键后,VBE 会自动进行语法检查,若有错误,则会显示一个出错消息框,同时该语句行被标识为红色。

(2) 一条语句占一行,以回车符作为语句终结符。如果要将多条语句放在同一行,则各语句之间必须用半角冒号分隔,例如:

```
x =5 : y =10 : z =15
```

(3) 当一条语句很长时,为了便于查看,可以在语句行的末尾添加“续行符”(由至少一个空格和一个下画线“_”组成),以便将一条语句分成数行。

例如:

```
MsgBox "第" & i & "个学生情况" & Chr(13)  _
    "学号:" & sNum  & "姓名:" & sName, 64, "信息显示"
```

续行符只能放在行尾,并且续行符的后面不能添加注释信息,也不能让续行符割裂一个完整的单词,字符串常量不能断行。

(4) 以单撇号(')或 Rem 加空格开始的一行语句称为注释语句,程序在执行时会忽略注释语句中的内容。常使用注释语句书写一些有助于阅读程序的信息或进行程序调试。单撇号(')引起的注释信息可以放在其他语句行后面,表示对该行语句进行解释说明。按照默认规定,注释内容用绿色文本显示。

此外,VBA 还提供了自动显示快速信息、自动列出成员等功能,当在代码窗口中输入 VBA 语句、函数名或对象名后,在当前行的下面会自动显示该语句或函数的语法格式(如图 9-12 所示),或对象的成员列表(如图 9-13 所示)。

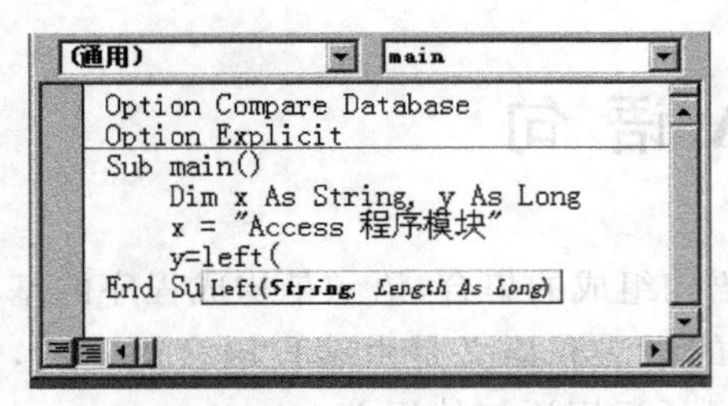

图 9-12　自动显示快速信息

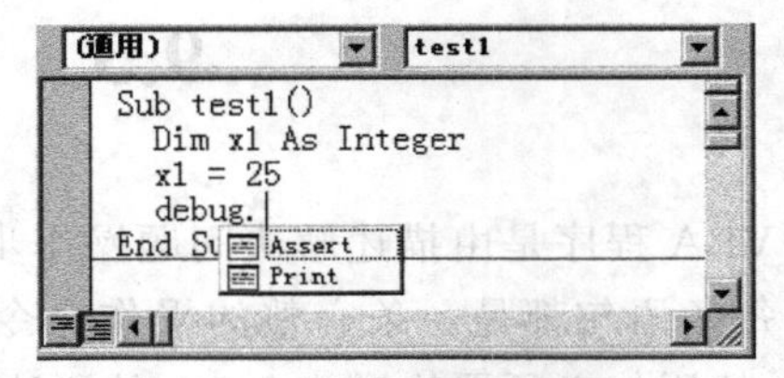

图 9-13　自动列出成员

9.3.2　声明语句

声明语句主要用在模块的通用说明部分和过程定义中，用于声明符号常量、变量和定义过程。

(1) Option Explicit 语句。放在模块的声明部分，强制模块中的变量进行显式声明，即变量必须先声明、后使用。

(2) Option Base 1 语句。放在模块的声明部分，设置数组下标的下界默认为 1；若默认该语句，则数组下标的下界默认为 0。

(3) Const 语句。在模块或过程中定义符号常量。例如：

```
Const MyStr ="Hello", MyDouble As Double =3.4567
```

(4) Dim 语句。在模块或过程中声明变量。例如：

```
Dim n As Integer,s As String
```

(5) Sub 语句。与 End Sub 语句相匹配，分别用于定义过程头和过程尾。例如：

```
Sub ApplyFormat()              '与 End Sub 语句相匹配声明一个名为 ApplyFormat 的过程
    Const limit As Integer =33'声明 Integer 类型常量 limit,常量值为 33
    Dim Score As integer       '声明一个 Integer 类型变量 Score
    '更多的语句
End Sub
```

9.3.3　赋值语句

赋值语句用于在程序中为变量赋值，也可以在立即窗口中使用。

语法：变量名＝表达式。

语义：将赋值符"＝"右边表达式的值赋给左边的变量。

【例 9-1】　使用赋值语句。

操作步骤如下。

① 打开"销售管理"数据库，执行"创建"→"宏与代码"→"模块"命令，打开 VBE 窗

口，按图 9-14 所示在代码窗口中输入名为 exm_1 的过程。

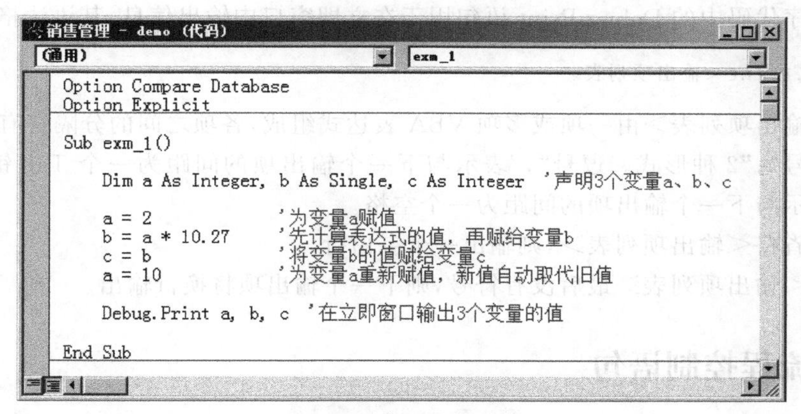

图 9-14　使用赋值语句

② 单击工具栏的“保存”按钮，保存模块对象，将其命名为 demo。

③ 将光标放置于 exm_1 过程内，单击工具栏上的“运行”按钮，运行该过程。打开立即窗口，可以看到运行后的输出结果为

```
10    20.54    21
```

程序执行过程中变量的变化情况如图 9-15 所示。

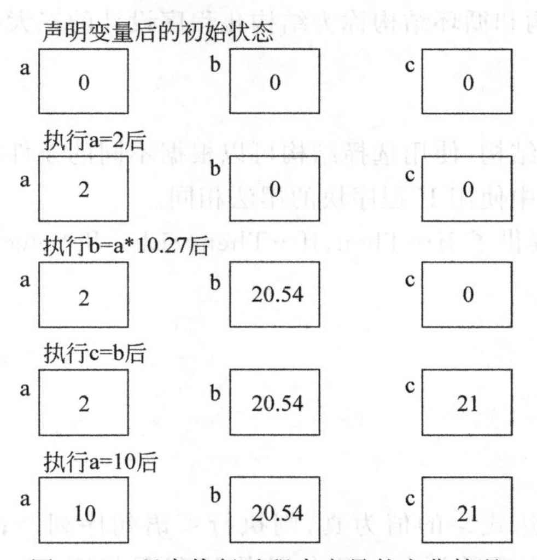

图 9-15　程序执行过程中变量的变化情况

说明：

① 符号“=”出现在赋值语句中是赋值符，出现在表达式中是相等关系运算符，在常量定义 Const PI=3.1415926 中的“=”不是运算符，而是语法表示符号。

② 执行时先计算表达式的值，然后将值赋给左边的变量。

③ 一般要求表达式的值与变量的类型相同，类型不同时系统会尝试转换，若不能转

换，则显示“类型不匹配”错误。系统转换容易降低数据精度，如例 9-1 中 C 的值。

④ 程序代码中的 Debug.Print 语句用于在立即窗口中输出信息，其语法格式为

```
Debug.Print <输出项列表>
```

- ＜输出项列表＞由一项或多项 VBA 表达式组成，各项之间的分隔符有逗号“,”和分号“;”2 种形式。逗号“,”表示与下一个输出项的间距为一个 Tab 键，分号“;”表示与下一个输出项的间距为一个空格。
- 若省略＜输出项列表＞，则输出一个空白行。
- 若＜输出项列表＞最后没有符号，则下一个输出项将换行输出。

9.3.4 流程控制语句

流程控制语句

如例 9-1 所示，程序运行时是按照语句的先后顺序逐条自动执行的，这种程序结构称为顺序结构。

程序从主体上说都是顺序的，在一条语句执行完后，系统会自动执行下一条语句。但在多数情况下，需要系统在总体顺序执行的基础上根据程序所要实现的功能选择一些语句执行，而另一些语句不执行，或者反复执行某些语句。这两种执行语句的结构分别称为选择结构和循环结构。在 VBA 程序中，这两种结构是通过相应的流程控制语句实现的。

顺序结构、选择结构和循环结构称为结构化程序设计的三大结构。

1. 选择结构

选择结构也称分支结构，使用选择结构可以根据不同的条件执行不同的操作，其用法与第 8 章中介绍的在宏中使用 If 程序块的用法相同。

VBA 为选择结构提供了 If…Then、If…Then…Else 和 Select Case 3 条语句。

(1) If…Then 语句。

格式：

```
If <条件表达式>Then
    <语句序列>
End If
```

功能：若＜条件表达式＞的值为真，则执行＜语句序列＞；否则直接执行 End If 之后的语句。语句结构流程图如图 9-16 所示。

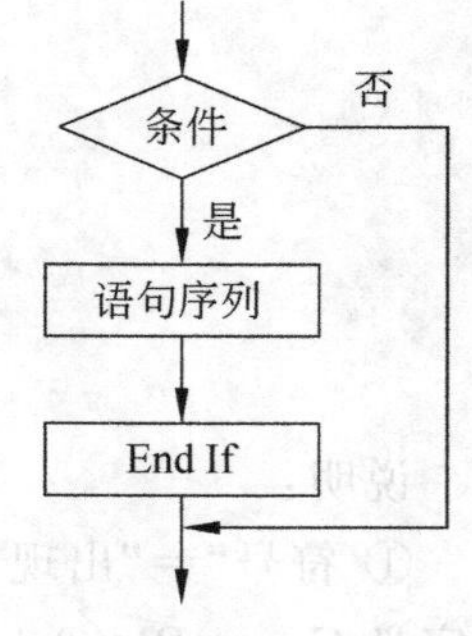

图 9-16　If…Then 语句流程图

说明：

① 条件表达式的值为非 0 时为真，为 0 时为假。

② 语句序列可以是任意一条或多条 VBA 可执行语句。

③ 从 If 到 End if 整体是一条语句，即 If…Then 语句。

④ 如果语句序列中只有一条语句，则可以使用简化格式。

格式：

```
If <条件表达式> Then <语句>
```

此格式中 If…Then 语句占用一行，省略 End If。

例如：

```
If Sex ="男" Then
    Debug.Print "这是一个男同学"
End If
```

也可以写成

```
If Sex ="男" Then Debug.Print "这是一个男同学"
```

(2) If…Then…Else 语句。

If…Then 语句是单分支结构，当条件为假时不会进行任何处理。If…Then…Else 语句则在条件为真或假时都进行相应处理，称为双分支结构。

格式：

```
If <条件表达式> Then
    <语句序列 1>
Else
    <语句序列 2>
End If
```

功能：若条件为真，则执行<语句序列 1>，然后转去执行 End If 后面的语句；否则执行<语句序列 2>，然后执行 End If 后面的语句。

双分支结构的流程图如图 9-17 所示。

例如：

```
If Sex ="男"  Then
    Debug.Print "这是一个男同学"
Else
    Debug.Print "这是一个女同学"
End If
```

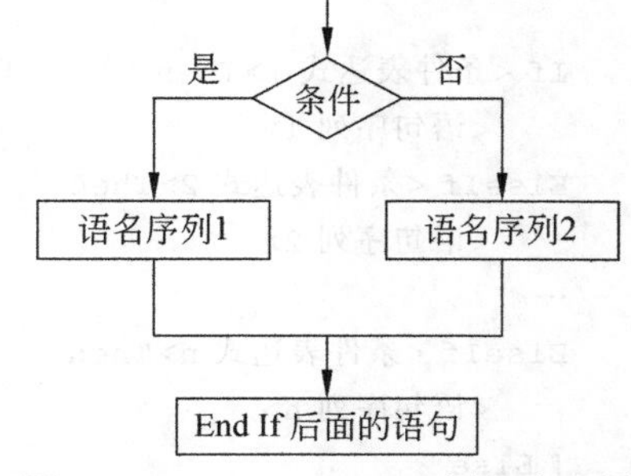

图 9-17　If…Then…Else 语句流程图

在此例中，只有 Sex 的值为“男”时输出“这是一个男同学”，其他情况都输出“这是一个女同学”。

双分支结构可以用 9.2.6 节中介绍的 IIf 函数实现，表示如下。

```
IIF(Sex ="男","这是一个男同学","这是一个女同学")
```

【例 9-2】 单击窗体上的命令按钮，实现以下功能：根据输入的分数判断是否及格，使用 If…Then…Else 语句完成。

操作步骤如下。

① 新建一个窗体，添加命令按钮，按钮的标题为“判断”，名称为 cmdCheck。

② 选中命令按钮，在“属性表”中将“单击”事件属性设置为“[事件过程]”，然后单击属性框右侧的“打开”按钮 ... ，Access 会自动创建一个与本窗体关联的类模块，如图 9-18 所示，在代码窗口中输入事件过程代码。

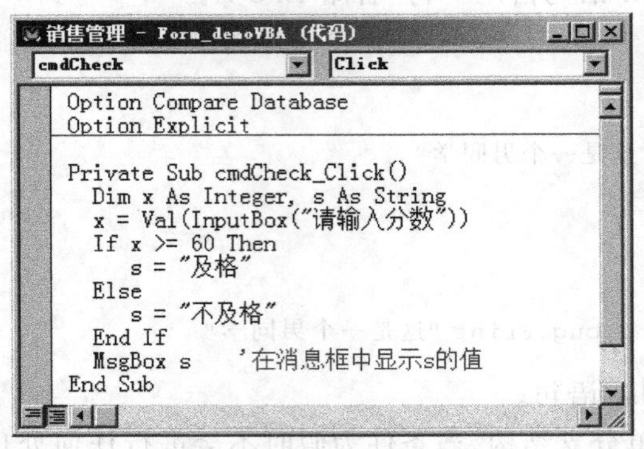

图 9-18　使用 If…Then…Else 语句

③ 保存窗体对象，将其命名为 demoVBA。打开窗体，单击命令按钮，执行上述 VBA 代码。在输入框中输入“85”，消息框中将显示“及格”。

有关事件过程的设计与使用将在 9.5.4 节中详细介绍。

说明：本例也可以使用 IIf 函数实现成绩的判定，表示如下。

```
s=IIf(x>=60 And x<=100, "及格","不及格")
```

(3) If…Then…ElseIf 语句。

格式：

```
If <条件表达式 1>Then
    <语句序列 1>
ElseIf <条件表达式 2>Then
    <语句序列 2>
…
ElseIf <条件表达式 n>Then
    <语句序列 n>
[ Else
    <语句序列 n+1>]
End If
```

功能：依次判断各条件表达式，若某个条件成立，则执行该条件对应的语句序列，然后跳转到 End If 之后的语句继续执行。若没有条件成立且有 Else，则执行 Else 中的语句序列，然后跳转到 End If 之后的语句继续执行。

该分支结构的流程图如图 9-19 所示。

说明：

① 无论有几个条件成立，只有最先成立的那个条件所对应的语句序列会被执行。如果条件都不成立，且没有 Else 语句，则该结构中没有一个语句序列会被执行。

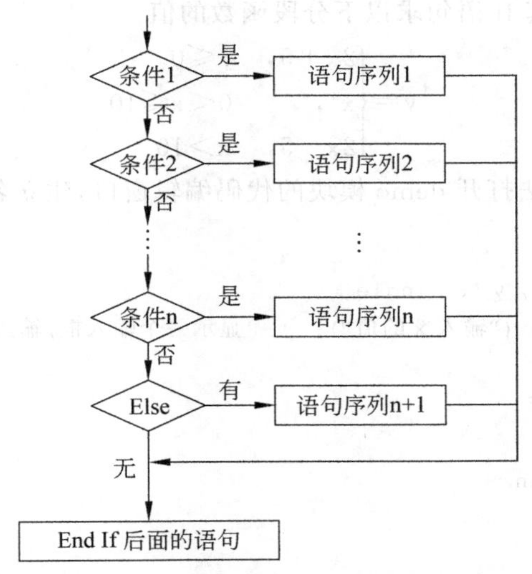

图 9-19　If…Then…ElseIf 语句流程图

② 此语句格式中的 ElseIf 是一个单词。

以上三种形式的 If 语句的语法中都包含<语句序列>部分，语句序列可以包含一条或多条 VBA 的可执行语句，也可以是某种形式的 If 语句。如果在一条 If 语句的<语句序列>中又包含了另一条 If 语句，则这种结构称为 If 语句的嵌套。嵌套的 If 语句也是一种多分支结构。

【例 9-3】 根据系统时间在消息框中输出问候信息：8～12 点问候“上午好！”，12～18 点问候“下午好！”，其他时间均显示“欢迎光临！”。使用 If…Then…ElseIf 语句完成。

操作步骤如下。

① 在“导航”窗格中右击 demo 模块对象，在弹出的快捷菜单中选择“设计视图”选项，打开 VBE 窗口，在 demo 模块对应的代码编辑窗口中建立名为 exm_3 的过程，代码如下。

```
Sub exm_3()
    Dim s As String, theHour As Integer
    theHour =Hour(Time())
    If theHour >=8 And theHour <12 Then
        s ="上午好！"
    ElseIf theHour >=12 And theHour <18 Then
        s ="下午好！"
    Else
        s ="欢迎光临"
    End If
    MsgBox s, 64 +1, "问候"
End Sub
```

② 单击工具栏的“保存”按钮，保存模块对象，然后将光标放置于 exm_3 过程内，单击工具栏上的“运行”按钮，运行该过程。

【**例 9-4**】 使用嵌套 If 语句求以下分段函数的值。

$$y=\begin{cases}2x+5, & x\leqslant 0\\ x^2, & 0<x\leqslant 10\\ 2x-5, & x>10\end{cases}$$

按照例 9-3 中的方法打开 demo 模块的代码编辑窗口，建立名为 exm_4 的过程。

```
Sub exm_4()
    Dim x As Single, y As Single
    x =Val(InputBox("输入 x 的值"))        '显示一个输入框，输入 x 的值
    If x <=0 Then
        y =2 * x +5
    Else
      If x <=10 Then
         y =x ^ 2
      Else
        y =2 * x -5
      End If
    End If
    Debug.Print "y =" & y                  '在立即窗口中输出表达式的值
End Sub
```

(4) Select Case 语句。

格式：

```
Select Case <判断数据>
Case <表达式 1>
      <语句序列 1>
Case <表达式 2>
      <语句序列 2>
…
Case <表达式 n>
      <语句序列 n>
[ Case Else
      <语句序列 n+1>]
End Select
```

功能：将＜判断数据＞分别与每个 Case 表达式进行比较，若与某个表达式匹配，则执行该 Case 语句中的语句序列，然后转向 End Select 后面的语句；若与所有 Case 表达式都不匹配，则执行 Case Else 中的语句序列，然后转向 End Select 后面的语句。

使用该语句可以根据判断数据的值在多种情况中进行选择，这也是一种多分支结构，其功能流程图如图 9-20 所示。

说明：

① ＜判断数据＞可以是任意 VBA 表达式。

② 如果＜判断数据＞能够匹配一个以上的 Case 表达式，则只执行第一个匹配中的

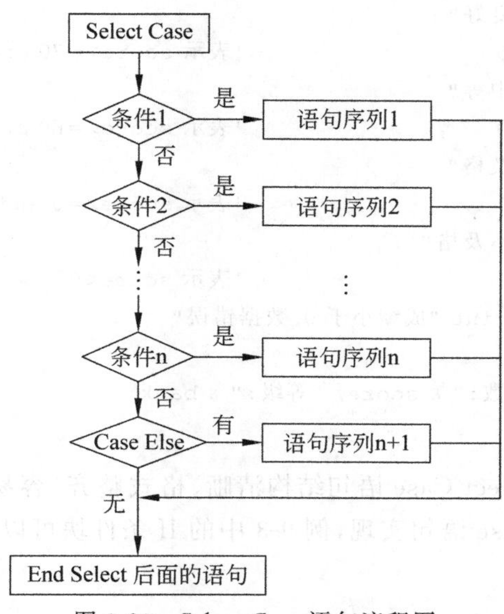

图 9-20　Select Case 语句流程图

语句序列。

③ 如果<判断数据>与所有 Case 表达式都不匹配，且没有 Case Else 语句，则该结构中没有一个语句序列会被执行。在通常情况下，加上 Case Else 语句可以处理那些不可预见的判断数据的值。

④ Select Case 和 End Select 必须成对出现，它们在语法上是一条语句。

⑤ Select Case 语句可以自我嵌套或与 If 语句相互嵌套，但不能有交叉。

⑥ Case 语句中的表达式有以下多种写法。

- 单个值：如 Case 1。
- 多个值：如 Case 1,2,3。
- 范围值：如 Case 1 To 5。

范围值"m To n"表示[m,n]，其中的 m 要小于 n，否则将没有符合条件的情况。

- Is 指定条件：其格式为 Is <关系运算符> <值>，如 Case Is > 10。

前面 4 种形式的混合，各表达式之间用逗号分隔。

【例 9-5】 根据学生成绩判断其等级：100～90 分为优秀，89～80 分为良好，79～70 分为中等，69～60 分为及格，60 分以下为不及格，要求使用 Select Case 语句完成。

在 demo 模块中建立 exm_5 过程，代码如下。

```
Sub exm_5()
    Dim score As Single, bank As String
    score =Val(InputBox("输入成绩:"))
    Select Case score
        Case Is >=90
            bank ="优秀"
        Case Is >=80                              '表示 score>=80 and score<90
```

```
        bank ="良好"
    Case Is >=70                         '表示 score>=70 and score<80
        bank ="中等"
    Case Is >=60                         '表示 score>=60 and score<70
        bank ="及格"
    Case Is >=0                          '表示 score>=0 and score<60
        bank ="不及格"
    Case Else                            '表示 score<0
        Debug.Print "成绩小于 0,数据错误"
  End Select
  Debug.Print "分数:" & score, "等级:" & bank
End Sub
```

从本例可以看出,Select Case 语句结构清晰、格式整齐、容易编写。使用多分支结构时,应尽量使用 Select Case 语句实现,例 9-3 中的 If 条件块可以改写为

```
Select Case theHour
    Case 8 To 11
        S="上午好!"
    Case 12 To 17
        S="下午好!"
    Case Else
        S="欢迎光临!"
End Select
```

2. 循环结构

循环结构用于控制程序中的某段代码在给定条件下重复执行。在 VBA 中,常使用 3 种形式的循环控制语句:Do 循环、For 循环、For Each 循环。

(1) Do 循环。Do 循环通常用于不知道循环次数的情况,有下列 4 种格式。

格式 1:

```
Do While <条件表达式>
    <语句序列>
Loop
```

功能:首先计算条件表达式的值,当值为 true(非 0 为 true)时,执行其中的语句序列,遇到 loop 后再计算条件表达式,值为 true 时再次执行语句序列,如此循环执行,直到条件表达式的值为 false(0 为 false)时结束循环,转向执行 loop 后面的语句。

【例 9-6】 用 Do 循环求 1+2+…+100 的和。

在 demo 模块中添加 testDo 过程,代码如下。

```
Sub testDo()
    Dim sum As Integer, i As Integer
    Rem 设置变量的初始值
```

```
    sum =0                                    '累加器初始化为 0
    i =1                                      '循环控制变量初始化为 1
    Do while i<=100
        sum =sum +i                           '将变量 i 的值累加到累加器中
        i =i +1                               'i 自身加 1
    Loop
    Debug.Print sum
End Sub
```

说明：

① Do 与 Loop 语句必须成对出现，它们之间的语句序列称为循环体。

② 先判断条件，若条件满足，则执行循环体，遇到 Loop 语句后返回 Do 语句再次判断条件，若仍满足，则继续执行循环体，如此重复；一旦条件不满足，则结束循环，直接转向执行 Loop 后面的语句。若条件在一开始就不满足，则循环体一次也不执行，直接转向执行 Loop 后面的语句。

③ 为使循环条件表达式的值在有限次循环后变为 False，在循环体中必须有能改变循环条件的语句存在，如 i=i+1，否则循环将无限次执行下去，称为死循环。

格式 2：

```
Do Until <条件表达式>
    <语句序列>
Loop
```

功能：当条件表达式为假时执行循环体，直到条件表达式的值为真时结束循环。

格式 3：

```
Do
    <语句序列>
Loop While <条件表达式>
```

功能：先执行一次循环体，然后判断条件，当条件为真时继续回到 Do 执行循环体，如此循环下去，直到条件为假时结束循环。本循环格式的循环体至少会被执行一次。

格式 4：

```
Do
    <语句序列>
Loop Until<条件表达式>
```

功能：先执行一次循环体，然后判断条件，当条件为假时继续回到 Do 执行循环体，如此循环下去，直到条件为真时结束循环。本循环格式的循环体至少会被执行一次。

> **注意**：While 和 Until 的区别是：While 在条件为真时执行循环体，Until 则在条件为假时执行循环体。

这 4 种格式的语句流程图如图 9-21 所示。

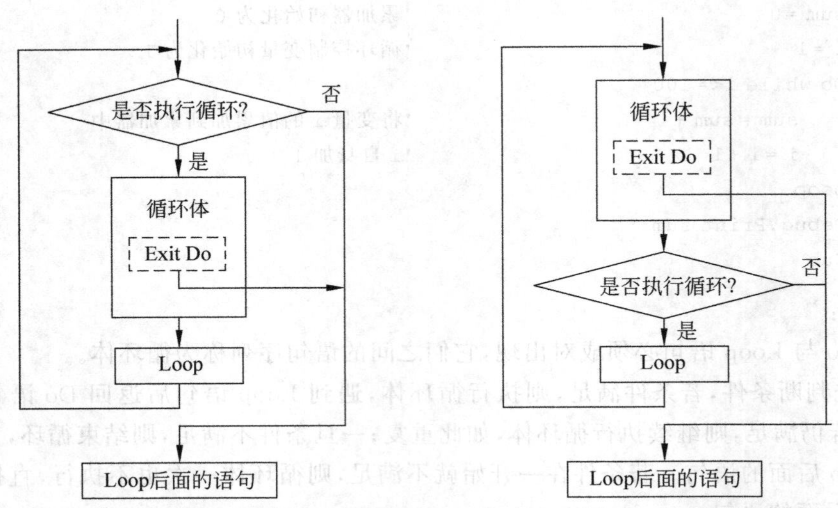

图 9-21　Do 语句流程图(左图：格式 1 和格式 2,右图：格式 3 和格式 4)

例 9-6 中的循环部分采用其他 3 种格式可以改写为

```
Do Until i>100
    sum=sum+i
    i=i+1
Loop
```

```
Do
    sum=sum+i
    i=i+1
Loop While i<=100
```

```
Do
    sum=sum+i
    i=i+1
Loop Until i>100
```

如果要强制结束 Do 循环,则可在循环体内使用 Exit Do 语句。当循环体执行过程中遇到该语句时,会立刻结束它所在的 Do 循环。在 Do 循环中,如果循环条件总是为真,则必须在循环体中加入 Exit Do 语句,否则会产生死循环。

【例 9-7】 求 1+2+…+100 的和,利用 Exit Do 语句结束 Do 循环。

```
Sub exm_7()
    Dim sum As Integer, i As Integer
    sum =0
    i =1
    Do While 10>2                              '条件表达式的值为永真
        If i>100 Then Exit Do                  '当 i>100 时结束循环
        sum =sum +i
        i =i +1
    Loop
    Debug.Print sum
End Sub
```

(2) For 循环。For 循环主要用于循环次数已知的循环。

格式：

```
For <循环变量>=<初值>To <终值>[Step <步长>]
```

```
    <语句序列>
Next [<循环变量>]
```

功能：首先将初值赋给循环变量，然后将循环变量的值与终值进行比较，如果循环变量小于或等于终值，则认为循环条件满足，执行一遍循环体中的语句。当遇到 Next 后，将循环变量的值自动加上步长后再与终值进行比较，如果循环变量仍小于或等于终值，则继续执行一遍循环体，如此反复，直到循环变量的值大于终值时结束循环。语句流程图如图 9-22 所示。

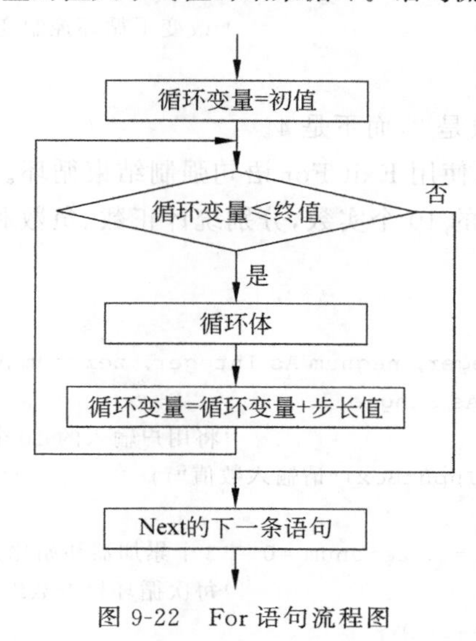

图 9-22　For 语句流程图

【例 9-8】 用 For 循环求 1＋2＋…＋100 的和。

```
Sub testFor()
    Dim i As Integer, sum As Integer
    sum=0
    For i=1 To 100 Step 1
        sum=sum+i
    Next i                                  '执行到 next 语句时,i 自动增加一个步长值
    Debug.print "1~100 的和为:" & Str(sum)
End Sub
```

说明：

① For 语句与 Next 语句必须成对出现，它们之间的语句序列为循环体，Next 后面的循环变量可以省略。

② 如果省略 Step 选项，则步长默认为 1。步长可正可负，当步长为正数时，方向向上，初值＜＝终值；当步长为负数时，方向向下，初值＞＝终值。如果不一致，则循环体一次也不执行。

例如，由“For i＝1 To 9 Step -3”决定的循环结构，因为步长与控制变量的方向不符，其循环体一次也不执行；由“For i＝10 To 1 Step 0”决定的循环结构，其循环体一次也不执行；由“For i＝1 To 10 Step 0”决定的循环结构，其循环体无限次地执行直至出现“溢出”错误。

③ For 循环的循环次数一般可以根据下列公式计算。

```
循环次数=Int((终值-初值) /步长)+1
```

但是,如果循环体中有改变循环控制变量的语句存在,则循环次数由循环变量值的变化情况决定,例如:

```
For i=1 To 10 Step 3
    i=i * 4                                ' 改变了循环控制变量 i 的值
Next i
```

该循环的实际循环次数是 2,而不是 4。

④ 在 For 循环中,可以使用 Exit For 语句强制结束循环。

【例 9-9】 对用户输入的 10 个实数,分别统计正数、负数和零的个数。

```
Sub exm_9()
    Dim i As Integer
    Dim posnum As Integer, negnum As Integer, zeronum As Integer
    Dim real(1 to 10) As Single
    For i =1 To 10                         '将用户输入的 10 个数保存在数组 real 中
        real(i) =Val(InputBox("请输入数值"))
    Next
    posnum =0: negnum =0: zeronum =0       '3 个累加器初始化为 0
    For i =1 To 10                         '每次循环检查数组中的一个元素
        Select Case real(i)
            Case Is >0
                posnum =posnum +1          '正数个数加 1
            Case Is =0
                zeronum =zeronum +1        '零的个数加 1
            Case Is <0
                negnum =negnum +1          '负数个数加 1
        End Select
    Next
    For i =1 To 10
        Debug.Print real(i);               '使用分号在一行输出 10 个数
    Next
    Debug.Print Chr(13)                    '换行
    Debug.Print "正数个数:", posnum
    Debug.Print "零的个数:", zeronum
    Debug.Print "负数个数:", negnum
End Sub
```

(3) For Each 循环。For Each 循环用于对数组中的每个元素重复执行一组语句。

格式:

```
For Each <元素> In <数组>
    <语句序列>
```

```
Next [<元素>]
```

功能：如果数组中至少有一个元素，就会进入 For Each 语句执行。先针对数组中第一个元素执行循环体中的所有语句，如果数组中还有其他元素，则会针对每个元素执行循环体。当数组中的所有元素都执行完毕后会退出循环，从 Next 语句之后的语句继续执行。其中，<元素>的数据类型必须为 Variant 类型。

【例 9-10】 使用 For Each 循环求 10 个数中的最大数和最小数。

```
Sub testForEach()
    Dim i As Integer, s As String
    Dim n(9) As Single, minNum As Single, maxNum As Single
    Dim num As Variant                  ' num的数据类型必须为 Variant
    For i =1 To 10                      ' 给数组 n 中的 10 个元素赋值
        s ="输入第" & i & "个数"
        n(i-1) =Val(InputBox(s))
    Next
    '假设当前最小值和最大值都是 n(0)
    minNum =n(0)
    maxNum =n(0)
    For Each num In n                   ' 数组 n 中的元素依次存入变量 num
        If num >maxNum Then             '如果 num 比当前 maxNum 大，则用 num 更新 maxNum
            maxNum =num
        End If
        If num <minNum Then             '如果 num 比当前 minNum 小，则用 num 更新 minNum
            minNum =num
        End If
    Next
    Rem  循环结束后，minNum 即为最小值，maxNum 即为最大值
    Rem  下面的语句用于输出
    s =""
    For i =1 To 10
        s =s & Str(n(i-1)) & "   "
    Next
    s =s & Chr(13) & Chr(13)            ' 换行
    s =s & "最大数是:" & Str(maxNum) & ",最小数是:" & Str(minNum)
    MsgBox s, ,"求最大值最小值"          ' 在消息框中输出结果
End Sub
```

运行结果如图 9-23 所示。

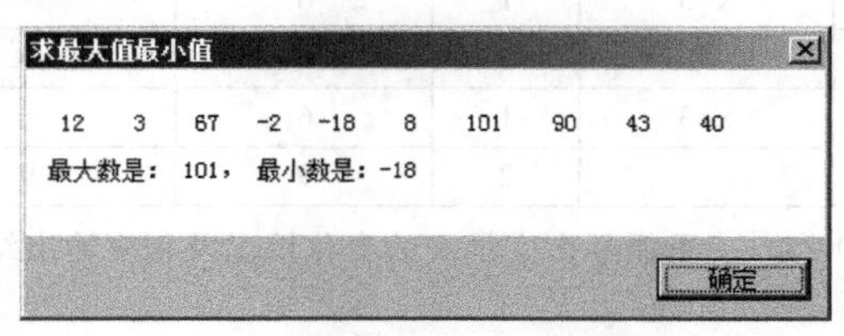

图 9-23　For Each 示例运行结果

(4) 多重循环。

如果一个循环语句的循环体中嵌套了另一个循环语句，则这种循环结构称为多重循环。

图 9-24 所示是一个二重循环的程序段。

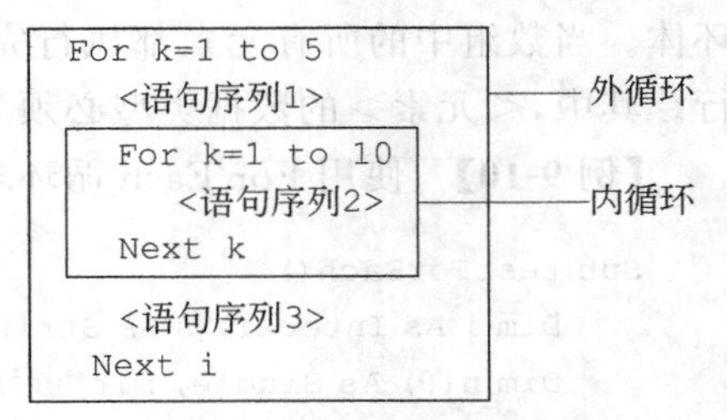

图 9-24　二重循环的程序段

说明：

① 从整体上说这是一条 For 循环语句，其循环体由 3 条语句组成，其中的一条又是一个 For 循环语句，显然该程序段包含了二重循环。相对地，外面的循环称为外循环，内部的循环称为内循环。这里把外循环暂称为 i 循环，把内循环暂称为 k 循环。

② 程序从 i 循环开始执行，i 每取一个值，其循环体的 3 条语句都要依次执行一遍，也就意味着在 i 的每次循环中＜语句序列 2＞都要执行 10 次。因此在该程序段的执行中，＜语句序列 1＞和＜语句序列 3＞执行了 5 次，而＜语句序列 2＞则执行了 50 次。就好比在操场跑圈，每圈中还要在固定的位置做 10 个俯卧撑，这样如果跑 5 圈，则要做 50 个俯卧撑，跑圈是外循环，做俯卧撑就是内循环。

③ 在循环体执行中如果遇到 Exit Do 语句或者 Exit For 语句，则会强制结束其所在的循环。如在 k 循环体执行中遇到 Exit For，则强制结束 k 循环而转去执行＜语句序列 3＞，而 i 循环不受影响。

下列二重循环的程序段中，变量 x 的变化情况以及程序输出结果如图 9-25 所示。

```
Sub testFor2()
    For i=1 To 3
        x =3
        For k=1 To 2
            x =x +3
        next k
        Debug.Print x
    next i
End Sub
```

i	i循环中的x	k	k循环中的x	Debug.Print x
1	x=3	1	6	
		2	9	9
2	x=3	1	6	
		2	9	9
3	x=3	1	6	
		2	9	9

图 9-25　二重循环中变量 x 的变化情况及程序输出结果

【例 9-11】 打印如下格式的九九乘法表。

```
1*1=1
1*2=2   2*2=4
1*3=3   2*3=6   3*3=9
…
1*8=8   2*8=16  3*8=24  4*8=32  5*8=40  6*8=48  7*8=56  8*8=64
1*9=9   2*9=18  3*9=27  4*9=36  5*9=45  6*9=54  7*9=63  8*9=72  9*9=81
```

程序过程如下。

```
Sub exm_11()
    Dim i As Integer, j As Integer, z As Integer
    For i =1 To 9                       '外层循环:i 用于控制行数,共有 9 行
        j =1                            'j 用于控制列数,每行都从第 1 列开始
        Do While j <=i                  '内层循环:控制每行中的输出列
            z =i * j
            '打印一项,语句最后的","可以使下次输出同上次输出处在同一行且间隔一个
              Tab 键
            Debug.Print j & "*" & i & "=" & z,
            j =j +1
        Loop                            '内层循环终端
        Debug.Print ""                  '换行,使下一个输出从新行开始
    Next i                              '外层循环终端
End Sub
```

【例 9-12】 在立即窗口中输出 100～200 的素数,并统计素数的个数。

说明:素数是只能被 1 和自身整除的数,判断一个数 n 是否是素数的方法是:从 2～n－1 逐个检查,查看其中是否有 n 的因子,一旦发现有因子,则立即断定 n 不是素数。如果没有发现因子,则 n 为素数。而这种检查没有必要从 2 检查到 n－1,只需要从 2 检查到$\sqrt{n}$即可。

程序过程如下。

```
Sub exm_12( )
  Dim i%, j%, k%, t%
  Dim b As Boolean
  t =0                          't 用于保存素数的个数,初始化为 0
  For i =100 To 200             '对 100~200 的数逐一进行判断
    b =True                     'b 作为是否是素数的标志,初始为 True
    k =2                        'k 作为检查用的除数,每次都从 2 开始
    j =Int(Sqr(i))              'j 作为每个待判定数的平方根,是因子判定检查的上限
    Do While k <=j              'Do 循环用于对 i 的因子进行检查
      If i Mod k =0 Then
          b =False              '若发现因子,则将素数标志置为 False
          Exit Do               '发现因子后立即退出 Do 循环
```

```
      End If
      k =k +1                    '没有发现因子时,除数加 1 并继续检查
    Loop
    If b =True Then              'b 为 True 说明检查完毕后也没有发现因子
      t =t +1                    '当前被检查的 i 为素数,素数个数加 1
      Debug.Print i;             '分号可以使下次输出与本次输出处在同一行且间隔一个空格
      If t Mod 8 =0 Then Debug.Print " "       '一行输出 8 个数时换行
    End If
  Next i
  Debug.Print ""                 '换行,使下次输出从新行开始
  Debug.Print "素数的个数为";t
End sub
```

程序在立即窗口中的输出结果如图 9-26 所示。

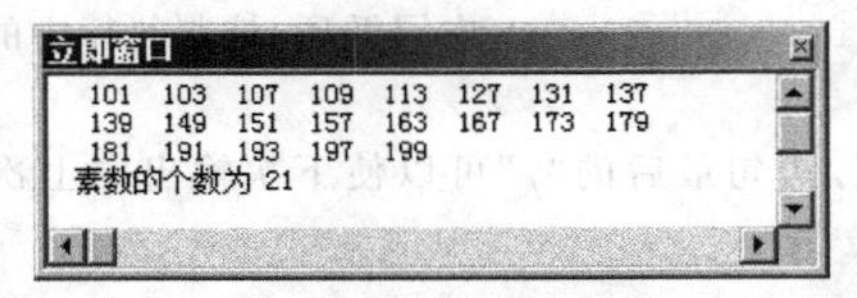

图 9-26　输出 100～200 的素数并统计素数个数

9.4 VBA 过程

VBA 程序的功能是通过“过程”实现的,过程是完成特定任务的一个程序段,该程序段由处理问题的相关语句组成,前面各个例子中建立的程序段都对应一个过程。利用过程可以将复杂的处理代码分解成多个部分,以便管理和维护。

模块是过程的组织形式,所有过程都存在于相应的模块中,一个模块可以包含多个过程。

9.4.1 过程

过程

过程是由若干语句组成的一个程序段,可以完成某个特定功能。根据过程是否有返回值,可以将过程分为以下两种形式。

- Sub 过程。通常称为过程,没有返回值。例如前面介绍的例 9-11 和例 9-12 等都是 Sub 过程。事件过程也是一种 Sub 过程。
- Function 过程。通常称为函数,有一个返回值。

无论是 Sub 过程还是 Function 过程,都必须先定义、后使用。

1. 过程定义

过程定义是由 Sub 语句和 End Sub 语句实现的。

格式：

```
Sub <过程名>([<参数声明表>])
    <语句序列>
End Sub
```

【例 9-13】 定义一个无参过程，将输入的名字在消息框中输出。

新建一个名为 demo2 的模块，在代码窗口中输入以下过程代码。

```
Sub getInfo()
    Dim answer As String                            '声明字符串变量名为 answer
    answer =InputBox("What is your name? ")  '用 InputBox 函数输入值
    If answer =Empty Then                           'Empty 是系统常量，代表未初始化的变量值
        MsgBox "You did not enter a name."
    Else
        MsgBox "Your name is " & answer
    End If
End Sub
```

【例 9-14】 定义一个带参过程，在立即窗口中打印 m 行 n 列由“ * ”组成的矩阵。

在 demo2 模块中建立以下过程。

```
Sub star(m As Integer, n As Integer)     '声明 star 过程头，m、n 是形参
    Dim i As Integer, j As Integer       '过程内部声明的局部变量
    For i =1 To m                        'i 控制 1~m 行
        For j =1 To n                    'j 控制 1~n 列
            Debug.Print "*  ";           '分号使下次输出处在同一行且间隔一个空格
        Next j
        Debug.Print ""                   '输出一行后换行
    Next i
End Sub
```

说明：

① 过程名与变量名一样都是标识符，遵守标识符的命名规则。同一模块中的过程名不能相同。Sub 语句和 End Sub 语句配对出现，分别称为过程头和过程尾，它们中间的语句序列称为过程体。

② 参数声明表是程序段被调用时的入口，用于接收调用时传过来的值。过程定义中声明的参数称为形式参数（简称形参），形参的具体值要在过程调用时才能确定。定义过程好比建设了一条生产线，具体的产品数量和规格要在实际生产（过程调用）时才能具体确定。

③ 形参声明的形式为

```
<形参名>As <数据类型>
```

如果需要声明多个形参，则各形参声明之间用半角逗号分隔。

④ 参数声明表可以省略，表明过程执行时不需要外部传递数据，这种过程称为无参

过程。无论是带参过程还是无参过程,定义时都不能省略括号“( )”。

⑤ 过程体由描述问题解决步骤的语句组成,包括声明语句和处理语句。声明语句用来声明本过程中用到的符号常量和变量,处理语句用来执行特定操作。

2. 过程调用

过程定义后要通过调用执行,事件过程的调用通过触发控件的相应事件完成,如例8-2 中的按钮单击事件过程;其他过程的调用需要通过过程调用语句完成。

如果在过程 A 中调用了过程 B,则过程 A 称为主调过程或主过程,过程 B 称为被调过程或子过程。

(1) 过程调用语句有以下 2 种格式。

格式 1:

```
Call <过程名>([<实际参数表>])
```

格式 2:

```
<过程名>[<实际参数表>]
```

例如:

要调用例 9-13 中定义的过程 GetInfo,其调用语句是

```
Call getInfo()
```

或

```
getInfo
```

要调用例 9-14 中定义的过程 Star,其调用语句是

```
Call star(3,5)
```

或

```
star 3,5
```

【例 9-15】 在代码中调用例 9-13 和例 9-14 中建立的子过程。

在 demo2 模块中建立以下 2 个过程。

```
Sub testGetInfo()                          '主调过程
    Call getInfo()                         '调用子过程 getInfo
End Sub
Sub testStar()                             '主调过程
    Dim row As Integer, col As Integer
    Debug.Print "第一次打印"
    Call star(3, 5)                        '调用子过程 star,并传递 2 个实参
    Debug.Print "第一次打印结束"
    row =4
    col =6
```

```
    Debug.Print "第二次打印"
    Call star(row, col)                    '调用子过程 star,传递 2 个实参
    Debug.Print "第二次打印结束"
End Sub
```

将光标放置于 testGetInfo 过程内,单击工具栏上的"运行"按钮,运行该过程,系统会自动调用子过程 getInfo。

将光标放置于 testStar 过程内,单击工具栏上的"运行"按钮,运行该过程,系统会自动调用子过程 Star,结果如图 9-27 所示。

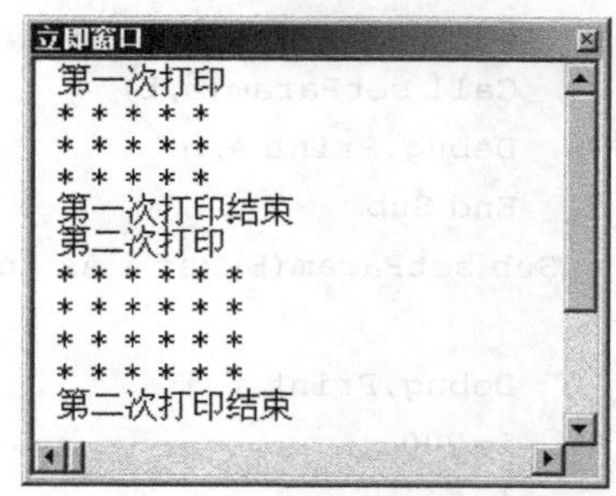

图 9-27　testStar 过程的执行结果

说明:

① 过程调用就是让系统执行所定义的过程,过程调用通过过程名和实际参数(简称实参)完成,实际参数是调用时传递给过程定义中形式参数的值,可以是常量、变量或表达式。实参在类型、个数、顺序上要和形参相一致,多个实参之间需要用","分隔。

② 在带有 Call 的格式调用中,无论有无实参,都必须加括号"()"。不带有 Call 的格式调用中则不加括号"()"。

(2) 过程调用的执行顺序。

① 传递实参。当主过程在执行中遇到调用语句时,会暂停主过程的执行,转去执行被调用的子过程,并且将调用语句中的实际参数值一一对应地传递给子过程中的形式参数。

② 执行子过程。按照子过程定义的功能执行子过程中的各条语句。

③ 返回主过程。当子过程在执行中遇到 End Sub 语句时,会结束子过程的执行,返回主过程,并从主过程的调用语句的下一条语句处继续执行。

(3) 过程调用时的参数传递方式。

在过程定义中,可以在形参前使用 ByRef 或 ByVal 关键字指定参数之间的传递方式,其格式为

```
ByRef i As Integer
```

或

```
ByVal i As Integer
```

过程定义中的形参将在过程调用时接收实参的值,当实参为变量时,形参指定的参数传递方式对实参是有影响的。如果在形参名前有关键字 ByVal,则表示指定形参只接收实参变量的值,形参在过程执行中值的变化不影响相应的实参变量;如果在形参名前加上关键字 ByRef,则表示形参接收的是实参变量的内存地址,此时形参变量和实参变量占用了相同的内存空间,形参在过程执行中值的变化就是其对应的实参变量的变化。

ByVal 指定的传递方式称为按值传递,是"单向"的传递方式;ByRef 指定的传递方式称为按地址传递,是"双向"的传递方式。默认的传递方式为 ByRef。

(4) 除事件过程外,其他过程均可以相互调用。在一个过程中调用另一个过程的情

况称为过程的嵌套调用。过程可以嵌套调用,但不可以嵌套定义。

(5) 使用 Exit Sub 语句可以强制结束过程的调用。

【例 9-16】 定义不同的参数传递方式。

在 demo2 模块中建立以下 2 个过程。

```
Sub testSetParam()                                       '主过程
  Dim a As Integer,b As Integer
  a=10:b=5
  Debug.Print a,b                                        '第 1 次输出
  Call setParam(a,b)                                     '调用语句,注意实参与形参的对应关系
  Debug.Print a,b                                        '第 4 次输出,调用后 a 的值发生了变化
  End Sub
Sub setParam(ByRef i As Integer,ByVal j As Integer )
                                                         '形参 i 按地址传递,形参 j 按值传递
  Debug.Print i,j                                        '第 2 次输出
  i=200
  j=50
  Debug.Print i,j                                        '第 3 次输出
End Sub
```

将光标置于 testSetParam 过程的代码段中,单击工具栏的"运行"按钮,执行该过程,系统会自动调用 setParam 子过程,输出结果如图 9-28 所示。

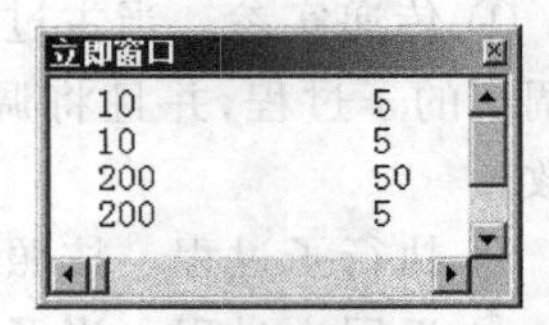

图 9-28 指定参数传递方式的过程调用结果

9.4.2 函数

函数

Function 过程(即函数)是一种带有返回值的过程,函数的定义和调用与过程的定义和调用的方法相似。

1. 函数定义

函数定义由 Function 和 End Function 语句实现。

格式:

```
Function <函数名>(<参数表>) [As <返回值类型>]
    <语句序列>
    [<函数名>=<返回值>]
End Function
```

说明:

① As ＜返回值类型＞ 用于指定函数返回值的类型。如果没有在函数定义中指定函数返回值的类型,则返回值的类型由实际返回值确定。

② 函数的返回值是通过在函数体内给函数名赋值的语句确定的,在函数体内最后一次对函数名的赋值就是函数的返回值。如果没有这个赋值语句,则函数的返回默认值为:

数值型函数为0,字符串函数为空串(""),Variant 函数为 Empty。

③ 使用 Exit Function 语句可以强制中断函数的调用。

2. 函数调用

函数调用语句既可以独立使用,也可以出现在表达式中。

(1) 独立使用的调用语句。其格式和过程调用语句的格式相同,共有2种。

(2) 在表达式中使用的调用语句。其格式为

```
<函数名>([<实际参数表>])
```

说明:在表达式中调用函数时,无论函数是否有参数,函数名后都必须加括号"()"。

【例 9-17】 定义函数 fun,其功能是判断一个数的奇偶性。再建立一个主过程,对输入的数据调用函数 fun 以判断其奇偶性,并在消息框中显示判定结果。

在 demo2 模块中建立以下2个过程。

```
Function fun(x As Long) As Boolean                      '定义函数 fun
    If x Mod 2 =0 Then                                   'x 为偶数
        fun =True                                        '设置函数的返回值
    Else                                                 'x 为奇数
        fun =False                                       '设置函数的返回值
    End If
End Function
Sub testFun()                                            '主过程
    Dim n As Long, s As String
    n =Val(InputBox("请输入一个数"))
    s =IIf(fun(n),"是偶数", "是奇数")                    '以表达式方式调用函数 fun
    MsgBox Str(n) & s, vbExclamation +vbDefaultButton2, _
        "Even or Odd? "
End Sub
```

将光标放置于 testFun 过程中,单击工具栏的"运行"按钮,若在输入框中输入"24",则消息框中显示"24 是偶数";若输入"35",则消息框中显示"35 是奇数"。

9.4.3 变量的作用域与生存期

语句构成过程,过程被组织成模块,一个模块可以包含多个过程。模块中的变量和过程有不同的作用范围和生存周期。

1. 变量的作用域

变量的作用域是指变量可以使用的有效范围。在 VBA 中,变量的作用域分为全局变量、模块级变量和过程级变量3种。

(1) 全局变量。全局变量(也称公共变量)的作用域是应用程序的所有模块和所有过

程。全局变量要在模块的通用声明部分用 Public 关键字声明。

格式：

```
Public <变量名> [As <数据类型>]
```

例如：

```
Public Pu_One As Single
```

通过全局变量可以建立在不同模块的过程之间传递数据的渠道。但是全局变量在整个程序运行期间都要占用存储空间，增加了系统开销。另外，每个过程都有可能更改全局变量的值，这也会造成全局变量值的意外修改。

(2) 模块级变量。模块级变量（也称私有变量）的作用域是声明该变量的模块内的所有过程。模块级变量要在模块的通用声明部分用 Private 或 Dim 关键字声明。

格式：

```
Private | Dim <变量名> [As <数据类型>]
```

例如：

```
Dim   Pr_One As Single
Private Pr_Two  As Single
```

Private 和 Dim 关键字的作用相同，但使用 Private 可以提高代码的可读性。

(3) 过程级变量。过程级变量（也称局部变量）的作用域仅限于声明该变量的过程。在过程或函数内部用 Dim 或 Static 关键字声明的变量为过程级变量。

格式：

```
Dim | Static <变量> [As 数据类型]
```

例如：

```
Dim j As Integer                              '声明局部变量
Static i As Integer                           '声明静态局部变量
```

说明：

① 在过程中未进行声明就直接使用的变量默认为过程级变量。

② 用 Dim 或 Static 关键字声明的局部变量的作用范围都仅限于它们自己所在的过程。但两者的生存期不同。Dim 关键字声明的局部变量只在过程执行期间才存在，一旦退出过程，变量就会被自动清除，当下次再调用该过程时，变量会重新进行初始化。Static 关键字声明的静态局部变量在过程第一次被调用时为其分配内存空间，然后一直存在，退出过程后，其值仍被保留，当下次再调用该过程时，静态变量的值可以继续使用。

用 Const 语句定义的常量的作用域与变量相同，例如：

```
Public Const PI=3,1415926                     '模块通用声明中声明的全局常量
Private Const B=20                            '模块通用声明中声明的模块级常量
Const A=66                                    '过程中声明的局部常量
```

2. 过程的作用域

过程的作用域是指过程可以被调用的范围，这里的过程统指 Sub 过程和 Function 过程。

(1) 类模块中所有过程的作用域限定符均为 Private，属于模块级变量。其中，事件过程只能通过响应控件的对应事件调用，非事件过程既可以被本模块内的事件过程调用，也可以相互调用。

(2) 标准模块中所有过程的作用域限定符为 Public，属于全局变量，既可以被本模块中的过程相互调用，也可以被其他模块中的过程调用。

3. 变量的生存期

变量的生存期是指变量占用内存的时间。

(1) 全局变量和模块级变量的生存期。

应用程序一旦运行，全局变量和模块级变量就被分配了空间，直到整个程序结束，其占用的空间才会被系统回收。

(2) 局部变量的生存期。

使用 Dim 声明的局部变量在每次过程调用时分配空间，过程调用结束时占用的空间会被立即回收。

使用 Static 声明的局部变量，仅在其所属过程第一次被调用时分配空间，直到整个应用程序结束时才回收其所占空间，这种局部变量称为静态局部变量。图 9-29 给出了一个有关静态变量生存期的示例。

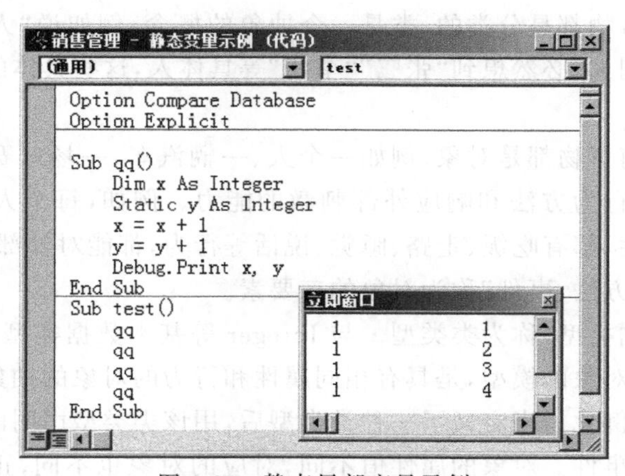

图 9-29 静态局部变量示例

本例中，过程 test 调用了 4 次 qq 过程，每次调用时变量 x 都要重新分配空间，因此每次调用 x 的初值都为 0，输出时 x 的值都为 1。而 y 是静态变量，第一次调用时为其分配空间并初始化为 0，调用结束时值变为 1。但因其空间不回收，再次调用时不再重新分配空间，所以 y 的值 1 得以保留，第二次调用加 1 后变成了 2。需要注意的是，虽然静态变量 y 一直处在生存期内，但在 qq 过程外是不可用的，因为 y 是局部的，只有在 qq 过程内才可以使用。

9.5 面向对象程序设计

目前有2种编程思想：面向过程程序设计和面向对象程序设计。

- 面向过程程序设计将数据和对数据的处理相分离，程序由过程和过程调用组成。
- 面向对象程序设计将数据和对数据的处理封装成一个被称为“对象”的整体，对象是面向对象程序的基本元素，其程序范型由对象和消息组成，程序中的一切操作都是通过向对象发送消息实现的，对象接收到消息后，会启动有关方法完成相应的操作。

面向对象程序设计的思想符合自然界的事物处理规律，具有“抽象、封装、继承、多态”4大特征。该思想极大地提高了软件开发的效率，增强了软件可扩充性和可重用性，是目前最流行的程序设计思想。

支持面向过程的程序设计语言主要有C语言，支持面向对象的程序设计语言主要有Java、C++、C#、VB等。

VBA是Access系统内置的Visual Basic(VB)语言，VB语言是可视化的、面向对象的、事件驱动的高级程序设计语言，采用了面向对象的程序设计思想。

9.5.1 类和对象

自然界的一切事物都是分类的，类是一个抽象的概念，例如说“人”就是一种分类，是一个抽象概念。谈到人，必然想到“张三”“李四”等具体人，这些具体的人称为“人”类的一个对象。

现实世界的任何事物都是对象，例如一个人、一辆汽车、一场球赛等。每个对象都具有自身的属性特征、行为方法和响应外部刺激的能力。例如，每个人都有姓名、性别、年龄、身高、体重等属性，都有吃饭、走路、睡觉、说话等行为，都能对外部诸如击打、表扬等事件做出反应，“属性、方法、事件”称为对象的三要素。

类也是一种数据类型，称为类类型。与Integer等基本数据类型不同，类类型不是基本数据的标识，而是对象的模型，是具有相同属性和行为的对象的抽象。对象是类类型的具体实例，是类的实例化。当定义了一种类类型后，用该类类型声明的对象变量就具有了相同的属性、方法和事件。对象的属性值不同，对应的对象也不同，正是通过属性值才得以将一个类中的各个对象区别开来。同一类对象具有相同的行为方法，能够响应相同的事件。

Access数据库由对象组成，窗体、报表及其控件都是一个对象。例如，一个命令按钮控件就是一个命令按钮类的对象，所有命令按钮对象都具有“名称”“标题”“高度”“宽度”等属性，能够响应“单击”等事件，但是它们的属性值可以不相同。

在VBE窗口的“对象浏览器”中可以查看各个库中的类、由类创建的对象及对象的属性、事件和方法，如图9-30所示。

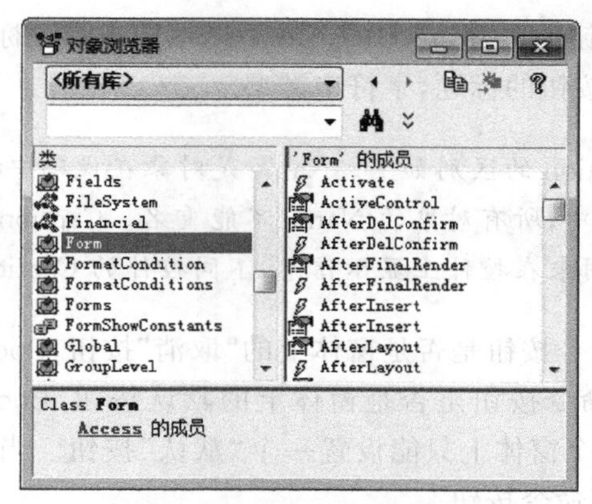

图 9-30 “对象浏览器”窗口

下面以窗体对象为例，介绍在 VBA 代码中如何设置属性、调用方法和响应事件。

9.5.2 对象的属性

属性是对象具有的性质特征。在第 6 章介绍的窗体设计中，都是通过“属性表”对所选对象的属性进行可视化设置的，这种设置属性的方式称为静态设置。也可以通过编写代码的方式设置对象的属性，在 VBA 代码中设置属性的方式称为动态设置。

1. 代码中对象属性的表示

命令按钮等控件对象都是存在于窗体(或报表)中的，当在代码中引用控件对象的属性时，需要指明某个窗体中的某个对象的某个属性，描述中的“的”在代码中用“.”表示，其引用格式为

```
[<窗体名>.]<对象名>.<属性名>
```

例如，引用窗体 Form_demoVBA 上名称为 cmdCheck 按钮的标题属性，表示为

```
Form_demoVBA.cmdCheck.Caption
```

说明：

① 在 VBA 代码中可以使用 Form 或 Me 表示当前窗体。

② 若省略＜窗体名＞，则表示引用的是当前窗体中的对象。

③ 在代码中引用对象的属性必须使用半角字符表示的名称。例如 Caption 表示标题属性。

VBE 为代码编写提供了即时提示信息。例如，输入“对象名”和“.”后会自动弹出对象的属性和方法列表框；将鼠标放置在属性名上按 F1 键可以立即弹出有关属性描述的系统帮助信息。

2. 常用的控件对象属性

以命令按钮控件为例，介绍窗体上控件的常用属性。

(1) Name。命令按钮的名称,对象的 Name 属性用来唯一标识每个对象。

(2) Caption。命令按钮的标题,字符串类型。

注意:Name 和 Caption 的区别如下。Name 是对象在代码中被引用的唯一标识,是一个标识符,在同一个窗体中,所有对象的 Name 不能重名。Caption 是标签和按钮等控件的标题,是一个字符串,常用来在控件上显示信息,不同控件的 Caption 属性值可以相同。

(3) Cancel。指定命令按钮是否是窗体上的"取消"按钮,Boolean 类型。

(4) Default。指定命令按钮是否是窗体上的默认按钮,Boolean 型。"默认"按钮是响应 Enter 键的按钮,一个窗体上只能设置一个"默认"按钮。当属性值设为 True 时,按 Enter 键就相当于单击该命令按钮。

(5) Enabled。设置命令按钮是否可用,Boolean 型。如果值为 False,则命令按钮显示为灰色,不能被单击,即不可用。

(6) Visible。设置命令按钮是否可见,Boolean 型。如果值为 False,则命令按钮不会显示,即不可见。

(7) FontBold。设置命令按钮的标题字体是否加粗,Boolean 型。有关标题字体的属性还有 FontItalic:是否斜体;FontName:字体名,如 Courier;FontSize:字体大小,如 15;FontUnderline:是否加下画线。

(8) ForeColor。控件的文本颜色,即按钮标题的颜色。

设置颜色的方法有以下几种。

• 使用系统颜色常量,如 vbRed、vbGreen、vbYellow 等。

例如,"Form.cmdCheck.Forecolor =vbRed"表示将按钮上的标题文本设置为红色。

• 用颜色函数 RGB 设置颜色。

例如,"Form.cmdCheck.ForeColor = RGB(255,0,0)"其中的 3 个参数分别代表红、绿、蓝三原色的值,值的范围为 0～255。

• 直接给颜色一个长整型值。

例如,Form.cmdCheck.ForeColor = 10485760。

(9) TabIndex。指定窗体上的控件在 Tab 键次序中的位置。

(10) Left、Top、Width、Height。Left 和 Height 用于设置控件在窗体中的位置,Left 指控件左上角到窗体左边界的距离,Top 指控件左上角到窗体上边界的距离,Width 是控件的宽度,Height 是控件的高度。

(11) 对文本框而言,Value 属性表示文本框中的内容,类型为字符串。例如,将窗体上名称为 text1 的文本框内容设置为"你好",使用的语句是 Me.text1.Value="你好"。

也可以直接对文本框控件名赋值,以设置文本框的内容,如 Me.text1="你好"。

【例 9-18】 在 VBA 代码中设置文本框控件(名称为 txtHello)的属性,并且在打开窗体时自动根据系统时间在文本框中显示问候信息:8～12 点问候"上午好!",12～18 点问候"下午好!",其他时间均显示"欢迎光临!"。

操作步骤如下。

① 在例 9-2 建立的 demoVBA 窗体上添加一个文本框控件,将文本框的"名称"设置

为 txtHello,适当调整文本框控件的大小。

② 在"属性表"中将窗体对象的"加载"事件属性设置为"[事件过程]",然后单击属性框右侧的"打开"按钮 ... ,打开 VBE 窗口,输入以下事件过程代码。

```
Private Sub Form_Load()
    Dim s As String, theHour as Integer
    txtHello.BackColor =RGB(131, 204, 207)      '设置文本框的背景色
    txtHello.ForeColor =RGB(250, 5, 140)        '设置文本颜色
    txtHello.FontName ="隶书"                    '设置字体
    txtHello.FontBold =True                     '设置字体为粗体
    txtHello.FontSize =20                       '设置字体大小
    theHour =Hour(Time())
    If theHour >=8 And theHour <12 Then
        s ="上午好!"
    ElseIf theHour >=12 And theHour <18 Then
        s ="下午好!"
    Else
        s ="欢迎光临!"
    End If
    txtHello.Value =s                           '在文本框中显示 s 的值
End Sub
```

③ 分别保存模块对象和窗体对象。然后打开窗体,系统会自动执行上述事件过程。

9.5.3 对象的方法

对象的方法是对象可以执行的操作。一个方法就是一个过程,只是这个过程是由对象所属的类定义的,只能由其所属的对象调用。对象方法的调用格式为

```
<对象名>.<方法名>[<实参 1>,<实参 2>…]
```

1. 窗体控件对象的常用方法

(1) Move <Left> [,<Top> [,<Width> [,<Height>]]]。

功能:将对象移动到以 Left、Top 为参数指定的新位置(坐标相对于窗体的左上角),同时还可以改变控件的大小(以 Width、Height 为新的宽度与高度)。该方法对窗体、命令按钮、文本框、标签等控件有效。

(2) SetFocus。

功能:使对象获得焦点。只有获得焦点的控件才是当前可以操作的对象。例如,只有当文本框获得焦点时(文本框中出现插入点光标)才可以接收键盘的输入。

2. DoCmd 对象方法

在 Access 中,除了表、查询、窗体、报表等数据库对象外,还提供了许多内置对象,这

些内置对象是非可视的，其内部包含许多方便 VBA 编程的方法。

DoCmd 就是一个专门用于在 VBA 代码中对 Access 数据库进行操作的对象。在图 9-30 所示的“对象浏览器”窗口中可以查看 DoCmd 对象提供的所有方法，选择某个方法后按 F1 键可以显示该方法的帮助信息。

(1) OpenForm 方法。打开窗体。

格式：

```
DoCmd.OpenForm  <窗体名称>[,<视图>][,<筛选名称>][,<Where 条件>]
    [,<数据模式>][,<窗口模式>]
```

例如，用 DoCmd 对象的 OpenForm 方法打开“销售记录”窗体，其语句为

```
DoCmd.OpenForm "销售记录"
```

或者

```
DoCmd.OpenForm "销售记录", , , , acReadOnly
```

在调用方法时，如果仅指定后面的参数而不指定前面的参数，则要用逗号分隔，以留出前面参数的位置。

(2) OpenReport 方法。打开报表。

格式：

```
DoCmd.OpenReport <报表名称>[,<视图>][,<筛选名称>][,<Where 条件>]
    [,<窗口模式>]
```

例如，用 DoCmd 对象的 OpenReport 方法打开“销售记录单”报表，其语句为

```
DoCmd.OpenReport "销售记录单"
```

(3) OpenTable 方法。打开数据表。

格式：

```
DoCmd. OpenTable <表名称>[,<视图>] [,<数据模式>]
```

例如，在“打印预览”中打开“员工”表，其语句为

```
DoCmd.OpenTable "员工", acViewPreview
```

(4) OpenQuery 方法。打开查询。

格式：

```
DoCmd. OpenQuery <查询名称>[,<视图>] [,<数据模式>]
```

例如，在“数据表”视图中打开“查询员工记录”查询，使用户能够查看记录，但是不能编辑或添加记录。

```
DoCmd.OpenQuery  "查询员工记录", , acReadOnly
```

(5) RunSQL 方法。在 VBA 中执行 SQL 语句。

格式：

```
DoCmd.RunSQL <SQL语句>
```

例如，

```
Dim strSQL As String
strSQL = "Insert Into 销售 Values('006','A00013',4,#2013/5/18#)"
DoCmd.RunSQL strSQL
```

(6) RunMarco 方法。在 VBA 中运行宏。

格式：

```
DoCmd.RunMacro <宏对象名>[,<重复次数>] [,<重复表达式>]
```

当默认后两个参数时，该宏只运行一次。宏对象名的格式为字符串。

例如，在 VBA 代码中运行 macro2 宏对象中的子宏 ok，可以执行语句：

```
DoCmd.RunMacro "macro2.ok"
```

(7) Close 方法。关闭 Access 的各种对象。

格式：

```
DoCmd.Close [<对象类型>] [,<对象名称>] [,<保存方式>]
```

对象类型有 acTable(表)、acQuery(查询)、acForm(窗体)、acReport(报表)等取值，保存方式有 acSavePrompt(提示保存，默认值)、acSaveYes(保存)、acSaveNo(不保存)等取值。如果省略所有参数，则表示关闭当前窗体。

例如，用 VBA 代码关闭"销售记录"窗体，可以执行语句：

```
DoCmd.Close acForm, "销售记录"
```

如果"销售记录"窗体就是当前窗体，则可以执行语句：

```
DoCmd.Close
```

用 VBA 代码关闭"销售记录单"报表，并保存对报表的修改，可以执行语句：

```
DoCmd.Close acReport, "销售记录单", acSaveYes
```

(8) Quit 方法。退出 Access 应用程序。

格式：

```
DoCmd.Quit
```

9.5.4 对象的事件与事件过程

对象的事件与事件过程

事件是 Access 预先定义好的、能够被对象识别的动作，如单击

(Click)事件、双击(DblClick)事件、移动鼠标(MouseMove)事件、文本框内容变化(Change)事件、控件或记录的数据更新前(BeforeUpdate)事件、加载(Load)事件等。每个对象都可以对事件进行识别和响应,不同的对象能识别的事件不完全相同。

事件可以由一个用户动作触发(如 Click),也可以由程序代码或系统触发(如 Load)。在多数情况下,事件是通过用户的交互操作触发的。

事件过程是为响应特定事件而编写的一段程序,也称事件响应代码。当对象的某个事件被触发时,就会自动执行事件过程中定义的代码,以完成指定的操作。在 Access 中,事件过程总是与窗体、报表或控件等对象相关联。例 9-2 和例 9-17 中设计的都是事件过程。

在窗体或报表模块对应的代码窗口中,可以通过对象下拉列表选择一个对象,通过事件列表选择某一事件,如果该事件过程不存在,则自动新建事件过程,如果已存在,则将光标定位在其相应的事件过程中。

1. 窗体打开和关闭事件

窗体的某些事件是由系统按照规定的顺序触发的,由此决定了事件处理代码应该放置的位置。

(1) 当窗体首次打开时,依次触发下列事件。

打开(Open)→加载(Load)→调整大小(Resize)→激活(Activate)→成为当前(Current)。

(2) 当窗体关闭时,依次触发下列事件。

卸载(Unload)→停用(Deactive)→关闭(Close)。

2. 对象的焦点切换事件

焦点经常在控件之间切换,获得焦点的控件会成为当前要操作的控件。获得焦点时依次触发了 Enter 和 GotFocus 事件,失去焦点时依次触发了 Exit 和 LostFocus 事件。

3. 窗体的 Timer 事件

窗体有一个时钟间隔属性 TimerInterval,其属性值表示时间间隔的毫秒数(1 秒＝1000 毫秒)。如果其属性值 n 不为 0,则窗体启动后,每过 n 时间间隔就触发一次窗体的 Timer(计时)事件。当 n 为 0 时不触发 Timer 事件。通过设置 TimerInterval 值,并在 Timer 事件中编写代码,可以完成一些定时操作和动画效果。

【例 9-19】 使用计时事件设计一个 20 秒的倒计时器,单击“开始”按钮后开始倒计时,“开始”按钮的标题变为“重新开始”。在任何时候单击“重新开始”按钮,计时器都会恢复到初始状态。运行结果如图 9-31 所示。

操作步骤如下。

① 创建一个名为“计时器”的窗体,窗体标题为“计时器”,取消窗体的记录选择器、导航按钮和分割线。然后在窗体上添加一个标签(名称为 label1)和一个“确定”按钮(名称为 btnBegin),适当设置标签和按钮的显示属性。

图 9-31　计时事件的倒计时

② 在窗体的设计视图下执行“窗体设计工具/设计”→“工具”→“查看代码”命令，进入窗体对应的代码编辑窗口，输入以下代码。

```
'窗体模块的通用声明部分
Option Compare Database
Option Explicit
Private i As Integer
Private flag As Boolean
'“开始”按钮的单击事件过程
Private Sub btnBegin_Click()
    i =20                          '每次单击按钮时,计时器都初始化为 20
    If flag =True Then             'flag 是开关,用作"开始"和"重新开始"之间切换的标志
        Me.TimerInterval =1000 '计时事件触发间隔为 1 秒
        Me.btnBegin.Caption ="重新开始"    '切换按钮标题
    Else
        Me.TimerInterval =0                '停止时钟
        Me.btnBegin.Caption ="开始"
        Me.Label1.Caption =Str(i)          '在标签中显示秒数
    End If
    flag =Not flag                         '翻转 flag 状态
End Sub
'窗体的 Load 事件过程。窗体启动时首先被触发,这里主要完成初始化工作
Private Sub Form_Load()
    i =20
    Me.Label1.Caption =Str(i)
    Me.TimerInterval =0
    Me.btnBegin.Caption ="开始"
    flag =True
End Sub
'窗体的 Timer 事件过程。每隔 TimerInterval 间隔,该事件就被触发一次
Private Sub Form_Timer()
    If i =0 Then
        Me.TimerInterval =0
    Else
        i =i -1
        Me.Label1.Caption =Str(i)
    End If
```

```
End Sub
```

③ 运行"计时器"窗体,单击"开始"按钮进行测试。

说明:

① 在默认情况下,事件过程名由对象名和事件名通过下画线"_"拼接而成,如本例中的 cmdBegin_Click()、Form_Load()、Form_Timer()。

② 窗体运行时首先触发 Load 事件,所以经常在窗体加载事件中做一些初始化工作,其中的静态属性(如按钮 btnBegin 的标题属性)也可以在窗体的设计视图中设置。

③ 在事件驱动程序设计中,只有当事件被触发时事件过程才会被执行。当窗体启动后,如果不单击"开始"按钮,则程序运行一直处于暂停状态;只有单击"开始"按钮时才执行其事件过程 btnBegin_Click()。在 Click 事件过程中,将窗体的 TimerInterval 属性值设置为 1000(1 秒),此时系统开始计时;每过 1 秒,系统就触发一次 Timer 事件,将倒计时时间减少 1,如此反复,当倒计时为 0 时,将 TimerInterval 的值也设置为 0,停止触发 Timer 事件,即停止计时。

④ 程序中用到了模块级变量 i 和 flag。声明为模块级变量是因为这 2 个变量要在 3 个事件过程中使用且要保持其变量值。变量 i 用于存储标签中显示的秒数,变量 flag 用于状态切换的标志。

【例 9-20】 设计一个"欢迎界面"窗体,如图 9-32 所示。窗体上有 3 个控件:标签(名称为 lblWelcome)、"开始"按钮(名称为 cmdBegin)、"停止"按钮(名称为 cmdStop)。当窗体启动时,"停止"按钮不可用。

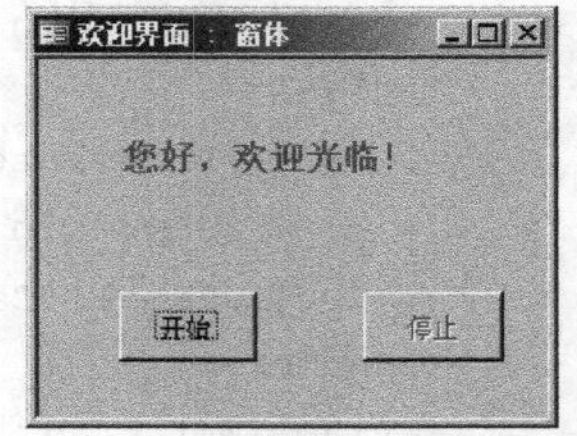

图 9-32 窗体启动时的界面

单击"开始"按钮后,标签中以 2 秒的间隔交替显示信息"您好,欢迎光临!"和形如"今天是:2019/4/12"的系统当前日期,此时"停止"按钮变为可用,"开始"按钮变为不可用。

单击"停止"按钮后,标签停止交替显示信息,此时"开始"按钮变为可用,"停止"按钮变为不可用。

操作步骤如下。

① 创建一个名为"欢迎界面"的窗体。在窗体上添加下列控件:标签(名称为 lblWelcome)、"开始"按钮(名称为 cmdBegin)、"停止"按钮(名称为 cmdStop),适当调整标签的大小,以容纳欢迎信息和系统时间。

② 切换到该窗体对应的代码窗口,在相应的事件过程中输入以下代码。

```
'窗体模块的通用声明部分
Option Compare Database
Option Explicit
Private flag As Boolean
'"开始"按钮的单击事件过程
Private Sub cmdBegin_Click()
  Form.TimerInterval =2000                    '设置时钟的计时间隔为 2 秒
  cmdStop.Enabled =True                       '"停止"按钮可用
```

```
  cmdStop.SetFocus                                '"停止"按钮获得焦点,焦点转移后
                                                  '才能将"开始"按钮设为不可用
  cmdBegin.Enabled =False                         '"开始"按钮不可用
End Sub
'"停止"按钮的单击事件过程
Private Sub CmdStop_Click()
  Form.TimerInterval =0                           '计时间隔为 0 时停止触发 Timer 事件
  cmdBegin.Enabled =True                          '"开始"按钮可用
  cmdBegin.SetFocus                               '"开始"按钮获得焦点,焦点转移后
                                                  '才能将"停止"按钮设为不可用
  cmdStop.Enabled =False                          '"停止"按钮不可用
End Sub
'窗体的 Load 事件过程,在窗体运行时首先被触发,这里主要完成初始化工作
Private Sub Form_Load()
  Rem 设置窗体的标题
  Form.Caption ="欢迎界面"
  Rem 设置标签属性
  lblWelcome.Caption ="您好,欢迎光临!"            '标签中初始显示的信息
  lblWelcome.FontSize =12                         '标签字体的大小
  lblWelcome.FontBold =True                       '标签字体加粗
  lblWelcome.ForeColor =8388863                   '标签字体颜色
  flag =True                                      '切换开关初始为 True
  cmdStop.Enabled =False
End Sub
'窗体的 Timer 事件过程,每隔 TimerInterval 间隔,该事件就被触发一次
Private Sub Form_Timer()
  If flag =True Then
    lblWelcome.Caption ="今天是:" & Date
  Else
    lblWelcome.Caption ="您好,欢迎光临!"
  End If
  flag =Not flag                                  '开关状态翻转
End Sub
```

③ 运行“欢迎界面”窗体,单击“开始”按钮进行测试。

9.6　VBA 数据库编程

在 Access 数据库应用系统中,前台用户操作界面和后台数据库是分离的,用户需要通过操作界面操作和管理数据库。这样一方面保证了数据库数据的安全,另一方面也能使不熟悉数据库的用户能够使用数据库。前台应用程序是由 VBA 代码实现的,这就需要在 VBA 代码中能够访问和操作后台数据库。

9.6.1 ADO 数据访问接口

数据访问接口是应用程序和数据库之间的桥梁，应用程序需要通过数据访问接口访问数据库。Microsoft Office VBA 中主要提供了 3 种数据库访问接口。

- ODBC API：Open Database Connectivity Application Programming Interface(开放数据库互连应用编程接口)。
- DAO：Data Access Object(数据访问对象)。
- ADO：ActiveX Data Object(ActiveX 数据对象)。

1. ADO 对象模型

数据访问接口 ADO 是一个组件对象模型，模型中包含一系列用于连接和操作数据库的组件对象。系统已经完成了组件对象的类定义，只需要在程序中通过相应的类类型声明对象变量，就可以通过对象变量调用对象方法、设置对象属性了，以此实现对数据库的各项访问操作，如图 9-33 所示。

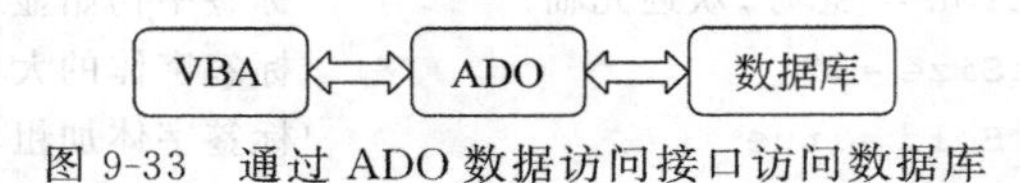

图 9-33　通过 ADO 数据访问接口访问数据库

ADO 模型中包含的对象如表 9-6 所示。

表 9-6　ADO 对象模型包含的对象

对　　象	作　　用
Connection	建立与数据库的连接，通过连接可以从应用程序中访问数据源
Command	在建立数据库连接后，发出命令操作数据源
Recordset	与连接数据库中的表或查询相对应，所有对数据的操作基本上都是在记录集中完成的
Field(s)	表示记录集中的字段数据信息
Error	表示数据提供程序出错时的扩展信息

说明：

① 要使用 ADO 中的对象，必须先建立相应的对象变量，对象变量的建立是使用类类型声明的，声明格式为

```
Dim <对象变量>As new <对象类类型>
```

例如，声明一个 Connection 类型的对象 cnn，可以使用语句：

```
Dim cnn As new ADODB.Connection
```

ADODB.Connection 是 ADO 中 Connection 对象的类类型，该类类型是在 Microsoft ActiveX　Data Objects 2.1 Library 库中定义的。在模块设计中如果要使用 ADO 的各个

组件对象，则必须增加对 ADO 库的引用，方法是：在 VBE 窗口中，执行“工具”→“引用”命令，打开“引用”对话框，在“可使用的引用”列表框中选择 Microsoft ActiveX Data Objects 2.1 Library 选项。

② 基本类型变量存放基本类型的数据，给基本类型变量赋值使用“=”号。而对象变量中包含多个属性值，同类型对象变量之间赋值传递的是引用，要使用 Set 语句实现，格式为

```
Set <对象 1>=<对象 2>
```

该语句使对象 1 指向了对象 2，此时引用对象 1 就相当于引用对象 2。

如果使用 Set 语句将对象变量赋值为 Nothing，则相当于回收对象变量所占用的内存空间对于对象变量使用完后要随时回收，例如

```
Dim rs As new ADODB.RecordSet          '创建一个记录集对象，并为对象分配内存空间
Set rs=Nothing                         '回收记录集对象变量占用的内存空间
```

③ 记录集对象 Recordset 用于临时映射数据库表或查询得到的记录集，它是一个由记录组成的集合，其结构类似数据表。记录集由记录组成，第一条记录之前称为头部(BOF)，最后一条记录之后称为尾部(EOF)，记录指针在记录集的头部和尾部之间移动，如图 9-34 所示。

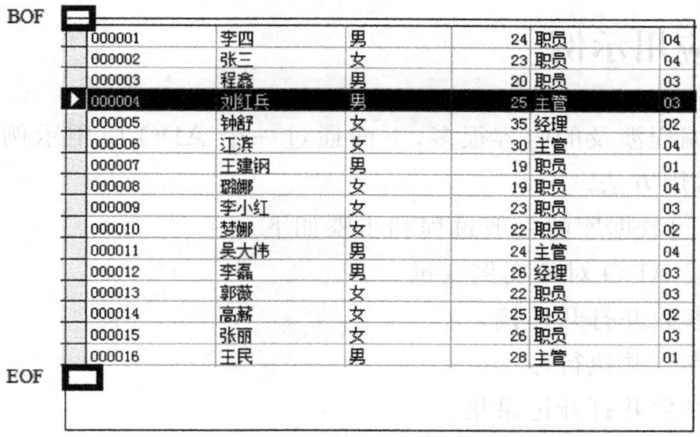

BOF

000001	李四	男	24	职员	04
000002	张三	女	23	职员	04
000003	程鑫	男	20	职员	03
000004	刘红兵	男	25	主管	03
000005	钟舒	女	35	经理	02
000006	江滨	女	30	主管	04
000007	王建钢	男	19	职员	01
000008	璐娜	女	19	职员	04
000009	李小红	女	23	职员	03
000010	梦娜	女	22	职员	02
000011	吴大伟	男	24	主管	04
000012	李磊	男	26	经理	03
000013	郭薇	女	22	职员	03
000014	高薪	女	25	职员	02
000015	张丽	女	26	职员	03
000016	王民	男	28	主管	01

EOF

图 9-34　记录集结构示意图

假设有记录集对象变量 rs，当其属性 rs.BOF 为 True 时，表明记录指针指向了记录集的头部；当其属性 rs.EOF 为 True 时，表明记录指针指向了记录集的尾部。属性 rs.RecordCount 表示记录集对象中的记录数目。

在 ADO 对象模型中，Connection 对象和 Command 对象都可以打开 RecordSet 对象。

2. 记录集对象的常用方法

(1) 记录指针移动：MoveFirst、MoveLast、MovePrevious、MoveNext。

(2) 检索记录：Find、Seek。

(3) 增加新记录：AddNew。

(4) 更新记录：Update。

对记录集进行插入、删除、修改操作后，需要调用记录集对象的 Update 方法对后台数据库的内容进行相应的更新。

(5) 删除记录：Delete。

(6) 关闭连接或记录集：Close。

当使用 Connection 对象打开一个数据库连接和使用 RecordSet 对象打开一个记录集后，后台数据库及相关数据表便处于开启状态，为保证数据安全，在应用完成后需要及时调用各自的 Close 方法关闭。

3. 记录集字段的引用方法

记录集中的字段可以通过字段序号(从 0 开始编号)或字段名引用。假设 RecordSet 对象 rs 的第一个字段名为"学号"，则引用该字段的方式如下。

rs.Fields("学号")、rs.Fields(0)、rs.Fields.Item(0)、rs.Fields.Item("学号")、rs(0)、rs("学号")，其中前 2 种方式最常用。

记录集中的字段不再是简单变量，而是对象变量，因此称之为对记录集字段的"引用"，需要使用 set 语句向 Field 对象传递引用。

9.6.2 ADO 应用示例

VBA 数据库编程涉及的内容很多，下面通过一个 ADO 应用示例给出 VBA 程序访问数据库的一种常用方法。

利用 ADO 访问数据库的一般过程和步骤如下。

① 定义和创建 ADO 对象实例变量。

② 设置连接参数并打开连接。

③ 设置命令参数并执行命令。

④ 设置查询参数并打开记录集。

⑤ 操作记录集(查询、插入、修改、删除、更新)。

⑥ 关闭和回收有关对象。

【例 9-21】 在"销售管理"数据库中复制"销售"表，将其重命名为"销售_bak"。然后利用 ADO 对象访问"销售管理"数据库，将"销售_bak"表中所有员工的"销售量"数据都设置为 0。

操作步骤如下。

新建一个标准模块 db_demo，然后在该模块中建立一个 setZero 过程，代码如下。

```
Sub setZero ()
    '下面定义和创建对象变量
    Dim conn As New ADODB.Connection        '建立连接对象,用于数据库连接
    Dim rs As New ADODB.Recordset           '建立记录集对象,用于存放记录
```

```
        Dim field As ADODB.field                       '声明字段对象,用来操作记录集中的字段
        Dim strConn As String                          '连接字符串
        Dim strSQL As String                           '查询字符串
        '下面设置连接,将查询出的记录放在记录集中,通过字段对象使用字段
        strConn ="Provider=Microsoft.ACE.OLEDB.12.0; " & _
            "Data Source=d:\Access2010\销售管理.accdb"
        conn.Open strConn                              '打开与数据源的连接
        strSQL ="select 销售量 from 销售_bak"           '设置查询参数
        rs.Open strSQL, conn, adOpenDynamic, _
            adLockOptimistic, adCmdText                '打开记录集
        Set field =rs.Fields("销售量")                  '引用记录集的"销售量"字段
        '下面对记录集进行遍历,直至记录集末尾
        Do While Not rs.EOF
            field =0                                   '将"销售量"字段值设置为 0
            rs.Update                                  '更新记录集,将更新写回数据库
            rs.MoveNext                                '记录集的记录指针移动到下一条
        Loop
        ' 下面关闭并回收对象变量,注意关闭次序
        rs.Close                                       '关闭记录集
        conn.Close                                     '关闭连接
        Set rs =Nothing                                '回收记录集对象变量占用的内存
        Set conn =Nothing                              '回收连接对象变量占用的内存
    End Sub
```

将光标置于 setZero 过程内,单击工具栏上的"运行"按钮,运行该过程。

打开"销售_bak"表,查看"销售量"字段值的修改情况。

9.7 VBA 程序运行错误处理与调试

在编写和运行应用程序中,出现错误是很难避免的,这些错误主要分为语法错误、逻辑错误和运行时错误。

语法错误是不符合 VBA 语言语法规范的错误,VBE 能在用户书写代码时自动检查出语法错误。逻辑错误是指程序能正常运行,但没有完成预期的功能。运行时错误是在程序运行时发生的导致程序无法继续执行的错误。程序运行时出现错误可以用错误处理程序进行处理。

另外,VBA 还提供了若干调试工具,可以用来对代码进行调试,以查找代码中的错误。

1. 错误处理程序

错误处理程序放置在程序中可能出错的语句处,当程序运行出现错误时,系统会根据错误处理程序的指令运行。

VBA 错误处理程序有以下 3 种语句。

(1) On Error GoTo <标号>。当错误发生时程序转移到标号所指位置的代码处执行。

(2) On Error Resume Next。当错误发生时忽略错误,继续执行下一条语句。

(3) On Error GoTo 0。取消错误处理。

如果在 On Error GoTo 或 On Error Resume Next 语句之后使用一条 On Error GoTo 0 语句,则会取消对运行时错误的处理功能。

【例 9-22】 利用 On Error GoTo 语句处理运行时错误。

```
Private Sub errHandle()
    On Error GoTo ProcLine
    Debug.Print 1 / 0
    MsgBox "除法运算。", , "提示信息"
    Exit Sub
ProcLine:                               ' 错误处理
    MsgBox "发生了" & Err.number & "号错误: " & Err.Description _
        & Chr(13) & Chr(13) & "结束程序。", , "错误处理"
    Resume Next                         ' 强制代码从产生错误的语句的下一行继续执行
End Sub
```

运行该程序,在 VBA 捕获到错误后,就跳转到 ProcLine 标签指定的代码行,显示如图 9-35 所示的消息框,然后返回出错语句的下一行继续执行,显示如图 9-36 所示的消息框。

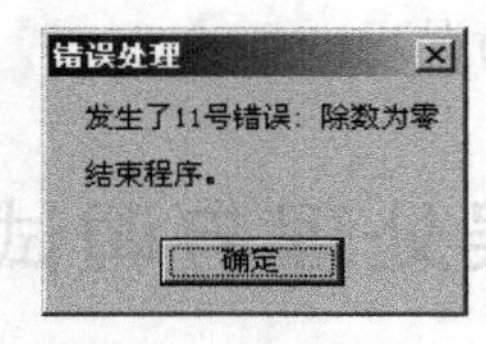

图 9-35 错误消息框

图 9-36 提示消息框

2. 程序调试

在应用程序中查找并修改错误的过程称为调试(Debug),VBE 提供了多种调试工具和调试方法。

(1) 使用 Debug.Print 命令,在立即窗口中输出表达式的值。

(2) 使用"调试"菜单和"调试"工具栏。

VBE 提供了"调试"菜单和"调试"工具栏(执行"视图"→"工具栏"→"调试"命令可以显示"调试"工具栏),可以逐语句或逐过程执行代码。

(3) 设置断点。

通过设置断点可以让程序在运行到指定位置时暂停,以便查看当前程序的执行情况。

设置断点的方法是:在代码窗口中,将插入点定位在希望暂停运行的语句行,单击语句行的左侧边缘即可设置断点。

(4) 在程序调试过程中,单击窗口工具栏的“重新设置”按钮可以立即结束程序的运行;单击“中断”按钮可以暂停程序的运行,此时再单击“运行”按钮又可以恢复程序的运行。

本章小结

本章介绍了VBA编程语言基础、程序流程控制、过程与模块、面向对象程序设计和VBA数据库编程基础,主要内容如下。

1. VBA是Access内置的VB语言,是一种可视化的、面向对象的、事件驱动的编程语言,通过VBA语言编写程序可以解决使用宏所不能完成的任务,可以进一步加强对数据库的操作和管理。

(1) 数据类型是VB语言对数据的一种管理方式,数据类型规定了数据的取值范围和可以进行的运算。在VBA中,数据类型通过类型标识符表示,除Integer、Double、String等基本类型外,用户还可以根据需要由基本类型构造所需的数据类型。

(2) 数组是内存的连续存储空间,一个数组可以包含多个数组元素,数组元素通过下标引用,引用格式为＜数组名＞(＜下标＞)。

(3) 变量是程序运行过程中其值可以改变的量,变量应该“先声明、后使用”,通过使用Option Explicit语句可以强制声明变量。

(4) 表达式是由运算符、常量、变量、函数及括号“( )”组成的可以求值的式子,运算符的优先级决定了求值顺序。

(5) 标准函数是Access提供的供用户直接调用的函数,调用时函数名、实参、返回值需要和系统的函数定义相一致。

2. 过程是由语句组成的可以完成相对独立的功能的程序段。模块是过程的组织方式,是装载VBA代码的容器,分为类模块和标准模块两种类型(窗体模块和报表模块都属于类模块)。

(1) 语句是构成过程的基本单位。每条语句都是一条完整的操作命令,语句的语法和语义是由编程语言规定的。VBA程序语句分为声明语句和执行语句两大类。

(2) 顺序结构、选择结构和循环结构是结构化程序设计的3大结构,VBA中用于选择结构的语句有If…Then、If…Then…Else和Select Case;用于循环结构的语句有Do循环和For循环。语句之间可以嵌套,但不能交叉。

(3) 过程分为Sub过程和Function过程两种形式,Sub过程用来完成某个动作,没有返回值,而Function过程可以有一个返回值。过程必须先定义、后使用。

(4) 在VBA的有参过程定义中,形参可以用ByVal或ByRef说明。

- 若形参用ByVal说明,则此时参数的传递为“单向”的值传递,形参接收的是实参的值,形参在过程执行中的任何变化都不会影响相应的实参值。
- 若形参用ByRef说明,则此时参数的传递为“双向”的地址传递,形参接收的是实参的地址,形参在过程执行中的任何变化都会影响实参值。

(5) 变量的作用域是指变量可以使用的范围,分为全局变量、模块级变量和过程级变量3种。

3. 类是对象的模型,对象是类模型的具体实例。

(1)"属性、方法、事件"是对象的三要素。属性是对象具有的性质特性,方法是对象可以执行的操作,事件是可以被对象识别的用户操作或对象在状态变化时发出的信息。

(2) 事件过程是为响应特定事件而编写的代码,也称事件响应代码。当对象的某个事件被触发时,系统会自动执行该事件过程,以完成指定的操作。

4. ADO是从VBA代码访问数据库的一种数据访问接口,是一个组件对象模型,一般通过其Connection对象建立与数据库的连接并打开记录集,通过操作RecordSet对象访问数据库。

习 题 9

9.1 思考题

1. 变量声明的实质是什么?有哪些变量声明方式?相应的作用域是什么?
2. 常用的标准函数有哪些?其功能分别是什么?
3. 语句书写的规则有哪些?注释语句的作用是什么?
4. 过程和函数的区别是什么?调用方式有哪些格式?ByVal 和 ByRef 的区别是什么?
5. 窗体在打开和关闭时触发的事件有哪些?触发的先后次序是什么?
6. VBA中主要提供了哪3种数据访问接口?ADO对象模型主要有哪5个对象?它们的作用是什么?
7. 如何随时获得有关VBA内容的系统帮助信息?

9.2 选择题

1. 能够完成将正实数x保留2位小数、千分位四舍五入的表达式是( )。

A) 0.01 * Int(100 * (x+0.005))　　B) 0.01 * Int(x+0.05)

C) 0.01 * Int(x+0.005)　　D) 0.01 * Int(100 * (x+0.05))

2. 下列数据类型中不属于VBA的是( )。

A) 长整型　　B) 布尔型　　C) 变体型　　D) 指针型

3. 下列数组声明中正确的是( )。

A) Dim A(3;4) As Integer　　B) Dim A(3,4) As Integer

C) Dim A[3;4] As Integer　　D) Dim A[3,4] As Integer

4. 设有如下过程:

x=1

```
Do
    x=x+2
Loop Until ________
```

运行程序,要求循环执行 3 次后结束循环,则空白处应填入的是(　　)。

A) x<=7　　B) x<7　　C) x>=7　　D) x>7

5. 下列过程的功能是:通过对象变量返回当前窗体的 Recordset 属性引用,在消息框中输出记录集的记录(即窗体记录源)个数。

```
Sub gg()
    Dim rs As Object
    Set rs =Me.Recordset
    MsgBox ________
End Sub
```

则空白处应填写的是(　　)。

A) Count　　B) rs.Count

C) RecordCount　　D) rs.RecordCount

6. 下列选项中不是 VBA 的条件函数的是(　　)。

A) Choose　　B) If　　C) IIf　　D) Switch

7. VBA 中用实际参数 a 和 b 调用有参过程 Pro(m,n)的正确形式是(　　)。

A) Pro m,n　　B) Pro a,b

C) Call Pro(m,n)　　D) Call Pro a,b

8. 要显示当前过程中所有变量和对象的取值,可以利用的调试窗口是(　　)。

A) 监视窗口　　B) 立即窗口　　C) 本地窗口　　D) 属性窗口

9. 要想在过程 proc 调用后返回形参 x 和 y 的变化结果,下列定义语句中正确的是(　　)。

A) Sub proc(x As Integer,y As Integer)

B) Sub proc(ByVal x As Integer,ByRef y As Integer)

C) Sub proc(x As Integer, ByVal y As Integer)

D) Sub proc(ByVal x As Integer, ByVal y As Integer)

10. 下列不属于 VBA 提供的程序运行错误处理语句结构的是(　　)。

A) On Error Then 标号　　B) On Error Goto 标号

C) On Error Resume Next　　D) On Error Goto 0

11. 在 Access 中,如果要处理具有循环结构的操作,则应该使用的对象是(　　)。

A) 窗体　　B) 模块　　C) 宏　　D) 报表

12. 下列给出的选项中,非法的变量名是(　　)。

A) Sum　　B) Integer_2　　C) Rem　　D) Form1

13. 若变量 i 的初值为 8,则下列循环语句中循环体的执行次数为(　　)。

```
Do While i<=17
    i=i+2
```

```
Loop
```

A) 3 次　　B) 4 次　　C) 5 次　　D) 6 次

14. 设有如下过程：

```
Sub test()
  sum=0
  For i=10 To 1 Step -2
      sum =sum +i
  Next i
  MsgBox sum
End Sub
```

运行以上过程，程序的输出结果是(　　)。

A) 10　　B) 30　　C) 55　　D) 其他结果

15. 以下程序段完成的功能是(　　)。

```
For i=1 To 10
  num=InputBox("请输入数据:","输入",1)
  If Int(num/2)=num/2 Then
     a=a+1
  Else
     b=b+1
  End If
  Next i
  MsgBox a,b
End Sub
```

A) 对输入的 10 个数据求累加和

B) 对输入的 10 个数据求各自的余数，然后进行累加

C) 对输入的 10 个数据分别统计有几个是整数，有几个是非整数

D) 对输入的 10 个数据分别统计有几个是奇数，有几个是偶数

16. 在 VBA 中要想打开名为“学生信息录入”的窗体，应使用的语句是(　　)。

A) DoCmd.OpenForm "学生信息录入"

B) OpenForm "学生信息录入"

C) DoCmd.OpenWindow "学生信息录入"

D) OpenWindow "学生信息录入"

9.3　填空题

1. 函数 mid("自尊自信自立自强",5,2)的结果是________。

2. VBA 中使用的 3 种选择函数是________、________和________。

3. 表达式 Fix(-3.75)、Fix(3.75)、Int(3.75)、Int(-3.75)的值分别是________。

4. 要想得到一个表达式或标准函数的运行结果，最简单的方法是在________中进行

调试。

5. 在模块的声明部分存在语句“Option Base 1”，在某个过程中定义了二维数组 A(3 to 5,5)，则该数组包含的元素个数是________。

6. 由“For i＝1 To 10 Step -1”决定的循环结构，其循环体将被执行的次数是________。

7. Access 的窗体或报表事件有两种响应方法：宏对象和________。

8. 当文本框的内容发生变化时，触发的事件名称是________。

9. 在 VBA 中，以打印预览方式打开报表 rReader，应使用的语句是________。

10. ADO 对象模型中可以打开 RecordSet 对象的有________对象和________对象。

11. 可以通过设置 Access 控件对象的________属性控制对象是否可用(不可用时显示为灰色)，在 VBA 代码中设置按钮 cmdBegin 不可见应使用的语句是________。

12. InputBox 函数的返回值类型是________。

9.4 阅读程序并填空

1. 已知过程 test 定义如下。

```
Private sub  test()
  Dim a, b, m As Integer
  a =InputBox("请输入第一个数")
  b =InputBox("请输入第二个数")
  If a <b Then
    m =b
  Else
    m =a
  End If
  Debug.Print m
End sub
```

运行该过程，如果输入的数据分别是 12 和 18，则在立即窗口中输出的结果是________。

2. 在窗体文本框 Text1 中输入 456AbC 后，窗口输出的结果是________。

```
Private Sub text1_keyPress(KeyAscii As Integer)
    Select Case KeyAscii
        Case 97 to 122
            Debug.Print Ucase(Chr(KeyAscii));
        Case 65 to 90
            Debug.Print Lcase(Chr(KeyAscii));
        Case 48 to 57
            Debug.Print Chr(KeyAscii);
        Case Else
            KeyAscii=0
    End Select
End Sub
```

3. 在窗体上，一个命令按钮 input 的单击事件过程如下。

```
Private Sub input_Click()
  Dim y As Integer
  y = 0
  Do
      y = InputBox("please input data y=")
      If (y Mod 10) + Int(y / 10) = 10 Then Debug.Print y;
  Loop Until y = 0
End Sub
```

打开窗体运行后，单击 input 按钮，依次输入数据 10、37、50、46、19、－19、0，立即窗口输出的结果是________。

4. 在窗体上有一个命令按钮 btnloop 和一个文本框 text1，其事件代码如下。

```
Private Sub btnloop_Click()
    Dim i As Integer, j As Integer, x As Integer
    For i = 1 To 15 Step 2
        x = 0
        For j = i To 10 Step 3
            x = x + j
        Next j
    Next i
  Text1.Value = Str(x)
End Sub
```

打开窗体运行后，单击命令按钮，文本框 text1 中显示的结果是________。

5. 在窗体上有一个命令按钮 btn1 和一个文本框 text1，其事件代码如下。

```
Private Sub btn1_Click()
  Dim i As Integer, j As Integer, k As Integer , x As Integer
  For i = 1 To 4
     x = 3
     For j = 1 To 3
       For k = 1 To 2
         x = x + 3
       Next k
     Next j
   Next i
  Text1.Value = Str(x)
End Sub
```

打开窗体运行后，单击命令按钮，文本框 text1 中显示的结果是________。

6. 在窗体上有一个命令按钮 Command1，其单击事件代码如下。

```
Private Sub command1_Click()
```

```
  Dim a(10) As Integer,p(3) As Integer
  Dim i As Integer,k As Integer
  K=5
  For i=1 To 10
      a(i)=i * i
  Next i
  For i=1 To 3
      p(i)=a(i * i)
  Next i
  For i=1 To 3
      k=k+p(i) * 2
  Next i
  Msgbox Str(k)
End Sub
```

打开窗体运行后,单击命令按钮,消息框中输出的结果是________。

7. 在窗体上有一个命令按钮 test,其事件代码如下。

```
Private Sub test_Click()
    Dim x As Integer,y As Integer
    x=12:y=32
    Call Proc(x,y)
    Debug.Print x;y
End Sub
Public Sub Proc(n As Integer,Byval m As Integer)
    n=m Mod 10
    m=m Mod 10
End Sub
```

打开窗体运行后,单击命令按钮,窗口中输出的结果是________。

8. 运行下列过程 gg 后,在立即窗口中输出的结果是________。

```
Sub gg()
    Dim sum As Integer
    sum =p(1) +p(2)
    Debug.Print sum
End Sub
Public Function p(n As Integer)
    Static m As Integer, i As Integer
    m =0
    For i =1 To n
        m =m +i
    Next i
    p =m
End Function
```

9. 运行下列过程 dd 后，在消息窗口中输出的结果是________。

```
Sub dd()
  MsgBox f(8, 32)
End Sub
Public Function f(m As Integer, n As Integer) As Integer
    Do While m <>n
        Do While m >n
            m =m -n
        Loop
        Do While m <n
            n =n -m
        Loop
    Loop
    f =m
End Function
```

10. 在窗体上有两个文本框 text1 和 text3，一个命令按钮 SumTest，编写如下两个事件过程。

```
Private Sub SumTest_Click()
    Dim a As Integer
    a =Text1.Value +Text3.Value
    MsgBox a
End Sub

Private Sub Form_Load()
    Text1 =""
    Text3 =""
End Sub
```

打开窗体运行后，在文本框 text1 中输入 12，在文本框 text3 中输入 38，然后单击命令按钮，在消息框中输出的结果为________。

11. "学生成绩"表含有字段(学号，姓名，数学，外语，专业，总分)。下列程序的功能是计算每名学生的总分(总分＝数学＋外语＋专业)。请在程序的空白处填入适当语句，使程序实现上述功能。

```
Private Sub Command1_Click()
    Dim cn As New ADODB.Connection
    Dim rs As New ADODB.Recordset
    Dim zongfen As ADODB.Field
    Dim shuxue As ADODB.Field
    Dim waiyu As ADODB.Field
    Dim zhuanye As ADODB.Fieid
    Dim strSQL As String
```

```
    Set cn =CurrentProject.Connection
    strSQL ="Select * from 成绩表"
    rs.Open strSQL, cn, adOpenDynamic, adLockOptimistic, adCmdText
    Set zongfen =rs.Fields("总分")
    Set shuxue=rs.Fields("数学")
    Set waiyu =rs.Fields("外语")
    Set zhuanye =rs.Fields("专业")
    Do While ________
        zongfen =shuxue +waiyu +zhuanye
        ________
        rs.MoveNext
    Loop
    rs.Close
    cn.Close
    Set rs =Nothing
    Set cn =Nothing
End Sub
```

9.5　上机练习题

1. 在标准模块中编写过程 max3(),实现当输入 3 个整数后,在立即窗口中输出 3 个数中的最大数。

2. 在标准模块中编写过程 sum3(),实现在立即窗口中输出 1～100 的所有 3 的倍数之和。

3. 已知数列的递推公式如下。

F(n)＝1,　　　　　　　　　　当 n＝0,1 时

F(n)＝F(n－1)＋F(n－2),　当 n＞1 时

按照递推公式可以得到数列 1,1,2,3,5,8,13,21,…,请编写程序,按指定的项数(小于 20 项)在立即窗口中输出数列,每行输出 6 项,运行结果如图 9-37 所示。

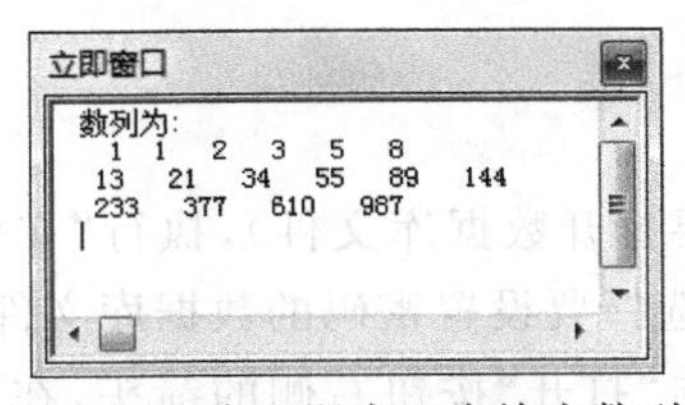

图 9-37　在立即窗口中输出数列

第10章 数据库管理

数据库中存储了大量数据，为了保护数据库不被非法使用而造成数据的泄露、更改或破坏，以及在数据库发生故障时能够及时进行恢复和修复，以减小故障造成的损失，就必须采取一定的安全和保护措施。本章主要介绍数据库的安全保护和 Access 数据库的版本转换等内容。

10.1 数据库的安全保护

在 Access 中，通过设置数据库密码可以限制对数据库的非法访问。对数据库定期进行备份可以在数据库因意外情况而损坏时，用备份的副本进行恢复；此外，还可以用 Access 系统提供的修复工具进行修复，最大限度地减小损失。将 Access 数据库转换为 ACCDE 格式可以防止他人修改或查看数据库对象，以提高数据库系统的安全性。

10.1.1 设置数据库密码

保护 Access 数据库系统最简单的方法是为数据库设置密码。设置密码后，在打开数据库时必须先输入密码。

1. 设置数据库密码

操作步骤如下。

① 启动 Access 系统(不要打开数据库文件)，执行"文件"→"打开"命令，再单击"浏览"按钮，打开"打开"对话框，选择要设置密码的数据库文件，如"销售管理"数据库。

② 在"打开"对话框中单击"打开"按钮右侧的箭头，在"打开"列表中选择"以独占方式打开"选项，如图 10-1 所示。

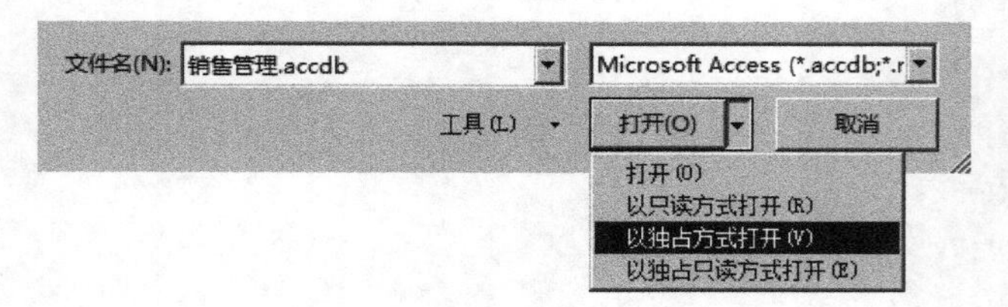

图 10-1 以独占方式打开数据库

说明：独占方式是指某个时刻只允许一个用户打开数据库。

③ 执行“文件”→“信息”命令，在右侧窗格中单击“用密码进行加密”按钮，如图 10-2 所示，打开“设置数据库密码”对话框，输入并验证想要设置的密码（注意：密码是区分大小写的），然后单击“确定”按钮，如图 10-3 所示。

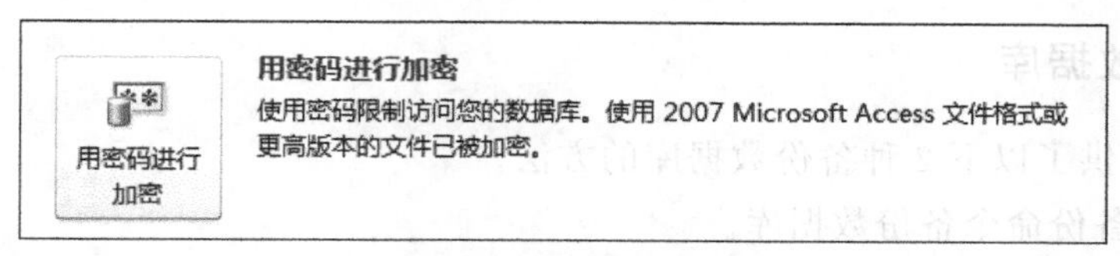

图 10-2 “用密码进行加密”命令

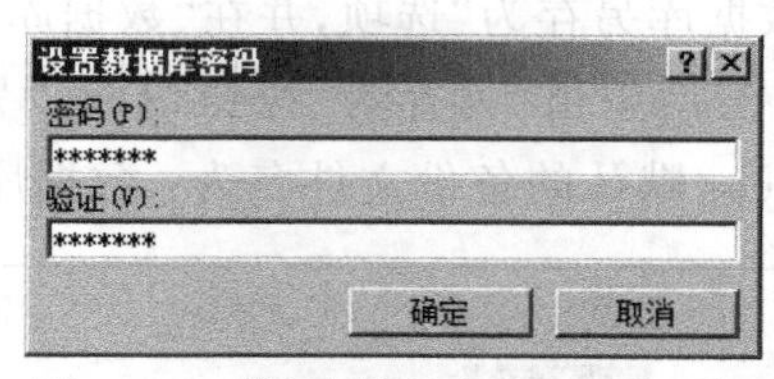

图 10-3 “设置数据库密码”对话框

设置密码后，在下一次打开这个数据库时，会显示如图 10-4 所示的“要求输入密码”对话框。只有输入正确的密码才能打开数据库。

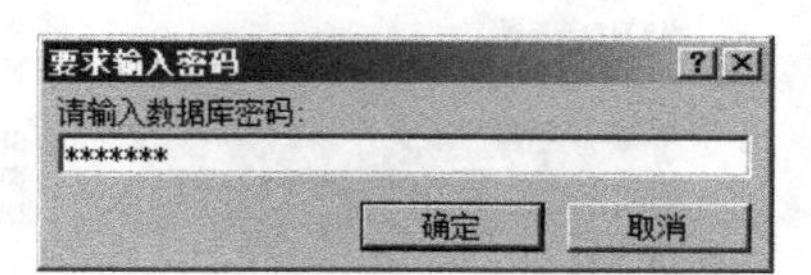

图 10-4 “要求输入密码”对话框

注意：数据库密码与数据库文件存储在一起，如果丢失或遗忘密码，则无法打开数据库。

数据库密码只在打开数据库时起作用，打开数据库之后，用户即可访问数据库中的所有对象。

2. 撤销数据库密码

操作步骤如下。

① 启动 Access 系统，执行“文件”→“打开”命令，选择“以独占方式打开”选项打开数据库。

② 执行“文件”→“信息”命令，然后单击文件窗格右侧的“解密数据库”按钮，打开如图 10-5 所示的“撤销数据库密码”对话框。

③ 在对话框中输入正确的密码，然后单击“确定”按钮。

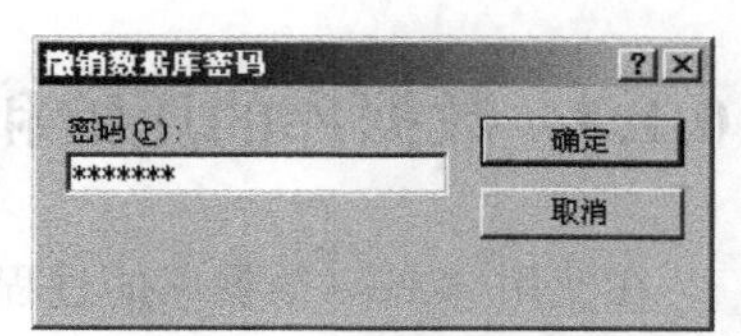

图 10-5 “撤销数据库密码”对话框

10.1.2 数据库的备份和恢复

数据库的备份和恢复是确保数据可靠性的一种传统、有效的手段。

1. 备份数据库

Access 提供了以下 2 种备份数据库的方法。

(1) 使用备份命令备份数据库。

启动 Access 系统，打开需要备份的数据库。执行"文件"→"另存为"命令，在右侧窗格的"文件类型"栏中选择"数据库另存为"选项，并在"数据库另存为"区域中选择"备份数据库"选项，如图 10-6 所示。然后单击"另存为"按钮，打开"另存为"对话框，选择新的存储路径，并输入文件名。Access 默认的备份文件名为：数据库名称＋当前日期。

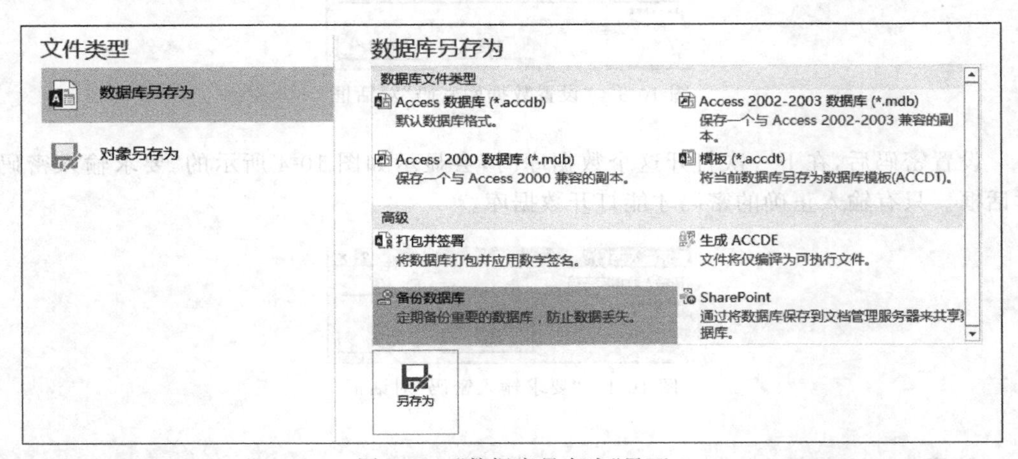

图 10-6 "数据库另存为"界面

(2) 使用"另存为"方式备份数据库。

打开需要备份的数据库，执行"文件"→"数据库另存为"命令，或者在如图 10-6 所示的"数据库另存为"区域中选择"Access 数据库(*.accdb)"选项，然后单击"另存为"按钮。

2. 恢复数据库

Access 没有提供直接还原数据库的命令，当数据库系统受到破坏而无法使用时，可以使用备份的文件替换原来的文件，以恢复数据库的使用。

10.1.3 数据库的压缩和修复

在使用 Access 数据库的过程中，经常需要添加和删除数据，或者创建和删除数据库对象，数据库文件可能会被分成很多碎片，使得数据库在磁盘上占用比其所需空间更大的磁盘空间,导致数据库文件的大小不断增长,数据库的性能下降,甚至还会出现无法打开数据库的严重问题。通过对数据库进行压缩或修复可以实现数据库文件的高效存储和使用。

1. 压缩数据库

Access 提供了以下 2 种压缩数据库的方法。

(1) 在关闭数据库时自动压缩数据库。

打开数据库文件,执行“文件”→“选项”命令,打开“Access 选项”对话框,如图 10-7 所示。在左侧窗格中选择“当前数据库”选项,在右侧窗格中勾选“关闭时压缩”复选框,然后单击“确定”按钮。

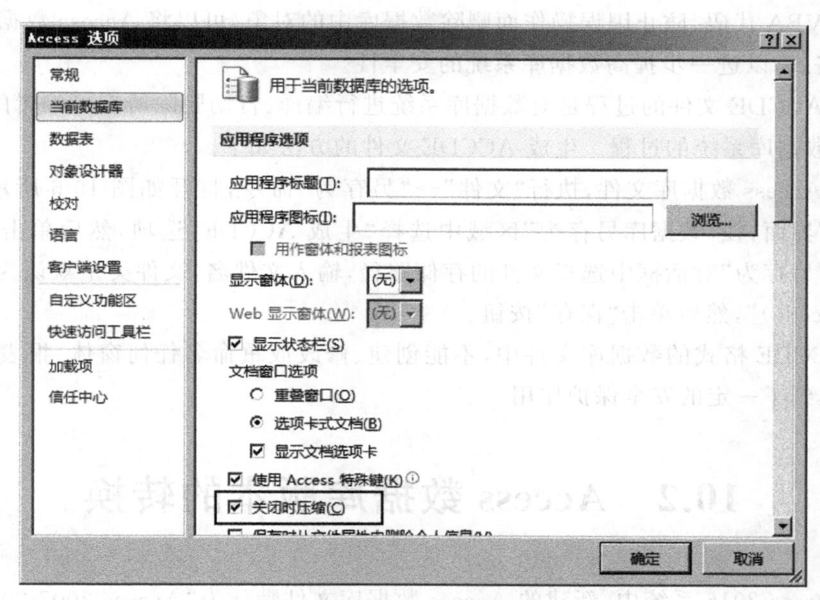

图 10-7 “Access 选项”对话框

设置生效后,在每次关闭数据库时都会自动对其进行压缩。

(2) 使用压缩命令压缩数据库。

打开数据库,执行“文件”→“信息”命令,在右侧窗格中单击“压缩和修复数据库”按钮,如图 10-8 所示,系统开始自动执行压缩和修复数据库的工作,并在状态栏上显示正在压缩的提示直到完成。

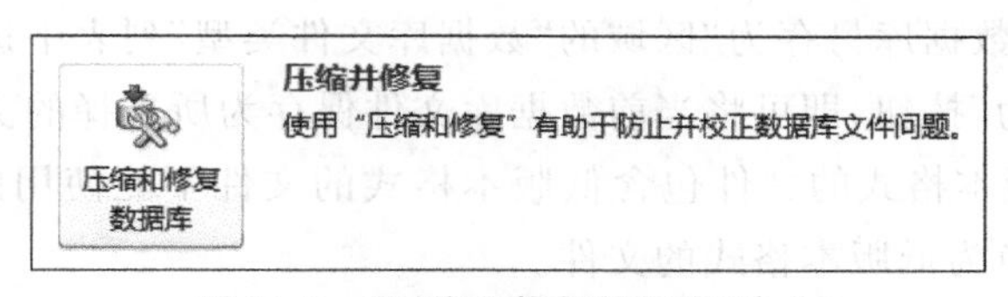

图 10-8 “压缩和修复数据库”命令

说明:压缩后的数据库可以直接在 Access 中打开,不需要对其进行解压缩。

2. 修复数据库

当数据库文件出现问题时，需要对损坏的数据进行修复，方法如下。

打开数据库，执行“文件”→“信息”命令，在右侧窗格中单击“压缩和修复数据库”按钮，如图 10-8 所示，系统会在压缩数据库的同时对其进行修复。

10.1.4 生成 ACCDE 文件

为保护 Access 数据库系统中创建的各类对象不被他人擅自修改或查看，隐藏并保护所创建的 VBA 代码，防止因误操作而删除数据库中的对象，可以将 Access 数据库转换为 ACCDE 格式，以进一步提高数据库系统的安全性。

生成 ACCDE 文件的过程是对数据库系统进行编译、自动删除所有可编辑的 VBA 代码并压缩数据库系统的过程。生成 ACCDE 文件的方法如下。

打开 Access 数据库文件，执行“文件”→“另存为”命令，打开如图 10-6 所示的“数据库另存为”界面，在“数据库另存为”区域中选择“生成 ACCDE”选项，然后单击“另存为”按钮。在“另存为”对话框中选择文件的存储路径，输入文件名，文件类型默认为“ACCDE 文件(*.accde)”，然后单击“保存”按钮。

在 ACCDE 格式的数据库文件中，不能创建、修改或重命名任何窗体、报表和模块对象，从而起到了一定的安全保护作用。

10.2 Access 数据库版本的转换

在 Access 2016 系统中，新建的 Access 数据库文件默认为“Access 2007-2016 文件格式”(文件类型为 accdb)，低版本的 Access 文件格式(文件类型为 mdb)均可以在 Access 2016 系统中打开。

在低版本的系统中不能打开高版本的 Access 文件，需要先对其进行版本转换。Access 2016 提供了格式转换功能，可以在不同的 Access 文件格式之间进行转换，方法如下。

打开 Access 数据库文件，执行“文件”→“另存为”命令，打开如图 10-6 所示的“数据库另存为”界面，在“数据库另存为”区域的“数据库文件类型”列表中选择一种新的文件格式，然后单击“另存为”按钮，即可将当前数据库文件保存为所选择的文件格式。

说明：如果高版本格式的文件包含低版本格式的文件不能使用的功能，则不能将高版本格式的文件转换为低版本格式的文件。

本章小结

本章介绍了Access数据库的安全管理与保护的基本方法,以及Access数据库版本的转换,主要内容如下。

(1) 设置数据库密码是保护Access数据库的最简单的方法。

(2) 通过备份数据库可以在数据库损坏时用备份的副本对其进行恢复。

(3) 通过对数据库进行压缩和修复可以实现数据库文件的高效存储和使用。

(4) 将Access数据库转换为ACCDE格式可以保护Access数据库系统中创建的窗体、报表和模块等对象不被他人擅自修改或查看,从而提高数据库系统的安全性。

(5) Access 2016提供版本转换功能,可以在不同版本的Access数据库文件之间进行转换。

习　题　10

10.1　思考题

1. 在Access中如何设置和撤销数据库密码?
2. 对数据库进行备份有何意义?
3. 如何对数据库进行压缩和修复?
4. 如何在Access数据库版本之间进行转换?

10.2　选择题

1. 在Access中设置数据库密码时,需要以(　　)方式打开数据库。

A) 独占　　B) 只读　　C) 独占只读　　D) 任意

2. 对数据库定期进行(　　)可以在数据库损坏时使用其副本对其进行恢复,从而最大限度地减小损失。

A) 检查　　B) 修复　　C) 压缩　　D) 备份

10.3　填空题

1. 打开Access数据库,执行"文件"选项卡中的________命令即可压缩和修复数据库。

2. 在Access系统中,选择________选项卡中的"另存为"命令即可执行数据库备份操作。

附录A　Access系统的常用函数

函数格式	功　能
Abs(数值)	返回指定数值的绝对值
Asc(字符串)	返回第一个字符的ASCII码值
Atn(数值)	返回指定数值的反正切值
Avg(表达式)	求数值表达式的平均值(SQL聚合函数)
CBool(表达式)	当表达式的值为0时,结果为False,否则都为True
CByte(表达式)	将表达式的值转换为Byte型数据
CCur(表达式)	将表达式的值转换为Currency型数据
CDate(表达式)	将表达式的值转换为Date型数据
CDbl(表达式)	将表达式的值转换为Double型数据
Choose(索引,值1[,值2,…[,值n]])	根据索引从值列表中选择并返回一个值
Chr(数值)	根据ASCII码值返回一个字符
CInt(表达式)	将表达式的值转换为Integer型数据
CLng(表达式)	将表达式的值转换为Long型数据
Cos(数值)	返回指定数值的余弦值
Count(表达式)	计数(SQL聚合函数)
CSng(表达式)	将表达式的值转换为Single型数据
CStr(表达式)	将表达式的值转换为字符串
Date()	取得系统的当前日期
DateAdd(时间单位,数字,日期)	返回指定日期加上一段时间后的日期
DateDiff(时间单位,数字,日期)	返回指定日期减去一段时间后的日期
DatePart(时间单位,日期)	取得日期数据中的各部分时间
DateSerial(年,月,日)	返回包含指定年、月、日的日期
DateValue(日期)	取得指定的日期
DAvg(表达式,域[,条件])	求数值表达式的平均值(域聚合函数)
Day(日期)	取得日期中的日子
DCount(表达式,域[,条件])	求指定记录集的记录数(域聚合函数)
DLookup(表达式,域[,条件])	在记录集中查找特定字段的值(域聚合函数)
DMax(表达式,域[,条件])	求一组值中的最大值(域聚合函数)

续表

函数格式	功能
DMin(表达式,域[,条件])	求一组值中的最小值(域聚合函数)
DSum(表达式,域[,条件])	求数值表达式的和(域聚合函数)
Exp(数值)	求 e 的幂次方
Fix(数值)	返回指定数值的整数部分
Format(表达式[,格式])	按指定的格式对表达式进行格式化
FormatDateTime(日期[,格式])	按指定的日期时间格式对日期时间数据进行格式化
FormatNumber(数值[,小数位数[,前导0字符[,负数格式[,数字分组]]]])	按指定的数据格式对数值数据进行格式化
Hour(日期)	取得日期数据中的小时
IIf(条件,值1,值2)	当条件为真时,返回值1,否则返回值2
InputBox(提示[,标题][,默认值][,水平位置[,垂直位置]])	在屏幕指定位置显示一个用户自定义的对话框,等待用户输入文本或单击按钮,并返回用户在文本框中输入的字符串
InStr([位置,]字符串1,字符串2)	求字符串2在字符串1中最先出现的位置
InStrRev(字符串1,字符串2[,位置])	从后向前求字符串2在字符串1中最先出现的位置
Int(数值)	返回小于或等于指定数值的最大整数
IsArray(表达式)	测试表达式的值是否为数组
IsDate(表达式)	测试表达式的值是否为Date型数据或符合日期时间格式的字符串
IsEmpty(表达式)	测试表达式的值是否为Empty
IsError(表达式)	测试表达式的值是否为一个错误值
IsNull(表达式)	测试表达式的值是否为Null
IsNumeric(表达式)	测试表达式的值是否为数值型数据或符合数值格式的字符串
IsObject(表达式)	测试表达式的值是否为对象型数据
LCase(字符串)	将字符串中的大写字母转换成小写字母,小写字母或非字母字符保持不变
Left(字符串, 字符数)	从字符串的左边开始截取指定字符个数的子字符串
Len(字符串)	计算字符串中包含的字符个数,返回值是Long型
Log(数值)	求正数的自然对数
LTrim(字符串)	删除字符串左边的空格
Max(表达式)	求一组值中的最大值(SQL聚合函数)
Mid(字符串,位置[,字符数])	从字符串指定位置开始截取指定字符个数的子字符串
Min(表达式)	求一组值中的最小值(SQL聚合函数)

续表

函 数 格 式	功　　能
Minute(日期)	取得日期数据中的分钟
Month(日期)	取得日期中的月份
MonthName(数值)	取得月份的名称
MsgBox(提示[,类型][,标题])	显示一个消息对话框,并等待用户单击按钮
Now()	取得系统的当前日期和时间
Nz(表达式[,规定值])	当表达式的值为 Null 时,返回规定值。若未指定规定值,则当表达式的值为 Null 时,数值型返回 0,字符型返回空串
Replace(字符串 1,字符串 2,字符串 3[,位置[,次数]])	从指定位置开始,在字符串 1 中查找所有字符串 2,并用字符串 3 替换字符串 2,然后返回替换后的字符串
Right(字符串, 字符数)	从字符串的右边开始截取指定字符个数的子字符串
Rnd(数值)	返回一个大于 0 且小于 1 的 Single 型数
Round(数值[,小数位数])	按照指定的小数位数进行四舍五入运算
RTrim(字符串)	删除字符串右边的空格
Second(日期)	取得日期数据中的秒数
Sgn(数值)	返回一个代表数值正负号的整数(数值大于 0,返回 1;等于 0,返回 0;小于 0,返回 -1)
Sin(数值)	返回指定数值的正弦值
Space(数值)	返回由指定个数的由空格组成的字符串
Sqr(数值)	求正数的算术平方根
Str(数值)	将数值型数据转换成字符串
StrComp(字符串 1,字符串 2)	比较两个字符串是否相同
String(字符数,字符)	返回由指定字符组成的字符串
StrReverse(字符串)	返回一个字符顺序相反的字符串
Sum(表达式)	求数值表达式的和(SQL 聚合函数)
Switch(表达式 1,值 1,表达式 2,值 2 … 表达式 n,值 n)	从左至右计算各表达式的值,返回第一个结果为 True 的表达式所对应的值
Tan(数值)	返回指定数值的正切值
Time()	取得系统的当前时间
TimeValue(日期)	取得日期数据中的时间
Trim(字符串)	删除字符串左右两边的空格
TypeName(表达式)	测试表达式的数据类型
UCase(字符串)	将字符串中的小写字母转换成大写字母,大写字母或非字母字符保持不变

续表

函数格式	功　能
Val(字符串)	将字符串转换为 Double 型的数值
VarType(变量)	返回一个整型数,指出变量的类型
WeekDay(日期)	取得日期数据中的星期值,1～7 代表星期日至星期六
WeekDayName(数值)	取得星期值 1～7 的名称
Year(日期)	取得日期中的年份

附录B　Access中常用对象的事件

对象名称	事件	说明
窗体	Activate	窗体成为当前窗口时触发事件
	AfterDelConfirm	在用户确认删除操作且在记录已被删除或者删除操作被取消后触发事件
	AfterInsert	在数据库中插入一条新记录之后触发事件
	AfterUpdate	在记录的数据被更新之后触发事件
	BeforeDelConfirm	在删除一条或多条记录之后、确认删除之前触发事件
	BeforeInsert	在开始向新记录中写第一个字符，但记录还没有添加到数据库时触发事件
	BeforeUpdate	在记录的数据被更新之前触发事件
	Click	单击窗体时触发事件
	Close	窗体关闭时触发事件
	Current	当把焦点移动到一条记录，使之成为当前记录时触发事件
	DblClick	双击窗体时触发事件
	Deactivate	其他窗口变成当前窗口时触发事件
	Delete	当删除一条记录时，在确认之前触发事件
	Dirty	窗体内容改变时触发事件
	KeyDown	窗体上键盘按下键时触发事件
	KeyPress	窗体上键盘按键时触发事件
	KeyUp	窗体上键盘释放键时触发事件
	Load	窗体加载时触发事件
	MouseDown	窗体内按下鼠标时触发事件
	MouseMove	窗体内移动鼠标时触发事件
	MouseUp	窗体内释放鼠标时触发事件
	Open	窗体打开时触发事件
	Resize	窗体大小发生变化时触发事件
	Timer	在窗体的 TimerInterval 属性指定的时间间隔内触发事件
	UnLoad	窗体卸载时触发事件
报表	Activate	报表成为当前窗口时触发事件
	Close	报表关闭时触发事件

续表

对象名称	事　件	说　明
报表	Deactivate	其他窗口变成当前窗口时触发事件
	Open	报表打开时触发事件
文本框控件	AfterUpdate	文本框内容更新后触发事件
	BeforeUpdate	文本框内容更新前触发事件
	Change	文本框内容更改时触发事件
	Enter	文本框获得焦点之前触发事件(在 GotFocus 之前)
	Exit	文本框失去焦点时触发事件(在 LostFocus 之前)
	GotFocus	文本框获得焦点时触发事件
	KeyDown	文本框内键盘按下键时触发事件
	KeyPress	文本框内键盘按键时触发事件
	KeyUp	文本框内键盘释放键时触发事件
	LostFocus	文本框失去焦点时触发事件
	MouseDown	文本框内按下鼠标时触发事件
命令按钮控件	Click	单击按钮时触发事件
	DblClick	双击按钮时触发事件
	Enter	按钮获得焦点之前触发事件
	GotFocus	按钮获得焦点时触发事件
	KeyDown	按钮上键盘按下键时触发事件
	KeyPress	按钮上键盘按键时触发事件
	MouseDown	按钮上按下鼠标时触发事件
标签控件	Click	单击标签时触发事件
	DblClick	双击标签时触发事件
	MouseDown	标签上按下鼠标时触发事件
组合框控件	AfterUpdate	组合框内容更新后触发事件
	BeforeUpdate	组合框内容更新前触发事件
	Click	单击组合框时触发事件
	DblClick	双击组合框时触发事件
	Enter	组合框获得焦点之前触发事件
	Exit	组合框失去焦点时触发事件
	GotFocus	组合框获得焦点时触发事件

续表

对象名称	事件	说明
组合框控件	KeyPress	组合框内键盘按键时触发事件
	LostFocus	组合框失去焦点时触发事件
	NotInList	输入一个不在组合框列表中的值时触发事件
选项组控件	AfterUpdate	选项组内容更新后触发事件
	BeforeUpdate	选项组内容更新前触发事件
	Click	单击选项组时触发事件
	DblClick	双击选项组时触发事件
	Enter	选项组获得焦点之前触发事件
单选按钮控件	GotFocus	单选按钮获得焦点时触发事件
	KeyPress	单选按钮内键盘按键时触发事件
	LostFocus	单选按钮失去焦点时触发事件
复选框控件	AfterUpdate	复选框更新后触发事件
	BeforeUpdate	复选框更新前触发事件
	Click	单击复选框时触发事件
	DblClick	双击复选框时触发事件
	Enter	复选框获得焦点之前触发事件
	Exit	复选框失去焦点时触发事件
	GotFocus	复选框获得焦点时触发事件
	LostFocus	复选框失去焦点时触发事件

参考文献

[1] 王珊，陈红.数据库系统原理教程[M].北京：清华大学出版社，2018.
[2] 白艳，等. Access 2016 数据库应用教程[M].北京：中国铁道出版社，2019.
[3] 教育部考试中心.全国计算机等级考试二级教程——Access 数据库程序设计(2018 年版)[M].北京：高等教育出版社，2017.

图书资源支持

感谢您一直以来对清华版图书的支持和爱护。为了配合本书的使用，本书提供配套的资源，有需求的读者请扫描下方的“书圈”微信公众号二维码，在图书专区下载，也可以拨打电话或发送电子邮件咨询。

如果您在使用本书的过程中遇到了什么问题，或者有相关图书出版计划，也请您发邮件告诉我们，以便我们更好地为您服务。

资源下载、样书申请

书圈

我们的联系方式：

地　　址：北京市海淀区双清路学研大厦 A 座 701

邮　　编：100084

电　　话：010-83470236　010-83470237

资源下载：http://www.tup.com.cn

客服邮箱：2301891038@qq.com

QQ：2301891038（请写明您的单位和姓名）

扫一扫，获取最新目录

课　程　直　播

用微信扫一扫右边的二维码，即可关注清华大学出版社公众号“书圈”。